刘建斌　张　炎　主编

300种观赏树木栽培与养护

（全彩图鉴版）

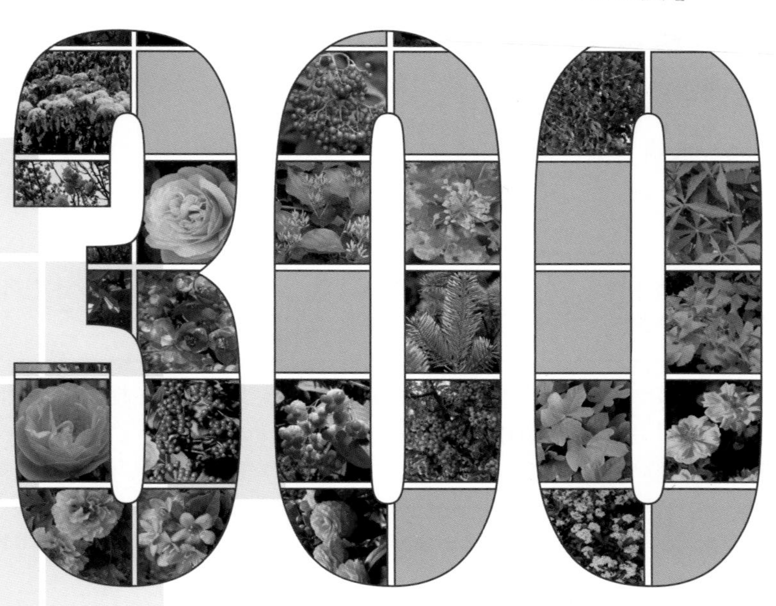

·北京·

内容简介

《300种观赏树木栽培与养护（全彩图鉴版）》共分三篇七章。第一篇绪论简要介绍了观赏树木的概念，中国观赏树木资源的特点，观赏树木资源的保护、开发和利用。第二篇总论分为两章：第一章是观赏树木概述，介绍了观赏树木的分类、观赏特性和园林应用；第二章是观赏树木的繁殖、栽培与管理，介绍了观赏树木的有性繁殖和无性繁殖、观赏树木的栽植、土肥水管理、整形修剪和病虫害防治。第三篇各论按常绿乔木、落叶乔木、常绿灌木、落叶灌木和木本攀缘植物来编写，共五章，介绍了310个常见树种的中文名及别名、拉丁学名、科属、形态及分布、主要习性、栽培养护和园林用途，其中重点是观赏树木的栽培和养护。全书采用彩色印刷，每种树木至少附彩图1幅。

本书可作为园艺技术专业人士的重要工具书，也适合于业主、设计者、建设者以及园丁等不同类型的专业和非专业人士阅读与参考。

图书在版编目（CIP）数据

300种观赏树木栽培与养护：全彩图鉴版/刘建斌，张炎主编. —北京：化学工业出版社，2020.9

ISBN 978-7-122-37218-5

Ⅰ.①3… Ⅱ.①刘…②张… Ⅲ.①观赏树木-观赏园艺-图集 Ⅳ.①S68-64

中国版本图书馆CIP数据核字（2020）第103984号

责任编辑：袁海燕　　装帧设计：刘丽华

责任校对：王鹏飞

出版发行：化学工业出版社（北京市东城区青年湖南街13号　邮政编码100011）

印　　装：北京缤索印刷有限公司

787mm×1092mm　1/16　印张$26^{1}/_{2}$　字数662千字　2021年1月北京第1版第1次印刷

购书咨询：010-64518888　　售后服务：010-64518899

网　　址：http://www.cip.com.cn

凡购买本书，如有缺损质量问题，本社销售中心负责调换。

定　　价：188.00元

《300种观赏树木栽培与养护（全彩图鉴版）》
编写人员

主　编　刘建斌　张　炎

副主编　郑　健　侯芳梅　陈之欢

参　编　苏光瑞　高洪晓　周文招

前言

《观赏树木栽培与养护》自2014年7月出版以来，受到广大读者的喜爱。六年多来，随着我国经济社会的快速发展和人民生活水平的日益提高，园林绿化的重要性越来越突出，观赏树木的应用范围越来越广。观赏树木在形、叶、花、果等多个方面的个体美和群体美给人以强烈的感官享受，由此也越来越多地进入人们的视野，成为人们接触自然、感受自然的重要景观素材。观赏树木的这种美是大自然的赠予，更是广大园林工作者精心呵护和雕琢的结果。这种美的完美体现需要在识别观赏树木形态特征和生态习性的基础上，熟练掌握其栽培养护技术，并以科学的态度、精细的技巧对其进行培育和布设。为此，我们根据形势的发展和广大读者的要求，对《观赏树木栽培与养护》进行修订和增补，以更好地适应新时代园林绿化事业发展的需要，满足建设生态园林城市的需求，满足广大读者学习、欣赏观赏树木的期望。

《观赏树木栽培与养护》修订后改为全彩印刷，书名更改为《300种观赏树木栽培与养护（全彩图鉴版）》。内容保持原有框架，每种树木至少附彩图1幅，并在此基础上对全书内容进行了全面的修订和完善，还重点筛选、补充了优良观赏树木38种。与第一版相比，内容更丰富，适应范围更广，与新时代生态园林城市建设的目标更加适应。

本书共分三篇七章。第一篇是绪论，简要介绍了观赏树木的概念，中国观赏树木资源的特点，观赏树木资源的保护、开发和利用。第二篇是总论，分为两章。第一章是观赏树木概述，介绍了观赏树木的分类、观赏特性和园林应用；第二章是观赏树木的栽培管理，介绍了观赏树木的有性繁殖和无性繁殖、观赏树木的栽植、土肥水管理、整形修剪和病虫害防治。第三篇是各论，按常绿乔木、落叶乔木、常绿灌木、落叶灌木和木本攀缘植物来编写，分为五章（第三章至第七章），共介绍了310个常见树种的中文名及别名、拉丁学名、科属、形态及分布、主要习性、栽培养护和园林用途，其中重点是观赏树木的栽培和养护。

在图书编写与修订过程中，除了增加张炎作为编写组新成员外，其他人员没有变化。本书由刘建斌、张炎担任主编，郑健、侯芳梅、陈之欢担任副主编，苏光瑞、高洪晓、周文招参与编写。第一篇绪论和第二篇总论第一章观赏树木概述由刘建斌编写，第二篇总论第二章观赏树木的繁殖、栽培与管理、第三篇各论第三章常绿乔木的栽培与养护、第七章木本攀缘植物的栽培与养护由张炎编写；第三篇各论第四章落叶乔木的栽培与养护由郑健和陈之欢共同编写，其中郑健编写了本章前半部的80个树种（1～80），陈之欢编写了本章后半部的67个树种（81～147）；第三篇各论第五章常绿灌木的栽培与养护由侯芳梅编写；第六章落叶灌木的栽培与养护由苏光瑞、高洪晓和周文招共同编写，其中苏光瑞编写了本章40个树种（1～40），高洪晓编写了本章30个树种（41～70），周文招编写了本章20个树种（71～90）。全书由刘建斌、张炎负责统稿和校对，书中彩色照片均由刘建斌拍摄并添加。

在编写和修订过程中，作者参阅了大量资料，力求做到文字精练，图文并茂。本书适于大专院校相关专业的学生、广大园林工作者和园林爱好者阅读。在此特向为本书的编写提供丰富素材的前辈和同行们表示感谢。

由于作者水平所限，书中难免会有不妥之处，望广大读者不吝指正。

编者

2020年2月5日

目录

第一篇　绪论

第二篇　总论

第三篇　各论

第一篇　绪论

一、观赏树木的概念

树木是所有木本植物的总称。观赏树木是指那些可供观赏的木本植物，包括各种乔木（trees）、灌木（shurbs）、木质藤本（woody vines）和竹类（bamboos）。乔木是指主干明显、树体高大、在距地面一定高度处形成树冠的木本植物，如银杏、油松、水杉、毛白杨、加杨、榆树、梧桐、刺槐、栾树、白蜡、泡桐、榕树、香樟、香椿、臭椿等；灌木是指无明显主干、树体矮小、自地面生出多数茎干而呈丛生状的木本植物，故又称为丛木类，如迎春、连翘、蜡梅、绣线菊、月季、溲疏、卫矛、十大功劳、千头柏等；木质藤本则是茎干不能直立、匍匐地面或须攀附他物向上生长的木本植物，如紫藤、木香、藤本月季、葡萄、铁线莲、凌霄、爬山虎等；竹类是一类特殊的木本植物，具有种类繁多、分布广泛、生长迅速、容易管理、观赏期长等多种特性，在园林绿化中的地位和作用是其他木本植物所难以取代的。自古以来竹类深受人们喜爱，成为古今造园中不可缺少的组成部分，常见的有佛肚竹、紫竹、早园竹、孝顺竹、毛竹、金镶玉竹等。

观赏树木的观赏特性体现在其花、果、枝、叶、芽以及树体等多个方面，常以色彩丰富而馥郁的花朵、种类繁多而诱人的果实、鲜艳或多彩的枝叶、雄伟或秀丽的枝干、整齐或怪异的冠形等引人注目，给人带来美的享受。

二、中国观赏树木资源的特点

中国观赏树木的类型和资源十分丰富，是世界观赏树木重要的发祥地之一。目前，世界的每一个角落几乎都有原产于中国的观赏树木，种类和品种十分丰富，其中不乏精品，如被誉为活化石的银杏、水杉、水松、穗花杉、银杉等都是中国特有种。中国特产的金钱松，1853年被引种到英国，次年又被引入美国，备受人们喜爱，被列为世界五大园景树（南洋杉、金钱松、雪松、金松、巨杉）之一。

中国观赏树木资源具有种类繁多、分布集中、特色突出、独放异彩的四大特点。

（一）种类繁多

中国幅员辽阔，地势起伏，自北而南包括寒温带、温带、暖温带、亚热带和热带，自东到西有海洋性湿润森林地带、大陆性干旱半荒漠和荒漠地带以及介于两者之间的半湿润和半干旱森林和草原过渡地带。地势西北高而东南低，东部地区大部为平原和丘陵，西部为高原、山地和盆地。由于南北跨纬度50°、东西跨经度62°，使得不同地区距离海洋的远近有很大不同，还受到高原和大山及其不同走向的影响，就形成了各地气候、土壤的特殊性，从而使各种具有不同生态要求的树木能各得其所，生长繁育，所以中国的观赏树木资源非常丰富。据统计，中国种子植物中的木本植物有8000种左右，约占全国种子植物总数的1/3，其中乔木2000种左右，灌木6000种左右，远远超过许多国家，并且有约50%的树种可以应用于园林绿化中。又如在园林中占有极其重要地位的裸子植物（不包括矮小的麻黄科及百岁兰科），全世界共有12科71属约800种，中国原产的有10科33属约185种，分别占世界总数的83.3%、46.5%及23.1%。其中有9个属的半数以上的种原产于中国，如油杉属（共11种，中国9种）、落叶松属（共18种，中国10种）、杉木属（共3种，均原产于中国）、台湾杉属（共2种，均原产于中国）、柳杉属（共2种，中国1种）、侧柏属（仅1种，原产于中国）、福建柏属（仅1种，原产于中国）、三尖杉属（共9种，中国7种）、穗花杉属（共3种，均原产于中国）。同时中国还保留着很多的残遗种，被称为“活化石”，如银杏、银杉、水杉等。

（二）分布集中

中国是许多观赏树木科、属的世界分布中心，其中有些科、属又在国内一定的区域内集中分布，形成中国分布中心。如蜡梅属、泡桐属和刚竹属的中国种数分别为4种、9种和50种，占世界总种数的100%；山茶属、丁香属和油杉属的中国种数分别为238种、27种和10种，分别占世界总种数的85.0%、84.4%和83.3%；槭树属和四照花属的中国种数为150种和9种，占世界总种数的75%；蜡瓣花属、李属、椴树属和紫藤属的中国种数分别为21种、140种、35种和7种，占世界总种数的70%；木犀属、爬山虎属、含笑属和溲疏属的中国种数分别为27种、10种、40种和40种，占世界总种数的66.7%；苹果属、栒子属、绣线菊属和杜鹃属的中国种数分别为24种、60种、65种和530种，分别占世界总种数的64.9%、63.2%、61.9%和58.9%。

（三）特色突出

中国特有的科、属、种丰富，在世界上居于突出地位，如银杏科、钟萼树科、珙桐科、杜仲科、水青树科，金钱松属、水杉属、福建柏属、金钱槭属、珙桐属、喜树属、蓝果树属、杜仲属、银杏属、山桐子属、蝟实属，梅花、桂花、牡丹、月季、香水月季、木香、栀子花、鹅掌楸、南天竹等。此外，中国具有悠久的观赏树木栽培史，在长期的栽培过程中培育出许多独具特色的品种及类型，如黄香梅、龙游梅、红花檵木、红花含笑、重瓣杏花等，成为杂交育种珍贵的树木种质资源。

（四）独放异彩

由于中国具有得天独厚的自然环境，在各种环境的长期影响下，形成了许多变异类型。如常绿杜鹃亚属在花序类型、花形、花色、花香等方面差异很大，具有千姿百态、万紫千红、四季花香、丰富多彩的特点。中国是世界观赏树木重要的起源中心，除一般树种外，还能提供具

特殊种质的观赏树木资源，如梅花、瑞香、芫花、迎春、连翘、驳骨丹等特殊的早花性种类和品种；'四季'桂、'四季'金银花、'四季'锦带花等四季开花的珍贵资源；'月月红'、'月月粉'、'月月紫'、香水月季等月季优良品种。另外，以花香著称的甜香之含笑、醉香之桂花、清香之荷花等，都是香花中的绝品，是中国人自古就倍加欣赏的优良观赏树木。

三、观赏树木资源的保护

没有好的资源，就不可能培育出好的品种。观赏树木种质资源可通过引种驯化直接用于园林建设。缺少这些优良资源，观赏树木的育种将无法进行。观赏树木资源具有两面性，即可解体性和再生性。可解体性是指观赏树木受到某些外在因素的不良影响而导致其种类不断减少，以至灭绝的现象。再生性是观赏树木资源的基本属性，是指观赏树木在自然条件下不断更新和繁殖的能力，也是观赏树木世代繁衍、生生不息的基本保证。但这种再生性是以一定的种群数量和生存条件为前提的，若观赏树木的生存条件受到破坏，导致其种群数量减少到一定程度时，就有可能使一些物种解体，并最终灭绝。因此，任何观赏树木种质资源都是有限的，必须重视观赏树木资源的保护。

在观赏树木资源的保护中，既要重视那些目前已经得到应用的树种资源，也要重视那些目前尚未得到应用的树种资源。对于前者，应加强其再生能力的保护，即在资源的利用强度上，一定要考虑其恢复能力和再生能力，给其以休养生息的机会，使其得到恢复和发展。不能采取掠夺式的经营方式，过度地采集和利用。那种不顾资源的承受能力，实行采光、挖绝的做法是十分有害的，最终必将导致资源的破坏和枯竭。对于后者，要用发展的眼光来看待，因为随着时间的推移和科学技术的发展，将来它们很可能会成为重要的资源或种质。此外，还应重视观赏树木资源生态环境的保护，因为树木无时无刻不与环境发生关系，它们之间相互依存、相互影响，共同构成特定的生态环境。如果树木赖以生存的生态环境受到破坏，就会直接影响树木的生长发育，导致树木生长不良，甚至死亡。

观赏树木资源的保护及保存方法一般分为两种，即就地保护与迁地保护。就地保护主要是通过在资源相对集中的区域建立自然保护区、森林公园来保护所在地区的树木种质资源；迁地保护是把种质资源从其生长地区移出来进行保护与保存，可通过建立树木园、植物园及种质资源圃等把所收集的种质资源集中栽植进行保存。就地保护与迁地保护是观赏树木资源保护及保存的常用方法，对观赏树木资源的保护及保存具有重要作用，但这两种方法都需耗费大量的土地、人力和物力，而且易受气候、土壤等自然因素的影响。若遇到较大的自然灾害，可能会使所收集到的资源遭受灭顶之灾，造成无法弥补的损失。随着科学技术的发展，观赏树木资源的种子库保存与离体保存技术得到越来越广泛的应用。种子库保存是将所收集的树木种子保存于较低的温度下，并根据树种特性的差异定期进行繁种更新的方法。一般短期保存温度在10℃左右，中期保存温度为0～5℃，长期保存温度为−10～−15℃。离体保存是把树种的活体器官或小植株，特别是把组织培养的无菌离体材料保存于超低温（−80℃或−196℃）条件下，使其得到长期保存的方法。这两种方法可以在较小的空间内保存大量的种质，能节约大量的空间、人力和物力。

四、观赏树木资源的开发和利用

观赏树木资源的保护是为了使人类能够长期地利用这些资源，而不是消极地让其自生自灭，永远处于自然状态。但在实践中往往存在重利用、轻保护的现象，使树木资源受到破坏。

实际上利用与保护是矛盾的统一体，是当前利益与长远利益的关系，只要能够合理调节，做好长期规划，并逐步实施，是完全可以达到永续利用的。

在资源开发利用前，必须进行调查与搜集工作，以便查清资源的种类、数量和分布规律，并搜集种子及活体材料，对种质资源进行全面的评价与性状鉴定，为开发利用种质资源奠定基础。

观赏树木种质资源的利用途径包括选择和应用、引种驯化和育种，其中选择和应用是最基本的途径，即根据应用目的，选择适宜的树种，或根据树种特性，选择适宜的应用场所。

引种驯化和育种是种质资源利用的重要途径，但其重点在于种质资源的丰富和创新，最终的目的还是为树种的选择和应用服务。引种驯化应经过引种试验、试验评价、成果鉴定、批量生产、推广应用等环节，是一项长期的任务。育种是通过实生选种、无性变异、杂交育种、细胞工程和基因工程等途径改良现有的种质资源或创造新的种质资源的方法，需要经过几年、十几年甚至几十年才有可能取得预期的结果，所以，也是一个长期的过程，不能期望一蹴而就。如欧洲杂种香水月季和杂种长春月季、美国芳香山茶和抗寒山茶都是经过几十年的反复杂交选育而成的。因此，引种驯化和育种从开始到结束都应有详细而完整的观察记载资料，并建立齐全的技术档案。

第二篇　总论

第一章　观赏树木概述

第一节　观赏树木的分类

一、按树木进化系统分类

植物分类的等级又名阶层，主要包括界、门、纲、目、科、属、种等。有时在各阶层之下分别加入亚门、亚纲、亚目、亚科、族、亚属等次级单位。种（species）是分类的最基本单位，并集相近的种而成属，相近的属而成科，由科集成目，由目集成纲，由纲集成门，从而形成一个完整的树木分类系统。

种内群体往往具有不同的分布区，由于分布区内生境条件的差异会导致种群分化为不同的生态型、生物型及地理型，树木分类学家根据其表型差异划分出种下的等级，如亚种（subspecies）、变种（varietas）、变型（forma）等。

此外，在园林、园艺及农业生产实践中，还存在着一类由人工培育而成的栽培树木，它们在形态、生理、生化等方面具相异的特征，这些特征可通过有性和无性繁殖得以保持，当这类树木达到一定数量而成为生产资料时，则可称为该种树木的“品种”（cultivar）。由于品种是人工培育出来的，树木分类学家均不把它作为自然分类系统的对象。

目前国内常采用的被子植物分类系统有：恩格勒（A. Engler）系统和哈钦松（J. Hutchinson）系统等。

恩格勒系统是由德国植物学家恩格勒和普兰特（K. A. E. Prantl）于1892年编制的，是在艾希勒（A. E. Eichler，1839—1887）系统基础上改进而成的。所谓的假花学说（Pseudanthium）或柔荑派（Amentiferae）乃二位所创立。该系统的特点是：①被子植物分单子叶植物和双子叶植物两个纲，单子叶植物纲在前（1964年的新版本已改为双子叶植物在前）。②双子叶植物纲分离瓣花和合瓣花两个亚纲，离瓣花亚纲在前。③在离瓣花亚纲中，按无被花、单被花、异被花的次序排列，因此将柔荑花序类（无被和单被花类）放在最前面。④在各类植物中又大致按子房上位、子房半下位、子房下位的次序排列。这一系统在20世纪居于统治地位，世界上许多国家的标本馆和植物志采用了此系统。但现在这一系统的影响已越来越弱。

哈钦松系统于1926年和1934年由英国植物分类学家哈钦松（J. Hutchinson）发表于《有花植物科志》，后经不断修订，逐步完善。它是以边沁-虎克的分类系统及美国贝西（C. E. Bessey）的系统为基础发展而成的。属毛茛学派，即真花学说的代表。该系统的特点是：①被子植物门分双子叶植物和单子叶植物两个纲，双子叶植物纲在前。②双子叶植物纲分木本植物和草本植物两大群。木本群以木兰目为起点；草本群以毛茛目为起点。木本群在草本群前。③单子叶植物起源于毛茛目，较双子叶植物进化。④不划分为离瓣花、合瓣花两大类，而是把合瓣花类分散到木本、草本群中去。此系统为大多数植物学家所承认和引用，被奉为经典著作，在英、法及我国南方的标本馆及植物志中多采用这一系统，但又一致认为将木本和草本分开作为分类主干是错误的。

由于近代其他学科的高速发展，如孢粉学、分子遗传学等，给树木分类研究注入了更多活力。20世纪60年代后，出现了一些新的系统，如塔赫他间（A. Takhtajan）系统、克朗奎斯特（A. Cronquist）系统、达格瑞（R. Dahgren）系统等。

二、按观赏树木的习性、观赏特性和用途分类

（一）按树木的习性分类

1. 乔木类

（1）针叶乔木类　可再细分为常绿针叶树，如油松、白皮松、华山松、雪松、圆柏、柳杉等；落叶针叶树，如金钱松、水杉、落羽杉、落叶松等。

（2）阔叶乔木类　可再细分为常绿阔叶乔木，如广玉兰、楠木、苦槠、香樟等；落叶阔叶乔木，如银杏、毛白杨、悬铃木、泡桐、槐树、臭椿等。

在乔木类中，按其树体最大高度又可分为大乔木（高达20m）、中乔木（高约5～20m）、小乔木（高度在5m以下）。

2. 灌木类

（1）常绿灌木　如大叶黄杨、黄杨、栀子花、海桐、千头柏等。

（2）落叶灌木　如绣线菊、溲疏、贴梗海棠、紫荆、蜡梅等。

3. 铺地类

实际上属于灌木，但其枝干均铺地生长，与地面接触部分生出不定根，如矮生栒子、铺地柏、鹿角桧、迎春等。

4. 藤蔓类

根据其攀附方式，可分为：①缠绕类，如葛藤、紫藤等；②钩刺类，如木香、藤本月季等；

③卷须及叶攀类，如葡萄、铁线莲等；④吸附类，如爬山虎、凌霄等。

5. 竹类

具有特殊的性状和作用，种类极多，如紫竹、箬竹、佛肚竹、孝顺竹、早园竹、毛竹等。

（二）按树木的观赏特性分类

1. 观形树木

指形体及姿态有较高观赏价值的一类树木，如南洋杉、雪松、云杉、龙柏、榕树、假槟榔、杜松、钻天杨、龙爪槐、垂榆、圆冠榆等。

2. 观花树木

指花形、花色、花香等有较高观赏价值的一类树木，如梅、桂花、蜡梅、迎春、玉兰、月季、玫瑰、牡丹、桃、丁香、海棠等。该类树木多为灌木或小乔木，寿命较长，可以年年开花，在园林配植上具有装饰和点缀作用，形成花丛、花坛、花境及花圃，可以丰富园景色彩。按其花期不同，又可分为春花类、夏花类、秋花类和冬花类。

3. 观叶树木

这类树木以观赏叶色、叶形为主。以观赏叶色为主的，根据其叶色及其变化状况，又可细分为以下4种。

（1）春色叶树　新叶明显发红，如臭椿、栾树、黄连木、清香木、鸡爪槭、七叶树、石榴等。

（2）秋色叶树　秋叶呈红色，如枫香、乌桕、野漆树、火炬树、黄栌、元宝枫、花楸、鸡爪槭、茶条槭、卫矛、南天竹、爬山虎、柿树等；秋叶呈黄色，如银杏、鹅掌楸、悬铃木、白蜡、无患子、栾树、连香树、金钱松等。

（3）常年异色叶树　叶色呈紫色或紫红色，如紫叶李、紫叶桃、紫叶小檗、红枫（紫红鸡爪槭）、红羽毛枫（红细叶鸡爪槭）、紫叶黄栌、紫叶矮樱、紫叶稠李、紫锦木、红檵木等；叶色呈黄色，如金叶女贞、金叶鸡爪槭、金叶连翘、金叶风箱果、金叶粉花绣线菊、金叶榆、金叶复叶槭、金叶雪松等。

（4）斑彩叶树　叶上有两三种颜色，如金心大叶黄杨、花叶锦带花、斑叶常春藤、变叶木、洒金东瀛珊瑚、斑叶印度胶榕、木天蓼、菲白竹、花叶芦竹等。

叶形独特的树木能激发游人的兴趣和给人以无限的联想，如银杏的扇形叶如同一把把打开的小折扇；鹅掌楸的叶形如同旧时马褂，所以又称为马褂木；乔松的针叶细长下垂，就像少女的三齐头一样，令人叫绝，惹人喜爱。

4. 观果树木

果实具较高观赏价值的一类树木，或果形奇特，或果色艳丽，或果实巨大，或果实芳香，或果实繁多等。

（1）果形奇特　如佛手、柚子、秤锤树、刺梨、石榴、木瓜、金丝吊蝴蝶、火炬树、栾树等。

（2）果色艳丽　如金银木、天目琼花、湖北海棠、枸骨、大果冬青、山楂、老鸦柿等。

（3）果实繁多　如火棘、荚蒾、金柑、南天竹、葡萄、石楠、枇杷、小檗、西府海棠等。

5. 观枝干树木

这类树木的枝干具有独特的风姿，或具奇特的色彩，或具奇异的附属物等，如白皮松、血皮槭、梧桐、白桦、红桦、榔榆、木瓜、紫薇、栓翅卫矛、棣棠、迎春、红瑞木等。

6. 观根树木

这类树木裸露的根具观赏价值，如榕树等。

（三）按树木的用途分类

根据树木在园林中的主要用途可分为独赏树、庭荫树、行道树、防护树、花灌类、藤本类、植篱类、地被类、盆栽与造型类、室内装饰类、基础种植类等。

1. 独赏树

可独立成景供观赏用的树木，主要展现的是树木的个体美，一般要求树体雄伟高大、树形美观，或具独特的风姿，或具特殊的观赏价值，且寿命较长，通常作为庭园和园林局部的中心景物，可独立成景，如银杏、苏铁、南洋杉、紫杉及大多数松和杉、柏树和杨、柳雄株、榕属树种、玉兰类树种、樱花、合欢、凤凰木、重阳木、黄连木、无患子、七叶树、梧桐、柿树、白蜡、桂花、泡桐、楸树、灯台树、紫叶李、龙爪槐等。

2. 庭荫树

植于庭园或公园以取其绿荫为主要目的的树木。一般多为树体高大、树冠宽阔、枝叶茂盛、树干光滑而无棘刺、无污染物的落叶乔木。在夏季给人们提供阴凉，在冬季落叶，使人们能得到宝贵的阳光。这类树木数量很多，北方常见的有国槐、刺槐、毛白杨雄株、垂柳雄株、银杏、毛泡桐、悬铃木、白蜡、栾树、七叶树、合欢等；南方常见的有榕树、黄葛树、香樟、榲树、凤凰木、七叶树、无患子、木棉、桉树、女贞、桂花、泡桐、玉兰、白兰花、大花紫薇、梧桐、楝树、橄榄、桂圆等。

3. 行道树

种在道路两旁给车辆和行人遮阴并构成街景的树木。遮阴效果好的落叶或常绿乔木均可作行道树，但必须具有树体高大、冠幅大、枝叶茂密、发芽早、落叶迟、生长迅速、寿命长、根系发达、不易倒伏、抗性强（适应城市环境，耐烟尘，不怕碰）、耐修剪、主干直、分枝点高、不妨碍行人和车辆通行、病虫害少、无不良污染物、种苗来源广、大苗移栽易于成活、便于管理等特点。在园林实践中，完全符合上述要求的行道树种并不多。我国常见的有银杏、悬铃木、樟树、楠木、檫木、凤凰木、重阳木、银桦、楝树、七叶树、木棉、榕树、女贞、国槐、毛白杨、加杨、鹅掌楸、椴树、元宝枫、栾树、水杉、南洋杉、松、柏、杉科的树种等。

4. 防护树类

主要包括具有吸收有毒气体、阻滞尘埃、防风固沙、保持水土等特殊功能的树种和能起隔离作用、防止人畜通行或翻越的刺篱树种。如悬铃木、毛白杨、加杨能抗阻二氧化硫；构树可抗二氧化硫、氯气，并能阻滞多种粉尘；桧柏、侧柏有滞尘和吸收二氧化硫及氯气的功能；榆树、白蜡、女贞、乌桕、银杏等对多种气体均有吸收及阻滞效应。常见的刺篱树种有刺槐、皂荚、云实、花椒、黄刺梅、枸橘、柘树、刺榆、枸骨等。

5. 花灌类

通常是指具有美丽芳香的花朵或色彩艳丽的果实的灌木或小乔木。这类树木种类繁多，观赏效果显著，在园林绿地中应用广泛。其中观花的有梅、桃、樱花、海棠花、榆叶梅、月季、黄刺玫、白鹃梅、绣线菊、锦带花、丁香、山茶、杜鹃、牡丹、夹竹桃、扶桑、木芙蓉、木槿、紫薇、连翘、迎春、金丝桃、醉鱼草、溲疏、太平花等，观果的有枸骨、火棘、小檗、金银木、山楂、栒子、南天竹、小紫珠、接骨木、雪果等。

6. 木质藤本类

专指那类茎枝细长难以直立，借助于吸盘、卷须、钩刺、茎蔓或吸附根等器官攀缘他物生长的木质藤本植物。这类树木不占或很少占用土地，应用形式灵活多样，是各种棚架、凉廊、栅栏、围篱、拱门、灯柱、山石、枯树等绿化的理想材料，对提高绿化质量、丰富园林景色、美化建筑立面等具有独到之处，对人口密集、可供绿化用地有限的城市尤为重要。按其主要观赏特征可分为观叶、观花、观果三类。按其生长习性和攀缘方式又可分：

（1）缠绕类　以茎蔓旋转缠绕他物生长者，如紫藤、葛藤、南蛇藤、猕猴桃类、五味子、木通、金银花等。

（2）卷须及枝叶攀附类　借助接触感应器官使茎蔓上升的树种，如靠卷须攀附他物者有葡萄、山葡萄等；借助叶柄旋卷他物者有铁线莲等；以自身主枝快速生长和分枝，挂在其他支持物上生长者，如木香、蔷薇、炮仗花等。

（3）钩攀类　借助茎蔓上的钩刺使自体上升，如菝葜、悬钩子、云实等。

（4）吸附类　借助吸盘或气生根生长者，如爬山虎、五叶地锦、常春藤、凌霄、络石、扶芳藤、薜荔等。

7. 植篱类

植篱是利用绿色植物组成有生命的、可以不断生长壮大的篱笆。除防护作用外，还有装饰园景、分隔空间、屏障视线或作雕像、喷泉等的背景衬托景物等功能。一般要求树木枝叶密集、生长慢、耐修剪、耐密植、养护简单。按其特点又可分为绿篱、花篱、果篱、刺篱、彩叶篱等。按高度可分为高篱、中篱、矮篱等。植篱的高度以1m左右较为常见，但是矮者可以控制在0.3m以下，犹如园地的镶边；高者可超过4m，剪得平平整整，俨然一堵雄伟的绿色高墙。

常见的各种植篱的树种有：

（1）绿篱　女贞、小蜡、大叶黄杨（正木）、黄杨、雀舌黄杨、法国冬青、九里香、侧柏、千头柏、圆柏、杜松等。

（2）花篱　栀子花、油茶、月季、杜鹃、六月雪、榆叶梅、贴梗海棠、麻叶绣球、笑靥花、溲疏、木槿、雪柳等。

（3）果篱　小紫珠、南天竹、枸杞、枸骨、火棘、荚蒾、天目琼花等。

（4）刺篱　枸橘（枳）、柞木、花椒、云实、小檗、马甲子、刺柏、椤木石楠等。

（5）彩叶篱　金心大叶黄杨、紫叶小檗、紫叶矮樱、洒金千头柏、金叶女贞、红花檵木等。

8. 木本地被类

指那些低矮、铺展力强、常覆盖于地面的一类树木，多以覆盖裸露地表、防止尘土飞扬、防止水土流失、减少地表辐射、增加空气湿度、美化环境为主要目的。凡是矮小、分枝性强的，或偃伏性强的，或是半蔓性的灌木或藤本类均可作地被。按其耐阴程度的不同可分为：

（1）极耐阴类　紫金牛、长春蔓、络石、常春藤、薜荔、五味子等。

（2）耐阴类　小叶黄杨、矮生黄杨、金银花等。

（3）半耐阴类　六月雪、雀舌栀子、偃柏、铺地柏、沙地柏、五叶地锦、木通等。

（4）喜光类　凌霄、平枝栒子等。

9. 盆栽及室内装饰类

主要指用于制作树桩盆景及室内观赏的一类树木。树桩盆景类树木要求生长缓慢、枝叶细小、耐修剪、易造型、耐贫瘠、易成活、寿命长。室内装饰树木要求耐阴性强、观赏价值高、适于盆栽观赏，如散尾葵、朱蕉、鹅掌柴等。

（四）按树木的主要经济用途分类

园林中有一类树木除观赏、防护等功能外，还具有经济价值，依据其主要经济用途可分为果树类、淀粉类、油料类、菜用类、药用类、香料类、纤维类、饲料类、薪炭材类、树胶类、蜜源类等。这类树木种类繁多，是果树和经济林树种的主要组成部分，不是观赏树木的重点，在此不再赘述。

第二节 观赏树木的观赏特性

观赏树木的观赏特性是以个体或群体来体现其形态、色彩、芳香、质地等方面的美感。观赏树木千姿百态，还能随季节与树龄而变化，春夏秋冬，各有千秋。如春季绿满梢头，或花团锦簇；夏季绿叶成荫，浓影覆地；秋季佳实累累，色香俱上；冬季白雪挂枝，银装素裹。根据观赏树木的不同特性和韵味，赋予不同的“性格”，使观赏树木“人格化”，具有寓意深长的意境美，如松之忠贞、竹之虚怀、梅之坚韧、牡丹之富丽、山茶之娇艳、碧桃之妩媚等。

一、树形及其观赏特性

树形是由干、茎、枝、叶所组成，一般所说的树形是指在正常生长环境下，成年树木整体形态的外部轮廓。观赏树木的树形在园林构图、布局及主景创造等方面起着重要作用。常见的树形有塔形、圆柱形、圆球形、棕榈形、下垂形、雕琢形、倒卵形、盘伞形等。

观赏树木不同树形的园林应用及其所产生的观赏效果有很大不同。如塔形树既可作为人们视线的焦点，充当主景，也可与形状有对比的植物如球形植物搭配，相得益彰，还能与相似形状的景物如亭、塔等相呼应，具有严肃端庄的效果；圆柱形树冠具有突出空间立面效果的作用，适宜与高耸的建筑物、纪念碑、塔相配，给人以雄健、庄严与安稳的感觉；圆球形给人以优美、圆润、柔和、生动的感受；棕榈形具有南国热带风光情调，能给人以挺拔、秀丽、活泼的感受；下垂形树冠能随风拂动，常形成柔和、飘逸、优雅的观赏特色。

二、叶及其观赏特性

叶的观赏特性主要表现在叶的形状、大小、色泽和质地等方面。按照叶的大小和形态，可将叶形划分为小型叶、中型叶和大型叶三类。小型叶的叶片狭窄，细小或细长，叶片长度大大超过宽度，常见的有鳞形、针形、凿形、钻形、条形、披针形等，具有细碎、紧实、坚硬、强劲等视觉特征；中型叶的叶片宽阔，大小介于小型叶与大型叶之间，形状多种多样，有圆形、卵形、椭圆形、心脏形、菱形、肾形、三角形、扇形、掌状形、马褂形、匙形等类别，多数阔叶树的叶属此种类型，能给人以丰富、圆润、素朴、适度的感觉；大型叶的叶片巨大，但整个树上的叶片数量不多，具有秀丽、洒脱、清疏的观赏特征。大型叶树的种类不多，其中又以具大、中型羽状或掌状开裂叶片的树种为多，如苏铁科和棕榈科的许多树种以及泡桐等。

有些树种的叶片形状很美，具很高的观赏价值，如马褂木、琴叶榕、八角金盘、七叶树等；许多树种的叶缘具锯齿、缺刻或叶片上具茸毛等附属物，有时也能起到丰富景观的效果。此外，叶的质地不同，观赏效果也不同，如革质叶片反光力强，叶色深，故具有光影闪烁的效果。

在叶的观赏特性中，叶色的观赏价值最高，因其呈现的时间长，能起到突出树形的作用。与花色、果色相比，叶色的群体观赏效果更为长久、显著。

树木的基本叶色为绿色，由于受树种及受光度的影响，叶的绿色有墨绿、深绿、浅绿、黄绿、亮绿、蓝绿等差异，而且常随季节的变化而变化。各类树木叶的绿色由深至浅的顺序大致为常绿针叶树、常绿阔叶树、落叶树。油松、红松、雪松、云杉、青杆、侧柏、山茶、女贞、桂花、榕树、国槐、毛白杨、榆树等树种的叶色较深，属深浓绿色叶树种；水杉、落叶松、金钱松、七叶树、鹅掌楸、玉兰、芭蕉、旱柳、糖槭等树种的叶色较浅，属浅淡绿色叶树种。

有些树种具有特殊叶色，在园林应用中具有特殊的价值。特殊叶色可分为常色叶和季节叶色。

常色叶有单色与复色之别。前者叶片表现为某种单一的色彩，以红、紫色（如红枫、红檵木、紫叶李、紫叶桃、紫叶小檗等）和黄色（如金叶鸡爪槭、金叶雪松、金叶连翘、金叶榆、金叶复叶槭等）为主；后者是同一叶片上有两种以上不同的色彩，有些种类叶片的背腹面颜色显著不同（如胡颓子、红背桂、银白杨等），也有些种类在绿色叶片上有其他颜色的斑点或条纹（如金心大叶黄杨、变叶木、金心龙血树、洒金东瀛珊瑚等）。

季节叶色是树叶随着季节的变化而呈现的有显著差异的特殊颜色。季节叶色多出现在春、秋两季。春季新叶叶色发生显著变化者，称为春色叶树种，如臭椿、香椿、黄连木、山麻杆、长蕊杜鹃等。在南方温暖地区，一些常绿阔叶树的新叶不限在春季发生，任何季节的新叶均有颜色的变化，如铁力木等，也归于春色叶类。在秋季落叶前叶色发生显著变化者，称为秋色叶树种，如银杏、金钱松、悬铃木、黄栌、火炬树、枫香、乌桕等。秋色叶树种以落叶阔叶树居多，颜色以黄褐色较普遍，其次为红色与金黄色，它们对园林景观的季相变化起着重要作用，具有明快、活泼的视觉特征。

秋叶呈红色或紫红色的树种有鸡爪槭、五角槭、茶条槭、糖槭、枫香、地锦、五叶地锦、小檗、漆树、盐肤木、黄连木、黄栌、火炬树、花楸、南天竹、乌桕、石楠、卫矛、山楂、柿树等。秋叶呈黄色或黄褐色的树种有银杏、白桦、紫椴、栾树、无患子、鹅掌楸、复叶槭、悬铃木、蒙古栎、金钱松、落叶松、水杉、白蜡、紫荆等。

三、花及其观赏特性

观赏树木的花是最引人注目的特征之一，其观赏效果取决于树木的遗传特性，如花的大小、花色、花形、花序类型、花香，以及花相（花或花序着生在树冠上所表现出的整体状貌）、着花枝条的生长习性等都是由树木的遗传特性决定的。在观赏树木中，有些树种的花径大、花瓣数目多、重瓣性强，或花形奇特，能体现个体美，如牡丹、鸡蛋花、珙桐等，但大多数树种的花朵都比较小，单花的观赏效果不佳，往往组成各式各样的花序，使形体增大，盛开期形成美丽的大花团，观赏效果倍增，体现了群体美，如珍珠梅、接骨木、八仙花等。

观赏树木的花相类型多种多样，如干生花相（花生于茎干上，亦称老茎生花）、线条花相（花排列于小枝上，形成长形的花枝）、星散花相（花朵或花序数量较少，且散布于全树冠各部）、团簇花相（花朵或花序形大而多，既具强烈的整体感，又能体现每朵花或每个花序的特

征）、覆被花相（花或花序着生于树冠表层，形成覆伞状）、密满花相（花或花序密生全树各小枝上，使树冠形成一个整体大花团，花感最为强烈）、独生花相（本类较少，形态奇特，如苏铁类）等。根据展叶和开花的先后次序，花相又可分为纯式和衬式两大类，先花后叶的为纯式花相（在开花时叶片尚未展开，全树只见花不见叶），先叶后花的为衬式花相（展叶后开花，全树花叶相衬）。

花色是花的主要观赏要素，红、白、黄是花色的三大主色，具这三种花色的树种最多，其中红色系花（红色、粉色、水粉）的树种有海棠、桃、杏、梅、樱花、蔷薇、玫瑰、月季、石榴、牡丹、山茶、杜鹃、锦带花、夹竹桃、合欢、粉花绣线菊、紫薇、榆叶梅、木棉、凤凰木、紫荆、扶桑、刺桐、象牙红等；白色系花的树种有茉莉、白丁香、白牡丹、白茶花、溲疏、山梅花、女贞、玉兰、白兰花、栀子花、梨、白鹃梅、白玫瑰、白杜鹃、刺槐、绣线菊、枸橘、珍珠梅等；黄色系花（黄、浅黄、金黄）的树种有迎春、连翘、云南黄馨、金钟花、黄刺玫、黄蔷薇、棣棠、黄牡丹、黄杜鹃、金丝桃、金丝梅、蜡梅、金老梅、金雀花、黄花夹竹桃、小檗、金花茶、栾树、鹅掌楸等。另外，蓝色系花的树种有紫藤、紫丁香、木兰、泡桐、八仙花、蓝血花、薄皮木、木槿、醉鱼草等。

在花的观赏特性中，花香具有特殊意义。通常把花香分为清香（如茉莉）、甜香（如桂花、含笑）、浓香（如白兰、栀子花、丁香）、淡香（如玉兰）等。不同的花香会引起人的不同反应，大多数能起兴奋作用或镇静作用，只有极少数会引起人们的反感。由于芳香不受视线的限制，可以选择适当的芳香树种组成“芳香园”或“夜花园”，以充分发挥花香的作用。

四、果及其观赏特性

许多树木的果实不仅具有很高的经济价值，为人们生活所必需，而且有特殊的观赏价值，为园林景观增色添彩。在观赏树木中，有的果实可食，有的果实不可食，但其观赏价值同等重要。秋季是收获的季节，此时累累硕果挂满枝头，给人以美满丰盛的感觉。果实的观赏特性主要表现在形状和色泽两方面。

果实形状的观赏主要体现在“奇、巨、丰”上。“奇”指形状奇异，别有趣味，如元宝枫的果实形似元宝；铜钱树的果实形似铜币；腊肠树的果实好比香肠；秤锤树的果实如同秤锤；紫珠的果实宛若许多晶莹剔透的紫色小珍珠；气球果的果实形如气球；象耳豆的荚果果形弯曲，两端浑圆而相接，犹如象耳一般。“巨”指单体果形大而醒目，如柚、木菠萝、椰子、木瓜等。“丰”是就全树而言的，往往果实体形不大，但数量很多或果序较大，以量取胜，收到引人注目的效果，如花楸、接骨木、金银木、火棘、天目琼花等。还有些树种的种子很美，富于诗意，如王维“红豆生南国，春来发几枝。愿君多采撷，此物最相思”诗中描写的红豆树，等等。

“一年好景君须记，最是橙黄橘绿时”，苏轼的诗句描绘了一幅美景，这正是果实的色彩效果。果实的颜色丰富多彩，变化多端，有的艳丽夺目，有的乌黑诱人，有的平淡清秀，有的玲珑剔透。常见的果色有红色、黄色、紫色、白色和黑色，其中果实呈红色的树种有小檗类、水栒子、山楂、冬青、花楸、金银木、秦岭忍冬、南天竹、紫金牛、红橘、石榴、佛头花、接骨木、越橘（北国红豆）等；果实呈黄色的树种有银杏、杏、梅、柚子、甜橙、金橘、木瓜、梨、南蛇藤等；果实呈紫色的树种有紫珠、葡萄、十大功劳、李等；果实呈白色的树种有红瑞木、乌桕（果实外具白色的蜡质）、陕甘花楸、白果五味子等；果实呈黑色的树种有金银花、小叶女贞、刺五加、刺楸、鼠李、黄菠萝等。

五、枝干、树皮、刺毛、根等及其观赏特性

观赏树木的枝干具有不同的生长习性，除直接影响树形外，其奇特的色彩也具有一定的观赏性。尤其是当深秋落叶后，枝干的颜色更为显目。如红瑞木、野蔷薇、杏、山杏等具有红色的枝干，山桃、桦木等具有古铜色的枝干，梧桐、棣棠、青榨槭等具有青翠碧绿色的枝干。

树皮的观赏性体现在形、色两个方面。树皮的外形和颜色多种多样，且随树龄的增长而有一定变化。常见的树皮形态有光滑树皮、横纹树皮、片裂树皮、丝裂树皮、纵裂树皮、纵沟树皮、长方裂纹树皮、粗糙树皮、疣突树皮等。常见的树皮颜色有暗紫色、红褐色、黄色、灰褐色、绿色、斑驳色、白色或灰色。

有些观赏树木的刺、毛等附属物也有一定的观赏价值。如楤木属多被刺与绒毛；峨眉蔷薇小枝密被红褐刺毛，紫红色皮刺基部常膨大，其变型翅刺峨眉蔷薇的皮刺极宽扁，常近于相连而呈翅状，幼时深红、半透明，尤为可观。

树木裸露的根部也有一定的观赏价值，但并非所有的树木都具此种特性。在这方面特征突出的树种有：松、榆、朴、梅、楸、榕、蜡梅、山茶、银杏、鼠李、广玉兰、落叶松等。在亚热带、热带地区有些树木具有巨大的板根，很有气魄。另外，有些树木具有气生根，可以形成密生如林、绵延如索的景象，甚为壮观，如榕树、高山榕、薜荔等。

第三节 观赏树木的园林应用

众所周知，植物是造园四大要素（山、水、建筑、植物）之一，而且是四要素中唯一具有生命活力的要素。植物不仅是园林景观的构成者，还是舒适环境的创造者。造园可以无山、无水，但绝不能没有植物。正所谓“寻常一样窗前月，才有梅花便不同”。观赏树木是植物造景中最基本、最重要的素材，绝大多数植物造景均需要树木的参与，各种建筑若无树木掩映，即使有山、有水，也缺乏生气。

一、造景

观赏树木可作主景，也可作配景。作为主景，可以是整体布局中的主景，也可作局部空间的主景。黄山的迎客松为自然形成的植物景观，是黄山主景之一。在园林中，常常选用一些形体高大、姿态优美、花艳叶秀的树木，以孤植或丛植的方式配植在庭园角落、道路交叉点、草地和花坛的中央、水边及路旁等游人视线交汇集中的地方，构成主景，以充分展示树木独特的个体美。如南京中山陵甬道两侧的雪松可有效地提高主人的尊贵程度，突出孙中山先生的伟大形象；深圳仙湖植物园邓小平亲手所植榕树，借名人名木造景，成为仙湖的一大亮点。对一些个体观赏特性不十分突出的树木，可以采取大量群植或林植的方式，营造风景林，构成气势宏大的观赏气氛，以体现树木的群体美，如南京梅花山春天的山花烂漫、北京香山秋天的万紫千红都是人工与自然配植成的景观，是国内外著名的旅游观光景点。

观赏树木作为配景的形式很多，园林中常利用树木形成背景、夹景、框景或漏景，其作用是为主景服务，使主景更突出。如将枝叶细密、颜色较深的树木作为雕塑、喷泉、建筑等景物的背景，使前景置于其中，烘托、渲染作用强烈。如烈士陵园、人民英雄纪念碑等以绿色树木为背景显得更加庄严肃穆；大会堂中摆放南洋杉可有效地渲染其庄重气氛；电影《闪闪的红

星》多处以杜鹃花为背景，寓意深刻。为了产生理想的配景效果，应根据特定的对象，来确定选作配景的树木的种类、规格、数量及配置方式等，使主景与配景融为一体，更加突出整体的自然、和谐、丰满，有时可起到画龙点睛的作用。如假山上的雅形松和南天竹、著名建筑前的风景树、寺庙内的古松和古柏等，均能提高主景的观赏价值或整体效果；可以想象，若在建筑的角隅处栽植一面积不大的树丛，则可使整个环境顿显生机。

二、联系景物

由于形状、色彩、地位和功能上的差异，常存在景物与景物间或景物与地面间彼此孤立，缺乏联系的现象。为保持联系，使其有一种完整的感觉，常需要在相关景物与空间之间安排一些联系的构件，观赏树木是常用的素材之一。以树木作为联系构件的主要应用方式有四种，即连接、过渡、渗透和丰富。如在一生活小区内的商店、餐馆、学校、民宅间以树木相连，整体感强烈，生活气息更浓；在建筑物旁栽植树木，能缓和建筑物垂直的墙面与水平的地面之间机械、生硬的对比，在视觉上能形成良好的协调和联系；主路与支路、建筑物入口及门厅的树木景观可以起到自然过渡和延伸的作用，使人们从一个景观到另一个景观、从外部空间进入建筑内部空间有一种动态的不间断感；外部的树木景观通过落地玻璃窗渗透到室内的餐厅、客厅等大空间，可扩大室内空间感，使人如坐林中，给枯燥的室内空间带来生机；城市街道形形色色的景观间若仅以光秃秃的道路连接则显得单调、枯燥，如果用行道树将其有机联系、统一起来，就能形成和谐的整体。

三、组织空间

利用树木组织空间，可以通过树木体态、高矮、色彩、疏密、配植方式、数量等多种变化，创造开敞与闭锁、幽深与宽阔、覆盖与通透等空间种类，完善园林的功能分区，形成曲径通幽、柳暗花明、别有洞天、豁然开朗的空间景观，增强园林空间的层次性和整体性，具有自然、丰富、饱满、柔和、疏密得当、富有生机等特点，使空间井然有序、张弛适宜又具有大自然的韵味。

观赏树木具有分隔空间和拓展空间的功能。我国的古典园林常用墙、廊以及其他大型园林建筑来分隔空间，这种分隔为绝对分隔，易使人产生封闭、压抑感。树木对空间的分隔是一种相对分隔，似隔非隔，隔而不死。这种分隔可分隔成紧密型的，也可分隔成疏透型的；可用定植的树木进行永久分隔，也可用盆栽树木进行临时分隔；可水平分隔，也可立体分隔；分隔的空间可以是开敞空间、封闭空间、半封闭空间和纵深空间等。用低矮的灌木或修剪的乔木分隔的开敞空间、流畅；用高的、密的乔木围成的大的封闭空间幽静，有身临大森林之感；用高的、密的乔木围成的小的封闭空间则更具神秘感；纵深空间给人以幽深、僻静的感觉，使人回味无穷。

人们通常认为墙是不可逾越的，看到墙便有空间到了尽头的感觉，但看见树墙就不会有这样的感触。因此，每遇墙体即以密植林带来遮挡或以常绿藤本类爬满墙面，或直接以一排一定密度和高度的树墙取代墙体，既阻挡人流，又有一定的通视程度，均可起到拓展空间的效果。又如在游园的尽头若是一堵墙，空间一下子就变小了，若设计成一条顺墙延伸的窄窄的弯路，两侧密植略高的常绿密枝类树种，从远处看则给人以无限的联想，走近后又给人幽深的感觉，从而拓展了视觉空间。

四、增添季节特色

在造景上应避免“四季一色”或“千城一面”的单调景观，尽量追求景色的动感。观赏树木的物候或季相变化，能给人以时间上的韵律与节奏感。观赏树木的叶、花、果、树形等在形态、色彩、结构、景象等方面表现各异，呈现明显的季相动态变化，季节特色鲜明，可在四维空间（包括时间维）上营造出赏心悦目的艺术效果。尤其是那些在一年中外观变化显著的树种，如落叶树，更具季节特色，能形成春花烂漫、夏荫浓郁、秋色绚丽、冬景苍翠的四季景色，增加景观的动感，能使人们亲身感受到大自然的无穷魅力。如苏州冬观白雪寒梅，夏看荷花争艳，秋数漫山红叶，春季百花盛开；杭州苏堤春晓看桃柳，夏日曲院风荷，秋观桂花满觉陇，孤山踏雪赏梅（冬）等；扬州个园在咫尺庭院创造出四季分明的自然景观序列：春季梅花、翠竹，夏日国槐、广玉兰，秋有枫树、梧桐，冬配蜡梅、南天竹，达到了季移景异的动态景观效果。

五、控制视线

在景区、景点或室内等均有一些有碍观瞻的地方，用观赏树木遮挡视线，能产生良好的视觉效果。如陈旧的建筑、排污的河道、杂乱的民宅、室内家具侧面、夏日闲置不用的暖气管道、壁炉、角隅等均可用结构适宜的树木来遮挡，不一定都要全部遮住，有时只要树木景观能够转移人们的注意力就达到目的了。

园林中常利用树木高矮、树冠疏密、叶片大小、配置方式的不同等多种变化来限制、阻挡和吸引游人的视线，使景色显蔽相宜，起到彰显美景，隐蔽劣景，引导游览，调节游憩速度与节奏的作用。若为突出坐落于路侧建筑前的一尊雕塑，以树篱半掩去其他建筑，能使其成为主要景点，吸引人们的注意力，提高观赏效果。

此外，观赏树木还具有改观地势的功能。如在平坦处栽植高矮有变化的树木，可形成树势的起伏变化，就如同地势发生变化一样，能避免单调与平直之感；在山丘的顶部和高处栽植乔木，可加强地形的起伏；在较高处栽植矮小的灌木，在低洼处栽植高大的乔木，则可缓和地形起伏，使原有地势趋于平坦和统一。

第二章 观赏树木的繁殖、栽培与管理

第一节 观赏树木的繁殖

一、有性繁殖

有性繁殖是用种子进行繁殖的一种方法，因此也称种子繁殖或播种繁殖，用这种方法繁殖而成的苗木称为实生苗或播种苗。

种子繁殖具有繁殖量大、方法简便、苗木根系完整、生长健壮、抗性强、寿命较长、遗传可塑性大等优点，但苗木变异性大，开花结实较晚。某些重瓣品种不结实，或虽非重瓣但在其非适生环境条件下不易结实的种类，则不能用种子繁殖。

许多树种如松、柏、槐、榆等常用种子繁殖；大量培育砧木也常用种子繁殖，如桃、李、杏、梅等树种均可通过播种来培育砧木实生苗。

（一）种子采集和处理

1. 良种出壮苗

良种是在优良母树上产生的，而优良母树应当具备生长健壮、无病虫严重为害、处于壮年并已结实多年而尚未衰老等条件。为了获得良种，在选好优良母树之后，还应加强母树的养护管理，在遇到特殊干旱或洪涝灾害时，应及时灌溉或排涝；有条件时还应进行人工施肥，以保证母树的养分需求；发现严重病虫为害时，应及时防治。

2. 适时采种

生理成熟和形态成熟是种子成熟的两个指标。种子的生理成熟是指种子的种胚已经发育成熟，种子内营养物质的积累已基本完成，种子已具有发芽能力。处于生理成熟的种子，含水量还很高，种子内的营养物质还处于易溶状态，种皮尚未具备保护种子的能力，种子易干瘪、难贮藏、种粒小而轻、发芽率低。达到生理成熟的种子，没有明显的外部形态标记。而种子形态成熟后，种子内部的生物化学变化已基本结束，营养物质的积累已经停止并已转化为难溶于水的淀粉、脂肪、蛋白质，种子含水量降低，酶活性减弱，种胚处于休眠状态，种皮坚硬，抗性增加，种子耐贮藏。处于形态成熟的种子，往往具有一定的外观特征，如变色、果实变软、具香味、开始脱落等。生产上多以形态成熟作为种子成熟的标记。

一般树种的种子都是生理成熟先于形态成熟，但也有一些树种如银杏、白蜡等树种的果实，虽然在形态上已成熟，但还没有发育完全，需经过一定时间，在贮藏过程中，种胚才逐渐发育而具有发芽能力，即所谓生理后熟。

不同树种的果实或种子成熟时具有不同的外部形态特征，大致可分为以下三类。

（1）干果类　这类果实主要包括荚果类（如刺槐、紫荆、合欢）、蒴果类（如丁香、紫薇、木槿）、翅果类（如槭类、榆、白蜡）、坚果类（如薄壳山核桃、七叶树、板栗）。果皮由绿色变成黄色、褐色、紫黑色等，果皮干燥、紧缩、变硬或自然开裂，有的因成熟开裂而散出单个种子。

（2）肉质果类　果皮变色，有的出现白霜，果肉软化，颜色有黄色（如银杏）、红色（如火棘、冬青、南天竹）、蓝黑色（如女贞、香樟）等。

（3）球果类　种鳞干燥、变硬、微微开裂，球果由绿色变为黄褐色。

未成熟的种子播种后不能发芽或长不成健壮的幼苗。所以，采种不宜过早，但也不宜过晚，以免种子飞散或自行脱落，采不到种子或难以收集。一般应在种子形态成熟后及时采集。尤其是荚果、蒴果、坚果或球果类的种子应及时采收，过晚就会散落。也可在发现开始变色或出现其他形态变化时，采集少量果实或种子，进行解剖观察，若胚乳、胚芽或子叶健全，并已可明显分辨而无乳汁或水液，则说明种子已经成熟，可以立即采集。此外，一些干果类树种的种子最好在早晨采集，因早晨空气湿度大，果实不至于一触即开裂而影响采收。

3. 种子调制

种子采集后，往往因其带翅、带球果、带果皮果肉等，不易贮藏。由于这些杂物或多或少都含有糖分和蛋白质等物质，极易寄生霉菌和其他微生物，从而引起发热而造成种子霉烂。此外，如果种子的含水量过高，其呼吸作用往往较强，极易在贮藏过程中发热而引发霉变，从而影响种子的萌发能力。因此，必须经过干燥、脱粒、净种、分级等步骤调制处理，才能得到适合运输、贮藏和使用的纯净种子和果实。

对于荚果、蒴果、翅果类和球果类等树种的种子可用干燥脱粒。干燥脱粒又可分自然干燥脱粒和人工干燥脱粒两种。自然干燥脱粒即是将果实摊成薄层，厚度不超过20cm，经适当日晒或晾干，待果鳞或果壳开裂，种子自行散出或人工打击、碾压等，再行收集。人工干燥脱粒则用人工通风、加热，促进果实干燥。烘干温度不宜过高，一般不能超过43℃；若种子湿度大，则温度还应低，以32℃为宜。多肉、多浆类树种（如海棠、忍冬类、桃李类、梨、栒子类、荚蒾、接骨木等）的果实，多用水洗来取出种子。水洗时先将果实浸于水中，待肉质果软化后，再以木棒冲捣使之与种子分离，然后洗净，取出种子，干燥。种子中不能留存或混杂果肉残渣，以免有霉菌滋生发热而伤害种胚。具有假种皮的种子，如罗汉松、红豆杉、玉兰属、卫矛属等树种的种子，其假种皮多含糖分和油脂，采收后应立即去除假种皮；罗汉松和红豆杉较易清除，玉兰类种皮较硬，清除也较方便，但卫矛属中的有些种类的种皮较软，若用力揉搓会伤及胚，可用草木灰或洗涤剂溶入水中浸泡半小时，然后放入金属丝网中晃动或轻揉，使其脱离种子，再用清水冲漂，将红色假种皮及瘪粒一并倾倒除去，晾干后收藏。这类种子若不去除假种皮，遇潮就会发霉而引起胚坏死，使种子失去发芽力。坚果类种子收集后适当晾干即可收藏。种子具毛的，很容易随风飘散，如杨、柳、柽柳等树种的种子，采收后晾晒时适当遮盖并稍加敲击，让种子与毛分离。

4. 种子精选

种子脱粒后，一般都会有些空秕粒和杂物混杂其中，应及时净种，以提高种子纯度。生产上常用的种子精选方法有以下三种。

（1）风选　用自然或人工风力，扬去与饱满种子重量不同的空瘪种子和夹杂物。风选还能对种子大致分级。风选常用于精选中、小粒种子。

（2）筛选 利用不同孔径的筛子，筛去与饱满种子体积不同的杂物和空瘪种子。

（3）水选 利用饱满种子与空粒种子及夹杂物密度不同，将种子浸入水中或其他溶液如盐水、硫酸铜溶液中，饱满种子下沉，剔除浮在水面的空粒和杂物。水选种子浸水时间不宜过长，但有些种子如核桃具坚硬的内果皮，内存空腔，在水中不易下沉，需浸泡时间长些才能选出。水洗后种子应及时阴干。

种子经净种处理后，应按种粒大小或轻重进行分级，一般可分为大、中、小三级，分级一般用不同孔径的筛子筛选。同一批种子，种粒越大，出苗率越高，幼苗越健壮，而且出苗整齐，便于管理。种子分级完成后应进行编号登记，注明采收日期、名称、颜色等，最后进行包装、贮藏。

（二）种子贮藏

种子贮藏是延长种子寿命的重要途径。种子寿命是指在一定环境条件下种子能保持生活力的期限。就群体而言，种子寿命是指一批种子从采收到半数种子仍有生活力所经历的时间。

1. 影响种子寿命的因素

种子寿命主要取决于树种的遗传特性，但与种子的成熟度、种子的完好程度、种子含水量、贮藏条件等因素也有很大关系。

（1）遗传因素 不同树种的种子由于其遗传特性不同，种子的寿命差异很大。许多温带阔叶树种、热带树种和带大量肉质子叶的种子寿命较短，如在夏季高温条件下，榆树种子的寿命只有1个半月左右；在常温条件下，杨属树种的种子在1个月内生活力就急剧下降；其他树种如七叶树、枇杷、柑橘、荔枝、山核桃、板栗等的种子寿命均较短。大多数针叶树种的种子寿命均较长。此外，种子寿命还与种子的内含物有关，如淀粉类种子比脂肪类种子含水量高，且淀粉易于吸湿，易于分解，易于消耗，从而使淀粉类种子（如板栗、银杏）不如脂肪类种子（如松、柏类种子）耐贮藏。种皮致密、坚硬、透性差、角质层厚或种皮外被有蜡质的种子寿命长，耐贮藏。这类种子的种皮几乎不透水，对外界不良条件具有极强的抵御能力，如刺槐、皂荚等树种的种子。

（2）种子成熟度 没有完全成熟的种子，种皮不紧密，还不具备正常的保护功能，种子内部的贮藏物质仍处于易溶状态，种子含水量较高，呼吸作用也较强，很容易消耗养分，且易感染病虫害，因而寿命较短。

（3）种子含水量 含水量低的种子呼吸作用微弱，生理活性低，处于休眠状态，保持生命力的时间较长，且含水量低的种子，抵御高温和低温的能力强。当然，种子含水量也不是越低越好，而是有一定的限度，即所谓“安全含水量”。安全含水量是维持种子生活力所必需的最低限度的含水量。树种不同，种子的安全含水量也不相同。根据安全含水量的高低，可将种子分为两大类：一类是可以忍受干燥的种子，如松、杉、柏、刺槐类等大多数树种的种子，安全含水量为3%～10%；另一类是不能忍受干燥的种子，如壳斗科、柑橘类、七叶树、银杏等树种的种子，安全含水量一般为30%～50%。种子安全含水量还与种子贮藏时间和贮藏温度有关。若贮藏时间较长，则应取安全含水量的低限；若贮藏时间较短，则可取安全含水量的高限。而贮藏温度较高时，安全含水量宜低，反之可略高。

（4）种子完好程度 在脱粒筛选等调制过程中，往往会对种子造成一定的损伤。在不良贮藏条件下，这种损伤很容易扩展并引起种子腐烂，从而影响种子发芽。

（5）贮藏条件 种子的生命活动是在一定的温度、湿度和通气条件下进行的，要保持种子活力，延长种子寿命，就应通过控制温度、湿度、通气等条件来减缓种子的呼吸和其他代谢活动，并且不损伤种胚。对大多数树种种子而言，贮藏时，温度为1～5℃，相对湿度为30%～60%较为适宜。在干燥低温条件下，种子才能长期保持生活力，而在高温多湿条件下，种子很容易丧失生活力。合理通风可以有效降低贮藏环境的相对湿度，减少种子含水量的波动幅度，而且可以带走因呼吸产生的局部热量，降低种子的温度，还可以降低种子堆中因呼吸作用而产生的远远高于周围环境的二氧化碳浓度，避免无氧呼吸对种子的伤害。在人工可控贮藏条件下，可结合低温、干燥等措施在密闭条件下保存种子，这样可以大大延长种子寿命。

2. 种子贮藏方法

（1）干藏法 适合于含水量低的种子。有普通干藏法和密封干藏法两种。

① 普通干藏法：适用于大多数乔灌木树种的种子，尤其是针叶树种子及常见的蒴果、荚果类树种的种子。种子应充分干燥，然后装入种子袋（纸袋、布袋或麻袋）或装入木箱、木盒、金属盒、玻璃瓶等容器，置于阴凉、通风干燥的室内，并视贮藏时间长短和贮藏条件，适当利用通风和吸湿设备或干燥剂。一般室内相对湿度宜保持在50%以下。贮藏库应保持干燥、通风、凉爽，并事先熏蒸消毒。贮藏期间应经常进行检查。

② 密封干藏法：一些易丧失发芽力的种子，如杨、柳、榆、桉等可用密封干藏法。即将干燥种子置于密闭容器中，并在容器中加入适量干燥剂，并定期检查，更换干燥剂。密封干藏法可有效延长种子寿命，若同时给予低温条件，则贮藏效果更好。

（2）湿藏法 湿藏法适用于含水量较高的种子。多限于越冬贮藏，并往往和催芽相结合。常见树种有银杏、栎类、核桃、女贞、火棘、海棠、桃、梅、木瓜、七叶树等。湿藏还可以逐渐解除种子休眠，为发芽创造条件。所以一些深休眠种子，如红松、圆柏、椴树、山楂、槭树等树种的种子，多采用湿藏。一般将种子与相当种子容量2～3倍的湿沙或其他基质拌混，埋于排水良好的地下或堆放于室内。也有将种子与湿沙等分层堆积，即所谓层积贮藏。贮藏过程中基质要始终保持湿润，而且应保证通风良好，将温度控制在0～5℃。这种方法可有效保持种子生活力，并具催芽作用，能提高种子发芽率和发芽的整齐度。

对大粒种子，如核桃、栗子、栎类等，在有条件时可采用流水贮藏。选择水面较宽、水流较慢、水深适度、水底少有淤泥腐草而又不结冰的溪涧河流，在周围用木桩、柳条筑成篱堰，把种子装入箩筐、麻袋内，置于其中贮藏。春季气温上升到15℃以上时，及时将其捞起，将种子摊开晾干水分后播种。水藏的优点是温度较稳定，流水中有一定氧气供给，水还可隔绝微生物滋生，种子本身吸水充足，播种后温度适宜即可很快萌发。但有破损的种子不能入藏。

（三）种子的休眠与催芽

1. 种子的休眠

具有生命力的种子，由于缺乏适宜的萌发条件，或虽然具有萌发条件，但由于种皮障碍、种胚尚未成熟或种子内含有抑制物质而不能萌发的现象，称为种子休眠。根据休眠产生的原因，种子休眠可分为两种类型，即强迫休眠和生理休眠。

强迫休眠是指种子缺乏适宜的水分、温度和通气等条件而不能发芽，如果条件适合就可以发芽，所以，也称为浅休眠或外因休眠。如杨、榆、桑、紫荆、合欢、枫杨、油松、雪松、金钱松、侧柏等树种的种子多属此类。

生理休眠是指即使给予种子适宜的水分、温度和通气等条件，种子也不能正常发芽，必须给予特殊处理才能发芽的现象，所以，也称为深休眠或内因休眠。许多温带树种，如银杏、蔷薇、桃、梅、榆叶梅、海棠、琼花、山楂等的种子属此种类型。

虽然休眠对种子的贮藏非常有利，但对播种育苗来说却是不利的。如果种子不经过处理，则播种后发芽率低，出苗不整齐，不利于管理，直接影响苗木的产量和质量。造成种子生理休眠的原因很多，但大致可分为以下几种。

（1）种胚发育不全　这类种子的形态成熟先于生理成熟，即当种子采收时，虽然种子已脱离母株，形态上已经完全成熟，但种胚发育尚未完成，胚需要继续从胚乳吸收营养，生长发育直至成熟。如银杏、欧洲白蜡、冬青、七叶树、香榧等树种的种子。

（2）种皮（或果皮）的阻碍　由于种皮的生理结构引起的种子休眠包括种皮坚硬、致密、具蜡质等因素，往往造成种皮（或果皮）不透气、不透水，从而阻碍了外界水分和空气等的进入，抑制了胚的萌动。此外坚硬的种皮还对胚根的伸长产生机械阻碍作用，使胚根难以突破种皮而不能发芽。如刺槐、皂荚、云实、桃、梅、核桃等树种的种子。

（3）种子内抑制发芽物质的存在　如在牡丹种子的胚轴中、红松种子的种皮中、女贞种子的果肉中、杏种子的胚和胚乳中均有抑制发芽的物质。有些种子的休眠还可能与生长调节物质如赤霉素和脱落酸的平衡有关。

2. 催芽

由于贮藏过程中有的种子可能变质或受损，所以应再次精选种子，然后进行催芽处理，尤其对带干枯果壳和种皮坚硬的种子，更需进行催芽。常用的催芽方法有以下几种。

（1）低温层积催芽　低温层积催芽是将种子分层混沙或泥炭、蛭石、苔藓进行催芽。这种方法实际上是人为模仿温带地区树种的种子秋季脱落，经冬季低温到翌春萌发的自然过程。

层积可使坚硬的种皮逐渐软化，种皮透性增强。在低温条件下，由于氧气在水中溶解度增大，从而能保证层积期间种子呼吸所需，促使种子的内含物向有利于发芽的方向转化，其中种子内部的发芽抑制物如脱落酸等含量逐渐降低以至消失，发芽促进物质如赤霉素、激动素等含量上升。同时在层积过程中，贮藏物质也开始降解，脂肪、蛋白质含量下降，各种酶活性增加，可溶性物质增加。此外，一些种子的胚也能发育成熟而完成后熟作用。层积催芽温度一般在1～10℃左右，以2～7℃最为适宜。而有效的最低温度一般为−5℃，有效的最高温度为17℃，若超过17℃，种子常不发芽而转入被迫休眠。温度过高，微生物的活动加剧，对种子不利；而温度过低，种子易发生冻害。春季气温升高后，为防止种子过早出芽，不便播种，应经常检查，并及时将层积种子取出，用筛子筛去细沙或其他基质，尽快播种。层积时间因树种而异，一般在1～6个月左右，短的如杜鹃、青桐等只有30～40天；中等的如海棠、山荆子、黄栌等为50～60天；较长的如白皮松、桃、梅、杏、榆叶梅等可达70～90天；长的如蜡梅、山楂、白玉兰、栾树等可达100天以上。黄杨、樱桃的种子，应在成熟后采摘处理完毕就层积贮藏，否则很快进入休眠，再处理就难以打破休眠。在低温过程中如适当给予高温（15～25℃）的短时间处理，可提早达到催芽效果。

（2）水浸催芽　除了一些过于细小的种子外，大多数树种基本上都可用水浸处理，使种子吸水膨胀以促进发芽。浸种可用凉水，也可用温水，甚至热水。水温和处理时间随树种而异。

一般凉水浸种（0～30℃），处理6～24小时，适于种皮较厚的种子，如雪松、侧柏、柳杉等。将清理好的种子投入容器中，倒入常温的凉水，使其淹过种子，然后每天定时用棍棒搅动2～3

次，每天换水1次，两天后检查种子，看是否吸足水分。若种皮变软，种粒鼓胀，则说明已吸足水分；否则，还应浸泡。吸足水分的种子，应立即捞出，摊放在向阳处，底下铺放一层麻袋或旧布，摊放厚度不可太厚，以免种子发热，一般5cm为好；然后再在其上覆盖塑料薄膜以保持湿度和增加温度，促进种子萌发。摊晾催芽的种子，还应每天至少翻动两次，随翻动随喷水，以避免干湿不匀和通气不良及上部温度高而下部温度不足，从而发生霉变。在每天翻动时，应检查种子是否萌发，若发现有白点在种脐出现，即证明已经开始萌发。检查时目测大约有1/3的种子萌发时，就应将种子轻轻薄摊在阴凉处通风晾干种子表面水分，然后立即播种，这样可使种子彼此不致粘连，便于播种作业的顺利进行。催芽处理时，注意晾干种子外皮水分，一定不可过干，以免幼胚失水造成“芽干”而失去活力。

温水浸种一般用40～60℃的温水，第1次浸泡时搅动10～15分钟，将种子尽可能搅匀，使之都能受到温水浸泡，第2天换清水再浸泡，以后每天换水1次，其他与凉水浸种相同，直至种子吸足水分鼓胀为止，最后捞出摊开催芽的方法与凉水浸种相同。这种方法主要适用于种皮较厚、吸水较慢的种子，如樟树、檫木、木莲、杜仲、梨、沙枣等树种的种子。

有些树种的种子外皮坚硬，或被以油脂、蜡层，极难吸水，在自然界中完全靠微生物分解后，方能吸水萌发，如豆科的紫荆、合欢、山合欢、刺槐、紫穗槐，漆树科的火炬树、盐肤木、青肤杨等，均可采用热水浸种。其方法是先将种子投入容器中，然后将热水（70～100℃）倒入容器，随倒热水随搅动种子，使种子均受到热水的浸泡，搅动至水不烫手为止，然后任其自然冷却，次日更换凉水继续浸泡，同时上下用力搅动，使上下翻转，约3～4天后检查，若种子鼓胀、种皮开裂，即可捞出摊放催芽，否则还应每天换水再浸泡。捞种子时，应先顺一方向搅动，使吸水种子沉在上部，未吸水种子先沉于底部，将吸足水的种子捞出后，未吸足水的种子再加开水浸泡，每日换水直至全部种子吸足水分都能萌发。吸足水的种子应在背阴处晾干后再播种。

（3）机械损伤处理　该方法适用于种皮坚硬的种子，如夹竹桃、梅、桃、油橄榄等树种的种子。可将种子与粗沙等混合摩擦，或适度碾压，使种皮破裂，透性增加，促进种子发芽。也可采用超声波处理，使空气、水分进入种子，促进萌发。

（4）化学处理　该方法适用于种皮坚硬致密或具蜡质的树种。常用强酸（硫酸、盐酸等）、强碱（如氢氧化钠）、强氧化剂（如双氧水）等化学药剂腐蚀种皮。处理的浓度、时间应依种皮特点而定。因该方法操作方便，可广泛用于生产，但要严格把握好药剂浓度和处理时间，最好通过试验，确定最佳的处理条件。处理后，应及时用清水冲洗，以免产生药害。

（四）播前准备与播种

1. 播前准备

（1）种子消毒　常用福尔马林溶液、高锰酸钾溶液或硫酸铜溶液消毒，或用敌克松粉剂拌种。福尔马林溶液消毒是在播前1～2天，用0.15%的福尔马林溶液浸种16～30分钟，取出覆盖保持潮湿2小时，再用清水冲洗，阴干后立即播种。若消毒后长期不播种，会降低种子的发芽率和发芽势。高锰酸钾溶液消毒是用0.5%的高锰酸钾溶液浸种2小时，取出后用布盖30分钟，冲洗后播种。硫酸铜溶液消毒是用0.3%～1.0%的硫酸铜溶液浸种4～6小时，取出阴干后播种。用敌克松粉剂拌种时，用药量为种子质量的0.2%～0.5%。先用药与10倍的细土拌成药土，然后拌种。

值得注意的是，福尔马林和高锰酸钾不宜用于已催芽的种子，尤其是胚根已突破种皮的种

子，否则会产生药害。种子消毒可有效预防苗期病害，提高苗木成活率。

（2）土壤准备　播种地应深耕细耙，确保具有良好的排灌条件。土壤应做好消毒处理，常用硫酸亚铁、福尔马林、五氯硝基苯、敌克松、代森锌、辛硫磷等进行土壤消毒。应注意轮作，避免因连作引起的病虫害蔓延。对一些有菌根的树种如松类、栎类等，应接种菌根菌，以提高幼苗成活率和促进苗木生长。具体做法是从相同树种的苗圃地或林地挖取带菌土，晾干碾细后均匀撒在苗床内即可。接种后保持土壤湿润，如再结合使用37.5～60g/m^{2}过磷酸钙作基肥，效果更好。

2. 播种时间

我国四季均能播种，但具体时间因地区和树种不同而存在较大差异。应根据树种的生物学特性和当地的气候条件来选择适宜的播种时间。播种时间适当，则种子发芽早而多，出苗整齐，苗木生长健壮，对病虫害和不利条件的抵抗力强。

（1）春播　我国大多数地区和大多数树种都适合春播。春播在早春土壤解冻后进行，在不遭受晚霜危害的前提下，应适当早播，以延长幼苗生长期，提高苗木生长量和抗性。一些有生理休眠特性的种子，播种前应做好沙藏及催芽工作。春播时间北方一般在3月下旬至4月中旬，华东在3月上旬至4月上旬，南方在2月下旬至3月上旬。

（2）秋播　除小粒种子外，大多数种子都可以在秋季播种，具体时间因地区和树种不同而异。多在秋末冬初土壤未冻结前进行，不宜过早，否则若秋季气温过高，有的种子会在当年发芽，冬季易受冻害。

（3）夏播　适用于春季或夏季成熟，且种子细小或含水量大、易丧失发芽力、不宜久藏的种子，如杨、柳、榆、桑等。当种子成熟后，立即采下，进行播种。早秋成熟的相思树、枫杨以及亚热带地区的桉树、木麻黄、苦楝等，为了争取时间，延长幼苗生长期，亦可随采随播。

（4）周年播种　一些温室栽培的树种，种子萌发主要受温度影响，温度适宜，可随时萌发。因此，在有条件时，可周年播种。

3. 播种方法

（1）撒播　将种子均匀撒播于苗床上，适于小粒种子的播种。当种子带有绒毛或种粒过小时，可将其与适量细沙混合后播种。撒播的床面要平，在播前应先浇透水，在水未全渗干时即将种子均匀撒到床上，待水渗后种子随之下沉就会贴在床面上。萌芽快的杨、柳、榆等，会在2～3天内萌发，5～7天后基本出齐苗，而春季气温不高，蒸发虽快，但不致干透，10天后再喷水完全可以。萌发需时稍长的桦木、山梅花、八仙花、溲疏、珍珠梅、绣线菊、华北香薷等，最好播后在床面支拱棚后覆盖一层塑料薄膜，用以保持床面湿润，提高床面温度，促进种子萌发；在种子基本萌芽后7～10天，上午10时至下午3时揭开薄膜，以防高温造成幼苗徒长，一周后完全揭除薄膜，并视土壤墒情适当灌水。撒播产苗量大，土地利用率高，出苗快而齐，但用种量大，苗木密度大，通风不良，容易产生两极分化，苗木管理也较困难。

（2）条播　即按一定行距开沟播种，适用于中、小粒种子。行距和播幅视苗木生长快慢而定，一般行距10～25cm，播幅宽10～15cm。播种行多南北向，使苗木受光均匀。针叶树苗期生长相对缓慢，可适当减小行距；对生长快而又是复叶的树种，如枫杨、臭椿、合欢、香椿、吴茱萸、苦楝等，或叶形很大的树种，如梧桐、悬铃木等，可适当加大行距。条播用种量较少，且由于透光好，苗木生长健壮，成苗率高，便于管理，也便于起苗，故在生产上应用广泛。

（3）点播　在苗床上按一定行距开沟后再将种子按一定株距摆于沟内，或按一定株行距挖

穴播种。适用于大粒种子和发芽势强、种子较稀少的树种，如银杏、核桃、七叶树、椰子、栎类及桃、杏、扁桃和橡栎类、雪松等。一般每穴播1～3粒种子，并应注意种胚方向。发芽后留壮苗一株，其余可移栽或拔除。点播较费工，但出苗健壮，后期管理方便。

4. 播种工序

一般包括播种、覆土、镇压、覆盖、灌溉等工作。

（1）播种　根据种子大小，选择适宜的播种方法。

（2）覆土　播后应及时覆土。覆土厚度应根据种粒大小、土壤状况、气候条件及播后的管理情况而定。一般覆土厚度是种子直径的2～4倍。一般小粒种子覆土厚度为0.5～1cm，中粒种子1～3cm，大粒种子3～5cm。此外，沙质土覆盖可稍厚些，黏性土宜薄些；干旱地区宜厚些，湿润地区宜薄些。覆土应选用疏松的表土或沙土，也可用木屑、草木灰、泥炭等，但不宜用黏重土壤。

（3）镇压　镇压可使种子与土壤紧密接触，使种子充分吸收土壤毛细管水，促进发芽。镇压应在土壤疏松、上层较干时进行，若土壤黏重或湿度较大时不宜镇压，以免土壤板结，影响种子发芽。

（4）覆盖　播种后，用草帘、薄膜、遮阳网等覆盖苗床，能保持土壤湿度，减少杂草滋生，防止因浇水、雨淋等造成种子冲刷，还具有防止土层板结和调节温度等作用。但覆盖物在幼苗大部分出土后应及时分批撤除。

（5）灌溉　水分是播种管理的关键。最好播前土层灌足底水，发芽阶段不再灌溉。若必须灌溉，应喷水或侧方灌水，尽量避免直接在床面上漫灌，以防床面板结或种子受到冲刷。盆播时，若是细小种子，可用浸水法，大粒种子可用喷壶浇水。

（五）播后管理

1. 保湿

保湿的方法主要有两种：一是减少蒸发，即在床面支拱棚覆盖塑料薄膜，或播后覆盖稻草帘或压一薄层稻草、山草；二是浇水灌溉补充水分。播种后都需经一段时间种子才能萌芽，这期间要保持苗床湿润。种子萌芽后及苗木生长过程中，都要及时给苗床补充水分。在降水量大、雨量分布均匀的地区，土壤墒情好，空气湿度也高，苗床保湿相对容易；但在降水量少，或降水分布不匀，常出现春旱、伏旱和冬旱的地方，保湿就成为育苗的头等大事，一旦失水过多，往往就会造成不可弥补的损失。幼苗期浇水应使用喷水方式，以防伤苗。有些松柏类种子含油质并有清香味，易被鸟、鼠啃食，可采取各种措施防范，甚至专人看护。

2. 透光和防晒

种子发芽出土后，应逐渐撤除覆盖物，使幼苗充分受光，但对某些喜阴树种如红松、华山松、白皮松、红豆杉、罗汉松、八仙花、五加、杜鹃、小叶女贞等，在幼苗期还须荫蔽，防止日光曝晒，待长至健壮后方可撤除覆盖物；而某些阴性树种，甚至应长期遮阴，直至符合栽植规格才能撤除。

3. 松土、除草

播种后，苗床上的杂草也随之而来；土壤在几经喷水蒸发后也会逐渐板结。因此，应及时进行松土、除草，以减少杂草对土壤水分和养分的消耗，提高土壤透气性，保持土壤下层墒情。松土、除草应连续多次进行，初期只在行间进行，并应浅松，以免伤及苗根；以后每浇1

次水或下雨后，都应松1次土，以防土壤板结，并清除杂草。

4. 间苗和幼苗移栽

当针叶树的真叶出现，阔叶树有5枚或5对叶，苗高达5cm之后，就可以进行间苗了，即将生长过密的幼苗拔除一些，保证留下的苗有适宜的生长空间。间苗前一定要做好准备，间苗时的土壤应松软，必要时可先浇一次水，以便间拔的苗能连根拔掉，或利用雨后进行。珍贵、稀有树种的苗木，还可结合间苗进行幼苗移栽。即事先准备好移苗苗床，随间苗随移栽，栽完后立即浇水；若原苗床出苗不齐或因其他原因缺苗时，也可用拔出的幼苗进行补栽。间苗时，在较密处会有邻近的苗松动，故每间完一床就应立即浇水，使苗根不致有空隙而造成枯苗。幼苗移栽和原苗床缺苗补栽的，一定要定期浇水，以防幼苗失水死亡。

5. 防治病虫

幼苗的病害主要是立枯病，多发生在幼苗出土初期，是由高温、高湿、通风不良引起的。只要在播种前进行土壤消毒，播种后遮阴防晒降温和注意通风，立枯病是可以预防的。一旦发现成片幼苗猝倒，叶及苗的上部无任何异变，但根颈部位变色呈褐色且倒伏（后期苗仅茎基受害而不倒），即可判定是立枯病，应立即喷洒"多菌灵"、硫酸亚铁或硫酸铜，也可在地上撒草木灰，并应将受害苗拔掉烧毁，同时注意通风。立枯病在针叶树幼苗期极为普遍，故做好土壤和种子消毒极为重要，播种时撒些草木灰也可预防。

苗圃地较严重的虫害多为土壤中的地下害虫，如蝼蛄、蛴螬等。这些害虫除啃食苗根外，还因在土中活动而使苗根与土壤分离透风，造成幼苗死亡。故应注意播前土壤消毒，播后还可在床面行间撒放毒饵诱杀。此外，干旱闷热期的蚜虫、红蜘蛛，以及入秋后的叶蝉等，都应随时注意检查，一经发现及时除治。

二、无性繁殖

利用树木的根、茎、叶等营养体的一部分，通过扦插、嫁接、分生、压条及组织培养等方法，使其成为一个新植株的各种方法统称为无性繁殖。由于这些器官都是树木的营养器官，所以又称为营养繁殖。一般用扦插法繁殖的苗木称为扦插苗，用嫁接法繁殖的苗木称为嫁接苗，或所有无性繁殖苗统称为营养苗。

许多观赏树木是人工选育的优良品种，虽然有些品种能结实，但其所结果实的种子播种成苗后不能得到原品种的品质，而往往退化返祖，达不到期望的观赏效果，且不少以观花为主的重瓣品种，其雄蕊、雌蕊全部演化为花瓣，根本不能结实。这类树木只能用无性繁殖，常通过扦插、嫁接、压条等方法使其得以大量繁殖。

由于树木的很多器官脱离母体后，有重新长成完整新植株的能力，这就为无性繁殖的成功提供了可能，但无性繁殖效果的好坏还取决于许多因素，如繁殖季节、繁殖方法、繁殖材料的质量等。常见的无性繁殖方法有扦插、嫁接、分株、压条等。用无性繁殖方法繁殖的苗木，能保持优良品种的原有特性，还可提早开花，但无性繁殖苗木的根系不如播种苗发达，抗性较差，寿命也较短。

（一）扦插繁殖

扦插繁殖是剪取某些树木的茎、根、叶作插穗，插入土壤或其他基质中，利用插穗切口的愈伤组织和皮层生根的特性，使之生根、抽枝，形成新植株的繁殖方法。由于扦插繁殖材料来

源广、成本低、成苗快、简便易行，因此，它是无性繁殖中最常用的方法。扦插主要分为枝插和根插两类，另外还有芽插和叶插，但要求比较高，一般应用不多。

1. 影响扦插生根的内部因素

（1）树种本身的遗传特性　不同树种具有不同的遗传特性，其插穗的生根能力存在很大差异。根据生根的难易，可将观赏树木分成3类。

① 易生根类　插穗生根容易，生根快。如杨、柳、大叶黄杨、迎春、月季、栀子花、悬铃木、珊瑚树、夹竹桃、榕树、石榴、橡皮树等。

② 较难生根类　插穗能生根，但生根较慢，对扦插技术和插后管理要求较高。如山茶、桂花、雪松、槭类、南天竹、龙柏等。

③ 极难生根类　插穗不能生根或很难生根，一般不能用扦插繁殖。如桃、蜡梅、松类、海棠、紫荆、榉树、核桃、竹类等。

（2）母树、采穗枝年龄　插穗的生根能力随母树年龄的增加而降低，母树年龄越大，生根能力越弱。同样，插穗的生根能力随采穗枝年龄的增加而降低，采穗枝年龄越大，生根能力也越弱。因此，采自幼年母树上的插穗比老年母树上的容易生根，枝龄小的1～2年生枝比多年生枝容易生根，嫩枝（半木质化枝）比硬枝（木质化枝）容易生根。

（3）母枝的着生位置　萌蘖枝和树冠中部向阳面的枝条生长健壮，营养物质丰富，组织充实，而且树干基部萌生枝条的阶段发育年龄较低，生命力旺盛，有利于生根。因此，采自树冠中部向阳面的枝条比树冠阴面的枝条好，树干基部萌生枝比树冠上部枝条好。

（4）不同枝段插穗　在同一母枝上以取自基部、中部的插穗为好。有些树种在硬枝扦插时，带踵扦插可提高生根率。

此外，插穗的粗度、长度、留叶量、插穗内部的抑制物质等对插穗生根也有一定影响。

2. 影响扦插生根的外部因素

（1）温度　温度是影响插穗生根的重要因素。在适宜的温度条件下，插穗容易生根。大部分树种的适宜生根温度为15～25℃，但不同树种对适宜温度要求有很大差异，原产热带的树种对温度的要求较高，如茉莉、米兰、橡皮树、龙血树、朱蕉等要求在25℃以上，而桂花、山茶、杜鹃、夹竹桃等要求在15～25℃，杨、柳等则可更低一些。一般嫩枝扦插比硬枝扦插要求温度高，适温在25℃左右。

此外，如果基质温度能高于空气温度3～5℃，则对生根最为有利。尤其是休眠期扦插，基质温度高于空气温度时，插穗先生根后萌发枝叶，有利于保持插穗根系吸收水分与地上部分消耗水分之间的平衡，提高插穗成活率。如在基质下部铺设电热丝加温，可有效促进插穗生根。

（2）湿度　插穗在生根前难于从基质中吸收水分，而插穗本身由于蒸腾作用，尤其是带叶插，极易失去水分平衡，造成插穗在生根之前干枯死亡。保持较高的空气湿度，能最大限度地减少插穗的水分消耗；保持适度的基质湿度，既能保证插穗基部生根所需的湿度，又不会因水分过多，使基质通气不良，含氧量下降，温度降低，延长生根时间，甚至使插穗基部由于缺氧窒息而腐烂。一般基质含水量应为基质最大持水量的50%～60%。因此，空气湿度和基质湿度是插穗生根的关键。

采用全光雾插，可使空气湿度基本饱和，叶面蒸腾降至最低，同时叶面温度下降，又不至于基质湿度过高，且在全日照条件下叶片形成的生长素运输至插穗基部，有利于插穗生根。尤其适用于生长期的带叶嫩枝扦插。通过覆盖薄膜对插床密封保湿，能大大提高空气湿度。若能

结合遮阴设施及适当通风来调节插床温度，也能提高扦插成活率。插穗生根后，应逐渐降低空气湿度，以促进插穗根系旺盛生长，使地上部分生长健壮。

（3）光照 适度光照可提高基质和空气温度，有利于生长素的形成和光合产物的积累，能加快插穗生根。但光照过强会使插床温度快速升高，水分损失加快而导致插穗萎蔫。因此在插穗生根之前应适当遮阴降温，减少水分消耗，并通过喷水等措施来降温增湿。在插穗生根后，随着根系的生长，应逐渐延长光照时间。

（4）基质 扦插基质不一定需要有养分，但应具有保温保湿、疏松透气、易于排水、不含病虫源，以及基质质地轻、运输便利、成本低等特点。生产中常用的基质有：蛭石、珍珠岩、泥炭、细沙、椰糠、砻糠灰、草木灰等。

露地苗床可选用排水良好的沙质壤土；在温室、温床、冷床及花盆或木箱中扦插，以蛭石、珍珠岩等为最理想的材料，其次为砻糠灰和河沙。目前常以排水力强的河沙与保水力强的泥炭等混合，适用于大多数树种。能在水中生根的树种，可直接以水为基质进行扦插，如夹竹桃、栀子花等常用水插，但应注意水的清洁，要每天或经常换水。硬枝插最好用沙质壤土或腐殖壤土；嫩枝扦插可用细沙、草木灰或蛭石、珍珠岩等。

3. 扦插方法

（1）硬枝扦插 又称休眠期扦插。通常选用充分木质化的1年生健壮枝条作插穗，在插穗材料不足时，也可选用徒长枝或2年生健壮枝，但不宜选用细弱枝或结果母枝。因为结果母枝已孕育花芽，插后开花消耗插穗的水分和养分，往往不能正常抽枝；细弱枝的组织不够充实，生根困难或难以长成壮苗。插穗的采集最好在秋末冬初进行，也可在早春萌芽前进行。一般在北方冬季寒冷干旱地区，宜秋季采穗贮藏后春插，而南方温暖湿润地区宜秋插，这样可省去插穗贮藏工作。抗寒性强的树种可早插，反之宜迟插。

插穗长一般10～20cm，北方干旱地区可稍长，南方湿润地区可稍短。插穗上剪口离顶芽0.5～1cm，以保护顶芽不致失水干枯，下切口一般靠节部，每穗一般应有2～3个芽或稍多。

插穗上端切口以略斜能够排水即可，下端切口可剪成平口或斜口。斜口与基质接触面大，吸水多，易成活，但易形成偏根，而平口虽然生根稍慢，但根系分布均匀。在剪截插穗时，剪刀一定要锋利，不能在插穗上留下毛茬，以免影响插穗愈伤和生根。

插穗通常垂直或倾斜插入床土或其他基质中，一般插入深度为插穗长度的1/3～1/2。插入过深，因地温低，氧气不足，不利生根，而且影响幼芽出土；插入过浅则插穗外露过多，蒸发量大，容易造成插穗失水过多而干枯。干旱地区可适当深插，湿润地区可相应浅插。插前先用木棒或竹签打洞，以免伤及插穗表皮，然后插入压紧，并浇透水。春插宜用秋季采集并经过冬藏的枝条，插前再剪成插穗。

（2）嫩枝扦插 又称生长期扦插，也称软枝扦插或未成熟枝扦插。用半木质化带叶枝条进行扦插，于生长旺盛期的夏秋季进行。这时枝条的生理机能旺盛，气温也比较高，可较快在愈伤处或皮孔生出新根而形成新的植株。

嫩枝扦插较硬枝插生根快，成活率高，运用更为广泛，很多观赏树木都采用嫩枝扦插进行繁殖。但选枝不宜过嫩，否则芽未充分发育成熟，且插穗易失水萎蔫或腐烂。也不宜过老，否则插穗活性下降，生根困难。嫩枝插多带叶，插穗长约5～10cm，留顶端1～2片叶。保留叶片有利于营养物质的积累和促进生根，但也易使插穗因失水过多而萎蔫。为减少叶片的蒸腾，也可将插穗叶片剪半，如桂花、茶花、丁香的扦插；或将较大叶片卷成筒状，如橡皮树扦

插。嫩枝扦插宜随采随插，否则须用湿布等包裹保湿，置冷凉处待用。

插穗的采集最好在上午进行，剪下的枝条插入水桶中或用薄膜包裹，以免失水，采齐后立即在室内或避风的阴凉处剪成插穗。由于枝条顶梢过嫩，通常应剪去。插穗剪好后应尽快插入基质，插完后立即喷水，使插穗与基质间不留空隙，以免透风，并随之覆盖薄膜保湿。若用全光喷雾设备进行扦插，插后喷足水即可。为促进插穗生根，可在插前用激素处理插穗。在扦插过程中普遍常用植物激素来促进生根，但具体采用何种类型的激素应事先了解清楚，以取得最佳扦插效果。萘乙酸对大多数阔叶树种都有促根作用，吲哚乙酸也广为应用，而吲哚丁酸则对大多数针叶树种促根力强。总之，易生根树种不必应用激素，而生根能力差或生根缓慢的树种，应用激素可较快生根成苗。经验证明，多数树种在谢花后半个月内，嫩枝生根力最强。

扦插床的基质应有一定保水性，但又要求透水和透气；插床还应有遮阴设施，以防止阳光直射；还需保证供水，随时可以喷水以保持空气相对湿度在80%以上（全光雾插设备最为理想），否则可用塑料薄膜覆盖，每日视天气情况，进行人工喷雾补充湿度。

由于嫩枝扦插的枝条幼嫩，扦插密度大，基质无营养物质，故生根后应立即进行移栽，以保证插穗正常生长。可以将其直接从插床移至准备好的苗圃中，也可临时栽入花盆等容器中，放置在荫蔽处过渡10～15天后再栽入苗圃中，栽后立即浇透水并搭设临时遮阴棚，约两周后可逐渐撤除荫棚。生长后期扦插的，在冬季寒冷的北方地区，可将扦插苗挖窖存放越冬，待翌年春季再栽于苗圃。

（3）根插　有些树种枝插不易生根，而用根插却较易形成不定芽，如薄壳山核桃、牡丹、合欢、海州常山、香椿、丁香、海棠、火炬树、构树、柘树、栾树、凌霄、贴梗海棠、刺槐、泡桐、千头椿、金银花、扶芳藤、枣等均可根插繁殖。

根插应从生长健壮的幼、壮龄树上采根，老树根成株能力较差，选好母株后于秋季落叶后（常绿树此时也进入休眠），植株根部积累营养物质和水分最充分时采集。采集时，先在选好的母树树冠下，从树干往外直径3倍处挖掘环形沟，深及1m寻找树根，然后顺根向外挖掘将根拔起，选取直径粗0.3cm以上的根段，将其剪成6～10cm长的根段。采完后，应立即填土埋好采穗坑并浇透水，以保证母株的正常生长；采集根穗的母株可以隔年采1次。采集根穗也可结合春、秋季苗木出圃时采集。北方春插（秋季采根后，可埋土保存），南方可随挖随插。为防止极性颠倒，剪根时可将上口平剪，下口斜剪。插穗剪好后应尽快插入或埋入床土内，仅稍露顶。插后应立即灌水，并保持圃地湿润。

（4）叶芽插　有些树种可采用叶芽插。即用1片叶，附着生腋芽的1小段茎或仅韧皮部作插穗，可在叶柄基部产生不定根，叶芽可萌发成新枝，形成完整植株。此法可节约插穗，生根也较快，但管理要求较高，尤应防止水分过分蒸发。常用叶芽插的树种有山茶、杜鹃、桂花、橡皮树、栀子花、柑橘类等。

4. 促进插穗生根的方法

（1）化学药剂处理　用促根剂处理插穗，可有效促进插穗早生根，多生根。常用的生长素种类有萘乙酸（NAA）、吲哚乙酸（IAA）、吲哚丁酸（IBA）、2,4-D、ABT生根粉等。其中以吲哚丁酸药效活力强，性质稳定，不易破坏，效果最好，但其价格较高；萘乙酸成本较低，促进生根效果也很好。如果将吲哚丁酸与萘乙酸混用，比单一药剂使用效果更好。但促根剂的运用需在一定浓度范围内，过高反而会抑制生根。

促根剂的使用方法有水剂法和粉剂法。水剂法又称溶液浸渍法，是先将粉状生根剂溶

解后用水稀释，配成原液，然后根据需要配成不同浓度。硬枝一般为20～200mL/L，嫩枝一般为10～50mL/L，均浸数小时至一昼夜。目前生产上多用高浓度溶液快蘸法，浓度一般300～2000mL/L，将插穗在溶液中快浸一下（5～10秒），立即扦插。粉剂法是将促根剂溶解后，用滑石粉与之混合配成500～2000mL/L不等的糊状物，然后在黑暗处置于60～70℃烘干或晾干后研成粉末供使用。使用时先将插穗基部用清水浸湿，然后蘸粉进行扦插。

不同促根剂适用于不同的树种，同一促根剂对同一树种不同发育时期的插穗处理浓度也不同。如用2,4-D粉剂处理月季的浓度为20～30mL/L，而处理玫瑰则以60mL/L为宜；用萘乙酸液剂处理桂花、杜鹃浓度为200～300mL/L，而处理龙柏则要500mL/L；用吲哚乙酸液剂处理牡丹嫩枝要30mL/L，而对牡丹硬枝却需80mL/L。

此外，用B族维生素、蔗糖、高锰酸钾、稀土元素等处理插穗，均有一定作用。生产上有用维生素B_1 1～2mL/L处理12小时，高锰酸钾0.1%左右浸5～10小时，糖类2%～5%浸10～24小时。处理时应视不同树种，适当调节浓度和处理时间。

（2）物理方法处理　采用机械割伤、环剥或黄化处理等物理方法，可以有效地促进插穗生根。机械割伤或环剥是指在剪穗前，提前20～30天对用作插穗的枝条基部进行割伤或环剥，阻止枝条上部制造的养分和生长素等向下运输，使之保留在枝条中，然后剪去枝条，剪成插穗，进行扦插。黄化处理是将作插穗用的枝条预先用黑色纸、布或薄膜等遮光，使之在黑暗条件下生长一段时间，因缺光而黄化、软化，从而促进根原细胞的发育而延缓芽组织的发育，最终促进插穗生根。

（二）嫁接繁殖

嫁接是人们有目的地利用两种不同树种能结合在一起的能力，将一种树种的枝或芽，接到另一种树种的茎或根上，使之愈合在一起，形成一个独立的新个体的繁殖方法。供嫁接用的枝或芽叫“接穗”，而接受接穗的植株叫“砧木”。以枝条为接穗的称为“枝接”，以芽为接穗的称“芽接”。嫁接能保持植株的优良特性，提早开花结实，增强所接品种的抗性和适应性，提高其观赏价值和商品性，而且繁殖系数较高，但嫁接苗的寿命较短，同时，嫁接较其他繁殖方法费工，技术要求高，接穗成活后砧木易滋生萌蘖，接穗与砧木的接合处易折断等。嫁接多用于一些扦插、压条不易生根，或生根后管理也较困难的树种，如云南山茶等。

1. 嫁接成活的原理和条件

（1）嫁接成活的原理　树种的再生能力和分化能力是嫁接成活的生理基础。嫁接后砧木和接穗接合部位的各自形成层薄壁细胞大量进行分裂，形成愈伤组织。不断增加的愈伤组织充满砧木和接穗之间的空隙，并使二者的愈伤组织结合成一体。此后，进一步进行组织分化，愈伤组织的中间部分成为形成层，内侧分化为木质部，外侧分化为韧皮部，形成完整的输导系统，并与砧木、接穗的形成层输导系统相接，成为一个整体，使接穗成活并与砧木形成一个独立的新植株，保证了水分、养分的上下输送和交流。

（2）嫁接成活的条件　主要是砧木与接穗亲和力的强弱，物候期的异同，形成层能否对齐及环境因子中的温湿度是否有利于成活这四个方面。嫁接亲和力是指砧木嫁接上接穗后，两者在内部组织结构上、生理生化和遗传上，彼此相同或相近，从而能相互结合在一起的能力。亲和力强，则嫁接成活率高；反之，则成活率低。一般来说，砧木与接穗间的亲缘关系越近则亲和力越强，以种内品种间亲和力最强，如不同品种月季的嫁接、西鹃嫁接在毛鹃上等均易成活。属内种间嫁接，亲和力次之，如梅花嫁接在杏树上、苹果嫁接在海棠上、五针松嫁接在黑松上、白玉兰嫁接在紫玉兰上等，均较易成活。科内异属的种间亲和力较差，但少数例外，如

桂花嫁接在女贞上、核桃嫁接在枫杨上、梨嫁接在木瓜上、枇杷嫁接在石楠上等，均很易成活。不同科的种间亲和力极弱，一般很难成活。物候期主要指树液流动期和发芽期，这两者相同或相近成活率就高，反之，成活率较低，一般要求至少砧木物候期不晚于接穗，否则不能成活。砧木和接穗的形成层必须对准，否则不能形成愈伤组织或上下输导组织不能沟通，嫁接便会失败。嫁接时温度应适中或略高些，以25℃最适宜；嫁接对湿度的要求很高，嫁接部位的空气湿度越接近饱和，对接口愈合越有利，但湿度过大或大雨过多，也常使接口积水腐烂，也难成活。嫁接操作的技术也很重要，要求刀要快，削得平，形成层对齐，绑严绑紧。此外，嫁接后的管理也直接或间接影响成活。

2. 砧木与接穗的选取

（1）砧木的选择和培育　砧木是嫁接繁殖的基础，没有良好的砧木就不可能获得优良的嫁接苗。应选择与接穗亲缘关系近、抗性强、适应本地生长环境的树种，以选健壮幼龄1～2年生实生苗植株为宜。但有时由于实生苗不易繁殖而无性繁殖苗较易获得时，亦可用扦插、压条、分株等获得的营养苗作砧木。如嫁接月季的砧木，既可用蔷薇实生苗，也可用蔷薇扦插苗。营养苗的根系不如实生苗好，而且寿命相对要短，多代繁殖的营养苗还可能退化或感染病害。所以，生产中大多用实生苗作砧木。如果没有亲缘关系相近的树种可选择时，也可用原种实生苗，如银杏现仅此一种，应繁殖优良银杏品种，只能用银杏播种苗作砧木。

砧木培养规格应相对整齐，用作芽接的苗以不超过3年生为好，老苗芽接前应在早春剪去老干，促其萌发新梢后嫁接；枝接苗可以粗大些，但仍以不超过5年生为好；大树高接换种则不属苗木培养的范畴。无论通过播种或营养繁殖培育砧木苗，都应采取宽、窄行相间的方法，即两行密行中间间隔一宽行，以便嫁接时蹲于宽行进行操作。

（2）接穗的采集与贮藏　接穗的年龄、成熟度、芽的饱满度、穗条在树冠上的位置等都影响嫁接的成活。因此，无论枝接、芽接，首先应选品种优良纯正、有稳定观赏价值、壮年健康的植株，并选树冠外围发育充实、枝条光洁、叶芽饱满、粗细均匀、无病虫害的1年生发育枝作接穗。除非不得已，不能选用当年生播种苗和刚嫁接成活的植株上尚未发育充实的枝条作接穗，也不能在已衰老植株上采取接穗。接穗应选用枝条的中部。芽接接穗应随采随接。

芽接接穗的采集有两个时期：

一是从立夏至小满间的半个月，即5月上中旬。此时树木枝条上端芽已萌发生长，而中部芽由于养分、水分供应不足开始转为休眠芽；将这种休眠芽取下嫁接在砧木上，由于嫁接时在砧木枝条上造成伤口，促使水分、养分在此聚集，而使刚转入休眠的接穗芽萌发。此时芽接的枝条，从母株上剪下后应立即将其上部已萌发部分剪掉，然后插入水桶中或放入薄膜袋内保湿，置于阴凉处，或插于湿沙中，上覆湿布，随即就可嫁接。

二是从夏至到秋分之间，即6月下旬至9月20日这段时间。此时大部分树木的新梢芽已完全形成并很饱满，而在此之前芽尚不饱满，在此之后气温下降，多数树种进入缓慢生长期，树液流动变慢，取芽和砧木剥皮均较困难，芽接难度大大增加，即使勉强接上的成活率也很低。在北方黄河以北地区，由于生长期短，在夏至之前芽还不够充实，即使取芽接活，萌发后也生长缓慢，枝条细弱，很容易在寒冷季节受冻，故以立秋到秋分即8月中旬到9月中旬进行芽接最为适宜。这一时期采集接穗，应将剪下的枝条上的所有叶片全部剪掉，只保留叶柄，以防叶片消耗水分和养分，降低接芽的活力，同时也便于嫁接操作；若就地嫁接，每次应少量采条，随采随接，接完再采；若异地嫁接，而且运输距离较远的话，不可能多次少量采集，往往需要一次采够，这就要求采条去叶后立即用水浸泡，或用湿布、吸水纸、苔藓浸透水包裹，以防运输途中枝条失水过多影响接芽成活。嫁接时，若当日接不完，也应将枝条浸泡在水中，以防失水。芽接枝在水中浸泡的时间不宜过长，应尽量在最短的时间内接完。

枝接接穗的采集也有两个时期：①春季惊蛰至清明间随采随接；②秋季树木落叶后采集贮藏备用。春季采集必须在芽萌动之前进行，采下的穗条应立即嫁接；秋季采集的穗条，因需经过一冬的间隔，若不进行处理或处理不当，就会干枯或霉烂而失去活力。比较简单的处理就如同插穗贮藏一样进行处理；更为稳妥的方法是穗条采好后立即用熔化的石蜡将穗条全部封闭起来，然后放置于0℃左右的低温环境中贮藏，待翌春砧木树液流动后进行嫁接。由于春季适宜的采穗时间较短，掌握不好的话，可能会直接影响嫁接效果。所以，比较稳妥的做法是于树木休眠期采穗，贮藏越冬后于春季嫁接。

嫩枝接是用当年萌发半木质化的嫩枝作接穗的一种枝接方法，砧木通常也用嫩枝，在生长季节进行，5月中下旬至8月上中旬均可，但以早进行为好，应随采随接。接穗可适当保留1～2片叶，以便光合作用积累养分，促进愈伤组织的生长，但叶片不可过多，否则水分消耗过多，易使接穗失水萎蔫。采穗后先将接穗切成单节芽段，置于装有凉水的桶中保湿。嫁接时在芽上方2～2.5cm处平削，在芽下方0.5～0.8cm处从芽的两侧向下削成两个斜削面，长2.5～3.0cm；将砧木新梢从20～30cm处的节间剪断，在中央垂直向下开长2.5～3.0cm的切口，将接穗插入砧木的切口，使形成层对齐，然后用塑料薄膜条包扎接口直至接穗上端，仅留接芽于外边。

3. 嫁接时期与准备工作

（1）嫁接时期　嫁接时期与树种的物候期、嫁接方法等因素有关。一般硬枝接宜在春季砧木开始萌芽抽枝时进行，而芽接则在夏、秋季砧木树皮易剥离时进行。嫩枝接多在生长期进行。

① 春季　春季枝接适于大多数树种，2～4月是适宜时期，一般在早春树液开始流动时即可进行。南方较早，北方较晚。落叶树种宜选经贮藏后处于休眠状态的接穗，常绿树种用现采的未萌芽的枝条作接穗。若采用芽已萌发的接穗，则会影响成活率，但有的树种如蜡梅则以芽萌动后嫁接成活率高。春季枝接，由于气温低，接穗水分平衡较好，容易成活，但愈合较慢。

② 夏季　夏季是嫩枝接和芽接的适宜期，许多落叶树种如桃、李、槭类和一些常绿树种如山茶、杜鹃，均适于此时嫁接。一般在5～7月份，尤以5月中旬至6月中旬最为适宜。此时，砧木与接穗皮层较易剥离，愈伤组织形成和增殖快，利于愈合。

③秋季　秋季是芽接的适宜时期，从8月中旬至9月中、下旬均可。这时期新梢和芽充实，养分贮存多，而且是树液流动和形成层活动的旺盛时期，树皮易剥离，最适合芽接，如梅、桃、月季等。一些树种，如红枫也可进行腹接。

总之，只要砧、穗自身条件及外界环境能满足要求，即为嫁接适期。嫁接没有严格固定的时间，而应视树种的物候期、砧木与接穗的状态来决定，同时也应注意短期的天气条件，如雨后树液流动旺盛，比长期干旱后嫁接要好；阴天无风比干晴大风天要好。

（2）嫁接前的准备

① 工具　用于嫁接的工具主要有枝剪、枝接刀、芽接刀、单面刀片、手锯等。刀的钢质要好，刀口要锋利。钢质差的刀易缺口或卷刃，刀口不锋利则切削面不光滑，影响愈合。

② 绑扎材料　现大多用塑料薄膜，嫁接前将其剪成长约35～40cm，宽约2.5～3cm的长

条备用。塑料薄膜条的优点是薄、有弹性、保水、绑扎方便，缺点是不易自然腐烂，接穗成活后需及时解绑。也可用胶布，还有用薄的麻皮及其他纤维的。胶布使用方便，但易松开脱落。

接后有时要用接蜡密封接口及接穗的上切口，或用纸袋、塑料袋围裹，以防接口及接穗失水。

4. 嫁接方法

嫁接方法很多，根据接穗不同可分为枝接和芽接。枝接有切接、劈接、腹接、舌接等。芽接有“T”字形芽接、嵌芽接、方块芽接、套芽接等。下面就几种常见方法加以简单介绍。

（1）切接　切接是枝接中最常用的嫁接方法，适用于大部分树种。

切接所用砧木应比接穗粗大，多为3～5年生苗，嫁接前先剪去砧木离地5cm以上的部分待接。接穗长5～8cm，一般不超过10cm，带2～3个（对）芽。嫁接前将接穗全部用湿毛巾包裹好，以免失水。削穗时，第1刀从没芽的一侧（接穗基部芽的背面或侧面）向内切后即向下与接穗中轴平行切削到底，注意内切深度不宜达到髓部，削去部分木质部即可，切面长2～3cm。第2刀则将已削好切面的对侧削成一个呈45°、长0.5～1cm的小斜面。削面应平直、光滑，不能有波动或凹凸，应一刀削成。砧木切削是选定与接穗长削面宽一致处用刀直切，深达2.5～3cm，注意要用利刀下切（不能人为掰劈），以保证切削面平整。然后将接穗的长削面向内插入砧木切口中，使砧木与接穗两侧的形成层对齐；若接穗的削面比砧木的切口窄，不可能做到两侧对齐时，应确保使两者一侧的形成层对齐。接穗削面上端应露出约0.2cm，即俗称的“露白”，以利砧穗愈合。然后用塑料条由下向上将砧穗绑扎，绑扎时要注意勿使接穗错位。另外可用塑料袋将接穗与嫁接部位套上，以减少水分散失，促进接口愈合，提高嫁接成活率。

（2）劈接　砧木过于粗大，已达4～5年生或大树改头换种时常用此法。

劈接的基本接法与切接相近，只是接穗的两个削面相同，即在接穗基部芽的两侧削出两个相同的削面，长2.5～3cm，接穗较光滑的一侧可比另一侧略厚些，然后用劈刀在砧木横断面中心垂直下切，深约3～4cm，再将刀的一端轻轻拔起，另一端仍留刀口内，撬开砧木后，把接穗较厚的一面向外插入刀口内，并使砧木与接穗外侧的形成层对齐。若砧木与接穗的皮层厚度不一致，则应将接穗的外表皮略靠近砧木中心一些。插入接穗时，可使接穗上部削面露出砧木切口上部约0.2cm左右，最后再将刀完全拔出，切口自然闭合，将接穗夹紧。砧木粗大的可于切口两侧各插一个接穗；若砧木特别粗大，还可将其劈成十字切口，一次插接4个接穗。最后根据需要绑扎，或封蜡、套袋。

（3）腹接　腹接的砧木一般不剪砧，直接在砧木适当部位向下斜切一刀，深达木质部1/3左右，切口长2～3cm。接穗削成斜楔形，类似切接，但小斜面应稍长一些。然后将接穗插入砧木，使二者的形成层对齐，最后绑扎、套袋。五针松等常绿针叶树种多用此法。

（4）舌接　舌接是选取与砧木粗度基本一致或比砧木稍细的接穗进行嫁接的一种枝接方法。嫁接时先根据砧木粗细选择适当的部位剪掉砧木上部，然后将砧木由下向上斜向削成2～3cm的斜面，再在斜面上端约径粗1/3处向下切开深及斜面下端，然后将接穗下端由下向上同样斜向削成2～3cm斜面，也在斜面下端向上约径粗1/3处向上端切开至斜面的上端为止，削切好后将接穗与砧木的纵切口相搭，向砧木一方稍用力压，使两者纵切口裂开后相互插入，就如同舌头含入口中，故称舌接。应使两者的形成层对齐；若接穗稍细，则应确保一侧的形成层对齐。接好后用塑料条将整个切口伤面缚绑扎紧即可。这种嫁接方法，由于接触面形成层接

合面大，成活率很高，是最常用枝接方法之一。

（5）“T”字形芽接　又称“丁”字形芽接、盾形芽接等。因其砧木切成“T”字形或接穗成盾形芽片而得名。是运用极广泛的芽接方法，多在树木生长旺盛、树皮易剥离时进行。

嫁接时先将接穗上的叶片剪去，仅留叶柄，在需取芽上方0.5cm处横切一刀，深入木质部，再从芽下方1cm左右处向上平削至横切处，然后用拇指按住芽片，轻轻从芽之一侧向另一侧横推，将芽片剥离枝条，再将芽片翻过来看芽底有无稍显突起的芽核（若无芽核而是一小孔，则应弃之另行取芽片）；然后在砧木近基部光滑部位，将树皮横、纵各切一刀，深达木质部，成“T”字形，其长宽均应略大于芽片。用刀柄挑开砧木树皮“T”形纵缝，速将芽片插入砧木切口，芽片上端与砧木上切口对齐靠紧，用砧木被挑开的皮层包裹芽片，但需露出芽片上的芽及叶柄；若芽片上端外露应及时用刀齐砧木横切口将露出部分切除，以达到形成层密接。立即用塑料条先从横切口往下将切口完全缚绑扎紧，仅露出芽及残存之叶柄即可。

（6）嵌芽接　又称削芽接。在砧木和接穗的皮层不易剥离时适用此法。削芽片时先从芽上方0.5～1cm处斜切一刀，稍带部分木质部，长约1.5cm左右，再在芽下方0.5～0.8cm处斜切一刀，取下芽片，接着在砧木适当部位切一个与芽片大小相应的切口，并将切开的部分切去上端1/3～1/2，留下大部分供夹合芽片，然后将芽片插入切口，两侧形成层对齐，芽片上端略露一点砧木皮层，最后绑缚，仅露出芽及叶柄。

（7）方块芽接　又称“门”字形芽接、“工”字形芽接。在砧木较粗或树皮较厚时，尤适用此方法。先在接穗上深切达木质部，成长方形芽块，芽居中间，芽块长2cm左右，宽1cm左右，用拇指在芽一侧向另一侧推压，取下不带木质部的芽片。在砧木上切“工”形，长宽与芽片大小相应。掀开皮层，然后将芽片插入，使芽片上下与砧木“工”字形上下切口对齐，最后绑缚，仅露出芽及叶柄。

5. 接后管理

（1）检查成活，及时补接　枝接苗一般在接后20～30天检查成活。若接穗芽已萌发，或接穗鲜绿，则有望成苗。芽接苗一般接后10天左右检查，如芽新鲜，叶柄手触后即脱落，则基本能成活；若芽干瘪、变色，叶柄不易脱落则未成活。若未成活，芽接的应及时补接；枝接的若时间允许也可补接，若太迟，则可于夏秋季在新枝上采用芽接进行补接。

（2）脱袋、松绑　枝接的待接穗上的芽抽枝达3cm以上时，可将套袋剪一小口通风使幼枝锻炼适应外界环境，5～7天后脱袋。嫁接成活1个月后，可视情况松绑，但不宜过早，否则接穗愈合不牢固，受风吹易脱落。当然也不宜过迟，否则绑缚处出现缢伤影响生长。

芽接在成活后半个月左右即可松绑。若秋季芽接当年不出芽，则应至翌年萌芽后松绑。松绑只需用刀片纵切一刀割断绑扎物即可，随着枝条生长绑扎物会自然脱落。

（3）剪砧、抹芽、去蘖条　剪砧应视树种而异。有些种类，尤其是芽接苗，可在当年对砧木分1～2次剪去。而针叶树类，在春季发芽的，应在2～3年内分次剪砧。

抹芽除了抹去砧木上的大量萌芽外，还应适当抹去接穗上过多的萌芽，以保证养分集中，根蘖应从基部剪去。

（4）绑扶　由于嫁接苗接口部位易劈折，尤其是芽接苗，接芽成枝后常横生，更易劈折损伤，应尽可能立杆绑扶，以减少人为碰伤和风折情况的发生。

（三）分株繁殖

从生灌木或易萌蘖的树种，其丛生枝或萌蘖枝都具有比较完整的根系，将这些枝条从母株

根部挖出，然后重新栽植，使一株变成两株至若干株，这种繁殖方法就是分株繁殖，也称为分蘖繁殖。该方法适用于萌蘖性强的树种，如银杏、玫瑰、珍珠梅、绣线菊、石榴、忍冬、荚蒾、海桐、香椿、铁线莲及许多丛生灌木。分株繁殖操作简单易行，成活率高，但往往受枝条或萌蘖数量的限制，繁殖量有限，不宜大面积采用。

分株繁殖的时间多在早春，温暖地区也可在秋季进行。牡丹、蜡梅等丛生型树种，分割时掘起植株酌量分丛即可；蔷薇、凌霄、金银花等则从母株旁分割带根枝条即可。分割时，应尽可能使每个枝条多带一些根系，以保证植株栽后成活；若根系太少，栽后枝叶消耗大而易出现"假活"现象；若遇极端天气或植株生长不良时，应将枝干短截，以维系栽后植株体内水分平衡。分株繁殖植株成形快，且多数能提早开花。

（四）压条繁殖

压条繁殖是将树木接近地面的部分枝条压入土中，或者用湿润土壤、苔藓或其他材料包裹枝条，使之生根后与母株分离，成为独立的新植株的繁殖方法。该方法的优点是能保持母本的优良特性，为用其他方法不易繁殖的树种提供了一条可行的繁殖途径；缺点是生根时间较长，主要局限于丛生、匍匐性或蔓性树种，繁殖量小。由于压取部位不同而分为普通压条和高枝压条两种。

1. 普通压条

将接近地面的丛生枝、萌蘖枝压低埋入土中，使其生根而成为新植株的方法统称为普通压条法。它包括单枝压条、水平压条、波状压条、壅土压条等，多在灌木上或有根际萌蘖特性的树种上应用。具体操作方法是：于早春选取健壮的1～2年生萌蘖枝，在植株附近挖深5～10cm的浅坑，将枝条向地一侧用利刀刻伤，然后压入坑中，再剪一木钩将其固定，然后填埋土壤踩实即可。若春季干旱，应适当浇水保持湿润，到秋季即可在压入土中的部位长出根系，次春萌芽前可挖开埋土，用利刀将其与母株分离，另行栽植。

单枝压条是将接近地面的1～2年生枝条的下部弯曲埋入土中，深8～20cm，上部露出地面，并将埋入部分的枝条刻伤，促其生根。多用于丛生灌木，如蜡梅、迎春、栀子花等。

水平压条是将长枝全部埋入土中，只留枝梢在外，在埋土前，在每个芽下刻一刀痕，促其产生愈伤组织，使每个刻伤部位都生出根来，这样一个埋条就可以获得多株苗木，能提高产苗量；需要注意的是，埋土不宜过深，以便于枝上的芽萌发出土，以10cm左右为度。

波状压条是将长枝弯曲成波状，向下屈的各个部分刻伤、固定、埋土、生根后分段切离。此法适用于繁殖枝条长而柔软的蔓性树种，如紫藤、凌霄、常春藤等。

壅土压条法适用于繁殖植株不高、枝条短而密的树种，如金钟花、连翘、八仙花、牡丹、贴梗海棠等，在其基部刻伤或环剥后覆土，使枝条基部生根后将其与母株分离，另行栽植。

2. 高枝压条

高压压条又称空中压条，压条部位不在母株基部，而在树冠部分。多用于枝条较硬不易弯曲，根部又不易产生萌条的树种，如米兰、月季、山茶、白兰、桂花等。

压条时，选生长健壮、叶芽饱满的1～2年生枝条进行环剥，然后将塑料袋底部穿口套入枝上，在离刻伤部位下端5cm处将袋底部扎紧，也可用竹筒、花盆或其他容器替代塑料袋，再将苔藓、蛭石、珍珠岩等保湿性强的材料填入袋中，也可用沙壤土。袋内的保湿物达10cm厚即可，最后再将袋上口捆扎紧。装入袋内的保湿物不宜过干也不宜过湿，以含水量基本饱和，

即抓起不滴水，挤压才滴水为度。应使刻伤处始终处于湿润条件下，以便促其尽快生出不定根。在北方春季及初夏干旱地区，若天气过干时，可以解开上口适当加水补充。秋季长好根后即可与母株分离，另行栽植，或翌春再分离。

不管是普通压条，还是高枝压条，都应选取生长健壮而有饱满芽的枝条。高枝压条应选树冠中部的枝条，其他方法除壅土压条外，都应选近地面的枝条。对所选枝条进行刻伤、去皮或环剥等处理，是促进压条生根的最重要措施。刻伤是在被压处下方用刀横刻、纵刻、圈刻一长缝，深达木质部；去皮和环剥是在被压枝条的下方用刀切去块状或环状皮块。其他处理方法，如扭枝、绞缢及用生长激素等，均有促进枝条及早生根的效果。压条数量不宜超过母株枝条的1/2，否则会影响母株的正常生长。

第二节　观赏树木的栽培管理

一、观赏树木的栽植

观赏树木的栽植是将树木从一个地点移动到另一个地点，并且依然保持其生命活动的过程，主要包括起苗（或称为起树、掘树）、运苗和种植（植苗、植树）等3个基本环节。起苗是将树木从生长点连根挖出的作业；运苗是将起出的植株运到新的种植点的作业；种植是将运来的植株按要求栽种在新的种植点的作业。种植主要分为定植、移植、假植3种。定植是将树木按设计要求种植在相应的位置上后直至树木被砍伐或死亡之前不再移动的作业过程；若树木种植成活并经过一定时间（一般为1年或数年）的生长后还要再次移动，这种作业称为移植；若起苗后的树木来不及运走或运到新的种植点后而来不及栽植，将树木的根系暂时埋入湿润土壤中，防止根系失水干燥，这种作业称为临时假植；若秋季起苗后，将苗木集中斜向全埋或仅埋根部于沟中，待翌年春暖时再起出进行正式栽植的作业称为长期假植或越冬假植。

（一）栽植成活原理

正常生长的树木，其地上部与地下部在一定条件下处于以水分为主的代谢平衡状态。树木吸收水分的主要器官是根系。当树木被挖掘后，丧失了大量的吸收根，根幅和根量均减小，并且全部或部分（如土球苗）地脱离了原来的生存环境，根系的吸收能力大大降低，造成树体水分平衡受到一定程度的破坏，严重时会威胁到树木的生存。虽然树木可以通过关闭气孔等途径来减少水分损失，但这种途径的作用毕竟有限。因此，需要采取相应的栽植技术措施，调节根系与枝叶之间的平衡，避免因发生水分亏缺而导致树木死亡。可见，树木栽植成活的关键在于树木栽植过程中保持和恢复树体以水分为主的代谢平衡。若能在整个栽植过程中做到使植株保持湿润，尤其是防止根系失水；尽量缩短起苗至栽植的时间；栽后及时浇水，使植株根系与土壤密切接触，等等，就能大大提高栽植的成活率。

（二）栽植季节

我国地域广阔，不同地区的气候条件差异很大，对树木的成活、生长具有不同的影响。虽然现在只要技术措施得当，一年四季都可以植树，但要想降低栽植成本和提高树木成活率，就必须根据当地的实际情况，在了解树种的生长特性、年龄及栽植技术的基础上，确定适宜的栽植季节。根据树木栽植成活原理，植树的适宜时期应当是树木蒸腾量相对较少、有利于树木根

系及时恢复、容易保持树体水分代谢平衡的时期。在四季明显的地区，以秋冬落叶后到春季萌芽前的休眠期为最适宜。

1. 春季植树

早春是我国大部分地区树木栽植的适宜时期，其环境特点是气温逐渐上升、土壤水分状况较好、地温提高，有利于根系吸收水分。在南方春雨连绵的地区，雨水充裕、空气湿度大。北方冬季严寒，春暖大地时，土壤化冻返浆正是土壤水分状况较好的时期，有利于树木的成活。

从树木生理活动规律来看，随着气温上升、土壤化冻，树木开始解除休眠状态，先生根后发芽，逐渐恢复生长，是树体结束休眠、开始生长发育的时期。

春季植树宜早不宜迟，正如清代《知本提纲》所写“春栽宜早，迟则叶生”。在我国各地，因受纬度、海拔、地形等因素的影响，栽植时间的早晚不同，但最好的时期是树木的芽开始萌动前的数周内，这时树木的地上部虽仍处于休眠状态，但树木的根系已逐渐开始萌发延伸，有利于树体恢复生长；如果在新芽膨大或新叶开放后栽植，树木根系生长量减少，难以恢复和保持树体水分代谢平衡，往往不易成活，即便有些树木成活，但通常生长不良，落叶树种尤为如此。常绿树种的栽植也以早栽为好，萌芽后栽植的成活率不如萌动前的高，但与同等条件下栽植的落叶树种相比，成活率要高多了。一些具有肉质根系的树种，如木兰、鹅掌楸、梾木、山茱萸等，春季栽植好于秋季。

早春是春季植树的最佳时期，但时间较短，一般只有2～4周，尤其是在春旱缺雨的北方地区，风大、气温回升快、土壤水分蒸发速度快、树木地上部萌发生长迅速，有利时机转瞬即逝。在栽植任务量不大时，容易把握时机，但在任务量大、劳力紧缺的情况下，往往不能在适宜的时期内及时完成任务，所以应提前做好准备工作，一旦时机成熟，就能集中精力进行栽植，避免时间的浪费和工期拖延。

在冬季严寒、土壤冻结的地方，应根据树种特性、土壤特性、地形变化来确定栽植的先后次序。应做到先萌芽的树种先栽，后萌芽的树种后栽；落叶树种先栽，常绿树种后栽，沙壤土较重壤土先栽，市区较郊区先栽，平原较山区先栽；在有地形变化和建筑的地方，应先栽阳面后栽阴面，等等。

2. 夏季植树

夏季是气温最高、多数地区降水量最大的时期，树木生长旺盛，枝叶水分蒸腾量最大，需要根系吸收大量水分，此时植树对树木的伤害很大。但是在冬春干旱、雨水严重不足的地区，在夏季掌握适宜时期进行栽植，可以提高栽植成活率。夏季栽植（通常称为雨季植树）正是利用此时天气阴晴相间、雨水充足，空气湿度大的有利条件和许多树木为了保持蒸腾速率和维持树木代谢，开始进行根系的再次生长的机会。在华北地区，全年降水量的2/3集中在夏季，土壤湿度大，对树木成活有利。夏季栽植的树种多为前期生长型的针叶树种，树木规格多以中、小型苗木为主，采取带土球移植。随着城市建设的发展，园林工程中经常进行夏季植树，无论常绿树还是落叶树，无论大树、小树，都在夏季栽植。

夏季植树应注意以下几点：①掌握树种的习性，选择夏季适栽的树种，重点在常绿树种，尤其是松、柏类和易萌芽的树种；②采取带土球移植，以保证移植后的树木根系仍具有较强的吸水能力，最好是在休眠期提前做好移植的准备工作，如修剪、包装等工作，减少在夏季起苗所造成的损伤；③充分利用阴天或降水前后的有利时机进行栽植；④若条件许可，栽植后采取树冠喷水降温来减少蒸腾和（或）采取树体遮阴等措施，以提高栽植成活率。

3. 秋季植树

进入秋季后，气温逐渐下降，土壤的水分状况比较稳定，随着光照强度的降低和气温的下降，树木的地上部分开始从生长状态逐渐进入休眠，落叶树种开始落叶，树体营养物质从枝叶向主干、根系输送，此时营养物质积累量最大，而消耗量较小，地下部分根系由于营养物质的积累，生理活动并未停止，对树木栽植成活有利，栽植后根系的伤口容易愈合，并能长出一定数量的新根。秋季栽植的树木在翌春发芽早，对不良环境的适应能力强。

秋季植树的时间较长，北方以树木落叶开始，直到土壤冻结前，均可栽植，但一般应在落叶后趁早栽植，以充分利用秋季的有利条件，还有利于防止冻害的发生。近年来很多地方采取带叶栽植，这样做有利于树木愈伤和发根，但一般应在开始大量落叶时进行，否则会因树体失水过多而降低栽植成活率。南方地区的冬季较短，且没有冻结现象，因此秋季栽植可以延续到11月或12月上旬，但常绿树种和竹子应在9～10月进行栽植，春季开花的树种应在11月之前栽植。易受霜害、冻拔危害的地区不宜进行秋季栽植。

4. 冬季植树

冬季是树木的休眠期，此时树木的生理活动微弱，消耗的水分和养分极少，对外界环境的抵抗力最强。在冬季比较温暖、土壤不冻结的地方，可以进行冬季植树。这些地方的冬季植树实际上是秋季植树的延续或春季植树的提前，有利于树木在早春及时萌芽生长。

（三）栽植技术

1. 观赏树木栽植前的准备

绿化植树工程开始前，首先应做好一切准备工作，以利绿化工程的顺利进行。

（1）了解设计意图和工程概况　绿化工程的管理人员在接受工程时，首先应了解设计意图，向设计人员了解设计思想，以及设计应达到的目的及意境，尤其是施工后，在近期所能达到的景观效果，并通过设计单位和工程主管部门了解工程的概况，如植树工程与其他相关工程的施工范围及工程量、工程施工期限、工程投资情况、施工场地现状、工程材料来源、机械和运输条件等。

（2）现场踏勘和调查　在向有关单位获取资料及信息之后，负责施工管理的技术人员应亲自到现场做详细的现场踏勘工作，搞清施工工程中可能遇到的情况和需要解决的问题。

2. 编制施工组织方案

在掌握园林绿化设计的意图及施工现场的基本情况后，施工单位需要组织技术人员对整个工程安排进行研究，由于园林工程是由多种工程项目构成的综合性工程，为保证各施工项目相互合理衔接，互不干扰，多、快、好、省地完成施工任务，应制订全面的施工安排计划（即施工组织方案），广泛征求意见，修改定稿，整个方案包括文字说明、图、表，由以下几个部分组成。

（1）工程概况　主要涉及项目名称、施工地点、施工单位名称、设计意图及施工意义、施工中的有利及不利因素、园林工程的内容等。

（2）施工进度　绿化工程的起始、竣工时间，施工总进度及单项工程的完成时间。

（3）施工作业现场的具体安排　主要包括施工场地、运输交通线路、材料暂放处、水源电源位置、定点放线的基点和工人生活住宿区域等。

（4）施工组织机构　主要涉及施工单位负责人、下属生产、技术指挥管理机构及财务、后勤供应、政工、安全质量人员等，对施工进度、机械车辆调度、工具材料保管安排等。

（5）安全生产措施　确保工程安全至关重要，要定制度、建组织，制订检查和管理办法。对植树工程的主要技术项目，需要确定相应的技术措施及质量要求。

3. 进驻工地及施工现场的清理

进驻施工现场是工程进行的第一步，首先要解决职工的食宿问题，然后对施工现场进行清理，对有碍绿化施工的障碍物进行拆迁清除，对现有的、影响绿化的树木进行伐除、移植，并根据设计要求对现场进行地形处理。若用机械整地，还须搞清地下管线的分布情况，以免施工时造成不必要的损失。

4. 苗木的选择

当树种确定之后，苗木的选择主要考虑其规格、苗龄、质量、繁殖方式和来源。这些因素直接影响栽植成活率及后期的景观效果。

（1）苗龄与苗木规格　苗龄直接影响苗木的再生能力和抗逆性，从而影响苗木的成活和生长。

在苗木生产过程中，苗龄与苗木规格具有相关性，即苗木相应的苗龄应具有相应的规格，而大树移植时通常以规格来选择苗木。

幼龄树和小规格苗的植株个体小、根系分布范围小，起苗、运输和栽植等环节均较简便，可节省施工费用。而且由于起苗时根系的损伤少，栽植成活率高，树体恢复期短，树木营养生长旺盛，对外界环境的适应能力强。但由于树体较小，绿化、美化见效慢，而且易受人畜的破坏。

壮龄树的根系分布深广，吸收根已远离根颈，在起苗时会造成树体根系的大量损伤，容易导致树体水分平衡的失调。若栽植措施不当，会使成活率大幅下降，因此对植树的各个技术环节要求很高，必须采取较大规格土球移植，而且施工与养护的费用均较高。由于树体基本确定，栽植成活后可以很快见效，所以现在很多重点绿化工程施工中均予采用，但在应用时需采取大树移植的特殊措施。

目前，根据城市绿化的需要和环境特点，绿化工程的苗木选择以较大规格的幼、壮年苗木为主。这类苗木栽植成活率高，绿化见效快，还可减少人为损伤。植树工程中使用的苗木，落叶树种的最小胸径一般不得小于3cm，常绿乔木的树高最小不得低于1.5m。

（2）苗木质量　选择优质苗木很重要，因为苗木质量的好坏，不仅直接影响苗木的成活率，而且间接影响绿化效果和养护成本。

高质量的苗木应具备以下几个条件：

① 苗木的根系发达完整，在靠近树木根颈的一定范围内应有较多的须根，以便于起苗时少伤根，并能保存较多的根系。

② 乔木树苗的干茎粗壮通直，有一定的适宜高度，无徒长现象。

③ 树木的主侧枝分布均匀、丰满，构成完美的树木冠形，高大乔木应有较强的中央领导干，顶端优势明显，侧芽饱满。

④ 树体无病虫害和机械损伤。

（3）苗木来源　园林绿化用苗主要有以下三种来源：

① 当地园林苗圃生产用苗　这样的苗木，种源及年龄清楚、质量好、规格有保证、对当地的气候和土壤条件有较强的适应能力，可以做到随起、随运、随栽，既可避免因长途运输带来的苗木损伤和运输费用，又可防止病虫害的传播，而且无须长期假植。如果在非适宜季节进

行施工，也可在苗圃中直接利用竹筐、木箱等容器预先进行容器育苗，只需进行适当的水分管理，不用另行包装即可移栽，随栽随取，不受季节限制。在栽植过程中因苗木根系受干扰小，能保持正常生长。但由于容器容量有限，苗木根系生长受限，所以苗木在容器内栽植的时间不宜过长，否则待其根系长满容器，就会被迫环壁延伸，影响苗木定植后的正常生长。对在容器内栽植时间较长的苗木，在定植时应进行适当的根系处理。

② 外地苗源　在当地培育的苗木供应不足时，可以从外地调入苗木，但对外地苗木的种源、起源、年龄、移植次数、生长及健康状况应进行调查，应把好病虫检疫关，不购进疫区苗木。还应把好起苗、包装的质量关。在装卸运输途中，应防止苗木的机械损伤和脱水，通过洒水来保湿降温，尽量保持苗木体内的水分平衡，尽可能地缩短运输时间。

③ 从绿地及野外搜集的树木　此类树木的树龄一般处于青壮年阶段，通常具备如下特点：一是均为成龄树木，树冠基本形成，移栽后能较快形成景观效果，提供遮阴纳凉条件；二是由于树龄较大，根系水平扩展的范围广，在根茎一定范围内须根量少而杂乱，起苗后极易造成树体的水分平衡失调，不利于移植后树体的迅速恢复生长；三是很多树木是从林中移出的，往往树冠不够丰满，根系不发达，在绿化工地还易受强光照射及高温、干热风的威胁。因此，这类树木的选择应慎重，并且要配以高质量的栽植养护措施。

5. 植树技术的选择

大多数落叶树种，如杨、柳、榆、槐、椴、槭、蔷薇、泡桐、枫杨、黄栌等具有很强的再生能力和发根能力，在休眠期移植时，起苗、包装、运输、栽植等措施都比较简单，移植容易成活，一般采用裸根苗移植技术。而常绿树种和一些珍贵的落叶树种，如松柏类、木兰类及桉树、桦、栎等则要求采取带土球苗移植，还应保持土球的完整。

树木移植时，水分平衡是关键，所以采取的技术措施大多与保持水分平衡有关。春季或秋季移植，树木的水分丧失较少，无论是裸根苗移植还是带土球苗移植，只要能保持树体水分平衡，栽植技术可以适当简单些。但在特殊季节进行移植时，必须采取带土球苗移植，而且土球规格应大一些，在起苗、运输、定植及栽后养护过程中，必须采取周密的保护措施。树木的移植过程在树木的一生中是非常短暂的，但对树木来说，移植是一次名副其实的大手术，任何一个环节都至关重要，否则会导致树木生长不良，甚至死亡。因此，施工人员在移植过程中必须严格按照各种技术要求进行操作。

在植树施工过程中应尽量做到以下几点：

① 要做到“随起、随运、随栽”；若暂时不能栽植，应及时采取妥善的假植措施。

② 起苗、栽植应按操作规程所规定的标准进行，要避免伤根过多或窝根，对伤口过大的根系应及时修剪补救。

③ 肉质根系的树种应尽量采用带土球苗移植，如木兰类、鹅掌楸等；若采用裸根移植，由于肉质根系含水量多而脆，易折断，不易愈合，起苗后须放置在背阴处晾晒后方可栽植。

④ 从苗木起出到定植前，大多数树种应采取多种保持根系湿润，使其免受风吹日晒的保护措施，如薄膜套袋、根系沾泥浆、填加苔藓、湿草袋进行包装等。

⑤ 常绿树种枝叶蒸腾量大，可采用蒸腾抑制剂或适当修剪枝叶以减少蒸腾量。

（四）施工程序及要求

植树施工的程序主要有定点放线、挖穴、起苗与包装、装卸运输、修剪、栽植及植后管理等几大环节。

1. 定点放线

根据种植设计要求，按比例放样于地面，确定各树木的种植点。

（1）规则式配置种植　多以某一轴线对称排列，以强调整齐、对称或构成多种几何图形。有对植、行列植等种植类型。规则式配置定点放线比较简单，要求做到横平竖直，整齐美观。通常以地面固定设施，如道路的路牙或中心线、绿地的边界、园路、广场和小建筑等平面位置为依据来定点放线，先定出行距，再按设计要求确定株距。

（2）自然式配置种植　自然式配置是运用不同的树种，以模拟自然、强调变化为主，具有活泼、愉悦、幽雅的自然情调。有孤植、丛植、群植等种植类型。这种配置类型多用于公园、绿地中，在设计图上，单株定点标有位置，群植则标有范围，没有株数和位置，这取决于苗木规格和建设单位的要求。此类配置的定点放线可采用以下几种方法：

① 网格法　按一定比例在设计图及现场分别按等距离打好方格，在图上标出所有栽植点在各方格的横纵坐标尺寸，按此方法量出现场相应方格的位置即可。此方法适用于面积大、树种配置复杂的绿地，操作复杂但位置准确。

② 仪器测量法　利用经纬仪、小平板仪依据当地原有地物将树木按图定在绿地位置上。

③ 两点交汇法　利用两个固定地物与种植点的距离采取直线相交的方法定出种植点。

对孤植树、列植树应采取单株定位、钉桩，标出树种名称及挖穴的规格；而树丛和自然式的丛植，可利用网格法确定位置、面积，并用石灰点出种植范围，其中除主景树确定位置外，其他树木可用目测法定点，使树木生长分布自然，切忌呆板、平直。

2. 挖穴

挖穴是树木栽植之前的一项重要工作，能改良土壤，为树木的根系创造良好的生长条件，有利于树木的成活和生长，直接影响树木栽植后的景观效果。

种植穴的规格、形状和质量取决于所植树木的根系状况（或土球大小）、土壤条件和肥力状况等因素。穴的直径一般应比树木根幅或土球大20～40cm，有的甚至应大1倍，穴深为20～40cm，特别是在贫瘠的土壤和黏重的土壤中，坑穴应更大更深些。挖穴应保持上下垂直一致，切忌挖成上大下小的锅底形，否则易造成根系卷曲上翘，使根系无法舒展而影响树木生长。在栽植过程中，还可以通过掺沙、施肥来改良土壤结构。坑的形状多为圆形，但在道路两侧步行道上的行道树坑穴多为方形。挖穴多采用人工挖穴的方式，也可采用机械挖穴。

挖穴时应注意：

① 位置准确，规则式配置的坑穴更要做到横平竖直。

② 规格要适当，既要避免规格过小而影响树木成活生长，又要避免规格过大造成不必要的浪费。

③ 挖穴时，表土、底土或好土、渣土应分开放置，渣土要清除。行道树挖穴，应把土放在行两侧，以免影响行道树瞄直的视线。挖穴应保持上下垂直一致，大小一致。

④ 土质不好可扩穴改土，用客土或施肥改良。

⑤ 挖穴遇到地下管线时，应立即停止操作，请有关部门妥善解决后进行。

⑥ 在有坡面的地形上，坑深以坡下沿开口处为准。

⑦ 由技术人员对坑的规格进行检查验收，不合格的坑穴应及时返工。

3. 起苗与包装

（1）起苗前的准备工作

① 号树　根据设计要求和经济条件，苗圃选择所需规格的苗木，并进行标记，大规格的

树木还要用涂料标记生长方向。苗木质量是影响苗木成活的重要因素，因此必须认真挑选，除按设计要求的苗木规格、树形等进行挑选外，还应注意根系是否发达、生长是否健壮，树体有无病虫害、有无机械损伤等。苗木数量可多选一些，以弥补可能出现的苗木损耗。

② 调节土壤湿度　土壤过干、过湿均不利于起苗。因此当土壤过干时，应在起苗的前几天灌水；当土壤过湿时，应提前设法排水。

③ 拢冠　对侧枝低矮的常绿树和冠形硕大的灌木，特别是带刺灌木，为方便挖掘操作，保护树冠，便于运输，要用草绳将侧枝拢起，分层在树冠上打几道横箍，捆住树冠的枝叶，然后用草绳自下而上将横箍连接起来，使枝叶收拢，捆绑的松紧要适度，不要折断侧枝。

④ 工具与材料准备　起苗工具要锋利，包装物有蒲包、草袋、草绳、塑料布等材料。

⑤ 试掘　在正式起苗前，需要通过试掘来摸清所需苗木的根系范围，以确定土球的大小，并以此来调节植树坑穴的规格。在正规苗圃，可根据长期的实践经验和育苗规格来确定起苗规格，一般可免除此项工作。

（2）起苗与包装技术　乔木树种的裸根挖掘，水平有效根幅通常为主干直径的6～8倍；垂直分布范围为主干直径4～6倍，土球苗的横径为树木干径的6～12倍，纵径为横径的2/3，灌木的土球直径一般为冠幅的1/2～1/3。

① 裸根苗起苗与包装　裸根起苗是将树木从土壤中起出后，苗木根系裸露的起苗方法。该方法适用于干径不超过10cm的处于休眠期的落叶乔木、灌木和藤本，其特点是操作简便、节省人力及包装材料、运输及栽植成本低，但损伤根系较多，而且从起掘后到栽植前，苗木根系多为裸露，容易失水干燥，栽植后根系的恢复时间长。

起苗前，首先应根据树种和苗木的大小，确定所起苗木的水平有效根幅范围，然后在规格范围外进行挖掘。用锋利的掘苗工具在规格外绕苗木的四周挖掘至一定深度并切断外围侧根，然后从一侧向内深挖，并适当晃动树干，试寻树体在土壤深层的粗根，并将其切断，过粗而难断者，用手锯断之，切忌强按、硬切而造成根系劈裂。当根系全部切断后，放倒树木，轻轻拍打外围的土块并除之，对已劈裂的根系进行适当修剪，尽量保留须根。在可能的条件下，为确保成活，根系内连带的土壤可少量保留。当苗木暂时不能运走时，可在原起苗穴内将苗木根系用湿土埋好，行暂时假植；若长时间不能运走，应集中假植，并根据土壤干湿程度适量灌水，以保持覆土湿润，防止苗木过多失水而影响成活。

裸根苗的包装视苗木大小而定，细小苗木多按一定数量打捆，用湿草袋、蒲包装满，内部可用湿苔藓填充，也可用塑料袋或塑料布包扎根系，以减少水分丧失，大苗可用草袋、蒲包包裹。

② 土球苗起苗法　是将苗木一定范围内的根系连土掘起，削成球状，并用蒲包等物包装起来的起苗方法。这种方法常用于常绿树、竹类、珍贵树种和干径在10cm以上的落叶树及特殊季节栽植的树木。其优点是土球内的根系未受损伤，尤其是一些吸收根，由于受到土球的保护，在移植过程中不易失水，移植后很快就能吸水，满足树木的生理需求，有利于树木恢复生长。其缺点是操作困难、费时、费工、费包装材料，并且土球重，运输费用大，栽植成本高。

起苗时，先以树干为中心，按土球规格大小划出外围线。为保证起出的土球符合要求，一般外围线的范围应稍大一些。然后去表土（俗称起宝盖土），即先将外围线范围内的上层疏松表土层除去，以不伤表层根系为准。再沿外围线边缘向下垂直挖沟，沟宽以便于操作为宜，一般为50～80cm。随挖随修正土球表面，并将露出土球的根系用枝剪或手锯修去。不

要踩、撞土球的边缘，以免撞散土球，直到挖至土球纵径深度，再将土球四周修好。然后慢慢由底圈向内掏挖，直径小于50cm的土球可以直接将底土掏空，剪除根系，将土球抱出坑外包装。直径大于50cm的土球重量太大，掏底时应在土球中部下方中心保留一部分土壤支撑土球，以便在坑中包装。北方土壤冻结很深的地方，若起出的是冻土球，若能及时运、栽，也可不进行包扎。

土球的包装方法取决于树体大小、根系盘结程度、土壤质地及运输的距离等因素。50cm以下的土球，为了确保土球不散，可将土球苗放在蒲包、草袋、麻布或塑料布等包装材料上，将包装材料上翻，用草绳绕基干扎牢，并将土球缠绕扎紧。土质黏重成球的，也可用草绳沿土球径向绕几道，再在中部横向扎一道，使径向草绳固定即可。如果土质较松，须在坑内包扎，以免移动造成土球破碎。一般近距离运输、土质紧实、土球较小的树木，也可不进行包扎。50cm以上的土球，无论运输距离远近，都必须进行包扎，以确保土球不散。

在土壤较疏松时，打腰箍可以避免土球松散，采取边挖边在土球周围横向捆紧腰绳，用木槌把绳嵌入土中，每圈草绳紧接相连不留空隙，最后一圈的绳头压在该绳的下面，收紧切断多余部分，腰箍包扎的宽度为土球高度的1/3左右。此项措施视土壤质地决定是否采用。

草绳纵向捆扎，俗称扎花箍，即先用蒲包、草袋等包装材料在土球外捆包封严，防止土壤破碎外流，然后用草绳纵向捆扎。捆扎方法有3种，即井字包（又称古钱包）、五角包和橘子包（又称网络包），可根据土球大小、土质状况、运输距离远近等因素来选择采用。井字包和五角包的包扎方法简单，但土球受力不均，多用在土球较小、土质黏重、运输距离近的土球苗包装上。橘子包的包扎方法比较复杂、费工，但捆扎后的土球受力均匀，不易破碎，是土球包扎中比较常用而且效果较好的方法，多用于比较珍贵的树木，或土质松散、运输距离较远的土球苗包装上。

直径大于50cm的土球苗，在纵向包扎完成后，还要在中部捆扎横向腰绳，即在土球中部紧密横绕几道，然后再上下用草绳呈斜向将纵绳与腰绳穿联起来，使腰绳固定，避免滑脱。腰绳的缠绕道数常根据土球大小来确定，土球横径50～100cm的缠3～5道，土球横径100～140cm的缠8～10道。

在坑内打包的土球苗，捆好后推倒，用蒲包、草绳将土球底部露土的地方包严封好，以免运输途中土球破碎，土壤流出。

4. 装运

树木起掘包装后，应本着“随起、随运、随栽”的原则，尽量在最短的时间内将树木运至栽植地进行栽植。在装运过程中，应避免树体受损伤，要保护好根系和干茎。

装车时，先在车厢内铺一层湿草袋，再将包装好的苗木放在湿草袋上。这样做既能防止装运过程中苗木损伤，又能起到保湿作用。

① 裸根苗装车　小规格苗按数打捆卷包，即将枝梢向外，根部向内，互相错行重叠摆放，以蒲包、草席为包装材料，用湿润的苔藓或锯木填充根部空隙，然后抱紧捆上，喷水保湿，码放启运，每捆用标签注明树种名称和株数。乔木苗装车时，根系朝前，枝梢朝后，顺序码放，不得压太紧，码放车体高度不能超过4m，枝梢向后顺放不能过长而垂于地面，以免摩擦受伤，即“上不超高，下不拖梢”，根部用苫布盖严，并用绳将整车苗木捆好。

② 土球苗装车　苗高不足2m的，可于车上立放，苗高超过2m的，可平放或斜放，土球朝前，枝梢朝后，用木架将树冠架稳，避免树冠与车体摩擦造成损伤。土球直径小于20cm的，

可装2～3层，并装紧，防止车辆开动时苗木来回晃动。

运苗途中，须有专人押运，经常检查苫布是否盖好，并要带上当地检疫部门的检疫证明。短途运输最好中途不要停留，直接运到栽植地。长途运输，为防止苗根失水，途中应注意洒水。休息时将车停在背风阴凉处，避免风吹日晒。值得注意的是，运苗途中，土球上不许站人或压放重物，以免发生危险或苗木受损。

苗木运到目的地后要及时卸车，裸根苗按顺序轻拿轻放，不得抽取，不能整车推下，以免伤苗。若长途运输造成裸根苗缺水，根系较干时应浸水1～2天，以补充水分。土球苗卸车时要轻拿轻放，抱土球，不得提苗干。较大的土球苗，可用长木板斜搭在车厢上，将土球慢慢顺斜坡滑下，不能滚动卸车，以免土球破碎，也可用机械吊卸。

5. 假植

树木起掘后，或运到目的地后，因场地、人工、时间等主客观因素不能及时种植时，须先行假植。假植是定植前对运来的苗木采取的短时间保护措施，以保持树木根系的活力，维持树体的水分平衡。

① 裸根苗的假植　在栽植点附近，选择排水良好、背风阴凉的地方挖沟，宽1.5～2m，深0.3～0.5m，长度视苗量而定。按树种分别集中假植，树梢顺主风方向斜放，将苗木排放在沟内，在根系上覆盖湿细土，依次一层一层码放、覆土，全部覆土完成后，浇水保湿。假植期内经常检查，适量浇水，不可过湿，有积水时应及时排除。

② 土球苗的假植　要集中直立码放，周围用土培好。如果假植时间较长，土球之间的空隙须用土填好，定期浇水，并利用喷灌设施增加空气湿度，保持枝叶鲜挺。

6. 修剪

栽植修剪的主要目的是：①通过修剪保持树体的水分代谢平衡，以确保树木成活。起苗后，树体水分代谢的平衡被打破，使其根冠比失调，根系吸水一时难以满足枝叶对水分的需求。为减少水分蒸腾，保持树体上下部的水分平衡，适当修剪枝叶是主要措施之一。②起苗、运输过程中往往会造成树体不同程度的损伤，通过修剪，剪除受损枝条及病虫枝、枯枝死杈，缩小伤口，促进伤口早日愈合。③通过修剪培养树形，以达到预期的观赏效果。

修剪时间与树种、树体特征及观赏效果有关。高大乔木在栽植后修剪比较困难，应在栽植前进行修剪，在修剪中应定出主干高度。花灌木类中枝条细小的可在栽植后修剪，以便于整形；枝条粗壮的可在栽植前用手锯除去多余的大枝，进行粗整形，在栽植后再根据实际情况进行细致调整；带刺类在栽植前修剪效果较好。绿篱类需在栽植后修剪，以保景观效果。

落叶乔木长势较强，容易抽生新枝，如杨、柳、榆、槐等，可进行强修剪，至少剪去树冠的1/2以上，以减轻根系的负担，保持树体的水分平衡，避免树冠招风摇动，提高树体的稳定性。凡具有中央领导干的树种应尽量保护或保持中央领导干，去除不保留的枝条，对保留枝在健壮芽处短截；中心干不明显的树种，可选择直立枝代替中心干生长，并通过疏剪或短截，控制其余与直立枝有竞争的侧生枝的生长，以确保直立枝的旺盛生长；有主干无中心干的树种，主干上部的枝量大，可在主干上保留几个主枝，其余疏剪，保留的主枝可通过短截形成树冠。

枝条茂密的常绿阔叶树，可通过适量疏枝来保持树木冠形和树体水分平衡，并根据主干高度要求通过疏枝来调整枝下高。常绿针叶树不宜过多地进行修剪，只剪除病虫枝、枯死枝、生长衰弱枝、过密的轮生枝及下垂枝即可。常绿阔叶树及珍贵树种的修剪强度也不宜过大，应根

据整形要求酌情疏剪和短截，以免破坏原有树形。

花灌木类的修剪因树种特性和起苗方法的不同而异。带土球苗或湿润地区的带宿土苗及春季观花树种，应少修剪，仅剪除枯枝、病虫枝即可。当年形成花芽的树种，可采取短截、疏剪等较强修剪措施，促其更新枝条；枝条茂密的灌丛应疏枝，以减少水分消耗并使其外密内疏，通风透光；嫁接苗除对接穗修剪以减少水分消耗、促成树形外，砧木萌生条一律除去，避免营养分散导致接穗生长不良。根蘖发达的丛生灌木应多疏老枝，以利植后不断更新，旺盛生长。绿篱在苗圃生长期间已基本成型，且多带土球栽植，通常在栽植后修剪，以获得理想的景观效果。

7. 树木定植及栽植技术

栽植应选择一天中光照较弱、气温较低的时间，如上午11点以前，下午3点以后，阴天无风最佳。

（1）配苗与散苗　配苗是指将预栽的苗木按大小规格进一步分级，使株与株之间在栽植后趋于一致，以达到栽植有序和景观效果好的目的。乔木树种配苗时，一般高差不超过50cm，粗细不超过1cm。

散苗则是按设计规定将树苗散放在相应的定植穴里的过程，即“对号入座”。散苗的速度应与栽植速度相近，即“边散边栽”，尽量减少树木根系在外暴露的时间，尤其是气温高、光照强的时候，以减少水分消耗。

（2）栽植　栽植前应再次检查栽植穴的规格与所植树木的根系是否相符，坑浅小的应加大加深，并在坑底垫10～20cm的疏松土壤，做成锥形土堆，以便于根系顺锥形土堆向四周散开，使根系舒展，防止窝根。

① 裸根苗栽植技术　规格较小的苗木，2人1组进行栽植；规格大的须用绳索、支杆拉撑。先在栽植穴内填入一些好土，使之成锥形，若深浅适当，将苗木放在栽植穴的中央扶正，然后回填表土，填土的同时尽量铲土扩穴。直接与根系接触的土壤，一定要细碎、湿润，不能太干或太湿。第1次填土至栽植穴的1/2深处，轻提抖动苗木使其根系舒展，让土壤进入根系孔隙处，填补空洞，进行第1次踩实，使根系与土壤紧密结合。再次填土至穴满，踩实。如果土壤过于黏重，不宜踩得太紧，否则通气不良，影响根系呼吸、生长。最后填土高于根颈3～5cm，做好灌水堰。裸根苗的这种栽植技术可简单地归纳为“一提、二踩、三培土”。

② 土球苗栽植技术　若栽植穴的规格与土球大小适宜，应先在穴底部堆垫丘形土并踩实，再将土球苗放入穴正中扶正，使之稳定，并尽量保持土球完整，然后解开包装，取出蒲包、草袋等包装物。拆除包装后不能再移动树干和土球，以防土球散开，影响苗木成活。如果土球破碎拆除困难，或为防止土球破碎，可仅剪断包装绳，松开蒲包、草袋等包装物，不将其取出来（若有不易腐烂的材料必须取出，包装物过多的应去除一部分）。为防栽植后土塌树斜，在土球周围边填土边用棍把填土夯实，使填入的土壤与土球紧密结合，但夯实时注意不要砸碎土球，最后做好灌水堰。

8. 植后养护

（1）开堰浇水　树木栽植之后，及时沿树坑外沿开堰，堰高20～25cm，用脚将埂踩实，以防浇水时出现跑水、漏水现象。第1次浇水要及时，最好栽后就浇，不宜超过24小时。第1次浇水一定要浇透，使根系与土壤能够紧密结合。在北方或干旱多风的地区，须在3～5天内连续浇水3次，使整个土壤层水分充足，以确保苗木成活。在土壤干燥、浇水困难的地方，为节约用水，也可在栽苗填入一半土时，先浇足水，然后填满土，再进行覆盖保墒。在春季，浇完3次透水后，可将水堰铲去堆垫在干基周围，这样既可起到保墒作用，又有利于提高土温，促进根系快速生长。在干旱多风的北方地区进行秋季植树时，干基堆土有利于防风、保墒。浇水时应注意：一是不要频繁地少量浇水，这样浇水只能湿润地表面无法使水分下渗到土壤深层，虽然水没少浇，但是由于水分主要集中在土壤较浅处，蒸发损失多，苗木吸收少，水分的有效性差，而且易导致根系在土壤浅层生长，降低苗木的抗旱与抗风能力。二是不要频繁超大量浇水，否则会造成土壤长期通气不良，导致根系腐烂，既影响树木生长，又浪费水资源。三是最好在出水口处放置木板或石板，让水落在板上流入土壤中，以免造成苗木根际周围的土壤冲刷。树木生长期因根系尚未完全恢复而导致供水不足时，可利用喷灌进行叶面补水。

栽后浇水是保证树木成活的主要养护措施，须把握时机，避免因缺水而导致树木成活率下降。

（2）扶正封堰与松土除草 每次浇水后都要检查树木是否有倒歪的情况发生。若发现因浇水造成坑穴土壤塌陷而使树木倒歪的，应及时扶正，并用土把塌陷处填实；若发现浇水后因大风而造成树木歪斜的，须立支柱将树木扶直，再用湿土把树木根际土缝覆盖并踩实。在干旱缺水、蒸发量大的地区，浇水之后，易造成土壤板结，影响土壤通气，不利于树木生长，应及时松土，减少土壤水分蒸发，提高水分利用率。

杂草要“除早、除小、除了”。春末夏初，杂草较小，这时的松土除草以松土为主；夏秋季节气温高，雨水充足，杂草生长快，松土除草以除草为主，以减少杂草对土壤水分和养分的消耗，并通过松土除草，提高土壤通气性。松土除草一般每20 ～ 30天进行1次，深度以3 ～ 5cm为宜。

（3）除萌修剪 树木成活后的修剪是根据树木的生长特性和树体养分状况采取的管护措施，主要针对以下两个方面进行。

① 除萌 当栽植的树木开始萌芽时，可能有定芽、潜伏芽、不定芽都在萌动生长，在树干、枝条上会萌发出许多新枝，这是新植树生理活动趋于正常的标志，能促进根系的生长。但萌芽、生枝的数量过多不仅消耗大量营养，而且会干扰树形的形成，使树冠通风透光不良，直接影响树木生长。及时除去多余枝芽，可以给保留的枝、叶提供充足的营养和生长空间，提高光合效率，促进根系生长，有利于新植树木早日成形和安全越冬。

② 整形 树木移植后，树冠中的一些枝条由于在栽植过程中受到损伤，甚至枯死，不但影响树形，还易招致病虫为害；在树木生长过程中形成的过密枝、徒长枝往往组织发育不充实，抗性差。及时剪除这些枝条，对改善树体的通风透光条件、促进树木健壮生长、保持和培养良好的树形具有重要作用。

（4）防治病虫害 新栽植的树木生长势较弱，极易遭受病虫为害，因此，在随后的养护过程中，必须根据病虫害发生发展的规律和为害程度，及时、有效地进行防治，以免病虫害的蔓延。

二、观赏树木的土、肥、水管理

观赏树木的土、肥、水管理是观赏树木日常管理与养护工作的一项极为重要的内容。观赏树木生长在土壤中，从土壤中吸收水分和养分，树木的根系还要有足够的氧气才能不断生长；而土壤中的微生物也不能缺乏氧气，如果土壤中没有微生物，土壤有机质和无机质都难以分解，这样的土壤就是“死土”，树木根本无法生存。所以观赏树木的土、肥、水管理，对观赏

树木的生长发育十分重要，绝不可掉以轻心。

观赏树木一般生长在人工化的环境条件下，其水分与营养的获得往往有别于自然环境中生长的树木。有些树木生长在干旱贫瘠的土壤中，同时还要受到人为因素的影响，往往使其生长发育不良，难以发挥应有的作用。通过对观赏树木进行土、肥、水管理，能够有效地改善树木的生长环境，促进其生长发育，使其更好地发挥各项功能，达到绿化、美化的目的。人们形容观赏树木的种植施工与养护管理的关系是“三分种，七分管”，这很能说明观赏树木养护管理的重要性。

（一）观赏树木的土壤管理

土壤是树木生长的基地，也是树木生命活动所需求的水分和各种营养元素的供应库和贮藏库。所以，土壤的好坏直接关系到树木的生长状况。观赏树木的土壤管理就是通过多种综合措施来改善土壤结构和土壤理化性质、提高土壤肥力，以保证观赏树木生长所需养分、水分等生活因子的有效供给，并防止和减少水土流失和尘土飞扬，增强园林景观的艺术效果。

1. 观赏树木生长地的土壤条件及应采取的整地措施

不同树种对土壤的要求有很大差异。一般而言，树木都喜好保水、保肥性能好的土壤，而在干旱贫瘠的土壤或水分过多的土壤上，往往生长不良。观赏树木生长的土壤条件十分复杂，既有平原肥土，又有荒山荒地、建筑废弃地、水边低湿地、人工土层、工矿污染地、盐碱地等。这些土壤大多需要经过适当调整和改造，才能满足观赏树木正常生长的需求。

由于园林绿地的土壤条件十分复杂，所以观赏树木的整地工作既要做到严格细致，又要因地制宜。不仅要满足观赏树木生长发育对土壤的要求，还要注重地形地貌的美观。

园林整地工作包括适当整理地形、翻地、去除杂物、碎土、耙平、填压土壤等工序。

（1）一般平缓地区和荒山的整地　对比较平缓的耕地或半荒地，可采取全面整地。通常翻耕深度为30cm左右，以利蓄水保墒。对于重点布置地区或深根性树种，整地深度应达到50cm以上，并施有机肥，以改良土壤。平地的整地应有一定的倾斜度，以利在雨季排除多余的水分。

荒山整地需要采用深翻熟化和施有机肥等措施来改良土壤。在整地之前，应先清理地面，刨出枯树根，搬除可以移动的障碍物。若坡度不大，土层较厚，可采用水平带状整地，即沿等高线整成长条状。在干旱石质荒山及黄土或红壤荒山上，可采用水平阶整地。在水土流失较严重或急需保持水土的荒山上，则应采用水平沟整地或鱼鳞坑整地。

（2）低湿地区的整地　低湿地的土壤一般比较紧实，通气不良，盐碱含量高，即使树种选择正确，也常生长不良。通过填土、挖排水沟、松土晒干和施有机肥等措施，能有效地降低地下水位，防止返碱。通常在植树的前一年，每隔20m左右挖出一条深1.5～2.0m的排水沟，并将掘起的表土翻至沟的一侧培成垄台，经过一个生长季，土壤受雨水的冲洗，盐碱减少，杂草腐烂，土质疏松，不干不湿，即可在垄台上植树。

（3）市政工程场地和建筑地区的整地　在整地前应先清除工地上遗留的杂物，如灰槽、灰渣、砂石、砖石、碎木及建筑垃圾等。由于施工机械的碾压，常使得土壤变得十分坚硬，因此在整地时，还应将坚实的土壤挖松，并根据设计要求处理地形。对因清除建筑垃圾而缺土的地方，应换土整平。

（4）新堆土山的整地　挖湖堆山是园林建设中常见的改造地形措施之一。人工新堆的土山，应令其自然沉降，然后方可整地植树，因此，通常在土山堆成后，至少应经过一个雨季，

才能开始整地。人工土山往往不太大，也不太陡，又全是疏松新土，所以可以按设计要求进行局部块状整地。

整地季节直接影响整地效果。在一般情况下，应提前整地，以充分发挥其蓄水保墒的作用。这一点在干旱地区尤为重要。一般整地应在植树前3个月以上的时期内（最好经过一个雨季）进行，如果现整现栽，整地效果将大打折扣。

2. 土壤管理

（1）松土除草　松土不仅可以切断土壤表层的毛细管，减少土壤水分蒸发，防止土壤泛碱，改良土壤通气状况，促进土壤微生物活动，还有利于难溶性养分的分解，提高土壤肥力。松土还能在短期内恢复土壤的疏松度，改进土壤通气和水分状态，使土壤的水、气关系趋于协调，所以生产上有“地湿锄干，地干锄湿”之说。此外，早春进行松土，还能明显地提高土壤温度，使树木的根系尽快开始生长，并及早进入吸收功能状态，以满足树木地上部分生长对水分、营养的需求。

除草的目的是减少杂草、灌丛和藤蔓对水、肥、气、热、光的消耗，降低其对树木的危害。杂草、灌丛的生命力强，根系盘结，与树木争水、争肥，阻碍树木生长；藤本植物攀缘缠绕，不仅扰乱树形，而且可能绞杀树木。杂草、灌丛的蒸腾量大，尤其在生长旺盛季节，由于它们大量耗水，致使树木、特别是幼树的生长量明显下降。清除杂草、灌丛和藤蔓还能阻止病虫害的滋生和蔓延，使树木生长的地面环境更清洁美观。

与深翻不同，松土除草是一项经常性的工作。松土除草对幼树尤为重要。松土和除草一般应同时进行，但也可根据实际情况分别进行。松土除草的次数应根据当地的气候条件、树种特性以及杂草生长状况而定，有条件的地方一般每年松土除草的次数应达到2～3次。松土除草大多在生长季节进行，在以除草为主要目的时，在杂草出苗期和结实期进行效果较好，这样不仅能消灭大量杂草，还能减少除草次数。具体时间应选择在土壤既不过于干燥、又不过于湿润时进行。

松土深度一般为大苗6～9cm，小苗2～3cm，过深伤根，过浅起不到松土的作用。在进行松土除草作业时，要尽量做到不伤或少伤树根，不碰破树皮，不折断树枝。清除杂草是一项费时费力的工作，有条件的地方可采用除草剂除草。

有些地方的乡土草种已经形成了一定的景观特色（如马蔺、苣荬菜、点地梅、酢浆草、百里香等），除草时可以保留，而将其中影响景观效果的其他草种去除，这样做既能保持物种的多样性，又可以形成一定的地域景观，还能降低土壤管理的费用。

园林中还常有鸟类采食后随鸟粪排出的种子，以及风力传播的种子，如杨、柳、桑、构、榆、刺槐、臭椿等树种的种子，在合适的土壤湿度条件下，这些种子极易萌发并搅乱设计布局，既影响景观，又争夺主栽树种的水分和养分，一旦发现也应尽可能在其苗期连根清除，绝不能任其生存。

（2）地面覆盖与地被植物　利用有机物或植物活体覆盖地面，可以减少土壤水分蒸发，降低地表径流，增加土壤有机质，调节土温和抑制杂草生长，为树木生长创造良好的环境条件。若在树木生长季进行覆盖，在树木生长后期将覆盖的有机物翻入土中，还可增加土壤有机质，改善土壤结构，提高土壤肥力。覆盖材料以“就地取材、经济适用”为原则，如水草、谷草、豆秸、树叶、树皮、锯屑、马粪、泥炭等均可应用。在大面积粗放管理的园林中，还可将草坪上或树旁刈割下来的杂草随手堆于树盘周围。一般对于幼树或草地疏林的树木，多在树盘下进

行覆盖。覆盖的厚度通常以3～6cm为宜，鲜草约5～6cm，过厚会产生不利影响。覆盖时间一般在生长季节土温较高而较干旱时进行。

地被植物可以是紧伏地面的多年生植物，也可以是1～2年生的较高大的绿肥作物。用多年生地被植物覆盖地面，不仅具有良好的覆盖作用，还可抑制尘土飞扬、提高园林景观效果、防止杂草生长、节约树木养护费用。用绿肥作物覆盖地面，除能够发挥覆盖作用外，还可在开花期将其翻入土内，起到施肥改土的作用。

无论是地被植物还是绿肥作物，若作为树下的覆盖植物，均应具有适应性强、有一定的耐阴能力、覆盖效果好、繁殖容易等优良特性。如果需要覆盖的地面为疏林草地，则选用的覆盖植物应耐踩踏、无汁液流出、无针刺，最好还应具有一定的观赏性和经济价值。

常用的草本地被植物有铃兰、石竹类、勿忘草、百里香、萱草、二月兰、酢浆草、鸢尾类、麦冬类、丛生福禄考、玉簪类、吉祥草、蛇莓、石碱花、沿阶草、白三叶、红三叶、紫花地丁等。常用的木本地被植物有地锦类、金银花、木通、扶芳藤、常春藤类、络石、菲白竹、倭竹、葛藤、裂叶金丝桃、偃柏、铺地柏、金老梅、野葡萄、山葡萄、蛇葡萄、凌霄类等。

3. 土壤改良

土壤改良是采用物理、化学及生物措施，改善土壤理化性质，提高土壤肥力的方法。

（1）土壤耕作改良　许多园林绿地因人流长期活动而被踩实，踩实厚度一般达3～10cm，土壤硬度达14～70kg/cm^2；被机动车辆压实的土壤，其坚实层厚度一般为20～30cm。在经过多层压实后，其最大厚度可达80cm以上，土壤硬度可达12～110kg/cm^2。当土壤硬度在14kg/cm^{2}以上，土壤孔隙度在10%以下时，就会严重妨碍微生物的活动与树木根系的伸展；当土壤容重大于1.4g/cm^{3}时，就会严重影响树木的生长。这种园林绿地主要表现为土壤板结、黏重、耕性差、通气透水不良，必须进行土壤改良。

通过土壤耕作改良，可以有效地改善土壤的水分和通气条件，促进微生物的活动，加快土壤的熟化进程，使难溶性营养物质转化为可溶性养分，从而提高土壤肥力。同时，由于大多数观赏树木都是深根性树种，根系分布深广，通过土壤耕作可以为根系提供更广的伸展空间，以保证树木随着年龄的增长对水、肥、气、热的更大需要。土壤的合理耕作应包括：深翻熟化、客土栽培、培土等措施。

① 深翻就是对观赏树木根区范围内的土壤进行深度翻垦，主要目的是加快土壤的熟化，使“死土”变“活土”、“活土”变“细土”、“细土”变“肥土”。深翻结合施肥，特别是施有机肥，改土效果更好。在荒山荒地、低湿地、建筑的周围、土壤的下层有不透水层的地方、人流的践踏和机械压实过的地段等处栽植树木，特别是栽植深根性的乔木时，栽植前应深翻土壤，栽植后也应定期深翻。

深翻时期包括树木栽植前的深翻与栽植后的深翻。前者是在栽植树木前，配合园林地形改造、杂物清除等工作，对栽植场地进行全面或局部的深翻，并曝晒土壤，打碎土块，填施有机肥，为树木后期生长奠定基础；后者是在树木生长过程中进行的土壤深翻。

深翻通常在秋末和早春两个时期进行。秋末，树木地上部分生长基本停止或趋于缓慢，同化产物消耗少，并已经开始回流积累；这时又正值根系秋季生长的高峰，伤口容易愈合，并发出部分新根，吸收能力提高，吸收和合成的营养物质在树体内进行积累，有利于树木翌年的生长发育；同时秋翻后经过漫长的冬季，有利于土壤风化和积雪保墒。春翻应在土壤解冻后及时进行。此时树木地上部分尚处于休眠状态，根系则刚开始活动，生长较为缓慢，伤根后容易愈

合和再生。春季土壤解冻后，土壤水分开始向上移动，土质疏松，省工省力，但此时土壤蒸发量较大，易导致树木干旱缺水，因此在春季干旱多风地区，春翻后应及时灌水，或采取措施覆盖根部，翻后耙平、镇压。深翻深度一般以稍深于树木主要根系垂直分布层为度，这样有利于引导根系向下生长，但具体的翻土深度应根据土壤结构、土质状况以及树种特性等因素来确定。土壤深翻的效果能保持多年，因此没必要每年都进行深翻，但深翻作用持续时间的长短与土壤特性有关。黏土、涝洼地深翻后容易恢复紧实，因而保持年限较短，可每1～2年深翻1次；而地下水位低、排水良好、疏松透气的沙壤土保持时间较长，一般可每3～4年深翻1次。

观赏树木土壤深翻方式主要有树盘深翻与行间深翻两种。树盘深翻是在树冠垂直投影线附近挖取环状深翻沟，以利树木根系向外扩展，这适用于园林草坪中的孤植树和株距较大的树木。行间深翻则是在两排树木的行中间挖取长条形深翻沟，用一条深翻沟达到使两行树木同时受益的目的。这种方式多适用于呈行状种植的树木，如风景林、防护林带、园林苗圃等。此外，还有全面深翻、隔行深翻等方式，应根据具体情况灵活运用。

② 客土栽培通常是在土壤完全不适宜观赏树木生长的情况下进行的，是对栽植地实行局部换土的栽培措施。如在岩石裸露、人工爆破坑栽植或土壤十分黏重、土壤过酸、过碱以及土壤已被工业废水、建筑垃圾及其他废弃物严重污染等情况下，或在选定的树种需要一定酸度的土壤，而本地土质不合要求时，就应全部或部分换土以获得适宜树木生长的栽培条件。

③ 培土是在观赏树木生长过程中，根据需要在树木生长地添加部分土壤基质，以增加土层厚度，保护根系，补充营养，改良土壤结构的措施。这种方法，在我国南北各地普遍采用。例如，在我国南方高温多雨地区，降雨量大、强度高，土壤淋溶流失严重，生长在坡地的树木往往根系大量裸露，树木既缺水又缺肥，生长势差甚至可能导致树木整株倒伏或死亡，这时就需要及时培土。

培土是一项经常性的土壤管理工作，应根据土质确定培土基质类型。如土质黏重的应培含沙质较多的疏松肥土甚至河沙；含沙质较多的可培塘泥、河泥等较黏重的肥土以及腐殖土。培土量视植株的大小、土源、成本等条件而定，但每次培土不宜太厚，以免影响树木根系的正常生长。

（2）土壤化学改良　土壤酸碱度调节是一项十分重要的土壤化学改良工作。绝大多数观赏树木适宜中性至微酸性土壤，然而在我国许多城市的园林绿地中，酸性和碱性土所占比例较高。一般说来，我国南方城市的土壤pH值偏低，北方偏高。

土壤的酸碱度主要影响土壤养分的转化及其有效性、土壤微生物的活动和土壤的理化性质等，对观赏树木的生长发育有直接影响。通常，当土壤pH值过低时，土壤中活性铁、铝增多，磷酸根易与这些金属元素结合，形成不溶性的沉淀，造成磷素养分的无效化。同时由于土壤吸附性氢离子多，黏粒矿物易被分解，盐基离子大部分遭受淋失，不利于良好土壤结构的形成。相反，当土壤pH值过高时，则会发生明显的钙对磷酸的固定作用，使土粒分散，结构被破坏。

土壤酸化是指对偏碱性的土壤进行必要的处理，使其pH值有所降低，符合喜酸性土壤的观赏树种的生长需求。目前，土壤酸化主要通过施用释酸物质来调节，如施用有机肥料、生理酸性肥料、硫黄等，通过这些物质在土壤中的转化，产生酸性物质，降低土壤的pH值。据试验，施用30kg/亩[1]硫硝粉，可使土壤pH值从8.0降至6.5左右；硫黄粉的酸化效果较持久，但见效缓慢。对盆栽观赏树木也可用1∶50的硫酸铝钾，或1∶180的硫酸亚铁

[1] 1亩≈667m^2。

水溶液浇灌植株来降低盆栽土的pH值。

土壤碱化是指对偏酸的土壤进行必要的处理，使其土壤pH值有所提高，符合一些喜碱性土壤的观赏树种的生长需求。土壤碱化的常用方法是向土壤中施加石灰、草木灰等碱性物质，但以石灰应用较普遍。调节土壤酸度的石灰是农业上用的“农业石灰”，即石灰石粉（碳酸钙粉）。使用的石灰石粉越细越好，这样可增加土壤内的离子交换强度，以达到调节土壤pH值的目的。市面上销售的石灰石粉有几十至几千目的细粉，目数越大，见效越快，价格也越贵，生产上一般用300～450目的较适宜。

（3）生物改良　包括植物改良和动物改良两个方面。在城市园林中，植物改良是指通过有计划地种植地被植物来达到改良土壤的目的。各地可根据实际情况，按照习性互补的原则灵活选用物种，处理好种间关系。利用动物改良土壤，可以从以下两方面入手：一方面，加强土壤中现有有益动物种类的保护，对土壤施肥、农药使用、土壤与水体污染等进行严格控制，为土壤有益动物创造一个良好的生存环境。在自然土壤中，常常有大量的昆虫、原生动物、线虫、环虫、软体动物、节肢动物、细菌、真菌、放线菌等生存，它们对土壤改良具有积极意义。另一方面，推广使用根瘤菌、固氮菌、磷细菌、钾细菌等生物肥料，这些生物肥料含有多种微生物，其生命活动的分泌物和代谢产物，既能直接给树木提供某些营养元素、激素类物质、各种酶等，促进树木根系的生长，又能改善土壤的理化性能。

（4）疏松剂改良　近年来，有不少国家已开始大量使用疏松剂来改良土壤结构，调节土壤酸碱度，提高土壤肥力，并有专门的疏松剂商品销售。如国外生产上广泛应用的聚丙烯酰胺是人工合成的高分子化合物，使用时先把干粉溶于80℃以上的热水，制成2%的母液，再稀释10倍浇灌至5cm深土层中，通过其离子键、氢键的吸引使土壤形成团粒结构，从而优化土壤水、肥、气、热条件，达到改良土壤的目的，其效果可达3年以上。

土壤疏松剂可大致分为有机、无机和高分子3种类型，其功能主要表现在：膨松土壤，提高置换容量，促进微生物活动；增多孔隙，协调保水与通气、透水的关系；使土粒团粒化。目前，我国大量使用的疏松剂以有机类型为主，如泥炭、锯末粉、谷糠、腐叶土、腐殖土、家畜厩肥等，这些材料来源广泛，价格便宜，效果较好，但一定要使用经过发酵腐熟的材料，并与土壤混合均匀。

4. 土壤污染的防止

土壤污染是指土壤中积累的有毒或有害物质超过了土壤自净能力，从而对观赏树木的正常生长发育造成伤害时的土壤状态。土壤污染一方面直接影响观赏树木的生长，如通常当土壤中砷、汞等重金属元素含量达到2.2～2.8mg/kg时，就有可能使许多观赏树木的根系中毒，丧失吸收功能；另一方面，土壤污染还导致土壤结构破坏，肥力衰竭，引发地下水、地表水及大气等连锁污染。因此，土壤污染是一个不容忽视的环境问题。

土壤污染一旦发生，仅仅靠切断污染源的方法往往是很难恢复，这时应通过换土、淋洗土壤等方法来解决问题，其他治理技术可能有效，但见效较慢。因此，治理土壤污染通常成本较高，治理周期较长。防治土壤污染的措施主要有管理措施、生产措施和工程措施。就管理措施而言，应严格控制污染源，禁止向城市园林绿地排放工业和生活污染物，加强污水灌溉区的监测与管理，各类污水必须净化后方可用于观赏树木的灌溉；加大对园林绿地中各类固体废弃物的清理力度，及时清运有毒垃圾、污泥等。就生产措施而言，应合理施用化肥和农药，执行科学的施肥制度，大力发展新型肥料，增施有机肥，提高土壤环境容量；采用低量或超低量喷洒

农药的方法，严格控制剧毒农药及有机磷、有机氯农药的使用范围；在某些重金属污染的土壤中，加入石灰、膨润土、沸石等土壤改良剂，控制重金属元素的迁移与转化，降低土壤污染物的水溶性、扩散性和生物有效性；广泛选用吸收污染物及抗污染能力强的观赏树种。就工程措施而言，可以采用客土、换土、去表土、翻土等方法更换已被污染的土壤；另外，还有隔离法、清洗法、热处理法以及近年来为国外采用的电化法等。工程措施治理土壤污染效果彻底但投资较大。

（二）观赏树木的营养管理

树木的营养管理是通过合理施肥来改善和调节树木营养状况的经营活动。营养是观赏树木生长的物质基础，树木的许多异常状况，常与营养不良密切相关。

观赏树木多为根深体大的木本植物，生长期和寿命均较长，生长发育所需要的养分数量大，加之树木长期生长于一地，根系不断从土壤中选择性地吸收某些元素，造成这些营养元素贫乏。此外，城市园林绿地受人为践踏严重，土壤密实度大，密封度高，水气矛盾突出，使得土壤养分的有效性大大降低。同时城市园林绿地中的枯枝落叶常被彻底清除，中断了营养物质的正常循环，故极易造成养分的枯竭。因此，只有通过合理施肥，才能增强树木的抗逆性，延缓树木衰老，确保其正常生长。

1. 观赏树木与营养

（1）观赏树木的营养诊断　观赏树木的营养诊断是指导树木施肥的理论基础，根据树木营养诊断进行施肥，是实现树木养护管理科学化的一个重要标志。营养诊断是将树木矿质营养原理运用到施肥措施中的一个关键环节，它能使树木施肥达到合理化、指标化和规范化。

观赏树木营养诊断的方法很多，包括土壤分析、叶样分析、外观诊断等，其中外观诊断是最行之有效的方法。在树木的生长发育过程中，当缺少某种元素时，在植株的形态上就会呈现出一定的症状来。外观诊断法就是通过观赏树木呈现出的不同症状来判断树体缺素的种类和程度。此法具有简单易行、快速的优点，在生产上有一定实用价值。

（2）造成观赏树木营养贫乏的原因　引起观赏树木营养贫乏的具体原因很多，如土壤营养元素缺乏、土壤酸碱度不适、营养成分不平衡、气候条件和土壤理化性质不良等。土壤营养元素缺乏是引起营养贫乏症的主要原因，但某种营养元素缺乏到什么程度才会发生缺素症却是个复杂的问题。不同树种，即使同一树种的不同品种、不同生长期或不同气候条件对营养元素的需求都会有差异，所以不能一概而论，但从理论上说，各个树种都有其对某种营养元素需求的最低限值。土壤pH值影响营养元素的溶解度，即有效性。有些营养元素在酸性条件下易溶解，有效性高，如铁、硼、锌、铜等，其有效性随pH值的降低而迅速增加；另一些元素则相反，当土壤pH值趋于中性或碱性时有效性增加，如钼，其有效性会随pH值提高而增加。

树木体内的正常代谢要求各营养元素含量保持相对平衡，否则会导致代谢紊乱，出现生理障碍。一种元素的过量存在常会抑制另一种元素的吸收与利用，这就是所谓元素间的拮抗现象。这种拮抗现象是相当普遍的，当其作用比较强烈时就会导致缺素症的发生。生产中，较常见的拮抗现象有磷-锌、磷-铁、钾-镁、氮-钾、氮-硼、铁-锰等。因此，在施肥时需注意肥料的选择搭配，避免一种元素过多而影响其他元素发挥作用。

土壤理化性质不良，如土壤坚实、底层有漂白层、地下水位高、盆栽容器太小等都限制根系的伸展，从而会引发或加剧缺素症。不良的气候条件主要是低温的影响，低温一方面减慢土

壤养分的转化，另一方面削弱树木对养分的吸收能力，故低温容易促发缺素症。实验证明，在各种营养元素中磷是受低温抑制最大的一个元素。雨量多少对缺素症的发生也有明显的影响，主要表现为土壤过旱或过湿对营养元素的释放、淋失及固定等的影响，如干旱促进缺硼、钾及磷；多雨容易促发缺镁。光照也影响元素吸收，光照不足对营养元素吸收的影响以磷最严重，因而在多雨少光照而寒冷的天气条件下，施磷肥的效果特别明显。

（3）营养元素及其作用　观赏树木的正常生长发育需要从土壤和大气中吸收几十种营养元素，如碳、氢、氧、氮、磷、钾、钙、镁、硫、铁、铜、锌、硼、钼、锰、氯等。尽管观赏树木对各种营养元素的需要量差异很大，但对树木生长发育来说它们是同等重要、不可缺少的。

碳、氢、氧是组成树体的主要成分，主要从空气和土壤中获得，一般情况下不会缺乏。氮、磷、钾被称为树木的营养三要素，树木的需要量远远超过土壤的供应量。其他营养元素由于受土壤、降雨、温度等条件的影响也常不能满足树木需要，因此，必须根据实际情况对这些元素给予适当补充。

现将几种主要营养元素对树木生长的作用介绍如下。

① 氮　氮能促进树木的营养生长和叶绿素的形成，缺氮对光合作用的抑制作用较其他元素大得多，但如果氮肥施用过多，尤其是在磷、钾供应不足时，会造成植株徒长、贪青、迟熟，降低树木的抗逆性。不同种类的树种对氮的需求是有差异的。一般观叶树种、绿篱、行道树在整个生长期中都需要较多的氮肥，以便在较长的时期内保持美观的叶丛、翠绿的叶色；而对观花种类来说，只是在营养生长阶段需要较多的氮肥，进入生殖生长阶段之后，应控制氮肥的施用，否则将会延迟花期。

② 磷　磷肥能促进种子发芽，提早开花结实期，这一功能正好与氮肥相反。此外磷肥还能使树木的茎发育坚韧不易倒伏，增强根系的发育，特别是在苗期能使根系早生快发，弥补氮肥施用过多时的不足，增强树木对不良环境及病虫害的抵抗力。因此，树木不仅在幼年或前期营养生长阶段需要适量的磷肥，而且在进入开花期之后对磷肥需要量也是很大的。

③ 钾　钾肥能使树木生长强健，增强茎的坚韧性，并促进叶绿素的形成和光合作用的进行，同时钾还能促进根系的扩大，使花色鲜艳，提高树木的抗寒性和抵抗病虫害的能力。但过量的钾肥使树木生长低矮，节间缩短，叶片变黄，继而变成褐色而皱缩，甚至可能使树木在短时间内枯萎。

④ 钙　主要用于树木细胞壁、原生质及蛋白质的形成，促进根系发育。

⑤ 硫　硫是树木体内蛋白质的成分之一，能促进根系的生长，并与叶绿素的形成有关。硫还能促进土壤中微生物的活动，但硫在树体内移动性较差，很少从衰老组织中向幼嫩组织运转，所以利用率较低。

⑥ 铁　铁在叶绿素的形成过程中起着重要的作用。当缺铁时，叶绿素不能形成，因而树木的光合作用将受到严重影响。铁在树体内的流动性也很弱，老叶中的铁很难向新生组织中转移，因而它不能被再度利用。在通常情况下树木不会发生缺铁现象，但在石灰质土或碱性土中，虽然土壤中有大量铁元素，但由于铁易转变为不可给态，树木仍然会因缺铁而出现“缺绿症”。

2. 观赏树木施肥原理

（1）根据树种合理施肥　树木对肥料的需求与树种及其生长习性有关，如泡桐、毛白杨、重阳木、香樟、桂花、茉莉、月季、山茶等树种生长迅速、生长量大，要比柏木、马尾松、油松、黄杨等慢生耐瘠树种需肥量大。此外，随着树木生长旺盛期的到来需肥量也会逐渐增加，

生长旺盛期以前或以后需肥量相对较少，在休眠期甚至不需要施肥。在抽枝展叶的营养生长阶段，树木对氮素的需求量大，而生殖生长阶段则以磷、钾及其他微量元素为主。树木的观赏特性和用途也影响施肥。一般说来，观叶、观形树种需要较多的氮肥，而观花、观果树种对磷、钾肥的需求量大。有调查表明，城市里的行道树大多缺少钾、镁、磷、硼、锰、硝态氮等元素，而钙、钠等元素又常过量。

（2）根据环境条件合理施肥　在土壤条件中，土壤厚度、土壤水分和有机质含量、酸碱度高低、土壤结构以及三相比等均对树木的施肥有很大影响。土壤水分含量和土壤酸碱度与肥效直接相关。土壤水分缺乏时施肥，可能会因肥分浓度过高树木不能吸收利用而遭毒害；积水或多雨时养分容易被淋洗流失，降低肥料利用率；土壤酸碱度直接影响营养元素的溶解度，从而影响肥效。在气候条件中，气温和降雨量是影响施肥的主要因素。如低温能减慢土壤养分的转化，削弱树木对养分的吸收能力。在各种元素中磷是受低温抑制最大的一种元素。干旱常导致树木发生缺硼、钾及磷等的症状，多雨则容易发生缺镁症。

（3）根据营养诊断和肥料性质合理施肥　根据营养诊断结果进行施肥，能使树木的施肥达到合理化、指标化和规范化，完全做到树木缺什么就施什么，缺多少就施多少。虽然目前在生产上广泛应用受到一定限制，但应提倡。肥料性质不同，不但影响施肥的时期、方法、施肥量，而且关系到土壤的理化性状。一些易流失挥发的速效性肥料，如碳酸氢铵、过磷酸钙等，宜在树木需肥期稍前施入；而迟效性的有机肥料，需腐烂分解后才能被树木吸收利用，故应提前施入。氮肥在土壤中移动性强，即使浅施也能渗透到根系分布层内供树木吸收利用；而磷、钾肥移动性差故宜深施，尤其磷肥需施在根系分布层内才有利于根系的吸收。化肥类肥料的施用量应本着宜淡不宜浓的原则，否则容易烧伤树木根系。事实上任何一种肥料都不是十全十美的，因此实践中应将有机与无机、速效性与缓效性、酸性与碱性、大量元素与微量元素等结合施用，提倡复合配方施肥。

3. 肥料种类

根据肥料的性质及使用效果，观赏树木用肥大致包括有机肥料、化学肥料及微生物肥料三大类。

（1）有机肥料　有机肥料是指含有丰富有机质，既能供给树木多种无机养分和有机养分，又能培肥改土的一类肥料，其中绝大部分是就地取材自行积制的。有机肥料来源广泛、种类繁多，常用的有粪尿肥、堆沤肥、饼肥、泥炭、绿肥、腐殖酸类肥料等。虽然不同种类有机肥的成分、性质及肥效各不相同，但有机肥大多有机质含量高，有显著的改土作用，含有多种养分，有完全肥料之称，既能促进树木生长，又能保水保肥；而且其养分大多为有机态，供肥时间较长。不过，大多数有机肥养分含量有限，尤其是含氮量低，肥效来得慢，施用量也相当大，因而需要较多的劳力和运输力量，比较费工和麻烦。此外，有机肥施用时对环境卫生也有一定不利影响。针对以上特点，有机肥一般以基肥形式施用，施用前必须采取堆积方式使之腐熟，以加快养分释放，提高肥效，避免肥料在土壤中腐熟时对树木产生的不利影响。

（2）化学肥料　化学肥料又称为化肥、矿质肥料、无机肥料，是用物理或化学工业方法制成的，其养分形态为无机盐或化合物。某些有肥料价值的无机物质，如草木灰，虽然不属于商品性化肥，但习惯上也将其列为化学肥料，还有些有机化合物及其缔结产品，如硫氰酸化钙、尿素等，也常被称为化肥。化学肥料种类很多，按树木生长所需要的营养元素种类，可分为氮

肥、磷肥、钾肥、钙肥、镁肥、硫肥、微量元素肥料、复合肥料、草木灰、农用盐等。

化学肥料大多属于速效性肥料，供肥快，能及时满足树木生长的需要。化学肥料还有养分含量高、施用量少的优点。但化学肥料只能供给矿质养分，一般无改良土壤作用，养分种类也比较单一，肥效不够持久，而且易挥发、流失或发生强烈的固定，肥料的利用率低。所以，生产上一般以追肥形式使用，且不宜长期单一施用化学肥料，应以化学肥料和有机肥料配合施用，否则，对树木、土壤都是不利的。

（3）微生物肥料　微生物肥料也称生物肥、菌肥、细菌肥及接种剂等。确切地说，微生物肥料是菌而不是肥，因为它本身并不含有植物需要的营养元素，而是通过含有的大量微生物的生命活动来改善树木的营养条件。依据生产菌株的种类和性能，微生物肥料大致有根瘤菌肥料、固氮菌肥料、磷细菌肥料及复合微生物肥料等几大类。根据微生物肥料的特点，使用时应注意以下三点：①使用菌肥需具备一定的条件，才能确保菌种的生命活力和菌肥的功效，而强光照射、高温、接触农药等都有可能杀死微生物；②固氮菌肥要在土壤通气条件好、水分充足、有机质含量稍高的条件下才能保证细菌的生长和繁殖；③微生物肥料一般不宜单施，一定要与化学肥料、有机肥料配合施用，才能充分发挥其应有的作用，而且微生物的生长、繁殖也需要一定的营养物质。

4. 施肥方式

（1）根据肥料的性质和施用时期划分　主要有基肥和追肥两种类型。基肥施用时期宜早，追肥要巧。

基肥以有机肥为主，是在较长时期内供给树木多种养分的基础性肥料，所以宜施迟效性有机肥料，如腐殖酸类肥料、堆肥、厩肥、圈肥、粪肥、鱼肥、骨粉、血肥、复合肥、长效肥以及植物枯枝落叶、作物秸秆等。基肥通常有栽植前基肥、春季基肥和秋季基肥。在这些时期施入基肥，不但有利于提高土壤孔隙度，疏松土壤，改善土壤的水、肥、气、热状况，促进微生物的活动，而且还能在相当长的一段时间内源源不断地供给树木生长所需的大量元素和微量元素。在春季和秋季施基肥常与土壤深翻相结合，一般施用的次数较少，但每次的施用量较大。由于基肥肥效发挥平稳缓慢，所以当树木需肥急迫时就必须及时通过追肥来补充肥料，以满足树木生长发育的需要。

追肥一般多用速效性无机肥，并根据观赏树木一年中各物候期的特点来施用。在生产上分前期追肥和后期追肥。前期追肥又分为开花前追肥、落花后追肥和花芽分化期追肥。具体追肥时间与树种、品种习性以及气候、树龄、用途等有关。如对观花、观果树木，花芽分化期和花后的追肥尤为重要，而对大多数观赏树木来说，一年中生长旺期的抽梢追肥常常是必不可少的。与基肥相比，追肥施用的次数较多，但每次的施用量却较少。对于观花灌木、庭荫树、行道树以及重点观赏树种，应在每年的生长期进行2～3次追肥，且土壤追肥与根外追肥均可。

（2）根据施肥部位划分　主要有土壤施肥和根外施肥两大类。

土壤施肥是将肥料直接施入土壤中，然后通过树木根系进行吸收的施肥方法，是观赏树木的主要施肥方法。土壤施肥应根据树木根系分布特点，将肥料施在吸收根集中分布区附近，以便根系吸收利用，充分发挥肥效，并引导根系向外扩展。理论上讲，在正常情况下，树木的大多数根系集中分布在地下10～60cm深范围内，根系的水平分布范围，多数与树木的冠幅大小相一致，即主要分布在树冠外围边缘的圆周内，故可在树冠外围于地面的水平投影处附近挖掘施肥沟或施肥坑。由于许多观赏树木常常经过造型修剪，树冠冠幅大大缩小，这就给确定施肥范围带来了困难。有人建议，在这种情况下，可以将离地面30cm高处的树干直径值扩大10

倍，以树干为圆心，以此数据为半径，在地面做出的圆周边即为吸收根的分布区,也就是说该圆周附近处即为施肥范围。事实上，具体的施肥深度和范围还与树种、树龄、土壤和肥料种类等因素密切相关。深根性树种、沙地、坡地、基肥以及移动性差的肥料等，施肥时，宜深不宜浅，反之可适当浅施；随着树龄的增加，施肥时应逐年加深，并扩大施肥范围，以满足树木根系不断向外延伸对养分的需要。

目前生产上常见的根外施肥方法有叶面施肥和枝干施肥。叶面施肥是用机械的方法，将按一定浓度配制好的肥料溶液，直接喷雾到树木的叶面上，通过叶面气孔和角质层的吸收，转移运输到树体的各个器官。叶面施肥具有简单易行、用肥量小、吸收见效快、可满足树木急需等优点，避免了营养元素在土壤中的化学或生物固定。因此，在早春树木根系恢复吸收功能前，在缺水季节或缺水地区以及不便土壤施肥的地方，均可采用叶面施肥，同时，该方法还特别适宜于微量元素的施用以及对树体高大、根系吸收能力衰竭的古树、大树的施肥。

枝干施肥就是通过树木枝、茎的韧皮部来吸收养分，其吸肥的机理和效果与叶面施肥基本相似。枝干施肥又大致有枝干涂抹和枝干注射两种方法，前者是先将树木枝干刻伤，然后在刻伤处加上固体药棉；后者是用专门的仪器来注射枝干，目前国内已有专用的树干注射器。枝干施肥主要用于衰老古大树、珍稀树种、树桩盆景以及观花树木和大树移栽时的营养供给。例如，有人分别用浓度为2%的柠檬酸铁溶液注射和用浓度为1%的硫酸亚铁加尿素药棉涂抹栀子花枝干，在短期内就扭转了栀子花的缺绿症，效果十分明显。

5. 施肥方法

目前生产上常见的土壤施肥方法有全面施肥、沟状施肥和穴状施肥。

（1）全面施肥　分撒施与水施两种。前者是将肥料均匀地撒布于树木生长的地面，然后再翻入土中。这种施肥的优点是方法简单、操作方便、肥效均匀，但施入较浅，养分流失严重、用肥量大，并易诱导根系上浮而降低根系抗性。此法若与其他方法交替使用则可取长补短，发挥肥料的更大功效。水施供肥及时，肥效分布均匀，既不伤根系又保护耕作层土壤结构，节省劳力，肥料利用率高，是一种很有发展潜力的施肥方法。

（2）沟状施肥　沟状施肥包括环状沟施、放射状沟施和条状沟施，其中以环状沟施较为普遍。环状沟施是在树冠外围稍远处挖环状沟施肥，一般施肥沟宽30～40cm，深30～60cm。环状沟施具有操作简便、用肥经济的优点，但易伤水平根，多适用于孤植树；放射状沟施较环状沟施伤根要少，但施肥部位也有一定的局限性；条状沟施是在树木行间或株间开沟施肥，多适用于苗圃或呈行列式布置的树木。

（3）穴状施肥　穴状施肥与沟状施肥很相似，若将沟状施肥中的施肥沟变为施肥穴或坑就成了穴状施肥。栽植树木时的基肥施入，实际上就是穴状施肥。生产上，以环状穴施居多。施肥穴同样沿树冠在地面投影线附近分布，不过，施肥穴可为2～4圈，呈同心圆环状。目前国外穴状施肥已实现了机械化操作，把配制好的肥料装入特制容器内，依靠空气压缩机通过钢钻直接将肥料送入到土壤中，供树木根系吸收利用。这种方法快速省工，对地面破坏小，特别适合城市铺装地面中的树木施肥。

6. 施肥量

施肥量受树种习性、物候期、树体大小、树龄及土壤、气候条件、肥料的种类、施肥时间与方法、管理技术等诸多因素的影响，难以制定统一的标准。对施肥量含义的全面理解应包括肥料中各种营养元素的比例、一次性施肥的用量和浓度以及全年施肥的次数等数量指标。

科学施肥应该是针对树体的营养状态，经济有效地供给树木所需的营养元素，并且防止在土壤和地下水内积累有害的残存物质。施肥量过大或不足，对树木均有不利影响。施肥过多树木不能吸收，既造成肥料的浪费，又可能使树木遭受肥害，而肥料用量不足则达不到施肥的目的。

不同树种对土壤肥力的要求有很大差异，由此，施肥量也大不相同。如茉莉、梧桐、梅花、月季、桂花、牡丹等树种喜肥沃土壤，而沙棘、刺槐、悬铃木、臭椿、山杏等树种则耐瘠薄土壤。开花、结果多的大树应较开花、结果少的小树多施肥，树势衰弱的树也应多施肥。不同树种施用的肥料种类也不尽相同，如木本油料树种和果树应增施磷肥；酸性花木，如杜鹃、山茶、栀子花、桂花等，应多施酸性肥料，如堆肥、酸性泥炭藓和腐熟栎叶土、松针土等，应避免施用石灰、草木灰等碱性肥料。常绿树种，特别是常绿针叶幼树最好不施化肥，因为化肥容易对其产生药害，以施有机肥比较安全。

施肥量的确定还应考虑土壤肥沃程度及其理化性质。如山地、盐碱地、瘠薄的沙地为了改良土壤，有机肥的施用量一般均应高些，而土壤肥沃、理化性质良好的土壤可以适当少施；理化性质差的土壤施肥必须与土壤改良相结合。

目前，关于施肥量指标有许多不同的观点。在我国的一些地方，有以树木每厘米胸高直径施0.5kg的标准作为计算施肥量依据的。就同一树种而言，一般化学肥料、追肥、根外施肥的肥料浓度分别较有机肥料、基肥和土壤施肥要低，而且要求更严格。化学肥料的施用浓度一般不宜超过1%～3%，而在进行叶面施肥时，多为0.1%～0.3%，对一些微量元素，浓度应更低。

树叶所含的营养元素量可反映树体的营养状况，所以近二十多年来，广泛应用叶片分析法来确定树木的施肥量。用此法不仅能查出肉眼见得到的症状，还能分析出多种营养元素的不足或过剩，以及能分辨两种不同元素引起的相似症状，还能在病症出现前及早测知。此外，进行土壤分析也是确定施肥量的重要依据。

（三）观赏树木的水分管理

水是树木生存的重要因素，可以说没有水就没有生命，树木的一切生命活动都与水有着极为密切的关系。观赏树木的水分管理，就是根据各类观赏树木的生长特性，通过多种技术措施和管理手段，来满足树木对水分的合理需求，保障水分的有效供给，使观赏树木健壮生长，并达到节约用水的目的。观赏树木的水分管理包括灌溉与排水两方面的内容。

1. 观赏树木水分科学管理的意义

（1）确保观赏树木的健康生长及观赏功能的正常发挥　观赏树木的生存离不开水，水分缺乏会使树木处于萎蔫状态，轻者叶色变暗，干边无光泽，叶面出现枯焦斑点，新芽、幼蕾、幼花干尖、干瓣并早期脱落，重者新梢停止生长，往往自下而上发黄变枯、落叶，甚至整株干枯死亡。但水分过多也会造成树木徒长，引起倒伏，抑制花芽分化，延迟花期，易出现烂花、落蕾、落果等现象，而且土壤水分过多还会造成土壤缺氧而引起厌氧细菌的活动，由此产生大量的有毒物质，积累在树木根系分布层内，严重时会导致树木根系发霉腐烂，造成树木窒息死亡。

（2）改善观赏树木的生长环境　水分不仅对城市园林绿地的土壤和气候环境有良好的调节作用，而且还与观赏树木病虫害的发生密切相关。例如，在高温季节进行喷灌可降低土温，同时树木还可借助蒸腾作用来调节温度，提高空气湿度，使叶片和花果不致因强光的照射而引起“日灼”，避免了强光、高温对树木的伤害；在干旱的土壤上灌水，可以改善微生物的生活状况，促进土壤有机质的分解。然而，不合理的灌溉，可能会造成园林绿地的地面侵蚀、土壤结构遭到破坏、营养物质淋失、土壤盐渍化加剧等不良后果，不利于观赏树木的生长。

（3）节约水资源，降低养护成本　目前我国城市园林绿地中树木的灌溉用水大多为自来水，与生产、生活用水的矛盾十分突出，而我国是缺水国家，水资源十分有限，节约并合理利用每一滴水都显得十分重要。因此，制订科学合理的水分管理方案，应用先进的灌排技术，确保观赏树木的水分需求，减少水资源的损失和浪费，降低园林绿地的养护管理费用，是我国城市园林现阶段的客观需要和必然选择。

2. 观赏树木的需水特性

正确全面地认识观赏树木的需水特性，是制订科学的水分管理方案，合理安排灌排工作，适时适量满足树木水分需求，确保观赏树木健康生长，充分有效地利用水资源的重要依据。观赏树木的需水特性与树种特性、树木栽植年限、环境条件、管理技术措施等多种因素密切相关。

（1）树种特性及其年生长节律　观赏树木是园林绿化的主体，数量大、种类多，但由于不同树种或品种在水分需求上有较大差异，所以应区别对待。俗话说“旱不死的蜡梅，淹不死的柑橘”。有些树种很耐旱，如国槐、刺槐、侧柏、柽柳等，有些则耐水淹，如杨、柳等。一般来说，生长速度快，生长期长，花、果、叶量大的树种需水量较大，反之，需水量较小。因此，通常乔木比灌木，常绿树种比落叶树种，阳性树种比阴性树种，浅根性树种比深根性树种，中生、湿生树种比旱生树种需要较多的水分。但值得注意的是，需水量大的树种不一定需常湿，需水量小的也不一定可常干，而且观赏树木的耐旱力与耐湿力并不完全呈负相关关系。如最抗旱的紫穗槐，其耐水力也很强，而丁香、刺槐同样耐旱，但却不耐水湿。

就生命周期而言，种子萌发时，必须吸足水分，以便种皮膨胀软化，需水量较大；在幼苗时期，树木的根系弱小，在土层中分布较浅，抗旱力较差，虽然植株个体较小，总需水量不大，但却必须经常保持表土适度湿润；随着植株个体的增大，总需水量逐渐增加，植株对水分的适应能力也不断增强。

在年生长周期中，生长季的需水量大于休眠期。秋冬季气温降低，大多数观赏树木处于休眠或半休眠状态，即使常绿树种的生长也极为缓慢，这时应少浇或不浇水，以防烂根；春季气温上升，随着树木大量抽枝展叶，需水量也逐渐增大。由于早春气温回升快于土温，根系尚处于休眠状态，此时吸收功能弱，树木地上部分已开始蒸腾耗水，因此，对于一些常绿树种应进行适当的叶面喷雾。

在生长过程中，许多树木都有一个对水分需求特别敏感的时期，即需水临界期，此时如果缺水将会严重影响树木枝梢的生长和花的发育，以后即使再供给充足的水分也难以补偿。需水临界期因各地气候及树种不同而异，就目前研究的结果来看，呼吸、蒸腾作用最旺盛时期，以及观果类树种果实迅速生长期都要求充足的水分。由于相对干旱会促使树木枝条停止加长生长，使营养物质向花芽转移，因而在栽培上常采用减水、断水等措施来促进花芽分化。如对梅、桃、榆叶梅、紫薇、紫荆等花灌木，在营养生长期即将结束时适当扣水，少浇或停浇几次水，能提早和促进花芽的形成和发育，从而达到开花繁茂的观赏效果。

（2）观赏树木栽植年限与用途　刚刚栽植的树木，根系损伤大，吸收功能弱，根系在短期内难与土壤密切接触，常常需要连续多次反复浇水，方能保证成活。如果是常绿树种，还有必要对其枝叶进行喷雾。树木定植经过一定年限后，进入正常生长阶段，地上部分与地下部分之间建立起了新的平衡，需水的迫切性会逐渐下降，不必经常浇水。

因受水源、灌溉设施、人力、财力等条件的限制，常常难以对全部树木进行同等的灌溉，

而应根据树木的用途来确定灌溉的重点。一般需水的优先对象是观花灌木、珍贵树种、孤植树、古树、大树等观赏价值高的树木和新栽树木。

（3）环境条件　生长在不同地区的树木，受当地气候、地形、土壤等条件的影响，其需水状况有较大差异。在气温高、日照强、空气干燥、风大的地区，叶面蒸腾和株间蒸发均会加强，树木的需水量就大，反之则小。由于上述因素直接影响水面蒸发量的大小，因此在许多灌溉试验中，大多以水面蒸发量作为反映各气候因素的综合指标，而以树木需水量和同期水面蒸发量的比值来反映需水量与气候条件之间的关系。此外，土壤的质地、结构也与灌水密切相关。如沙土的保水性较差，应"小水勤浇"，较黏重土壤的保水性强，灌溉次数和灌水量均应适当减少。若种植地面经过了铺装，或游人践踏严重时，应给予树木经常性的地上喷雾，以补充土壤水分的不足。

（4）管理技术措施　一般来说，经过合理的深翻、中耕，并经常施用有机肥料的土壤，其结构性能好、蓄水保墒能力强、土壤水分的有效性高，能及时满足树木对水分的需求，因而灌水量较小。

在全年的栽培养护工作中，灌水应与其他技术措施密切结合，以便在互相影响下更好地发挥每个措施的积极作用。如灌溉结合施肥，特别是施化肥的前后浇水，既可避免肥力过大、过猛，影响根系吸收或遭毒害，又可满足树木对水分的正常需求。此外，灌溉应与中耕除草、培土、覆盖等土壤管理措施相结合。因为灌溉和保墒是一个问题的两个方面，做好保墒工作可以减少土壤水分的消耗，满足树木对水分的需求并减少经常灌水的麻烦。

3. 观赏树木的灌溉

（1）灌水时期　正确的灌水时期对灌溉效果以及水资源的合理利用有很大影响。理论上讲，科学的灌水是适时灌溉，也就是说在树木最需要水的时候及时灌溉。根据园林生产管理实际，可将树木灌水时期分为干旱性灌溉和管理性灌溉两种类型。

① 干旱性灌溉　是指在发生土壤、大气严重干旱，土壤水分难以满足树木需求时进行的灌水。在我国，这种灌溉大多在久旱无雨的春季或高温的夏季等缺水时节进行，此时若不及时供水就有可能导致树木死亡。早春灌水，不仅有利于新梢和叶片的生长，而且有利于开花和坐果，能使树木健壮生长，是花繁叶茂果丰的关键性措施。

根据土壤含水量和树木的萎蔫系数确定具体的灌水时间是较可靠的方法。一般认为，当土壤含水量为最大持水量的60%～80%时，土壤中的空气与水分状况符合大多数树木的生长需求。当土壤含水量低于最大持水量的60%时，就应根据具体情况决定是否需要灌水。用土壤水分张力计算，可以简便、快速、准确地测出土壤的水分状况，从而确定科学的灌水时间，也可通过测定树木萎蔫系数来确定是否需要灌溉。萎蔫系数是指因干旱而导致树木外观出现明显伤害症状时的树木体内含水量，因树种和生长环境不同而异，可以通过栽培观察试验，简单测定各种树木的萎蔫系数，为确定灌水时间提供依据。

② 管理性灌溉　是根据观赏树木生长发育的需要，在某个特殊阶段进行的灌水，即在树木需水临界期的灌水。除定植时应浇大量的定根水外，管理性灌溉的时间主要根据树木的生长发育规律而定。大体上可分为休眠期灌水和生长期灌水两种。

a. 休眠期灌水　我国北方地区降水量较少，冬春严寒干旱，休眠期灌水十分必要。秋末冬初灌水（北京为11月上中旬），一般称为灌"冻水"或"封冻水"。土壤浇冻水后，冬季结冻可放出潜热，能提高树木的越冬安全性，并可防止早春干旱。对于边缘树种、越冬困难的树种

以及幼年树木等，浇冻水更为必要。早春灌水，又叫“返青水”，不但有利于新梢和叶片的生长，而且有利于开花和坐果，还可防止“倒春寒”的危害，是促使树木健康生长、花繁叶茂的一项关键措施。

b. 生长期灌水　许多树木在生长期要浇展叶水、抽梢水、花芽分化水、花蕾水、花前水、花后水等。花前水可在萌芽后结合花前追肥进行。花前水的具体时间，则因地、因树而异。多数树木在花谢后半个月左右是新梢速生期，此时灌水可保持土壤的适宜湿度，促进新梢和叶片生长，扩大同化面积，增强光合作用，提高坐果率和增大果实，同时对后期的花芽分化有良好作用。花芽分化期灌水对观花、观果树木非常重要。因为树木一般是在新梢生长缓慢或停止生长时开始花芽的形态分化，此时正是果实速生期，需要较多的水分和养分，如果水分不足会影响果实生长和花芽分化。因此，在新梢停止生长前及时而适量的灌水，可以促进春梢生长，抑制秋梢生长，有利于花芽分化及果实发育。

在北京地区，一般年份全年灌水6次，3、4、5、6、9、11月各1次。干旱年份或土质不好或因缺水生长不良应增加灌水次数。在西北干旱地区，灌水次数应更多一些。

正确的灌水时期，不是等树木在形态上已显露出缺水症状时才进行灌溉，而是要在树木尚未受到缺水影响之前进行，否则可能会对树木的生长发育带来不可弥补的损失。总之，灌水的时期应根据树种以及气候、土壤等条件来确定，具体灌溉时间则因季节而异。夏季灌溉应在清晨和傍晚，此时水温与地温接近，对根系生长影响小；冬季因晨夕气温较低，灌溉宜在中午前后进行。

（2）灌水量　灌水量受多种因素的影响，不同树种、品种、砧木及土质、气候条件、植株大小、生长状况等都与灌水量有关。一般已达花龄的乔木，大多应灌水令其渗透到80～100cm深处。最适宜的灌水量，应在一次灌溉中，使树木根系分布范围内的土壤湿度达到最有利于树木生长发育的程度，一般以达到土壤最大持水量的60%～80%为标准。只浸润土壤表层或土壤上层的树木根系分布层，不能达到灌水的要求，且由于多次补充灌溉，容易引起土壤板结和土温下降，因此必须一次灌透。如果在树木生长地安置张力计，则不必计算灌水量，此时的灌水量和灌水时间均可直接由真空计数器上的读数显示出来。

观赏树木灌水量的大小可参照果园灌水方法进行，即根据不同土壤的持水量、灌溉前的土壤湿度、土壤容重、要求土壤浸湿的深度，按下例公式计算：

灌水量＝灌溉面积×土壤浸湿深度×土壤容重×（田间持水量－灌溉前土壤湿度）

灌溉前的土壤湿度，每次灌水前均需测定。田间持水量、土壤容重、土壤浸湿深度等项，可数年测定1次。

应用此公式计算出的灌水量，还可根据树种、品种、不同生命周期、物候期以及日照、温度、风、干旱持续期等多种因素进行调整，酌增酌减，以更符合实际需要。

（3）灌水方法　要达到灌水的目的，灌水时间、用量和方法是三个不可分割的因素。如果仅注意灌水时间和灌水量，而方法不当，常不能获得灌水的良好效果，甚至带来严重危害。因此灌水方法是树木灌水的一个重要环节。

正确的灌水方法，有利于水分在土壤中均匀分布，能充分发挥水效，节约用水量，降低灌水成本，减少土壤冲刷，保持土壤的良好结构。随着科学技术的发展，灌水方法也在不断改进，正朝着机械化、自动化的方向发展，使灌水效率和灌水效果都大幅度提高。根据供水方式的不同，将观赏树木的灌水方法分为三种，即地上灌水、地面灌水和地下灌水。

① 地上灌水　包括人工浇灌、机械喷灌和移动式喷灌。

在山区或离水源较远的地方，若不能应用机械灌水，而树种又极为珍贵时，就得采用人工

挑水灌溉。虽然人工浇灌费工多、效率低，但在某些特殊情况下仍很有必要。人工浇灌大多采用树盘灌水方式，灌溉时以树干为圆心，在树冠边缘投影处用土壤围成圆形树堰，灌溉水在树堰中缓慢渗入地下。人工浇灌属于局部灌溉，灌水前应疏松树堰内土壤，使水容易渗透，灌溉后耙松表土以减少水分蒸发。

机械喷灌是固定或拆卸式的管道输送和喷灌系统，一般由水源、动力、水泵、输水管道及喷头等部分组成，是一种比较先进的灌水技术，目前已广泛应用于园林苗圃、园林草坪以及重要绿地系统的灌溉。

机械喷灌的灌溉水以雾化状洒落在树体上，然后通过树木枝叶逐渐下渗至地表，避免了对土壤的直接打击和冲刷，基本不产生深层渗漏和地表径流，既节约用水又减少了对土壤结构的破坏，可保持土壤原有的疏松状态。同时，机械喷灌还能迅速提高树木周围的空气湿度，控制局部环境温度的急剧变化，为树木生长创造良好条件。此外，机械喷灌对土地的平整度要求不高，可以节约劳力，提高工作效率。机械喷灌的缺点是可能加重某些观赏树木感染白粉病和其他真菌病害的程度；灌水的均匀性受风的影响很大，风力过大，还会增加水量损失；同时，喷灌设备的价格和管理维护费用较高，使其应用范围受到一定限制。但总体来讲，机械喷灌还是一种发展潜力巨大的灌溉技术，值得大力推广应用。

移动式喷灌一般由城市洒水车改建而成，在汽车上安装贮水箱、水泵、水管及喷头组成一个完整的喷灌系统，灌溉的效果与机械喷灌相似。由于汽车喷灌具有移动灵活的优点，因而常用于城市街道行道树的灌水。

② 地面灌水　包括漫灌与滴灌两种形式。前者是一种大面积的表面灌水方式，因用水既不经济也不科学，生产上已很少采用；后者是近年来发展起来的机械化、自动化的先进灌溉技术，它是将灌溉用水以水滴或细小水流的形式，缓慢地施于树木根域的灌水方法。滴灌的效果与机械喷灌相似，但比机械喷灌更节约用水。不过滴灌对小气候的调节作用较差，而且耗管材多，对用水质量要求严格，管道和滴头容易堵塞。

目前自动化滴灌装置已广泛应用于蔬菜、花卉的设施栽培生产，以及庭院观赏树木的养护中，其自动控制方法有多种，如时间控制法、电力抵抗法和土壤水分张力计自动控制法等。滴灌系统的主要组成部分包括水泵、化肥罐、过滤器、输水管、灌水管和滴水管等。

③ 地下灌水　是借助于地下的管道系统，使灌溉水在土壤毛细管作用下，向周围扩散浸润树木根区土壤的灌溉方法。地下灌水具有蒸发量小、节省灌溉用水、不破坏土壤结构、在雨季还可用于排水等优点。

地下灌水分为沟灌与渗灌两种。沟灌是用高畦低沟方法，引水沿沟底流动来浸润周围土壤。灌溉沟有明沟与暗沟、土沟与石沟之分，石沟的沟壁设有小型渗漏孔。渗灌是采用地下管道系统的一种地下灌水方式，整个系统包括输水管道和渗水管道两大部分，通过输水管道将灌溉水输送至灌溉地的渗水管道。渗水管道的作用在于通过管道上的小孔，使管道中的水渗入土壤中。

（4）灌溉中应注意的几个问题

① 应适时适量灌溉　在灌溉过程中，应注意土壤水分的适宜状态，确保灌足灌透。如果该灌不灌，则会使树木处于干旱环境中，不利于吸收根的发育，也影响树木地上部分的生长，甚至造成旱害；如果小水浅灌，次数频繁，则易诱导根系向浅层发展，降低树木的抗旱性和抗风性。当然，也不能长时间超量灌溉，否则会造成树木根系的窒息。

② 干旱时追肥应结合灌水　在土壤水分不足的情况下，追肥以后应立即灌溉，否则会加重旱情。

③ 生长后期适时停止灌水　除特殊情况外，9月中旬以后应停止灌水，以防树木徒长，降低树木的抗寒性，但在干旱寒冷的地区，冬灌有利于树木越冬。

④ 灌溉宜在早晨或傍晚进行　因为早晨或傍晚蒸发量较小，而且水温与地温差异不大，有利于树木根系的吸收。不要在气温最高的中午前后进行土壤灌溉，更不能用温度低的水源（如井水、自来水等）灌溉，否则树木地上部分蒸腾强烈，而土温突然降低，会减弱树木根系对水分的吸收，使树体水分代谢失常而导致树木受害。

⑤ 重视灌溉水的质量　灌溉水的好坏直接影响树木的生长。用于园林绿地灌溉的水源有雨水、河水、地表径流、自来水、井水及泉水等。这些水中的可溶性物质、悬浮物质以及水温等各有差异，对树木生长有不同影响。如雨水含有较多的二氧化碳、氨和硝酸，自来水中含有氯，这些物质都对树木的生长有不利影响；地表径流含有较多树木可利用的有机质及矿质元素；河水中常含有泥沙和藻类植物，若用于喷、滴灌时，容易堵塞喷头和滴头；井水和泉水温度较低，伤害树木根系，需贮于蓄水池中，经短期增温充气后方可使用。总之，观赏树木灌溉用水以软水为宜，不能含有过多对树木生长有害的有机、无机盐类和有毒元素及其化合物，一般有毒可溶性盐类含量不超过1.8g/ L，水温应与气温或地温接近。

4. 观赏树木的排水

排水是防涝保树的主要措施。排水能减少土壤中多余的水分，增加土壤空气的含量，促进土壤空气与大气的交流，提高土壤温度，激发好气性微生物的活动，加快有机物质的分解，改善树木营养状况，使土壤的理化性状得到全面改善。

排水不良的土壤经常因水分过多而缺乏空气，迫使树根进行无氧呼吸并积累乙醇造成蛋白质凝固，引起树木根系生长衰弱或死亡；土壤通气不良造成嫌气性微生物的活动，促使反硝化作用发生，从而降低土壤肥力；而有些土壤，如黏土，在大量施用硫酸铵等化肥或未腐熟的有机肥后，若遇土壤排水不良，这些肥料将进行无氧分解，从而产生大量的一氧化碳、甲烷、硫化氢等还原性物质，严重影响树木地下与地上部分的生长发育。因此排水与灌水同等重要。

（1）排水条件　在有下列情况之一时，就需要进行排水：①树木生长在低洼地，当降雨强度大时汇集大量地表径流，且不能及时渗透，而形成季节性涝湿地；②土壤结构不良，渗水性差，特别是有坚实不透水层的土壤，水分下渗困难，形成过高的假地下水位；③园林绿地邻近江河湖海，地下水位高或雨季易遭淹没，形成周期性的土壤过湿；④平原或山地城市，在洪水季节有可能因排水不畅，形成大量积水；⑤在一些盐碱地区，土壤下层含盐量高，不及时排水洗盐，盐分会随水位的上升而到达土壤表层，造成土壤次生盐渍化，对树木生长很不利。

（2）排水方法　园林绿地的排水是一项专业性基础工程，在园林规划及土建施工时就应统筹安排，建好畅通的排水系统。观赏树木的排水通常有四种，即明沟排水、暗沟排水、地面排水和滤水层排水。

① 明沟排水　是在地面上挖掘明沟，排除径流。它常由小排水沟、支排水沟以及主排水沟等组成一个完整的排水系统，在地势最低处设置总排水沟。这种排水系统的布局多与道路走向一致，各级排水沟的走向最好相互垂直，但在两沟相交处应成锐角相交（45°～60°），以利排水流畅，防止相交处沟道淤塞，且各级排水沟的纵向比降应大小有别。

② 暗沟排水　是在地下埋设管道形成地下排水系统，将地下水降到要求的深度。暗沟排水系统与明沟排水系统基本相同，也有干管、支管和排水管之别。暗沟排水的管道多由塑料管、混凝土管或瓦管做成。建设时，各级管道需按水力学要求的指标组合施工，以确保水流畅

通，防止淤塞。

③ 地面排水　是目前使用最广泛、最经济的一种排水方法。它是通过道路、广场等地面，汇聚雨水，然后集中到排水沟，从而避免绿地树木遭受水淹。不过，地面排水方法需要设计者经过精心设计安排，才能达到预期效果。

④ 滤水层排水　实际上是一种地下排水方法，一般是对低洼积水地以及透水性极差的立地上栽种的树木，或对一些极不耐水湿的树种在栽植初采取的排水措施。即在树木生长的土壤下层填埋一定深度的煤渣、碎石等材料，形成滤水层，并在周围设置排水孔，遇积水就能及时排除。这种排水方法只能小范围使用，起到局部排水的作用。

三、观赏树木的整形修剪

在园林绿化时，对任何一种树木，都要根据其功能要求，将其整形修剪成一定的形状，使之与周围环境协调，更好地发挥其观赏效果。因此，整形修剪是观赏树木栽植及养护中的经常性工作之一，它是调节树体结构、恢复树木生机、促进生长平衡的重要措施。

（一）观赏树木整形修剪的目的

所谓整形修剪是指在树木生长前期（幼树时期）为构成一定的理想树形而进行的树体生长的调整工作，是对树体施行一定的技术措施，使之形成栽培者所需要的树体结构形态。所谓修剪是指树体成型后实施的技术措施，目的是维持和发展这一既定的树形，是对植株的某些器官，如芽、干、枝、叶、花、果、根等进行短剪或剔除的操作。

整形是目的，修剪是手段。整形是通过一定的修剪措施来完成的，而修剪又是在整形的基础上，根据某种树形的要求而施行的技术措施。整形修剪是在一定的土、肥、水管理基础上进行的，是提高园林绿化艺术水平不可缺少的一项管理养护措施。观赏树木整形修剪的主要目的如下。

1. 调节树木生长和发育的关系

在挖掘苗（树）木时，由于切断了主根、侧根和许多须根，使苗（树）木突然丧失了大量根系，必然会造成苗（树）木地上地下部分平衡的破坏。因此在苗（树）木起挖之前或之后应立即进行修剪，以减少水分蒸腾，缓解由于根系吸水功能的下降而产生的不利影响，使地上部分与地下部分保持相对平衡，提高苗（树）木移栽成活率。

在观花观果树木中，生长与结果之间的矛盾长期存在。通过修剪能够打破树木原有的营养生长与生殖生长之间的平衡，调节树体的营养分配，协调营养生长与生殖生长的关系，使二者保持相对均衡，达到花果丰硕优质的目的。

同一株树上的同类器官之间也存在类似的矛盾，需要通过修剪加以调节，以利于各器官的协调生长。用修剪时应注意器官的数量、质量和类型。有的要抑强扶弱，使生长适中，有利于结果；有的要选优去劣，集中营养供应，提高器官质量。对于不同类型的枝条，不仅要有一定的数量，而且要使长、中、短各类枝保持一定的比例，使多数枝条生长健壮。

2. 促进树木的健康生长

放任生长或修剪不当的树木，往往树冠郁闭，致使树冠内部相对湿度增加，为喜阴湿环境的病虫提供了适宜的繁殖条件，有利于病虫害的发生。如果枝条过密，内膛枝得不到足够的光照，光合产物减少，致使枝条下部光秃形成天棚型的叶幕，开花部位也随之外移，呈现表面化。通过适当修剪，去掉部分枝条，使树冠内空气流通，光线充足，以减少病虫害的发生。而且内膛小枝得到充足的光照，光合作用加强，能促使其形成大量花芽，为全树立体化开花结果创造了条件。

3. 控制树体结构、培养良好树形

观赏树木经过多年的生长之后，往往枝条密集，还可能出现枯枝、死枝、病虫枝，影响树形美观。而且观赏树木的配置应与周围的房屋、亭台、假山、漏窗、水面、草坪等空间相协调，成为各类景观的重要组成部分。因此，在栽植养护过程中，应通过不断的适度修剪来控制与调整树体的大小，以免过于拥挤，影响景观效果。

4. 调节树木与环境的关系

修剪可以调节树木个体形态和群体结构，提高有效叶面积指数和改善光照条件，提高光能利用率；还有利于通风，调节温度和湿度，创造良好的微域气候，使树冠扩展加快，枝量增多，分布合理，能更有效地利用空间。

树上的死枝、劈裂枝和折断枝，若不及时处理，可能会对周围的行人形成安全隐患，尤其是城市街道两旁或公园内的树木枝条坠落带来的危险更大。下垂的活枝，若妨碍行人或车辆通行，必须修至2.5～3.5m的高度。除去已经接触或即将接触通信或电力线的枝条，是保证线路安全的重要措施。同样，为了防止树木对房屋等建筑的损害，也要及时进行修剪，甚至挖除。如果树木的根系距离地下管道太近，也需要通过修剪根系或将树木移走来解决。

5. 促进老树的复壮更新

树体进入衰老阶段后，树冠出现秃裸，生长势减弱。对衰老的树木进行强修剪，剪掉树冠上的主枝或部分侧枝，可刺激隐芽长出新枝，选留其中一些有培养前途的枝条进行培养，可以形成新的树冠，达到恢复树势，更新复壮的目的。通过修剪使老树更新复壮，在一般情况下要比定植新苗的生长速度快得多。因为老树根系深广，可为更新后的树体提供充足的水分和营养。例如，每年秋季落叶后，对许多大花型月季品种进行重剪，仅保留基部主茎和重剪后的短侧枝，让其在翌年重新萌发新枝，能够使树体生长旺盛，开花数量也会增加。

（二）观赏树木整形修剪的原则

1. 根据园林绿化用途

不同的园林绿化目的有不同的整形要求，而不同的整形修剪措施具有不同的效果，因此整形修剪必须根据栽培目的进行。例如，槐树做行道树栽植时可整剪成杯状形，但如果做庭荫树栽植则采用自然树形；圆柏在草坪上独植观赏与做绿篱时有着完全不同的整形要求，因而具体的整形修剪方法也大不相同。

2. 根据生长地的环境条件

生长在土壤瘠薄或地下水位较高处的树木，主干应低，树冠也应相对较小；生长在风口或多风地区的树木也应采用低干矮冠，枝条要相对稀疏；盐碱地因地下水位高、土层薄，加之大部分盐碱地在种植树木时都经过换土（因换土的数量有限，所以土层相对较薄），更应采用低干矮冠。若树木的生长环境很开阔，空间较大，在不影响景观效果的前提下，可使分枝尽可能地开张，以最大限度地利用空间；如果空间较小，则应通过修剪控制树体的大小，以防拥挤不堪，降低观赏效果。

3. 根据树木的生物学特性

不同树龄的树木，由于生长势和发育阶段的不同，应采取不同的整形修剪方法和强度。

幼年阶段应以整形为主，主要任务是配备好主侧枝，扩大树冠，以形成良好的形体结构。花果类树木还应通过适当修剪促进早熟。

中年阶段的主要任务是保持树体的合理结构，延缓衰老阶段的到来，调节生长与开花结果的矛盾，延长丰花硕果的时间。

老年阶段的树木生长势弱，生长量逐年减小，树冠处于向心更新阶段，修剪时以强剪为主，以刺激隐芽萌发，更新复壮充实内膛，恢复其生长势，并应利用徒长枝达到更新复壮的目的。

春季开花的树种，花芽通常在夏秋进行分化，着生在1年生枝上，因此在休眠季修剪时必须注意到花芽着生的部位。花芽着生在枝条顶端的称为顶花芽，具有顶花芽的树种，如玉兰、黄刺玫等，在休眠季或在花前绝不能短截（除为了更新枝势外）。若花芽着生在叶腋处，称为腋花芽，可以根据需要在花前对枝条进行短截，如榆叶梅、桃花等。

具有腋生的纯花芽的树种，如连翘、桃等，在短截枝条时应注意剪口不能留花芽。因为纯花芽只能开花，不能抽生枝叶，花开之后会留下一段很短的干枝。若这种干枝段过多，会影响观赏效果。对于观果树木，如果花枝上只有花没有叶，则花后往往不能坐果，会致使结果量减少。

夏秋开花的树种，花芽在当年抽生的新梢上形成，如紫薇、木槿等，应在秋季落叶后至早春萌芽前进行修剪。由于北京冬季寒冷，春季干旱，修剪应推迟到早春气温回升即将萌芽时进行；在1年生枝基部留3～4个（对）饱满芽进行短截，剪后可萌发出健壮的枝条，虽然花枝可能会少些，但由于营养集中，会开出较大的花朵。有些树种如果希望1年开两次花，可在花后将残花剪除，加强肥水管理，可二次开花。紫薇又称百日红，就是因为去残花后可开花达百日，故此得名。

4. 根据树木的分枝特性

对于具有主轴分枝的树种，修剪时应注意控制侧枝，剪除竞争枝，促进主枝的发育，如钻天杨、毛白杨、银杏等树冠呈尖塔形或圆锥形的乔木，顶端生长势强，具有明显的主干，适宜采用保留中央领导干的整形方式。对于具有合轴分枝的树种，易形成几个粗细相当的侧枝，呈现多叉树干，为了培养主干，可采用摘除其他侧枝的顶芽来削弱其顶端优势，或将顶枝短截，剪口留壮芽，同时疏去剪口下3～4个侧枝，促其加速生长。对于具有假二叉分枝（二歧分枝）的树种，由于树干顶梢在生长后期不能形成顶芽，而下面的对生侧芽优势均衡，影响主干的形成，可采用剥除其中1个芽的方法来培养主干。对于具有多歧分枝的树种，可采用抹芽法或用短截主枝的方法重新培养中心主枝。

树木修剪应充分了解各类分枝的特性，注意树体枝条之间的平衡。应掌握“强主枝强剪、弱主枝弱剪”的原则。因为强主枝一般较粗壮，具有较多的新梢，叶面积大，制造的营养多，生长量大，强剪能控制其生长势；反之，弱主枝新梢少，营养条件差而长势弱，弱剪对其生长有利。侧枝是开花结实的基础，生长过强或过弱均不易形成花芽。所以，对强侧枝应弱剪，促其萌发侧芽，增加分枝，缓和生长势，有利于花芽的形成，而且花果的生长和发育对强侧枝的生长势具有抑制作用。对弱侧枝应强剪，使其萌发较强的枝条。这种枝条形成的花芽少，消耗的营养少，有利于侧枝的生长。

（三）整形修剪的技术与方法

1. 整形修剪时期

观赏树木的种类繁多，习性与功能各异，由于修剪目的与性质的不同，各有其相适宜的修剪季节。

树木的修剪时期，一般分为休眠期（冬季）修剪和生长期（夏季）修剪。休眠期指自树木落叶后至第2年早春树液开始流动前（一般在12月至第二年2月）；生长期指自萌芽后至新梢或副梢生长停止前（一般在4月至10月）。

在休眠期，树体贮藏的养分充足，地上部分修剪后，枝芽减少，可集中利用贮藏的营养，因此新梢生长势强。对于生长正常的落叶树种而言，一般要求在落叶后1个月左右修剪，不宜过迟。若春季萌芽后再修剪，贮藏的养分已被萌动的枝芽消耗一部分，一旦已萌动的枝被剪去，下部芽重新萌动，生长期推迟，长势明显减弱。对于一些有伤流现象的树种，如葡萄，应在伤流开始之前进行修剪。伤流是树木体内的养分和水分在树木伤口处外流的现象，流失过多会造成树势衰弱，甚至枝条枯死，因此，最好在夏季着叶丰富、伤流少且容易停止时进行修剪。有些伤流严重的树种可在休眠季节无伤流时进行修剪。

生长期修剪可在春季萌芽后至秋季落叶后的整个生长季内进行，此时修剪的主要目的是改善树冠的通风透光性能，一般采用轻剪，以免因剪除大量的枝叶而对树木造成不良影响。树木在夏季着叶丰富时修剪，容易调节光照和枝梢密度，容易判断病虫枝、枯死枝和衰弱枝，也便于把树冠修整成理想的形状。幼树整形和控制徒长，更应重视夏季修剪。

除极端寒冷和炎热的天气外，大多数常绿树种的修剪终年都可进行，但以早春萌芽前后至初秋以前最好。因为新修剪的伤口大都可以在生长季结束之前愈合，同时可以促进芽的萌动和新梢的生长。

2. 整形方式

观赏树木的整形方式因栽培目的、配置方式和环境状况不同而有很大差异，在实际应用中主要有以下几种方式。

（1）自然式整形　即在树木本身特有的自然树形基础上，按照树木本身的生长发育习性，稍加人工调整和干预而形成的树形。这种树形不仅体现观赏树木的自然美，同时也符合树木自身的生长发育习性，有利于树木的养护管理。行道树、庭荫树及一般风景树等基本上都采用自然式整形。自然式整形有长圆形（如玉兰、海棠）、圆球形（如黄刺玫、榆叶梅）、扁圆形（如槐树、碧桃）、伞形（如合欢、垂枝桃）、卵圆形（如苹果、紫叶李）、拱形（如连翘、迎春）等。

（2）人工式整形　由于园林绿化的特殊要求，有时将树木整剪成规则的几何形体，如方形的、圆形的、多边形的等，或整剪成不规则的各种形体，如鸟、兽等。这类整形方式违背树木生长发育的自然规律，对树木的抑制强度较大，而且只能应用于萌芽力和成枝力均强的树种，例如侧柏、黄杨、榆、罗汉松、水蜡树、紫杉、珊瑚、对节白蜡等，并且只要出现枯死的枝条就应立即剪除，若有死的植株也应马上换掉，才能保持整齐一致，所以往往只在有特殊观赏要求时才采用此种方式。

几何形体的整形方式是按照几何形体的构成标准进行修剪整形的，如球形、半球形、蘑菇形、圆锥形、圆柱形、正方体、长方体、葫芦形、城堡式等。

非几何形体的整形方式有垣壁式、雕塑式等形式。垣壁式整形是在庭园及建筑物附近为达到垂直绿化墙壁的目的而进行的整形。这种整形方法是使主干低矮，在干上向左右两侧呈对称或放射状配列主枝，并使之保持在同一垂直面上。常见于欧洲的古典式庭园中，有“U”字形、“叉”字形、肋骨形等。雕塑式整形是根据整形者的意图，创造出各种各样的形体，以体现独特的个体美。造型时应注意树木的形体与四周园景的谐调，线条不宜过于烦琐，

以轮廓鲜明简练为佳。

（3）自然与人工混合式整形 这种整形方式包括中央领导干形、多领导干形、自然开心形、杯形、丛球形、伞形、篱架形等。

在园林绿地中，以上三类整形方式，以自然式应用最多，其次是自然与人工混合式整形。由于人工式整形很费工，且要求技术娴熟的人员参与，故只在园林局部或在有特殊要求处应用。

3. 修剪方法

（1）短截 又称短剪，指剪去1年生枝条的一部分。短截是调节枝条生长势的一种重要方法，对枝条的生长有局部刺激作用。在一定范围内，短截越重，局部发芽越旺。根据短截程度可分为轻短截、中短截、重短截和极重短截4种。轻短截约剪去枝梢的1/4 ～ 1/3，即轻打梢。由于剪截轻，留芽多，剪后反应是在剪口下萌发几个不太强的中长枝，再往下发出许多短枝。轻短截后，一般生长势缓和，有利于形成果枝，促进花芽分化。中短截是在枝条饱满芽处剪截，一般剪去枝条全长的1/2左右。剪后反应是剪口下萌发几个较旺的枝，再往下发出几个中短枝，短枝量比轻短截少。因此剪截后能促进分枝，增强枝势，连续中短截能延缓花芽的形成。重短截是在枝条饱满芽以下剪截，约剪去枝条的2/3以上。剪截后由于留芽少，成枝力低而生长较强，有缓和生长势的作用。极重短截是剪至轮痕处或在枝条基部留2～3个秕芽剪截。极重短截后只能抽出1～3个较弱枝条，可降低枝的位置，削弱旺枝、徒长枝、直立枝的生长，以缓和枝势，促进花芽形成。

（2）回缩 又称缩剪，是指对2年生或2年生以上的枝条进行剪截。一般修剪量大，刺激较重，有更新复壮的作用。多用于枝组或骨干枝更新，以及控制树冠辅养枝等。其反应与缩剪程度、留枝强弱、伤口大小等有关。如缩剪时留强枝、直立枝，伤口较小，缩剪适度可促进生长；反之则抑制生长。前者多用于更新复壮，后者多用于控制树冠或辅养枝。

（3）疏删 又称疏剪或疏枝，是从分生处剪去枝条。一般用于疏除枯枝、病虫枝、过密枝、徒长枝、竞争枝、衰弱枝、下垂枝、交叉枝、重叠枝及并生枝等，是减少树冠内部枝条数量的修剪方法。不管是1年生枝，还是1年生以上枝，只要是从基部剪除，都称为疏剪。

疏删修剪时，对将来有妨碍或遮蔽影响的非目的枝条，宜暂时保留一些，使其供给树体营养。为了使这类枝条不至于生长过旺，可放任不剪。尤其是同一株树上的下部枝比上部枝停止生长早，消耗的养分少，供给根及其他部分的营养较多，切勿过早疏除。

疏剪的应用应适量，尤其是幼树一定不能疏剪过量，否则会打乱树形，给以后的整形带来麻烦。枝条过密的植株应逐年进行，不能急于求成。

（4）放 营养枝不剪称甩放或长放。放利用的是单枝生长势逐年递减的自然规律。长放的枝条留芽多，抽生的枝条也相对增多，在生长前期养分分散，而多形成中短枝；在生长后期积累养分较多，能促进花芽分化和结果。但是营养枝长放后，枝条增粗较快，特别是背上的直立枝，越放越粗，若运用不妥，会出现树上长树的现象，必须注意防止。在一般情况下，对背上的直立枝不宜采用甩放，若要甩放也应结合其他的修剪措施，如弯枝、扭伤或环剥等；长放一般多用于长势中等的枝条，促使其形成花芽。通常，对桃、海棠等树种，为了平衡树势，增强生长弱的骨干枝的生长势，往往采取长放措施，使该枝条迅速增粗，赶上其他骨干枝的生长势。从生的灌木多采用长放的修剪措施，如在整剪连翘时，为了形成潇洒飘逸的树形，在树冠的上方往往甩放3 ～ 4条长枝，远远地观赏，长枝随风摆动，效果极佳。

（5）伤 是用各种方法损伤枝条的韧皮部和木质部，以达到削弱枝条的生长势，缓和树势

的目的。伤枝多在生长期内进行，对局部影响较大，而对整个树木的生长影响较小，是整形修剪的辅助措施之一，主要的方法有：环状剥皮（环剥）、刻伤、折裂、扭梢、折梢、变更枝条生长的方向和角度等。

（6）其他方法　如摘心、抹芽、摘叶、去蘖（又称除萌）、摘蕾、断根等。

4. 修剪技术

（1）剪口状态　剪口应向侧芽微倾斜，使斜面上端与芽端基本平齐或略高于芽尖0.6cm左右，下端与芽的基部基本持平。这样的剪口面积小，伤面不致过大，很易愈合，而芽的生长也较好。如果剪口倾斜过大，伤痕面积大，水分蒸发多，剪口不易愈合，还影响剪口芽的养分和水分供给，抑制剪口芽的生长，而剪口下方芽的生长势则得到加强，这种切口一般只在削弱树的生长势时采用。若在剪口芽的上方留一小段桩，则因养分不宜流入而使剪口难以愈合，常常导致干枯，影响观赏效果，一般不宜采用。

（2）剪口芽的选择　剪口芽的强弱和选留位置不同，生长出来的枝条强弱和姿势也不相同。剪口芽留壮芽，则发壮枝；剪口芽留弱芽，则发弱枝。背上芽易发强壮枝，背下芽易发中庸枝。剪口芽留在枝条外侧可向外扩张树冠，而剪口芽方向朝内则可填补内膛空位。为抑制生长过旺的枝条，应选留弱芽为剪口芽；而欲弱枝转强，剪口则需选留饱满的背上壮芽。

（3）大枝剪除　将枯枝或无用的老枝、病虫枝等全部剪除时，为了尽量缩小伤口，应自分枝点的上部斜向下部剪下，残留分枝点下部凸起的部分伤口不大，很易愈合，隐芽萌发也不多；如果留桩过高或过低，伤口都不易愈合，很可能会成为病虫的巢穴。

回缩多年生大枝时，往往会萌生徒长枝，为了防止徒长枝大量抽生，可先行疏枝和重短截，削弱其长势后再回缩。在剪口下留弱枝，也有助于生长势的缓和，可减少徒长枝的发生。如果多年生枝较粗必须用锯子锯除，则可先从下方浅锯伤，然后再从上方锯下，以避免在锯除过程中因树枝自身的重量而向下折裂，造成伤口过大，影响愈合。由于这样锯断的树枝，伤口大而表面粗糙，因此还要用刀修削平整、以利愈合。为防止伤口的水分蒸发或因病虫侵入而引起伤口腐烂应涂保护剂或用塑料布包扎。

（4）剪口保护剂　树干上常因修剪产生很大的伤口，若不采取保护措施，不仅不易愈合，而且易遭受病虫感染而腐烂，直接影响树木生长和观赏效果。因此，对树体主要部位的伤口，特别是珍贵树种，应采用保护剂保护。目前应用较多的保护剂有固体保护剂和液体保护剂两种。

① 固体保护剂：取松香4份、蜂蜡2份、动物油1份（质量）。先把动物油放在锅里加火熔化，然后将旺火撤掉，立即加入松香和蜂蜡，再用文火加热并充分搅拌，待其冷凝后取出，装入塑料袋密封备用。使用时，只需稍微加热令其软化，然后用油灰刀将其抹在伤口上即可。一般用来封抹大型伤口。

② 液体保护剂：取松香10份、动物油2份、酒精6份，松节油1份（质量）。先把松香和动物油一起放入锅内加温，待其熔化后立即停火，稍微冷却一会再倒入酒精和松节油，同时搅拌均匀，然后倒入瓶内密封贮藏，以防酒精和松节油挥发。使用时用毛刷涂抹即可。这种液体保护剂适用于小型伤口。

（5）常用修剪工具及机械　包括修枝剪、修枝锯、刀具、斧头、梯子等。

（6）修剪程序　修剪时切不可不假思索，漫无次序，不按树体构成特点随意乱剪，而应根据被修剪树木的树冠结构、树势、主侧枝的生长等情况进行观察分析，根据修剪目的及要求，制定具体修剪方案。

从事修剪的专业人员，要懂得树木的生物学特性以及修剪技术规范、安全操作事项等。

修剪树木时，首先应观察分析树势是否均衡。如果不均衡，应分析是上强（弱）下弱（强），还是主枝之间不均衡，并应分析其原因，以便采取相应的修剪技术措施。如果是因为枝条多，特别是大枝多而造成生长势过强，则应进行疏枝。在疏枝前应先确定选留的大枝数及其在骨干枝上的位置，然后将多余的大枝先剪掉。待大枝调整好之后再修剪小枝，宜从各主枝或各侧枝的上部起，向下依次进行。在这时特别要注意各主枝或各侧枝的延长枝的短截高度，通过各级同类型延长枝长度的相互呼应，可使各级枝势基本均衡，最后达到均衡树势的目的。

对于整株树的修剪，一定要按技术要求进行，应先剪下部，后剪上部；先剪内膛枝，后剪外围枝。几个人同时修剪1株树时，更应按照制订的修剪方案分工负责。如果树体高大，则应有一个人负责指挥，其他人积极配合，绝不能各行其是，以免造成无法挽回的后果。

修剪时应注意安全，一方面是修剪人员应注意空中电线，以及梯子、锯、剪子等工具的安全使用；另一方面应注意过往行人及车辆的安全。

作业结束后，应及时清理修剪下来的枝条，以确保过往行人及车辆的安全和周围环境的整洁。过去一般采用把残枝等运走的办法，现在则经常应用移动式削片机在作业现场就地把树枝粉碎成木片，这样做既高效、快捷，又可回收利用废弃物，很环保，很经济，值得大力提倡和推广应用。

第三节　观赏树木的病虫害防治

由病原物的侵袭或各种不良因素引起观赏树木在机能结构、形态发生、生长发育以及观赏品质等方面受到干扰、损坏甚至引起死亡，或由昆虫及一些小动物对观赏树木造成直接或间接为害的现象，统称为观赏树木病害或虫害现象。

一、观赏树木病虫的危害性

1. 观赏树木害虫的危害性

观赏树木害虫咬食树木的根和幼苗，蚕食树叶、蛀食树干、树枝、嫩梢、花蕾、花瓣和花蕊，卷缩树叶，严重威胁观赏树木的繁殖、生长和发育，直接影响观赏效果，其危害性主要表现在如下几个方面。

① 咬食树木的根和幼苗，造成大量缺苗、死苗，严重影响苗木生长。如蝼蛄、金针虫、金龟子、象甲、蛞蝓等。

② 蚕食叶片，影响树木生长和观赏品质，严重时能把树叶全吃光。如国槐尺蠖、柳毒蛾、杨天社蛾、榆金花虫、刺蛾、袋蛾等。

③ 蛀食树干、树枝，造成大量树木死亡，如天牛、木蠹蛾、吉丁虫等在树木枝、干的木质部里咬出隧道，蛀食为害；杨、柳、白蜡、榆、元宝枫、国槐等树木受害后，提前衰老枯死，不仅影响观赏效果，而且木材被蛀成百孔千疮，失去利用价值。

④ 蛀食嫩梢，形成枝梢萎蔫、枯黄，影响树木的顶端生长和观赏性状，如松梢螟、玫瑰茎蜂、梨小食心虫等幼虫钻入嫩梢内部为害，常造成油松、玫瑰、蔷薇、碧桃等树种的嫩梢萎蔫、枯黄，严重影响新梢生长。

⑤ 产卵为害枝、干，使枝、干枯死或造成幼树枯死，如黑蝉、大青叶蝉常在杨、柳、柿

等树种的枝、干上大量产卵，形成危害。

⑥ 卷缩树叶，破坏顶梢，使树木叶片卷起或皱缩成团、顶梢弯曲或枯萎。如蚜虫、木虱、粉虱、食心虫、卷叶虫、螟蛾等。

⑦ 刺吸树木的汁液或蛀食花蕾、花瓣和花蕊，影响树木开花和观赏。如红蜘蛛、介壳虫、蚜虫等常刺吸树木的汁液，金龟子、蚜虫、蓟马等常蛀食树木的花蕾、花瓣和花蕊。

⑧ 吐丝下垂，四处乱爬，排泄粪便，或具毒刺毛，危害人体健康，污染环境。如国槐尺蠖、草履介壳虫、柳毒蛾、刺蛾等。

2. 观赏树木病害的危害性

① 破坏根、茎等维管束，使树木枯黄或萎蔫，常使合欢、元宝枫、黄栌等树种成片枯黄或萎蔫，甚至死亡，既影响绿化效果，又造成经济损失。

② 使树木的根、茎（干）的皮层腐烂或形成肿瘤，破坏水分、养分的吸收与输送，造成部分或整株死亡。如幼苗立枯病、樱花根癌病、黄杨根结线虫病、杨柳腐烂病和溃疡病等。

③ 使树木的叶片、嫩枝局部或大部分细胞坏死，形成叶斑、焦叶、枯叶及枯梢，影响树木的光合作用和观赏价值。如杨柳早期落叶病、黄栌白粉病、柏树赤枯病、月季黑斑病、海棠锈病等。

④ 病毒侵染，造成树木畸形。如泡桐丛枝病直接影响泡桐生长，使其观赏价值大大降低。

⑤ 破坏树木的木质部，使木材腐朽，失去利用价值。一般多发生在老龄树，如柳、松、合欢等树木的腐朽病。

⑥ 损害花蕾、花朵，影响开花和观赏。如杜鹃花腐病、牡丹灰霉病、月季黑斑病等。

二、观赏树木病害发生的原因和症状

当树木受到不良环境条件的影响或病原物的侵袭后，通常在生理上、组织上、形态上会发生一系列变化。这一渐变过程，称为病理程序。各种树木病害都有一定的病理程序。而由风、雹、昆虫及高等动物等对树木造成的机械损失，没有这样的渐变过程，即不产生病理程序，因此不属于树木病害。另外，某些树种患病后，不仅没有造成损失，反而提高了观赏价值。如一些树种因受病毒侵染而出现花叶或杂色花瓣，尽管从生物学的观点来看，树木生病了，但从经济学的观点来看，这种生病对人类有利，所以也不能称之为树木病害。由此可见，有无病理程序和是否造成经济损失是判断树木病害的重要标准。

（一）观赏树木病害的病原

引起树木发生病害的原因称为病原。这里所指的原因是指病害发生过程中起直接作用的主导因素。而那些对病害发生和发展仅起促进或延缓作用的因素，只能称作病害诱因或发病条件。

病原的种类很多，依据性质不同通常分为生物性病原与非生物性病原两大类。

1. 生物性病原及其引起的病害

生物性病原是指引起树木发生病害的有生活力的生物，被称为病原生物，简称病原物。

病原物生活在所依附的树木内（或上），这种习性被称为寄生习性；病原物也被称为寄生物，它们依附的树木被称为寄主树，简称寄主。病原物的种类很多，有动物界的线虫、植物界的寄生性植物、菌物界的真菌、原核生物界的细菌和支原体，还有非细胞形态的病毒界的病毒和类病毒。

它们大都个体微小，形态特征各异。由这些生物因子引起的树木病害通常能相互传染，有侵染过程，称为侵染性病害或传染性病害。如月季黑斑病、月季白粉病、毛白杨锈病、苗木立枯病、芍药褐癣病等。

生物性病原中还应包括由于树木种质先天发育不全，或带有某种异常的遗传因子，而显示出的遗传性病变或称生理性病变，如白化苗、先天不孕等。这类病变与外界环境因素无关，也没有外来生物的参与，是遗传性疾病，病因是树木自身的遗传因子异常，属于生物病因的非传染性病害。

2. 非生物性病原及其引起的病害

非生物性病原是指由于观赏树木不适宜于生长发育的环境条件而引起的病害，主要包括由各种物理因素（如温度、湿度、光照等）和化学因素（如营养不均衡、空气污染、化学毒害等）引起的病害。

每一种观赏树木都有其最适宜的生长发育条件，对环境条件的要求有很大差异。一般来说，超过其适应的生长范围，树木就有可能发生病害。如高温、强光照射导致的果实向阳面的日灼病；低湿引起的冬青叶缘干枯；弱光或缺铁引起的树木黄化病；排水不良、积水造成的根系腐烂和植株枯死；还有空气和土壤中的有害化学物质及农药使用不当所造成的植株生长不良、组织坏死乃至整株死亡等现象。

由于观赏树木具有较高的经济价值和集约经营的情况，生长环境往往与自然生态环境差别较大，环境因素的变化和营养不均衡等问题日渐突出。部分树木出现了所谓的“富贵病”，即由于某种养分过多，而影响到其他养分的吸收和利用的现象。

由这些非生物性因子引起的病害，不能互相传染，没有侵染过程，称为非侵染性病害或非传染性病害，也称生理病害。

侵染性病害与非侵染性病害之间是互相联系、互相影响的。树木发生了非侵染性病害，导致其生长发育不良，削弱了生长势和抗病力，易诱发或加重侵染性病害的发生，如受冻害的植株常易感染溃疡病；在氮肥过多、光照不足的条件下，月季常因组织嫩弱而发生白粉病。同样，由于病原物侵染，降低了植株对环境条件的适应性，使寄主更易遭受不良气候的影响，而发生非侵染性病害。如月季感染黑斑病后，叶片大量早落，影响新抽嫩梢的木质化，更易遭受冻害，引起枯梢。因此，确定病害发生的原因时，必须对各种影响发病的原因及其复杂关系进行长期全面的观察和细致的分析研究，才能得出较为可靠的结论。

（二）观赏树木病害发生的基本因素

仅有病原生物和寄主树两方面的存在，树木并不一定发生病害。树木病害的发生需要病原生物、寄主树和环境条件的协同作用，即需要有病原生物、寄主树和一定的环境条件三者配合才能发生。

病原生物的侵袭和寄主树的抵抗反应，始终贯穿于树木病害的全过程。在这一过程的进展中，病原物与寄主之间的相互作用无不受环境条件的制约。病原生物致病性越强，则树木病害发生越重；寄主树抗病性越强，则病害发生越轻。当环境条件有利于寄主树生长而不利于病原物的活动时，病害就难以发生或发展缓慢，甚至病害过程终止，植株仍保持健康状态或受害很轻。反之，病害则容易发生，发展较快，受害也重。如真菌引起的月季黑斑病，在多雨的季节和年份，如采用叶面浇水的方式，病害发生就严重；若遇干旱少雨或改变浇水的方式，发病则轻。这是因为若水滴在叶面保持时间较长，就给真菌孢子的萌发提供了必要的条件。因此，树木病害是病原物、寄主树和环境条件这三个因素共同作用的结果。寄主树、病原和环境条件三者共存于病害系统中，相互依存，缺一不可。任何一方的变化均会影响另外两方。这三者之间的关系称为“病害三角”或“病害三要素”。

（三）观赏树木病害的症状

树木感病后，在外部形态上所表现出来的不正常变化，称为症状。症状可分为病状和病征。病状是指感病树木本身所表现的不正常状态，而病征则是指病原生物在树木发病部位表现出来的特征。如大叶黄杨褐斑病，在叶片上形成的近圆形、灰褐色的病斑是病状，后期在病斑上由病原菌长出的小黑点是病征。所有的树木病害都有病状，但并不都具有病征。病毒病不表现病征，非侵染性病害因为没有病原生物的侵袭，也不表现病征。树木病害通常先表现病状，病状易被发现。症状是树木与病原在外界环境条件影响下相互作用，进而引起树木病害的外部表现。由于树木和病原的种类不同，其相互作用的过程和结果也不相同。因此，各种症状反映了不同树木病害的本质差别，而且这种差别具有相对的稳定性。在很多情况下，病害常因特异性症状而命名，如各种树木的锈病、白粉病、黑粉病、霜霉病、褐斑病等。在生产实践中，人们经常需要根据症状特点，对各种树木病害做出正确的诊断，以便开展病害防治工作。但病害症状并不都是固定不变的，同一病害，往往因树木品种、环境条件、发病时期以及发病部位不同而异。而且，许多不同的病原，却常常引起相似的症状。因此，有时仅根据症状去诊断病害并不完全可靠，必要时还应进行病原鉴定。

三、观赏树木病虫害综合防治

在确定综合防治方案时首先应考虑的问题是经济、安全、简易、有效，其中安全问题是第一位的，即对树木、天敌和人畜是安全的，不致产生药害或发生中毒事故。在这一前提下，再考虑防治方案是否节约资金而又简单易行，是否具有良好的防治效果。在进行化学防治时往往会杀伤天敌，因此，在使用化学药剂时，应考虑其对天敌的影响，尽量选择对天敌无害或毒性较小的药剂，并通过适当调整施药时间和方法，达到既防治了害虫，又保护了天敌。若有条件，应多采用生物防治。虽然化学防治具有见效快、效果好、工效高等优点，但药效往往仅限于一时，不能长期控制害虫，且使用不当易使害虫产生抗药性，还有杀伤天敌、污染环境的潜在危险。生物防治虽有诸多优点，但当病虫暴发成灾时，也未必能及时有效。因此，必须使化学防治与生物防治有机结合起来。在自然条件下，各种病虫害往往混合发生，如果逐个防治，既费工又费时，因此，在防治时应全面考虑，适当进行药剂搭配，选择适宜的时机，力求达到一次用药兼治多种病虫的目的。

综合治理应从全局出发，以保护生态环境为宗旨，以预防为主，兼顾经济效益、生态效益和社会效益。

在生产实践中，人类已开发了一系列的病虫害防治方法，按其作用原理和应用技术可以归纳为植物检疫、园林技术防治、生物防治、物理机械防治、化学防治和外科治疗六大类。

（一）植物检疫

植物检疫又称法规防治，是由一个国家或地区用法律或法规的形式，禁止某些危险性的病虫、杂草人为地传入或传出或对已发生及传入的危险性病虫、杂草，采取有效措施，控制其在地区间或国家间传播蔓延，以避免可能发生的极为严重的危害性后果。

目前，我国的植物检疫工作分为对内检疫（国内检疫）和对外检疫（国际检疫）两大类

别。对内检疫主要是由各省、自治区、直辖市检疫机关，会同交通、邮电、供销及其他相关部门根据检疫条例，对所调运的物品进行检验和处理，以防止局部地区的危险性病虫、杂草得以传播和蔓延。对内检疫以产地检疫为主，道路检疫为辅；对外检疫是国家在对外港口、国际机场及国际交通要道设立检疫机构，对进出口的物品进行检疫处理，以防止新的危险性病虫、杂草随植物及其产品由国外输入或由国内输出。

调查研究是开展植物检疫的基础。病虫害及杂草的种类繁多，不可能对所有的病虫、杂草都进行检疫，必须有计划地开展对各地病虫、杂草的普查、抽查或专题调查，了解当地植物病虫、杂草发生的种类、分布范围、危害程度，以便确定检疫对象，采取有效的检疫措施。

确定检疫对象的原则和依据：①危险性的，即危害严重、防治困难的病虫、杂草；②局部地区发生的病虫、杂草；③借助人为活动传播的病虫、杂草。尽管有些病虫害危害严重，但已在各地普遍发生，且可随气流等作远距离传播的，就不应列为检疫对象。另外，检疫对象的名单并不是固定不变的，应根据实际情况的变化及时修订或补充。

经过调查，把已经发生检疫对象的地区划为疫区，未发生但可能传播进检疫对象的地区划定为保护区。对疫区应严加控制，禁止检疫对象传出，并采取积极的防治措施，逐渐消灭检疫对象。对保护区应严防检疫对象传入，充分做好预防工作。

植物检疫的检验方法有现场检验、实验室检验和栽培检验等。调运和邮寄种苗及其他应受检的植物产品时，应提前向调出地相关检疫机构报验。检疫机构人员对所报检的植物及其产品应进行严格的检验。在凭肉眼或放大镜对产品进行外观检查的同时，还应抽取一定数量的产品进行详细检查，必要时可进行显微镜检查及诱发实验等。经检验若发现检疫对象，应按规定在检疫机构监督下进行处理。常规处理方法有：禁止调运、就地销毁、消毒处理、限制使用地点等。经检验后，若不带有检疫对象，检疫机构应发给国内植物检疫证书放行；若发现检疫对象，经处理合格后，仍应发证放行；无法进行处理或处理后仍不合格的，应停止调运。

（二）园林技术防治

园林技术防治也称栽培防治，是指根据树木、病虫和环境三者的相互关系，通过改进栽培技术措施，有目的地创造有利于树木生长发育而不利于病虫害发生的环境条件，从而控制病虫害发生的防治方法。

由于园林技术防治与生产作业过程紧密结合，具有省工、经济、安全、易为人们接受和推广的优点，而且对病虫害具有预防作用，防治效果具有长期性。但是园林技术防治往往具有很强的地域性和季节性，控制病虫害的作用也不如化学防治快速而彻底。

选育抗病虫品种是园林技术防治的重要措施。常用的选育方法有常规育种、辐射育种、化学诱变、单倍体育种和基因工程育种等。针对当地发生的主要病虫害，选用对这些病虫害有抗性的观赏树种或品种，特别是对那些还没有其他有效防治措施的病虫害，选用抗病虫树种尤为重要。我国南方从国外引进的湿地松、火炬松等松树不仅在生长量和材质方面大大优于马尾松，而且对马尾松毛虫具有一定的抗性，因而得到广泛推广应用。针对城市行道树种类比较单一、容易发生病虫害的特点，选用抗病虫的树种或品种如银杏、樟树、女贞、广玉兰等，能取得良好的防治效果。

加强城市园林植被的多样性建设，提高城市绿地生态系统的稳定性，能使其具有更强的对病虫害的自我调控能力。城市绿地建设一定要避免单一化的模式，不仅整个城市的植物种类要多样化，即使在同一块绿地上也应考虑多样化。通过科学的树种搭配与布局，如常绿与落叶相结合，乔灌草相结合，形成多层次结构的植物群落。对已栽植的绿地，若树种单一，应补植各类灌木和花草植物，扩大蜜源植物，为益虫和鸟类创造良好的生活环境，以抑制害虫的发生。同时，在安排树种布局时应考虑到树种与害虫食性的关系，避免转主寄主树混栽。即在设计和施工过程中，应避免将具有共同病虫害的树种、花草搭配在一起。如将苹果、梨、海棠等与桧柏、龙柏等树种近距离栽植易造成苹果（梨、海棠）桧锈病的大发生。

适地适树、合理密植能增强树木的抗病虫能力，减少病虫害的发生和蔓延。如油松、圆柏等喜光树种，宜栽植于较干燥向阳的地方。云杉等耐阴树种宜栽植于阴湿地段。在南方营造杉木林，若栽植于瘠薄干燥的丘陵，往往黄化病严重。设施栽培应注意通风透气，降低湿度，以减轻灰霉病、叶斑病等常见病害的发生。

加强肥水管理，合理整枝修剪，保持良好的通风透光条件，促使观赏树木生长发育健壮，可以提高抗病虫能力。如碧桃等核果类树木树势衰弱时易招引桃红颈天牛产卵，流胶病也比较严重。在整枝修剪过程中，应剪除虫梢、病虫枝叶和枯死植株，并及时清理干净，集中销毁。园林操作过程中应避免人为传染，如在切花、摘心时应防止工具和人手传播病菌。施肥应施用充分腐熟而无臭味的有机肥，以免污染环境。使用无机肥时应注意氮、磷、钾等营养成分的配合，以防止树木出现缺素症。灌水时，最好采用沟灌或沿盆钵的边缘浇水，喷灌和“喷水”往往会加重叶部病害的发生；灌水应适量，多雨季节应停止灌水，并及时做好排水工作，因水分过多往往会引起树木根部缺氧窒息，轻者生长不良，重则会引起根部腐烂，尤其是肉质根树种。喷水时间最好选择晴天的上午，以便喷水后叶片表面的湿度能很快降低，减少发病的概率。

秋冬季对树干基部涂白，不仅可以防止冻害和日灼病的发生，消灭部分越冬害虫，还能遮盖伤口，避免病菌侵入，减少天牛产卵的机会。

（三）物理机械防治

这是利用简单器械和各种物理因子（如声、光、电、色、热、湿、放射能等）来防治树木病虫害的方法。该方法的特点是：简单易行，可直接杀死害虫、病菌；其中一些方法（如红外线、高频电流）能杀死隐蔽为害的害虫，而且不会产生化学防治那样的副作用。但是，物理机械防治耗费劳力较多，其中有些方法耗资昂贵，有些方法也能杀伤天敌。因此，该方法主要适用于小面积的园林绿地和苗圃。常见的防治措施有以下几种。

1. 捕杀法

这是利用人工或各种简单的器械捕捉或直接消灭害虫的方法。人工捕杀适用于具有假死性、群集性或其他目标明显易于捕捉的害虫。如多数金龟子的成虫具有假死性，可在清晨或傍晚将其从树上振落捕杀；榆黄叶甲的幼虫老熟时群集于树皮缝隙、树洞等处化蛹，此时可以人工捕杀；结合冬季修剪，可剪除并消灭在树木枝叶中越冬的虫卵、幼虫和成虫等。

2. 阻隔法

人为设置各种障碍，以切断病虫害的侵害途径，这种方法也称为障碍物法。对有上、下树习性的幼虫可在树干上涂毒环或涂胶环，以阻隔和触杀幼虫。对不能迁飞只能靠爬行扩散的害虫，可在未受害区域周围挖沟，使害虫坠落沟中后予以消灭，以阻止其迁移为害。挖沟规格为宽30cm、深40cm，沟壁应光滑垂直。对于雌成虫无翅，只能爬到树上产卵的害虫，可在其上树前在树干基部设置障碍物，阻止其爬到树干高处。如可在树干上绑塑料布或在干基周围培土堆，拍成光滑的陡面。许多叶部病害的病原物是在病残体上越冬的，早春在地表覆膜或盖草（麦秸

秆和稻草等）可以对病原物的传播起到机械阻隔作用，从而大幅度地减少叶部病害的发生。地表覆盖银灰色薄膜，能使有翅蚜远远躲避，从而保护幼苗免受蚜虫的为害，也减少了蚜虫传播病毒的机会。对在日光温室及各种塑料大棚等保护地内栽培的树木，采用40～60目的纱网覆罩，不仅可以隔绝蚜虫、叶蜂、蓟马、斑潜蝇等害虫的为害，还能有效地减轻病毒病的侵染。

3. 诱杀法

利用害虫的趋性或其他习性，人为设置器械或诱物来诱杀害虫的方法称为诱杀法。灯光诱杀法是利用害虫的趋光性进行诱杀的方法。目前我国有五类黑光灯：普通黑光管灯（20 W）、频射管灯（30 W）、双光汞灯（125 W）、节能黑光灯（13～40 W）和纳米汞灯（125 W）。黑光灯可诱集约700多种昆虫，尤其对夜蛾类、螟蛾类、毒蛾类、枯叶蛾类、天蛾类、尺蛾类、灯蛾类、刺蛾类、卷蛾类、金龟子类、蝼蛄类、叶蝉类等诱集力更强。食物诱杀法是利用害虫的趋化性进行诱杀的方法。许多昆虫的成虫由于取食、交尾、产卵等原因，对一些挥发性的气味有着强烈的嗜好，表现出正趋性反应。利用害虫的这种趋性，在所嗜好的食物中掺入适当的毒剂，制成各种毒饵诱杀害虫，能取得良好的防治效果。许多蛀干性害虫如天牛、小蠹虫等喜欢在喜食树种和新伐倒木上产卵，在害虫产卵繁殖期，于林间适当地点设置一些新伐木段，待害虫产卵时或产卵之后集中杀死成虫和虫卵。有些害虫对某种植物有特殊的嗜食习性，可以人为地种植此种植物来诱集捕杀害虫。如在苗圃周围种植蓖麻，使金龟子误食后麻醉，可以集中捕杀。利用某些害虫的越冬、化蛹或白天隐蔽的习性，人工设置类似的环境，诱集害虫进入，而后杀死。如在树干上束稻草，诱集美国白蛾幼虫化蛹；傍晚在苗圃的步道上堆集新鲜杂草，诱集地老虎幼虫。利用蚜虫、温室白粉虱、潜蝇等害虫的趋黄性，将涂有虫胶的黄板挂设在适当高度，可以有效地诱杀趋黄性害虫；蓟马对蓝色板反射光特别敏感，可在温室内挂设一些蓝色板诱杀蓟马。

4. 高温处理法

害虫和病菌对高温的忍耐力都较差，因此可以通过提高温度来杀死病菌或害虫。常用的方法有种苗热处理和土壤热处理。种苗热处理的关键是温度和时间的控制，一般对休眠器官处理比较安全，对某些染病植株作热处理时应事先进行试验。常用的方法有热水浸种和浸苗。如用80℃热水浸刺槐种子30分钟后捞出，可杀死种内小蜂幼虫，不会影响种子发芽；带病苗木可用40～50℃的温水处理30分钟至3小时。现代温室土壤热处理是使用热蒸汽（90～100℃），处理30分钟。在发达国家，蒸汽热处理已成为常规管理。当夏季把苗木全部搬出温室后，将温室的门窗全部关闭，在温室的地面覆盖地膜，利用白天的日光照射提高温室内的温度，能较彻底地杀灭温室中的病原物。

5. 微波、高频及辐射处理

微波和高频都是电磁波，因微波的频率比高频更高，微波波段的频率又叫超高频。用微波处理树木果实和种子是一种先进技术，其作用原理是微波使被处理的物体及其内外的害虫或病原物温度迅速上升，当达到害虫与病原物的致死温度时，即能起到杀虫、灭菌的作用。这种方法的优点是加热升温快，杀虫效率高，快速、安全、无残毒、操作简便、处理费用低，在植物检疫中很适宜于旅检和邮检工作的需要。

辐射处理杀虫主要是利用放射性同位素放射出来的射线杀虫，如放射性同位素钴-60放射出来的 γ 射线。这是一种新的杀虫技术，它可以直接杀死害虫，也可以通过辐射引起害虫雄性不育，然后释放这种人工饲养的不育雄虫，使之与自然界的有生殖力的雌虫交配，使之不能繁殖后代而达到消灭害虫的目的。在辐射处理过程中，由于射线的穿透力强，能够透过包装物，在不拆除包装的情况下进行杀虫灭菌，所以对潜藏在粮食、水果、中药材等农林产品内的害虫以及毛织品、毛皮制品、书籍、纸张等物品内的害虫都可以采用此法处理。红外线是一种电磁波，能穿透不透明的物体而在其内部加热使害虫致死，所以也可利用红外线处理杀虫。此外，还可以利用紫外线、X射线以及激光技术，进行害虫的辐射诱杀、预测预报及检疫检验等。

（四）外科治疗

有些观赏树木，尤其是风景名胜区的古树名木，多数树体因病虫为害等原因已形成大大小小的树洞和疤痕，受害严重的树体破烂不堪，处于死亡的边缘，而这些古树名木是重要的历史文化遗产和旅游资源，不能像对待其他普通树木一样，采取伐除、烧毁的措施来减少虫源。对此，通常采用外科手术治疗法清除病虫，使其保持原有的观赏价值并能健康生长。

1. 表皮损伤的治疗

表皮损伤修补是指树皮损伤面积直径在10cm以上的伤口的治疗。其基本方法是用高分子化合物聚硫密封剂封闭伤口。在封闭之前，对树体上的伤疤进行清洗，并用30倍的硫酸铜溶液喷涂2次（间隔30分钟），晾干后密封，最后用粘贴原树皮的方法进行外表修补。

2. 树洞的修补

树洞的修补主要包括清理、消毒和树洞的填充。首先把树洞内积存的杂物全部清除，并刮除洞壁上的腐烂层，用30倍的硫酸铜溶液喷涂两遍（间隔30分钟）。如果洞壁上有虫孔，可向虫孔内注射50倍的40%氧化乐果等杀虫剂。树洞清理干净并消毒后，若树洞边材完好，可采用假填充法修补，即先在洞口上固定钢丝网，再在网上铺10～15cm厚的107水泥砂浆（砂∶水泥∶107胶∶水＝4∶2∶0.5∶1.25），外层再用聚硫密封剂密封，最后再粘贴上原树皮。若树洞过大、边材受损，则应采用实心填充，即在树洞中央立硬杂木树桩或用水泥柱作支撑物，在其周围固定填充物。填充物和洞壁之间的距离以5cm左右为宜，树洞灌入聚氨酯，把树洞内的填充物与洞壁粘连成一体，再用聚硫密封剂密封，最后粘贴树皮。修补的基本原则是随坡就势，因树做形，修旧如故，古朴典雅。

（五）生物防治

利用有益生物及其天然产物防治害虫和病原物的方法称为生物防治法。生物防治是综合防治的重要内容，其优点是不污染环境，对人畜和树木无害，能收到长期的防治效果，但也有明显的局限性，如发挥作用缓慢、天敌昆虫和生物菌剂受环境特别是气象因子及寄主条件的影响较大，效果不很稳定，多数天敌的杀虫范围较狭窄，微生物防治剂的开发周期很长等。目前生物防治主要有合理利用天敌、微生物农药的应用、其他有益生物的利用、拮抗与交互保护的利用和其他生物技术的应用等。

1. 天敌昆虫的利用

自然界天敌昆虫的种类和数量很多，其中有捕食性天敌（如瓢虫、草蛉、食蚜蝇、蚂蚁、食虫蝽、胡蜂、步甲等）和寄生性天敌（如寄生蜂和寄生蝇类）两大类。保护和利用自然天敌有多种途径，其中最重要的是合理使用化学农药，减少对天敌的危害。其次要创造有利于天敌昆虫生存的环境条件，如保证天敌安全越冬，必要时补充寄主等。

在自然条件下，天敌的繁衍总是以害虫的发生为前提的，在害虫发生初期由于天敌数量较少，对害虫的控制力弱，再加上受化学防治的不利影响，使得自然界中天敌的防治效果不够理

想。通过人工繁殖天敌的方法，可以在短期内繁殖大量的天敌，在害虫发生初期释放到野外，能够取得较显著的防治效果。目前已繁殖成功并在公园、风景区得到较多应用的天敌有赤眼蜂、异色瓢虫、黑缘红瓢虫、草蛉、蜀蝽、平腹小蜂、管氏肿腿蜂等。如利用赤眼蜂防治国槐尺蠖，利用异色瓢虫和黑缘红瓢虫防治草履蚧等。

从国外或外地引进有效天敌昆虫来防治本地害虫，这在生物防治上是一种经济、可行的方法。早在1888年，美国即从澳大利亚引进澳洲瓢虫控制了柑橘产区的吹棉蚧。我国1978年从英国引进的丽蚜小蜂，在北京等地试验，控制温室白粉虱的效果十分显著。在天敌昆虫的引进过程中，应特别注意引进对象的生物学特性和两地生态条件的差异，选择好引进对象的虫态、引进时间和方法，以确保引进对象的正常生长并发挥作用。在引进时还应注意做好检疫工作，以免将危险性病虫害同时带入。

2. 微生物农药的应用

引起昆虫疾病并使之死亡的病原微生物有真菌、细菌、病毒、线虫等。昆虫病原细菌种类较多，最多的是芽孢杆菌，它能产生毒素，经昆虫吞食后通过消化道侵入机体而发病死亡。如利用苏云金杆菌乳剂防治国槐尺蠖等。

3. 其他有益生物的利用

其他有益动物包括鸟类、爬行类、两栖类及蜘蛛和捕食螨等。鸟类是多种树木害虫的捕食者，可以通过保护和利用益鸟来防治害虫，如利用啄木鸟防治双条杉天牛，利用灰鹊雀防治油松毛虫，家禽也可利用，如养鸡防治国槐尺蠖等。目前在城市风景区、森林公园等环境中保护益鸟的主要措施是：严禁打鸟、人工悬挂鸟巢招引鸟类定居以及人工驯化等。两栖类中的蛙类和蟾蜍是鳞翅目害虫、象甲、蝼蛄、蛴螬等害虫的捕食者，自古以来就受到人们的保护和利用。蜘蛛和捕食螨同属于节肢动物门蛛形纲，它们全都以昆虫和其他小动物为食，是城市风景区、森林公园、苗圃等环境中的重要天敌类群，对防治叶螨等害虫有良好效果。

4. 拮抗与交互保护的利用

拮抗作用的机制是多方面的，主要包括竞争作用、抗生分泌物的作用、寄生作用、捕食作用及交互保护反应等。

竞争作用是指益菌和病原物在养分和空间上的竞争。由于益菌的优先占领，使病原物得不到立足的空间和营养源而处于劣势，受到抑制。一些真菌、细菌、放射菌等微生物，在其新陈代谢过程中分泌抗生素，杀死或抑制病原物或害虫。这是目前生物防治研究的主要内容。如哈茨木霉能分泌抗生素，杀死、抑制茉莉白绢病病菌。又如菌根菌能分泌萜烯类等物质，对很多根部病害有拮抗作用。

寄生作用是指有益微生物寄生在病原物或害虫身体上，从而抑制了病原物和害虫的生长发育，达到防治病虫的目的。如白粉菌常被白粉寄生菌属中的真菌所寄生，立枯丝核菌、尖孢镰刀菌等病原菌常被木霉属真菌所寄生。

经研究发现，一些真菌、食肉线虫、原生动物能捕杀病原线虫；某些线虫也可以捕食树木病原真菌。

寄主树被病毒的无毒品系或弱毒品系感染后，可增强寄主对强毒品系侵染的抗性，或不被侵染。如某些病毒的防治，若先将弱毒品系接种到寄主上后，就能抑制强毒株的侵染。益菌拮抗机制往往是综合的，如外生菌根真菌既能寄生在病原物上，又能分泌抗生物质或与病原物竞

争营养等。

（六）化学防治

化学防治法具有高效、速效、使用方便、效果明显、经济效益高等优点，但如果使用不当可对树木产生药害，引起人畜中毒，杀伤天敌及其他有益生物，破坏生态平衡。长期使用还会导致有害生物产生抗药性，降低防治效果，并有可能造成环境污染。

按防治对象，农药可分为杀虫剂、杀螨剂、杀菌剂、除草剂、杀线虫剂、杀鼠剂、植物生长调节剂等。防治观赏树木病虫害常用的有杀虫剂、杀螨剂和杀菌剂，有时也用杀线虫剂。

农药的主要使用方法有喷雾法、撒施法、种子处理、土壤处理、毒饵法、熏蒸法等，应根据树木的形态与栽培方式、有害生物的习性和为害特点以及药剂的性质与剂型等合理选择药剂，以充分发挥药效、减少环境污染。当防治对象可用几种农药时，应首先选择毒性低、低残留的农药品种。

应科学地确定施药时间、用药量以及间隔天数和施药次数。施药时期因施药方式和病虫对象而异。如土壤熏蒸剂以及土壤处理大多在播种前施用；种子处理一般在播种前1～2天进行；田间喷洒药剂应在病虫害发生初期进行；从防治对象而言，害虫的防治适期应以低龄幼虫或成虫期为主；病原菌防治适期应在侵染即将发生或侵染初期用药。对于世代重叠次数多的害虫或再侵染频繁的病害，在一个生长季节内应多次用药，两次用药之间的间隔天数，应根据药剂的持效期而定。

施药效果不仅与药剂使用的相关要求有关，还与施药当时的天气条件密切相关。施药作业人员要熟练掌握配药、施药和器械的使用技术，喷药前，应确定喷药路线、行走速度和喷幅，力求做到施药均匀。喷药时宜选择无风或风力较小时进行，高温季节最好在早、晚施药。

由于用药不当而造成农药对观赏树木的毒害作用，称为药害。许多观赏树木的叶片、花朵和幼枝非常娇嫩，若用药不当，极易产生药害。用药时应当十分谨慎。树木遭受药害后，常在叶、花、果等部位出现变色、畸形、枯萎焦灼等药害症状，严重者会造成植株死亡。根据出现药害的速度，有急性药害和慢性药害之分。急性药害在施药后数小时内，最多1～2天就会明显表现出药害症状；慢性药害则在施药后十几天、几十天，甚至几个月后才表现出来。处于开花期、幼苗期的树木，容易遭受药害；杏、梅、樱花等树木对敌敌畏、乐果等农药较其他树木更易产生药害。使用时应严格按照农药的使用说明书用药，控制用药浓度，不得任意加大使用浓度，不得随意混合使用农药。防治处于开花期、幼苗期的植株，应适当降低使用浓度；在杏、梅、樱花等蔷薇科树木上使用敌敌畏和乐果时，也应适当降低使用浓度。此外应选择在早上露水干后至11点之前或下午3点之后用药，避免在中午前后高温或潮湿的恶劣天气下用药，以免产生药害。

抗药性是害虫或病原菌在不断地接受某种药剂的胁迫作用后，自身产生的对该种药剂的免疫或抵抗功能。长期使用单一农药会导致害虫或病原菌产生抗药性，降低防治效果。为延缓抗药性的产生，应注意药剂的轮换使用或混合使用。要尽量减少用药次数，降低用药量，协调化学防治和生物防治措施。

农药对人、畜等高等动物的毒害作用，可分为特剧毒、剧毒、高毒、中毒、低毒和微毒等级别。对施药人员要进行安全用药教育，事先应了解所用农药的毒性、中毒症状、解毒方法和安全用药知识。严格遵守有关农药安全使用规定。

第三篇　各论

第三章　常绿乔木的栽培与养护

1. 苏铁

别名：铁树、凤尾树、凤尾蕉、避火蕉、凤尾松

拉丁学名：*Cycas revoluta* Thunb.

科属：苏铁科　苏铁属

形态及分布：常绿乔木，茎干粗短，极少分枝，高可达8m。树干圆柱形，暗棕褐色。大型羽状叶着生于树干顶端，长达0.5～2.4m；羽片多达100对以上，条形，厚革质，坚硬，长9～18cm，宽0.3～0.6cm，边缘显著反卷。雌雄异株。雄球花长圆柱形，小孢子叶木质，密被黄褐色茸毛；雌球花呈扁球形，大孢子叶宽卵形，有羽状裂，密被黄褐色绵毛［见图3-1（a）～（c）］。花期6～8月，种子红色，卵形，种子10月成熟。原产于我国，主要分布于东南沿海的福建、台湾、广东、海南，各地常有栽培。日本、印度尼西亚、菲律宾及马来亚半岛亦有分布。同属植物中常见栽培的还有：海南苏铁（*Cycas hainanensis*）、攀枝花苏铁（*C. panzhihuaensis*）、篦齿苏铁（*C. pectinata*）、华南苏铁（*C. rumphii*）、云南苏铁（*C. siamensis*）、四川苏铁（*C. szechuanensis*）、台湾苏铁（*C. taiwaniana*）等。

主要习性：阳性树，稍耐阴；喜暖热湿润气候，不耐严寒及长久干旱，也不耐渍水。对土壤要求不严，但强酸及强碱土均生长不良。生长缓慢，寿命可达300年以上。四川成都有明末农民起义领袖张献忠拴马的苏铁，至今仍生长健壮。在产地通常10年生植株即可开始开花，

图3–1（a） 苏铁（植株）

图3–1（b） 苏铁（雌株）

图3–1（c） 苏铁（雄株）

且连年均有花、果；但长江以北盆栽者，由于积温不够，且日照过长，加之营养面积受限，因而不易孕蕾开花，有的几十年偶然开花1次，以后又难以见到，甚至终生不见开花，故民谚“铁树六十年开花”“千年铁树难开花”。

栽培养护：播种、分蘖、埋插等法繁殖。播种是主要繁殖方法，可同时获得成批量的比较整齐一致的苗木。由于种子成熟后很易失水而丧失发芽力，最好随采随播，不可干藏太久，通常90天即会失去萌发能力。若圃地不便难以秋播，应及时沙藏处理。大株根际常见根蘖萌发，待根蘖苗长至5cm高时，可用利刃将其带根剔起，另行栽植。栽后浇水并适当遮阴，以防过度蒸发，影响成活，大约30天后就可长出新根，正常生长。此外，树干中、下部也常长出蘖芽，可在春季用利刃削下，随即埋入土中，将其基部土压实浇水，并遮阴防晒，约50～60天可生出新根，再拆除遮阴，任其自然生长；但因干上的蘖芽无根，埋插后应加强管理，既要勤浇水，又不可浇水过多，待其生根后还应经常保持土壤湿润而不积水，继续培养2个月后，即可正常生长。幼苗均生长缓慢，且抗逆性差，若有寒潮降温至0～−5℃时，应提前采取防寒措施。苗期多施腐熟有机肥，既能增加养分，又能改善土壤质地，还能促进幼苗生长。幼苗的叶片离地面很近，雨后常有泥土溅在叶片上，可用清水喷淋干净，以免影响叶面光合作用和呼吸作用。

我国西南地区及长江中下游以南各地，多露地栽培；秦岭至淮河一线及以北，因冬季寒冷，只能盆栽，冬季室内越冬。露地栽培应选干高20cm以上的苗，并适当垫高栽植地，以便排水；苗高30cm后，每年夏季新叶展开后，应将发黄的老叶剪掉一轮，这样做既可减少养分消耗，促进植株生长，又能保持树干整洁，提高观赏性。开花的植株，雄株花后花序萎蔫，应及时用利刀将其齐基割掉；雌株种子熟后发红，用手拣出种子后用快刀或剪子将大孢子叶割掉或剪尽，以防次春新叶萌发时受到阻碍，造成新梢生长偏斜。春夏生长旺盛时，需勤浇水，夏

季高温期还需早晚进行叶面喷水，以保持叶片翠绿新鲜。梅雨时期阴雨连绵或暴雨倾盆，易积水成灾，应注意排水，勿使根际积水，以免受涝。入秋后应控制浇水，日常管理应适量浇水，因水分过多，易发根腐病。冬季寒冷而不能露地越冬的地方，盆栽也可置于园林欣赏，只要在严寒来临之前入室存放，室温保持在5℃以上即可安全越冬，翌年春暖时节再放置室外，并在盆底放置两块青砖，适当垫高放盆底座，以防雨水溅泥污染叶片，尤其是较小植株。盆栽养护应在其顶芽膨大、萌发新叶时，给予充足光照，适当控制水肥，抑制新叶的生长，促其早日定型，形成叶短、叶小、紧密而向下弯曲、梢端向内反卷的叶形，提高观赏性。新叶的向光性较强，会偏向南侧倾斜生长，应每隔10～15天转盆1次，让叶片生长均衡。

在通风不良、高温闷热时，叶片易遭受介壳虫为害，一经发现，应立即用废旧牙刷将其刷掉，刷时用废纸接着，然后焚烧。幼叶伸展时正值闷热天气，易发生红蜘蛛和蚜虫，可用800倍氧化乐果喷杀。

园林用途：株形庄重优美，主干铁青而叶色墨绿，四季常青而有光泽，叶形别致如传说中的凤尾，花果奇特。露地栽培可孤植、列植、丛植或群植，具有热带风光景观效果；盆栽可用于室内外装饰，或布置临时花坛。

2. 南洋杉

别名：异叶南洋杉、诺福克南洋杉

拉丁学名：*Araucaria cunninghamii* Sweet

科属：南洋杉科　南洋杉属

形态及分布：常绿大乔木，高达60～70m，胸径1m以上；树皮灰褐色或暗灰色，粗糙，横裂；树冠塔形，层次分明，老时平顶状。主枝轮生，平展，侧枝亦平展或稍下垂，近羽状排列。叶二型，针状叶生于侧枝及幼枝上，质软，开展，排列疏松，长0.7～1.7cm；卵形或三角状钻形叶生于老枝上，密聚，长0.6～1.0cm。雌雄异株。雄球花单生枝顶，圆柱形；球果卵形或椭圆形，苞鳞刺状且尖头向后强烈弯曲，种子椭圆形，两侧具结合而生的膜质翅（见图3-2）。银灰色南洋杉（cv“Glauca”），叶银灰色。垂枝南洋杉（cv“Pendula”），枝下垂。原产于大洋洲东南沿海地区。我国广州、海南、厦门等地可露地栽培，其他城市可室内盆栽。

主要习性：喜光，稍耐阴；喜温暖高湿气候及肥沃土壤，不耐干燥和寒冷，较抗风。冬季需充足阳光，夏季应避免强光暴晒，畏北方春季干燥的狂风和盛夏的烈日，在气温25～30℃、相对湿度70%以上的环境条件下生长最佳。生长迅速，再生能力强，砍伐后易生萌蘖。

栽培养护：播种或扦插繁殖。播种繁殖因种皮坚实、发芽率低，故播前最好经沙藏催芽或先破种皮，

图3-2　南洋杉（植株）

以促使其发芽。播后一般约30天即可发芽。另外，播种苗易受病虫为害，因此土壤应经严格的消毒。扦插繁殖较为容易，被广泛采用。一般在春、夏季进行扦插，但须选择主枝作插穗，用侧枝作插穗长成的植株歪斜而不挺拔。插穗长10 ～ 15cm，插后在18 ～ 25℃和较高的空气湿度条件下，约4个月即可生根。若在扦插前将插穗的基部用200mg/kg吲哚丁酸（IBA）浸泡5小时后再扦插，可促进其提前生根。若想获得更多的主枝作为插穗，可将幼树截顶，使其顶端抽生出许多直立新梢，春季剪下作为插穗。这种剪顶的母株在采穗后仍可继续长出顶芽，可作为永久性繁殖母株。

根插繁殖宜选用生长健壮、无病虫害、叶色浓绿、轮枝紧密的5 ～ 10年生植株作为采根穗母株。每年4 ～ 5月是扦插繁殖的最佳时期。可借大量绿化苗木出圃之机，收集苗木挖掘后的剩余根系，也可挖取树木距土层表面较浅部位的部分根系，作为根插穗。选取断面为0.8 ～ 1.2cm的根系，剪成长10cm左右的根段，按头尾依次排列，以20 ～ 30根为一捆，放在阴凉通风处，促使肉质根蒸发过多的水分，以防止腐烂，晾干时间以1周左右为宜。扦插基质宜选择过筛的粒径大小在0.5 ～ 1.0mm的纯净河沙，这种基质具有通气性、排水性良好的优点。扦插床用砖砌成，高25cm，宽100cm，长度以扦插数量而定，床底平整，床内放入扦插基质，稍微整平压实即可使用。根插以行插为好，以株距4cm、行距6cm为宜，用宽6cm、长100cm、厚2cm的板条为尺子，放在沙床上定行距，然后用小铲沿着木板的边缘开斜沟，深度为7cm左右，插穗插入沙床以2/3为宜，按4cm左右的等距离将插穗整齐地摆放在沟内，务必将头朝上，再覆沙压实，最后浇1次透水。插穗生根的适宜温度为15 ～ 25℃，适宜湿度为70% ～ 80%，并有足够的光照，以弱度遮阴为好。在此条件下进行扦插繁殖，容易形成不定根和不定芽，扦插成活率高。

由于南洋杉幼苗侧根稀少，毛根细，稍不注意就会萎缩干枯，因此，保护幼苗根系很重要。首先，应连盆带土运输，并保持原培养土湿润。其次，幼苗买回后应立即定植，若一时来不及定植，应放在阴凉湿润处，不能曝晒，以保护幼苗特别是根系鲜活。此外，冬季气温较低时，运输途中根系易受冻，应注意保温。定植时幼苗应尽量带原土，定植土壤应疏松精细，不能太用力压根部土壤，植后浇足定根水。另外，播种苗直根长，定植宜深些，以免根系暴露或倒伏，影响成活。南洋杉不耐寒，若是冬季或早春买苗定植，除运输过程中要注意防冻外，定植后还要有保温措施，如种在温室内，或用地膜拱棚覆盖。南洋杉为耐阴树种，幼苗更怕曝晒，因此定植后要马上遮阴。幼苗组织幼嫩，易断残，可采取以下补救措施。对断根幼苗可用清水洗后插于素沙中，适温下经1 ～ 2周即可从断面重新发根，待根系发达后再定植。对断芽断茎带叶的幼苗，可照常定植，成活后经一定时间就会萌发新芽。

盆栽南洋杉的土壤，宜用40%泥炭土、40%腐叶土和20%河沙配合而成。生长期应保持盆土湿润，过干时会使植株下层叶片垂软，但冬季应保持稍微干燥的状态。冬季室温应保持在8℃以上，低温会使植株生长点受冻枯死。南洋杉以株姿直立挺拔为美，在扦插的第2年，或播种苗长至50cm左右时，应立棍裹扎支撑，以防植株扭曲，影响观赏效果。幼树宜每年或隔年春季换盆1次，5年以上植株每2 ～ 3年翻盆换土1次，并结合喷洒矮壮素，控制其高度。北方地区于4月末或5月初搬到室外避风向阳处养护，盛夏需适当遮阴，生长季节应适时转盆，以防树形生长偏斜。北方地区于9月末或10月初（寒露）移入室内，放在阳光充足、空气流通处越冬。

园林用途：树体高大，姿态优美，是世界五大公园树种之一，最宜独植于庭院、花坛和草坪中，作为园景树或纪念树，亦可用作行道树，又是珍贵的室内盆栽装饰树种。幼苗盆栽适用于一般家庭的客厅、走廊、书房的点缀，也可用于布置各种形式的会场、展览厅，还可作为馈赠亲朋好友开业、乔迁之喜的礼物。

3. 云杉

别名：粗枝云杉、大果云杉、粗皮云杉

拉丁学名：*Picea asperata* Mast.

科属：松科　云杉属

形态及分布：常绿乔木，高达45m，胸径约1m，树冠圆锥形。树皮淡灰褐色或淡褐灰色，裂成不规则鳞片或稍厚的块片脱落。1年生枝淡黄、淡褐黄或黄褐色，有短柔毛和白粉。冬芽圆锥形，上部芽鳞先端不反曲或略反曲，小枝基部宿存芽鳞先端反曲。叶长1～2cm，先端尖，横切面菱形，上面有5～9条气孔线，下面4～6条。球果圆柱状长圆形或圆柱形，成熟前种鳞全为绿色，成熟时呈灰褐或栗褐色，长8～10cm（见图3-3）。花期4月，球果当年10月成熟。我国特有树种。产于陕西西南、甘肃东部、青海、四川等地。

主要习性：耐阴、耐寒、喜凉爽湿润气候和肥沃深厚、排水良好的微酸性沙质壤土，也能适应中性和微碱性土壤。浅根性，生长缓慢。

栽培养护：播种繁殖和扦插繁殖，多用播种繁殖。种子休眠习性不一致，有的需要短期低温层积催芽。播种前将种子进行风选和水选。2次精选的种子纯度应在80%以上。播种前5天左右，用0.5%硫酸亚铁溶液浸种3～4小时，当种壳呈铁黑色时，捞出倒入25～30℃的温水中浸泡24小时，然后捞出置于木箱内，每日用30℃的温水喷洒5次，保温保湿。4天后，有80%以上的种子裂嘴时，可拌细沙播种。春季地温日趋升高，播种一般在5月中旬进行。通常采用宽幅条播，幅距和播幅为10cm×20cm。将床面耙平，把播种器置于床面，均匀地撒上种子，再覆盖一层经消毒的混合锯末土（锯末1份，土3份），厚度0.5～1cm。覆土后轻轻镇压，随后盖上竹帘遮阴。播种后7～15天幼苗出土。待幼苗出齐后，每天下午6时至第2天早上9时可将竹帘卷起，让幼苗逐渐适应外界环境。8月30日之后，除去竹帘，以促进苗木生长和木质化。为减少土壤水分大量蒸发、疏松表土、增加土壤透气性，应勤除草，做到苗床内无杂草。当幼苗大量出土后可喷洒1%的多菌灵和甲基托布津。以后每隔7～8天喷洒1次，共喷洒4次。苗木生长缓慢，一般当年不进行间苗。当年生幼苗木质化程度低，抗寒性弱，易遭冻害，特别是早春的冻害和生理干旱，往往造成苗木大量死亡，因此在冬季积雪之前应采取有效措施，作好越冬防冻工作。在土壤结冻前将锯末和羊粪过筛并消毒，配成1∶3的混合物（锯末1份，羊粪3份）均匀地覆盖在幼苗上，以盖过苗顶为宜。幼树期易受晚霜为害，应设荫棚或栽植在高大苗木下方，冬季进行防寒保护。云杉多采取带土移植，移植时应仔细操作，减少对根系和枝叶的伤害，以提高成活率。苗木生长缓慢，10年内高生长量较低，后期生长速度逐渐加快，且能较长时间保持旺盛生长。栽培过程中要通过养护保持良好树形，形成树形端正、呈圆锥形、枝叶茂密、上有顶枝、下枝能长期生存、不露树脚的形态。

图3-3　云杉（枝叶）

园林用途：树形端正，枝叶茂密，树冠尖塔形，苍翠雄伟；适应性强，抗风，耐烟尘。云杉叶上有明显粉白气孔线，远眺如白云缭绕，苍翠可爱，作庭园绿化观赏树种，既可孤植、丛植，也可片植，或与桧柏、白皮松配植，或做草坪衬景。在庭院中盆栽可作为室内观赏树种，多用在庄重肃穆的场

合。冬季圣诞节前后，多置放在饭店、宾馆和一些家庭中作圣诞树装饰。

4. 青杆

别名：魏氏云杉

拉丁学名：*Picea wilsonii* Mast.

科属：松科 云杉属

形态及分布：常绿乔木，高达50m，胸径可达1.3m，树冠阔圆锥形，老年树冠呈不规则状。树皮淡黄灰色，浅裂或不规则鳞片状剥落。1年生小枝淡黄绿、淡黄或淡黄灰色，后变为灰色、暗灰色，多无毛，小枝基部宿存芽鳞紧贴小枝。叶较短，长0.8～1.3cm，横断面菱形或扁菱形，各有气孔线4～6条。球果卵状圆柱形，长4～8cm，径2.5～4cm，初为绿色，熟时黄褐色或淡褐色。种鳞倒卵形，长1.3～1.7cm，宽0.1～0.15cm。种子连种翅长1.2～1.5cm[见图3-4(a)、(b)]。花期4月，球果10月成熟。我国特有树种，分布于河北、山西、甘肃中南部、陕西南部、湖北西部、青海东部及四川等地区，北京、太原、西安等地城市园林中常见栽培。

主要习性：耐阴；喜凉爽湿润气候，在500～1000mm降水量地区均可生长；喜排水良好、适当湿润的中性或微酸性土壤，在微碱性土中亦可生长；耐寒。生长缓慢，50年生高6～11m，胸径8～18cm。

栽培养护：播种繁殖。栽培养护技术参阅云杉。

园林用途：参阅云杉。

图3-4（a） 青杆（植株）

图3-4（b） 青杆（球果）

5. 白杆

别名：麦氏云杉、毛枝云杉

拉丁学名：*Piceameyeri* Rehd. et Wils.

科属：松科 云杉属

形态及分布：常绿乔木，高约30m，胸径约60cm。树冠狭圆锥形。树皮灰色，呈不规则薄鳞状剥落。1年生枝黄褐色，较粗壮，冬芽圆锥形，上部芽鳞先端常向外反曲，基部芽鳞常有脊，小枝基部宿存芽鳞的先端向外反曲或开展。叶四棱状条形，横断面菱形，弯曲，先端钝，

图3–5（a）　白杄（植株）

图3–5（b）　白杄（球果）

四面有气孔线，呈粉状青绿色，叶长1.3～3.0cm。球果圆柱形，初期浓紫色，成熟前种鳞背部绿色而上部边缘紫红色，成熟时则变为有光泽的黄褐色，长5～9cm［见图3-5（a）、（b）］。花期4～5月，球果9～10月成熟。我国特有树种。山西、河北、陕西等地均有分布，北京、河南、东北南部等地园林中多见栽培。1908年迈尔（F. E. Meyer）引种至美国阿诺德树木园，日本亦有引种。

主要习性：耐阴性强，耐寒。喜较冷、湿润气候及中性、微酸性土壤，在微碱性土中亦可生长。浅根性树种，根系有一定可塑性。生长较慢，50年生高约10m。

栽培养护：播种繁殖。移植时应带土球，以保证根系完整；栽后应及时浇水，并适当进行叶面喷水。头2年于生长季节，每株施硫酸铵或尿素0.25～0.5kg，促其快速生长。下部枝条易枯梢，冬季可剪去枝梢。

园林用途：树形端正，枝叶茂密，叶上有明显粉白气孔线，远眺如白云缭绕，苍翠可爱，可用于城市和风景区绿化，宜孤植和片植，或与桧柏、白皮松配植，或做草坪衬景。盆栽可作为室内观赏树种，多用在庄重肃穆的场合；冬季圣诞节前后多用作圣诞树装饰，放置在饭店、宾馆或家庭中。

6. 红皮云杉

别名：红皮臭虎尾松、白松、朝鲜鱼鳞松、带岭云杉、高丽云杉

拉丁学名：*Picea koraiensis* Nakai.

科属：松科　云杉属

形态及分布：常绿乔木，高达30m以上，胸径可达80cm。树冠尖塔形，大枝斜伸或平展，小枝上有明显的叶枕。1年生枝淡红褐或淡黄褐色，小枝基部宿存的芽鳞的先端常反曲。叶长1.2～2.2cm，四棱状条形，先端尖。球果长5～8cm，种鳞薄木质，三角状倒卵形，先端圆，露出的部分平滑有光泽，无明显纵纹（见图3-6）。花期5月，球果9月下旬成熟。分布于我国黑龙江、吉林、辽宁、内蒙古等地区，是我国东北长白山至小兴安岭森林的主要树种。朝鲜及俄罗斯亦有分布。

主要习性：较耐阴；喜湿润气候和深厚肥沃、排水良好的土壤，耐寒、耐湿，也耐干旱。

图3-6 红皮云杉（枝叶和球果）

浅根性，侧根发达；生长较快，年高生长量达60 ～ 80cm。

栽培养护：播种或扦插繁殖。种子处理采用“雪藏法”埋种，即先选择一处地下水位低，背阴背风的地方，挖一贮藏坑，规格为深80cm，长、宽视种子多少而定。坑最好在前1年秋挖好，于1 ～ 2月间，在坑底铺10 ～ 15cm厚的雪，再将种子与雪按1:2或1:3混合，搅拌均匀后放入坑内。装满后，用雪培成丘形，上覆草帘等物。贮藏至播种开始前1周左右将种子取出，混以湿沙，在15℃左右的室温下催芽4 ～ 5天，沙干时浇水，且每天翻动1 ～ 2次，当有20% ～ 30%的种子裂嘴时，即可播种。常采取不覆土播种法，即播前在种沙混合物中掺入适量干沙，搅拌均匀再播。播种时，应做到随播种、随镇压（木滚）、随覆帘和浇水，使种子与土壤紧密接触，及时覆盖苇帘。在苗木出齐之前，应勤浇水，本着“少量多次”的原则，始终保持床面湿润。实践证明，不覆土播种比覆土播种出苗又快又齐，一般播后8天即见出苗，15 ～ 20天可出苗80%，20 ～ 25天基本出齐。在出苗达60%以上时，撤去苇帘，使苗木接受全光照，若不遇高温干旱，一直进行全光育苗，这样可使苗木粗壮、根系发达、抗灾力增强。为防止晚霜危害，应在冷空气到来之前浇水，以提高土壤热容。若发生冻害，可在日出之前浇水，使苗木形成冰柱，再逐渐融化，即可解除冻害。在苗木生长期内，应定时定量浇水，及时进行松土除草，以免杂草争水耗肥，影响苗木生长。扦插应在早春抽出新梢后，剪15cm长插穗，在塑料大棚内进行扦插。为增高地温，床底可垫生马粪，使地温保持在25 ～ 35℃，湿度在90%左右。塑料棚要盖严，不要频繁打开，以免湿度降低。扦插时蘸1000μg/g吲哚丁酸或ABT生根粉1号，生根效果更好。大苗移植以春季为最佳。在技术措施完善的条件下，在11月下旬和5月下旬移植，成活率均可达98%以上。

园林用途：树姿优美，繁殖容易，可用作行道树或庭园绿化树种，亦可作为街头绿地及林荫路的装饰点缀树种。

7. 沙冷杉

别名：沙松、辽东冷杉

拉丁学名：*Abies holophylla* Maxim.

科属：松科 冷杉属

形态及分布：常绿乔木，高达30m，胸径约1m。树冠阔圆锥形，老时为广伞形。树皮幼时淡褐色，不剥裂，老时暗褐色，呈不规则鳞状开裂；枝条平展；1年生枝淡黄褐色，无毛。冬芽卵圆形，有树脂。叶条形，长2 ～ 4cm，先端急尖或渐尖，上面深绿色，有光泽，叶背有2条白色气孔带，果枝的叶上面亦常有2 ～ 5条不很明显的气孔线。雌雄同株，均着生于2年枝上；雄球花圆筒形，着生叶腋，下垂，长约1.5cm，黄绿色；雌球花长圆筒状，直立，长约3.5cm，淡绿色，生于枝顶部。球果圆柱形，长6 ～ 14cm，近无梗，苞鳞短，不露出。种子上部具宽翅［见图3-7（a）～（c）］。花期4 ～ 5月，球果9 ～ 10月成熟。产于我国辽宁东部、

图3–7（a）　沙冷杉（植株）

图3–7（b）　沙冷杉（球果）

图3–7（c）　沙冷杉（枝叶）

吉林及黑龙江，西伯利亚及朝鲜亦有分布。北京、杭州等地引种后生长良好。

主要习性：阴性树，自然生长在土层肥厚的阴坡，在干燥的阳坡极少见。喜凉润气候及深厚肥沃、湿润、排水良好的酸性土壤；耐寒，耐湿，但抗烟尘能力较差。浅根性树种，幼苗期生长缓慢，10余年后生长加快；寿命长。抗病虫能力强。

栽培养护：播种或扦插繁殖。新鲜的种子沙藏1～3个月后播种，幼苗需遮阴；扦插宜冬季经生长激素处理，生根良好。宜定植于建筑物的背阴面。

园林用途：树形优美、亭亭玉立、秀丽美观，适于风景区、公园、庭园及街道等地栽植，可在建筑物北侧或其他树冠庇荫下栽植，也可在草坪上丛植成景。列植于道路两侧，易形成庄严、肃穆气氛，可用于纪念林。

8. 臭冷杉

别名：东陵冷杉、臭松、华北冷杉

拉丁学名：*Abies nephrolepis*（Trautv. ex Maxim.）Maxim.

科属：松科　冷杉属

形态及分布：常绿乔木，高达30m，胸径50cm，树冠尖塔形至圆锥形。树皮青灰色，浅裂或不裂。1年生枝淡黄褐或淡灰褐色，密生褐色短柔毛。冬芽圆球形，有树脂。叶条形，长1～3cm，上面亮绿色，下面有2条白色气孔带；营养枝叶端有凹缺或2裂。球果卵状圆柱形或圆柱形，长4.5～9.5cm，熟时紫黑色或紫褐色，无梗，种鳞肾形或扇状肾形，长短于宽，稀近

图3-8（a） 臭冷杉（植株）

图3-8（b） 臭冷杉（枝叶）

相等，上部宽圆，微内曲，具不规则细齿，两侧圆或耳状，基部狭成细柄状，鳞背露出部分密被短毛；包鳞倒卵形，长为种鳞的3/5～4/5，很少等长，不外露或微外露，先端具急尖头。种子倒卵状三角形，微扁，长4～6mm，种翅楔形，淡褐色，通常比种子短，稀近等长或稍长于种子；子叶4～5［见图3-8（a）、（b）］。花期4～5月，球果9～10月成熟。分布于我国河北、山西、辽宁、吉林及黑龙江东部海拔300～2100m地带。俄罗斯远东地区及朝鲜亦有分布。

主要习性：阴性树；喜冷湿气候及深厚湿润的酸性土壤。浅根性，生长较慢。常与其他针、阔叶树混生或有时形成纯林。只要土壤及空气湿度较高，枝叶即使在冬季也显得格外青翠秀丽。

栽培养护：参阅沙冷杉。

园林用途：树冠尖圆形，青翠秀丽，是良好的园林绿化树种。在自然风景区，宜与云杉等树种混交种植。

9. 日本五针松

别名：五针松、日本五须松、五钗松

拉丁学名：*Pinus parviflora* Sieb. et Zucc.

科属：松科　松属

形态及分布：常绿乔木，树高10～30m，胸径0.6～1.5m；树冠圆锥形，老时广卵形。树皮幼时淡灰色而平滑，老时深灰色呈鳞状裂。大枝平展，1年生枝幼时绿色，后变为黄褐色，密生淡黄色柔毛。冬芽长椭圆形，黄褐色。叶较细，5针1束，长3～6cm，钝头，边缘有细锯齿，微弯，簇生于枝端。球果卵圆形或卵状椭圆形，种子呈不规则卵圆形，有翅［图3-9（a）、（b）］。原产日本，我国青岛及长江流域各城市园林中均有栽培。

主要习性：阳性树。喜生于山腹干燥之地，能耐阴，忌湿畏热。对土壤要求不严，除碱性土外皆可生长，但以微酸性灰化黄壤土最为适宜，不适于沙地生长。对海风有较强的抗性，生长较缓慢。

栽培养护：我国常用嫁接繁殖，亦可播种，但因其开花结实不正常，种子常瘪粒，正常种子不易多得，种子多需从国外购进，故应用较少。嫁接有枝接和芽接之分。枝接在2月中

图3–9（a）　日本五针松（植株）

图3–9（b）　日本五针松（盆景）

旬至3月上旬进行，以2～3年生黑松作砧木，选取健壮母树的当年生粗壮枝作接穗，长约8～10cm，剪去下部针叶，腹接于砧木根颈部，土壅至接穗顶部。接穗萌芽后，先剪去砧木顶端，抑制砧木的生长，于第2年春将砧木上部齐上接口剪除。芽接在3～4月中旬当砧木已萌动时进行，在健壮母树上选取3cm左右的芽作接芽，用劈接法接在黑松顶芽上，以砧木针叶包裹庇荫，也可在稍早些时候将芽以腹接法接于主、侧枝上，使之逐渐替代黑松枝叶，在短期内培养成苗。芽接成活率高，生长迅速，应及时解除绑扎物。播种繁殖于2～3月进行，约20余天发芽，苗期应精细管理，移植以春秋两季为宜。由于日本五针松移植较难成活，故不论大小苗移植时均需带土球，严格按照规范步骤进行移栽，栽植地宜选择排水良好、疏松而肥沃的土壤。盆栽日本五针松每逢春季萌芽抽枝时必须摘心，以促分枝紧密，同时可用铁丝、棕绳等进行扎形，构成各种优美的姿态，若任其自然生长，会影响树形的美观。

园林用途：日本五针松干苍枝劲，针叶紧密秀丽，树枝优美，是珍贵的观赏树种。日本五针松是常绿乔木，但因长期嫁接繁殖而使其高生长受到抑制，常成灌木状小乔木，一般高仅2～5m。过去多用于盆栽造型，现在花园、居住区、宾馆的广场露地栽植较多，最宜与假山石配置成景，或配以牡丹，或配以杜鹃，或以梅为侣，或以红枫为伴。在建筑主要门庭、纪念性建筑物前对植，或植于主景树丛之前，显得苍劲朴茂，古趣盎然。经过加工，可作为树桩盆景之珍品。

10. 红松

别名：海松、果松

拉丁学名：*Pinus koraiensis* Sieb.et Zucc.

科属：松科　松属

形态及分布：常绿乔木，高达50m，胸径1.0～1.5m；树冠卵状圆锥形，冬芽淡红褐色。幼树树皮灰红褐色，皮沟不深，近平滑，鳞状开裂，内皮浅驼色，裂缝呈红褐色，大树树干上部常分杈。心边材区分明显。边材浅驼色带黄白，常见青皮；心材黄褐色微带肉红，故有红松之称。1年生小枝密被黄褐色或红褐色柔毛。叶5针一束，长6～12cm，粗硬，腹面每边有蓝白色气孔线6～8条，树脂道3，中生，叶鞘早落。球果圆锥状长卵形，长9～14cm；种鳞菱

图3–10（a）　红松（植株）

图3–10（b）　红松（针叶）

形，先端钝而反卷，鳞背三角形，鳞脐顶生。种子大，倒卵形，无翅，长1.5cm，宽约1.0cm。子叶13 ～ 16。花期5 ～ 6月；球果翌年9 ～ 11月成熟，熟时种鳞不张开或略张开，种子不脱落［见图3-10（a）、（b）］。产于我国东北辽宁、吉林及黑龙江。小兴安岭的红松闻名世界，黑龙江省伊春市素有“红松故乡”之称。朝鲜、俄罗斯东部及日本北部亦有分布。

主要习性：阳性树，幼树较耐阴；耐寒性强；喜湿润凉爽的近海洋性气候，对酷热及干燥的大陆性气候适应能力较差；对土壤水分要求较严，喜生于深厚肥沃、排水良好、适当湿润的微酸性土壤。对土壤的排水和通气状况反应敏感，不耐湿，不耐干旱，不耐盐碱。浅根性，主根不发达，侧根水平扩展很广；根上均有菌根菌共生。生长速度中等偏慢，25年生的人工林平均高达11.6m，胸径16.8cm。

栽培养护：播种繁殖。采种期可长达4个月，前期可以从树上采摘或打落球果，后期可从雪地上拾取球果。球果采集后摊开晾晒或阴干数日，鳞片稍张开时可人工棒打调制。天然林球果的出种率为13% ～ 14%，人工林球果的出种率可达30%，千粒重520g。在采种工作中应注意球果的选择，在种子调制过程中应筛去小粒种子，以保证种子质量和苗木的优质高产。种子应经过晾晒使其含水量降至10%时方可贮藏。

种粒大，单位面积播种量高，一般一级种子播种0.5kg/m^2。一般先用清水浸种24小时，除掉浮起的种子，留用沉底的种子。其次进行种子消毒和催芽。种子催芽时间长，若不进行消毒，易引起种子霉腐。浸种后用0.5%硫酸水溶液浸泡消毒3小时，捞出种子控干，准备混沙催芽。种子休眠期长，若不经过充分催芽处理，春季播种当年不出苗或出苗不整齐。种子催芽可采用室内自然温度堆积法和快速催芽法。

（1）室内自然温度堆积法　于8月中、下旬将种子浸水2天后，捞出种子，与2倍的湿沙混合均匀，保持60%的湿度，放室内堆成30 ～ 40cm高的种子堆，隔日翻动1次，干时浇水。待天气逐渐变冷，湿沙即将结冻时，将种子堆堆成60cm高，并浇水封冻，至春季播种前将其翻动，使温湿度均匀。

（2）快速催芽法　在播种前40天，用50℃热水浸种，并充分搅动，直至水温下降至30℃，经过24小时后，再换凉水，之后每2天换凉水1次，浸10天，当种仁变成乳白色时，将种子捞出，与3倍体积的湿沙均匀混合，放在背风向阳处摊晒，晚上将种子堆成堆，盖上草帘，第2

天再摊开。如果为了加快催芽时间，可放在室内适当加温，温度保持20～30℃，每日要翻动两次并均匀浇水，以保持一定湿度。

用上述两种催芽方法进行催芽，当种子有30%以上裂嘴时，即可进行播种。当春季地下5cm处温度达到8℃以上时即可播种。播种量（按干种计算）200～250kg/亩，用播种机将种子播在床面上，然后加以镇压，使种子与土壤紧密接触，再覆以种粒2倍厚的腐殖土或锯末，并再镇压1次。若用锯末覆盖时，必须浇透水。红松的出苗期约需20～30天，当气温高于16℃时，发芽最旺盛，应注意喷水防旱，并防止鸟类啄食。幼苗期根系生长较快，主根可达10cm长，约占全年生长量的40%，且能长出4～5条侧根，而苗高生长量很小。所以苗木的抵抗力很差，应注意浇水降温，防止日灼，并及时追肥和松土除草。自红松幼苗形成顶芽至生长速度下降为止，约持续2个月。期间叶量增大，苗茎加粗，主根伸长，侧根大量生长，并出现2次侧根。苗木需肥量增加，应及时追肥，并加强松土、除草。

当年生苗弱小，一般不能出圃，所以苗木越冬保护极为重要。红松很耐寒，但怕干旱，特别是早春苗木地上部已萌动，但土壤尚未解冻，根系不能及时供应水分而造成生理干旱。因此，常用覆土埋苗法保护苗木，先将步道土壤打碎埋没苗茎，再将苗木倾向一侧用土压倒，厚约10cm，以不见苗叶为度，并注意不能透风。待来春土壤解冻深度达10cm以上时再撤土。近年来，也有人应用增温剂喷洒叶面，控制叶面蒸腾，防止苗木干枯，效果很好。红松对立地条件要求较高，应选择地势较低但又不易积水的平坦地带进行栽植。一般采用4年生红松苗，栽植前先进行穴状或台田整地，按1.5m×1.5m或1.5m×2.0m株行距栽植。栽植时间可在春季或秋季，亦可在雨季进行。初植密度宜大，可采用林冠下混交造林，待幼树长到1.0～1.5m高时，逐步去除树体周围影响红松生长的阔叶树种，形成针阔混交林，栽植后的3年内应进行抚育，割除影响幼树生长的杂草、灌木。防治松毛虫为害，主要采取绑扎毒条的方法进行防治。

园林用途：宜作北方风景林树种或植于庭园中观赏，是优良的用材树种和经济树种，还是水土保持、水源涵养林的理想树种。树干粗壮，树高入云，伟岸挺拔，是天然的栋梁之材，不论是在古代的楼宇宫殿，还是当代的人民大会堂等著名建筑中，红松都起到了栋梁的作用。生长缓慢，树龄很长，四百年的红松正值壮年，一般可活到六七百年，由此红松是长寿的象征，而且不畏严寒，四季常青，适宜作为绿化树种。近年来，它已从偏僻的山川，走进喧嚣的城镇街市了。

11. 华山松

别名：胡芦松、五须松、果松

拉丁学名：*Pinus armandii* Franch.

科属：松科　松属

形态及分布：乔木，高达35m，胸径1m；树冠广圆锥形。小枝平滑无毛。幼树树皮灰绿色或淡灰色，平滑，老时裂成方形或长方形厚块片固着树上。叶5针一束，长8～15cm，质柔软，叶鞘早落。球果圆锥状长卵形，长10～20cm，幼时绿色，成熟时淡黄褐色；种鳞先端不反曲或微反曲；鳞脐不明显。成熟时种鳞张开，种子脱落。种子无翅或近无翅，花期4～5月，球果翌年9～10月成熟［见图3-11（a）、（b）］。原产于我国，因集中产于陕西的华山而得名。在山西、陕西、甘肃、青海、河南、西藏、四川、湖北、云南、贵州、台湾等地均有分布。

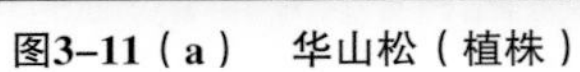

图3-11（a） 华山松（植株）

图3-11（b） 华山松（球果）

主要习性：阳性树，但幼苗略喜一定庇荫。喜温和凉爽、湿润气候，自然分布区年平均气温多在15℃以下，年降水量600～1500mm，年平均相对湿度大于70%。耐寒力强，可耐−31℃的绝对低温，不耐炎热，在高温季节长的地方生长不良。适应多种土壤，最宜深厚、疏松、湿润且排水良好的中性或微酸性壤土，不耐盐碱，较耐瘠薄。生长速度中等偏快，15年生5～8m高。浅根性。对二氧化硫抗性较强。

栽培养护：播种繁殖。宜选择地势较平坦、排灌条件良好、交通方便的地方作育苗地。若就地取土，宜选择微酸至中性、不黏重的土壤。通常在播种前进行沙藏层积催芽，也可用50～60℃温水浸种催芽。条播行距20cm，播幅5～7cm，覆土厚度2～3cm。亦可撒播。北方的1年生苗，以20万～25万株/亩为目标，播种量50～75kg/亩。播后最好用火烧土盖种，然后覆草。幼苗出土前应保持土壤湿润并搭棚遮阴。幼苗应防猝倒病，入冬前应埋土防寒。1年生苗高约6cm。容器育苗采用塑料薄膜容器，规格为6cm×14cm。营养土按60%黄心土+30%火烧土+10%菌根土的比例，外加少量过磷酸钙（大约为营养土的3%）进行配制，其中菌根土待营养土消毒10日后再加入，以免菌根菌被消毒药剂所杀伤。容器苗带土移植，不伤根，具有栽植成活率高、初期生长快的优点，适宜于土壤干旱贫瘠、裸根苗栽植困难的地区应用，同时可做到常年栽植。

园林用途：高大挺拔，冠形优美，树皮灰绿，针叶苍翠，生长较快，为优良的园林绿化树种，在园林中可用作园景树、庭荫树、行道树及林带树，是点缀庭院、公园、校园的珍品。植于假山旁、流水边更富有诗情画意，亦可用于丛植、群植，并系高山风景区之优良风景林树种。

12. 乔松

拉丁学名：*Pinus griffithii* McClelland.

科属：松科 松属

形态及分布：常绿乔木，高达70m。树冠阔尖塔形，枝条开展。树皮暗灰褐色，裂成小块片脱落。小枝绿色，无毛，微被白粉。冬芽圆柱形或倒卵形，先端尖，红褐色。叶5针一束，细柔下垂，长12～20cm，灰绿色。球果圆柱形，长15～25cm。种子具长翅［见图

3-12（a）～（c）]。花期4～5月，球果于翌年秋季成熟。产于我国西藏南部、东南部及云南西北部。缅甸、不丹、锡金、尼泊尔、印度、巴基斯坦、阿富汗亦有分布。我国北京、上海、南京等地有栽培。

主要习性：喜光，稍耐阴；喜温暖湿润气候和酸性土壤，耐寒、耐干旱瘠薄，适生于片岩、砂页岩和变质岩的山地棕壤或黄棕壤。据北京引种栽培情况观察，幼苗阶段不耐高温干燥气候，需庇荫，对中性或微碱性土壤尚能适应。生长较快，但幼树阶段生长缓慢，且栽培环境直接影响其生长速度。在西藏地区10年生乔松，树高达4～11m，胸径4.8～15.6cm；50年生胸径38～50cm；100年生平均树高41m，胸径57cm。高生长以10～15年间增长最快，径以15～25年间增长最快。

栽培养护：播种繁殖。可于种子成熟后沙藏至翌春播种。常采用高畦播种，畦面不易积水，播后可用塑料薄膜覆盖，以便提高土温和保墒，约15～20天即能发芽出土，苗齐后应立即拆除薄膜，同时在行间撒上一层锯末，以保墒和防止浇水时溅起的泥点糊住幼苗。畦土不可过湿，以免发生猝倒病。当年生苗高仅5～7cm，抗寒力较差，北方育苗应埋土防寒。若有条件，最好在出苗后搭荫棚遮阴1个月，以防止高温日灼。第2年春季可进行裸根移苗，2年后再带土移植1次，可培育至苗高30cm。园林中多用大苗，故需再移植1次。

园林用途：树干通直，松针细柔下垂，可在城市绿地上孤植和散植，是优良的园林绿化树种。

图3-12（a）　乔松（植株）

图3-12（b）　乔松（球果）

图3-12（c）　乔松（针叶）

13. 白皮松

别名：白骨松、三针松、白果松、虎皮松、蟠龙松

拉丁学名：*Pinus bungeana* Zucc.ex Endl.

科属：松科　松属

形态及分布：常绿乔木，高达30m，有明显的主干，有时呈多干式。枝较细长，斜展，形成宽塔形至伞形树冠；幼树树皮光滑，灰绿色，长大后树皮呈不规则鳞片状剥落后留下粉白相间的斑块。冬芽红褐色，卵圆形，无树脂。叶3针一束，长5～10cm，树脂道边生，基部叶鞘早落。球果通常单生，初直立，后下垂，成熟前淡绿色，熟时淡黄褐色，卵圆形或圆锥状卵形，长5～7cm，鳞背宽阔而隆起，有横脊，鳞脐有刺。种子大，卵形褐色［见图3-13（a）、（b）］。花期4～5月，球果翌年9～11月成熟。我国特有树种，山东、山西、河北、陕西、河南、四川、湖北、甘肃等地均有分布，辽宁南部、北京、曲阜、庐山、南京、苏州、上海、杭州、武汉、衡阳、昆明、西安等地均有栽培。

主要习性：阳性树，幼树较耐阴；适应干冷气候，有较强的耐寒性；耐瘠薄、干旱和轻度盐碱，是松类树种中能适应钙质黄土及轻度盐碱土的主要针叶树种，对二氧化硫及烟尘均有较强抗性。在深厚肥沃、向阳温暖、排水良好之地生长最为茂盛。一般生长在海拔500～1000m的山地石灰岩形成的土壤中，但在气候冷凉的酸性石山上或黄土上也能生长。对−30℃的干冷气候，pH值7.5～8的土壤仍能适应，但在排水不良或积水的地方不能生长。深根性树种，生长速度中等，寿命可达千年。在长江流域的长势不如华北地区，常分枝过多且结籽不良。

栽培养护：播种繁殖。播前用波尔多液对种子进行浸种消毒，然后用温水（50～60℃）浸种催芽或混沙层积催芽，当裂嘴种子数达到50%时即可播种。这样出苗整齐，一般15～20

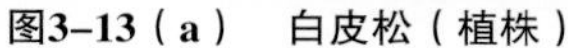
图3-13（a）　白皮松（植株）

图3-13（b）　白皮松（树皮）

天即可发芽出土。幼苗怕涝，育苗地要选平坦、有排灌条件的地块。重黏土地、盐碱土地、低洼积水地不宜作育苗地。育苗地应深翻整平耙细，施足底肥，如腐熟的圈肥、堆肥。将过磷酸钙与饼肥或土杂肥等混合使用，效果更好。整地前撒施10kg/亩硫酸亚铁粉末，翻入土中进行杀菌消毒。整好地后，做成南北向畦，畦埂高25cm，畦宽1m。播种一般在土壤解冻后10～15天（3月下旬至4月初）最佳。播前畦面浇透水，采用宽幅条播或撒播。播后盖细沙土1～1.5cm，每亩用扑草净125g加25%的可湿性除草醚250g兑水25kg，用喷雾器洒在苗床上除草。最后在畦面上搭小拱棚增温保湿，提高出苗率，出苗前不用浇水。因老鼠爱吃松子，在搭拱棚盖薄膜前，应往畦面上撒些老鼠药。待幼苗出齐后，逐渐加大苗床通风时间，通过炼苗增强其抗性。白皮松喜光，但幼苗较耐阴，去掉薄膜后应随即盖上遮阴网，以防高温日灼和立枯病的危害。久旱不雨或夏季高温应及时浇水。除草要掌握“除早、除小、除净”的原则，株间除草用手拔，以防伤害幼苗。撒播苗拔草后应适当覆土。条播苗除草和松土结合进行，间苗和补苗并举。幼苗施肥应以基肥为主，追肥为辅。从5月中旬到7月底的生长旺期进行2～3次追肥，以氮肥为主，追施腐熟的人粪尿或猪粪尿100～120kg/亩，加水800～1000kg，腐熟饼肥5～15kg/亩，加水600kg左右，对成饼肥水施用，施尿素约4kg/亩。生长后期停施氮肥，增施磷、钾肥，以促进苗木木质化，还可用0.3%～0.5%磷酸二氢钾溶液喷洒叶面。幼苗生长缓慢，宜密植，若需继续培育大苗，则在定植前还要经过2～3次移栽。2年生苗可在早春顶芽尚未萌动前带土移栽，株行距30cm×60cm，不伤顶芽，栽后连浇2次水，6～7天后再浇水。4～5年生苗，可进行第2次带土球移栽，株行距60cm×120cm。成活后应保持树根周围土壤疏松，每株施腐熟有机肥100～120kg，埋土后浇透水，之后加强管理，促进生长，培育壮苗，待苗高达1.2～1.5m时出圃。

园林用途：树姿优美，树干斑驳、苍劲奇特，针叶短粗亮丽，是珍贵的园林观赏树种。古时多用于皇陵、寺庙，至今在这些地方仍遗留有很多白皮松古树。宜在风景区配怪石、奇洞、险峰，使苍松奇峰相映成趣，颇为壮观。配置在古建筑旁显得幽静庄重，是我国古典园林中的常见树种。在园林配置上可以孤植、对植，也可从植成林或作行道树，可植于公园和绿地，也适于庭院中堂前或亭侧栽植，还可制作盆景。

14. 油松

别名：东北黑松

拉丁学名：*Pinus tabulaeformis* Carr.

科属：松科　松属

形态及分布：常绿乔木，高25～30m，胸径1～1.8m。老年期树冠平顶呈盘状或伞形。树皮下部灰褐色，裂成不规则鳞块，裂缝及上部树皮红褐色；大枝平展或斜向上，小枝粗壮，褐黄色。冬芽长圆形，顶端尖，微具树脂，芽鳞红褐色。叶2针一束，暗绿色，较粗硬，长10～15cm，树脂道5～8或更多，边生，叶鞘宿存。球果卵形，长4～9cm，宿存枝上达数年之久。种鳞的鳞背肥厚，横脊显著，鳞脐有刺。种子卵形，长6～8mm，淡褐色，有斑纹，翅长约1cm［见图3-14（a）、（b）］。花期4～5月，球果翌年10月成熟。我国特有树种，分布广，在吉林、辽宁、内蒙古、河北、河南、陕西、山东、甘肃、宁夏、青海、四川北部等地均有分布。朝鲜亦有分布。

主要习性：强阳性树，幼树耐侧阴；适干冷气候，耐寒；喜中性、微酸性土壤，对土壤养分和水分的要求不严，耐干旱瘠薄，但要求土壤通气状况良好，故在质地疏松的土

图3-14（a） 油松（植株）

图3-14（b） 油松（球果）

壤上生长较好。若土壤黏结或水分过多，通气不良，则生长不好，表现为早期干梢。在地下水位过高的平地或有季节性积水的地方不能生长。不耐盐碱。深根性树种，有菌根菌共生。主根发达，垂直深入地下；侧根也很发达，向四周水平伸展，多集中于土壤表层。在10～30年生期间生长最快，年高生长可达1m。寿命达数百年。在北京无论是山区或平原随处可见油松生长，山区比平原生长好。在山区生长的油松，多分布在土壤湿润和较肥沃的阴坡、半阴坡上。

栽培养护：播种或扦插繁殖，以播种繁殖为主。选择地势平坦、灌溉方便、排水良好、土层深厚肥沃的中性（pH值6.5～7.0）沙壤土或壤土为苗圃地。育苗前必须整地。苗圃整地以秋季深耕为宜，深度在20～30cm，深耕后不耙。第2年春季土壤解冻后施入堆肥、绿肥、厩肥等腐熟有机肥2500～3000kg/亩，并施过磷酸钙20～25kg，再浅耕1次，深度在15～20cm，随即耙平。作床前3～5天灌足底水，将圃地平整后作床。一般采用平床，苗床宽1～1.2m，两边留好排灌水沟及步道，步道宽30～40cm，苗床长度根据圃地情况确定。在气候湿润或有灌溉条件的苗圃可采用高床。苗床高出步道15～20cm，床面宽30～100cm，苗床长度根据圃地情况确定。在干旱少雨、灌溉条件差的苗圃可采用低床育苗。床面低于步道15～20cm，其余与平床要求相同。在播种或扦插前进行土壤消毒。播种前应当用福尔马林或高锰酸钾进行种子消毒。种子催芽采用温水浸种催芽。播前4～5天用水温45～60℃温水浸种，种子与水的容积比约为1:3。浸种时应不断搅拌，使种子受热均匀，自然冷却后浸泡24小时。种皮吸水膨胀后捞出，置于20～25℃条件下催芽。在催芽过程中应经常检查，防止霉变，每天用清水淘洗1次，有1/3的种子裂嘴时，即可播种。扦插可在春秋两季进行，春季选休眠枝，秋季选半木质化嫩枝，插穗长12～15cm，播前用1000mg/L的ABT 3号生根粉处理10秒，然后插入沙、土各半的苗床，约50～60天后生根。冬季对幼苗覆土防寒。移植以春季3～4月最好，小苗需带土，大苗带土球，也可盆栽。栽后应浇透水。生长期保持土壤湿润。盛夏高温季节需放半阴处养护。每两月施肥1次。冬季盆栽注意防寒，盆钵可埋入土内，并减少浇水。

园林用途：树姿雄伟，树干挺拔苍劲，枝叶繁茂，四季常青，不畏风雪严寒，可作行道树、庭荫树和风景区绿化树种。适于作独植、丛植、纯林群植和混交种植。

15. 樟子松

别名：海拉尔松（日）、蒙古赤松（日）、西伯利亚松、黑河赤松

拉丁学名：*Pinus sylvestris* L.var.*mongolica* Litv.

科属：松科　松属

形态及分布：欧洲赤松的变种。常绿乔木，高达30m，树冠阔卵形。树干下部树皮灰褐色，上部树皮很薄，褐黄色或淡黄色，薄片状脱落。轮枝明显，每轮5～12个，多为7～9个。1年生枝条淡黄色，2～3年后变为灰褐色，大枝基部与树干上部的皮色相同。叶2针一束，宽、短、扭曲，长4～9cm，叶鞘宿存。冬季叶变为黄绿色。雌花着生于新枝顶端，雄花着生于新枝下部。球果长卵形，长3～6cm，果柄下弯，鳞脐部分特别隆起并向后反曲，尤以球果下半部的种鳞明显［见图3-15（a）～（c）］。花期5～6月，球果翌年9～10月成熟。产于我国黑龙江大兴安岭及海拉尔以西、以南地区，以及内蒙古、甘肃等地。俄罗斯、蒙古亦有分布。

主要习性：强阳性树种，在林内缺少侧方光照时树干自然整枝快；极耐寒，能忍受−40～−50℃的低温，适应干冷气候和瘠薄土壤。旱生，不苛求土壤水分。树冠稀疏，针叶稀少，短小，针叶表皮层角质化，有较厚的肉质部分，气孔着生在叶褶皱的凹陷处，干的表皮及下表皮都很厚，可减少地上部分的蒸腾。深根性，主侧根均发达，抗风沙。在干燥的沙丘上，主根一般深1～2m，最深达4m以下，侧根多分布到距地表10～50cm沙层内，根系向四周伸展，能充分吸收土壤中的水分。生长较快，在10～40年生期间高生长最旺。寿命长，一般年龄达

图3-15（a）　樟子松（植株）

图3-15（b）　樟子松（针叶）

图3-15（c）　樟子松（行道树景观）

150～200年，有的多达250年。

栽培养护：播种繁殖。春秋两季均可采种，秋季在9月中、下旬至11月上、中旬，春季3月上旬到4月中、下旬。因球果坚硬，不易开裂，种子调制较困难。露天凉晒虽简便易行，但脱粒时间过长，最好采用室内烘干法，将选净的球果放入分层木架的种盘上（或帘子上），在室内加温烘干，室内温度应保持在45～50℃（以上层为准），不宜超过50℃以上，经过3～4天，60%以上的球果开裂，用手摇净种器或敲打振落脱粒。若球果开裂不完全，可放入40～50℃的温水中浸泡5～10分钟后，捞出球果再次烘干，经2～3天，球果可大部分开裂脱粒。干燥过程中应注意勤翻动球果（每天5～6次），经常检查室温，注意通风换气。一般球果出种率为1%～2%，经过去翅筛选，种子纯度可达90%以上。育苗地宜选土壤疏松、排水良好、地下水位低、土质较肥沃的沙壤土。若有条件，最好选择前茬是松、柞育苗地，因为这种圃地含有大量对松苗生长有益的菌类，能促进幼苗的发育和增强抗性。但不宜在一块地上连续多年播种，一般宜将1年生与2年生松苗进行轮作。如果在沙性较大的土壤上育苗，最好多施一些河泥等有机肥料，以改良土壤，增强土壤吸水保肥能力，促进苗木根系发育和地上部分的生长。种子催芽方法有以下几种：

（1）雪埋　在1～3月间选择背阴处，降雪后把雪收集起来，放在事先准备好的坑中或地面上，厚度30～50cm，然后将种子用3倍的雪拌匀后盛入麻袋或木箱等容器中，置于雪上，再用雪将上部及四周盖严。为防止早春雪溶化，在雪上覆40～50cm的杂草。播前3～5天将种子从雪中取出，置于向阳处（或用清水化雪），待雪化净后，用0.5%的高锰酸钾消毒2小时，捞出后稍阴干即可播种。亦可将种子置于温暖处进行短期催芽，当有50%的种子裂口时进行播种，通常发芽率可达70%以上。若冬季无雪亦可将种子混入碎冰中（冰越小越好）进行埋藏。

（2）混沙埋藏　播前10～20天，选择地势高燥、排水良好、背风向阳的地方挖埋藏坑，坑深宽各50cm，长度依种子数量而定。在坑底铺上席子，然后将消毒的种子混2倍的湿沙放入坑内，夜间用草帘盖上，以保持温度，白天将草帘掀起，上下翻动，并适量浇水，经15～20天大部分种子开始裂嘴时，将种子从湿沙中筛出进行播种，通常发芽率可达60%以上。若不能及时播种，则应停止翻动，并加覆盖物或移于阴凉处，降低温度，控制发芽。

（3）温水浸种　将种子消毒后，用40～60℃的清水浸种一昼夜，捞出后放在室内温暖处，每天用清水淘洗1次，待种子有50%裂口时进行播种，通常发芽率可达34.5%。一般采用高床作业，床高10～15cm，小步道宽50cm，床面宽1m，长10m。播前苗床表土应保持适度温润，若干燥应少量喷水，待床面稍阴干时，用耙将床上面搂起0.5～1cm深的麻面，然后用播种机或手推播种滚，横床条播，播幅宽3～4cm，行距8～10cm，播后及时镇压，以防芽干，覆土约0.5cm，不宜过厚，否则幼苗出土困难。播后宜在床面覆一层稻草（或麦草），厚度以不见土为限（约需草0.75～1kg/m^2）。有条件的地方建议用樟子松的松针来覆盖，模拟自然生态环境，效果更好。当幼苗出土50%时，将草撤除一部分，苗出齐后，将覆草全部撤除，放在行间。撤草时不应损伤苗木。在行间保留稻草直至秋后，能防止浇水或降雨时冲刷表土，还能调节床面周围的温湿度，防止表层土壤板结。樟子松耐寒冷，但幼苗期间由于冬季干燥气候的影响，苗木易失水分，导致生理干旱而枯死。因此，在冬季必须采取覆土防寒的保护措施，幼苗才能安全越冬。樟子松大苗四季均可移植，但以春季3～5月份、夏季7～8月份、秋季10～11月份为宜。

园林用途：树干通直，姿态美观，在北方园林绿地中常植为行道树、庭院树或作为工厂绿化树种，亦可作防护林树种，是三北地区防护林及固沙造林的主要树种。

16. 黑松

别名：日本黑松、白芽松

拉丁学名：*Pinus thunbergii* Parl.

科属：松科　松属

形态及分布：常绿乔木，高达30～35m。枝条开展。冬芽圆筒形，银白色。叶2针一束，粗硬，长6～12cm；树脂道6～11，中生。球果卵形，长4～6cm，有短柄；鳞背稍厚，鳞脐微凹，具短刺。种子灰褐色，稍有黑斑［见图3-16（a）～（c）］。花期3～5月，球果翌年10月成熟。原产于日本及朝鲜。我国山东沿海、辽东半岛、江苏、浙江、安徽等地引种栽培。

主要习性：阳性树，幼树稍耐阴；喜温暖湿润的海洋性气候。耐寒冷，耐海潮风，喜微酸性沙质壤土，最宜在土层深厚、土质疏松，且含有腐殖质的沙质壤土上生长，不耐水涝，耐干旱、瘠薄及盐碱土。抗病虫能力强，生长慢，寿命长。对病虫害的抗性较强。

栽培养护：以播种繁殖为主，亦可采用营养繁殖。其中枝插和针叶束插均可获得成功，但难度较大，生产上仍以播种繁殖为主。苗床播种、容器育苗应用都很普遍。移植需带土球，以早春或深秋为佳，雨季亦可；土壤以排水良好的沙壤土最为适宜。栽后应浇足底水，并立支柱，以防风倒。作为庭园树栽培时应适当整形修剪，宜在初冬或早春休眠季节进行。

园林用途：树形高大雄伟，枝干苍劲，叶色暗绿，为著名的海岸绿化树种，可用于道路、小区、工厂或广场绿化，绿化效果好，恢复速度快，而且价格低廉。黑松盆景对环境的适应能力强，庭院、阳台均可培养。其枝干横展，树冠如伞盖，针叶浓绿，四季常青，树姿古雅，可

图3-16（a）　黑松（植株）

图3-16（b）　黑松（冬芽）

图3-16（c）　黑松（雄球花和萌枝）

终年欣赏。经多年培养的黑松桩景，老干苍劲虬曲，盘根错节，表现龙翔风翥的奇姿和坚韧不拔的生机，是家庭观赏的佳品。

17. 赤松

别名：日本赤松、灰果赤松、短叶赤松、辽东赤松

拉丁学名：*Pinus densiflora* Sieb.et Zucc.

科属：松科　松属

形态及分布：常绿乔木，高达35m，胸径可达1.5m；树冠圆锥形或伞形。下部树皮常灰褐色或黄褐色，龟纵裂，上部树皮红褐色或黄褐色，成不规则鳞片脱落。1年生小枝橙黄色，略有白粉。冬芽暗红褐色，微具树脂，芽鳞线状披针形，先端微反卷，边缘具淡黄色丝。叶2针一束，细软较短，暗绿色；长5～12cm，树脂道4～8边生，或有个别中生。球果长圆形，长3～5.5cm，有短柄，成熟时暗黄褐色或褐灰色，种鳞张开，脱落或宿存树上2～3年（见图3-17）。花期4月，球果翌年9～10月成熟。产于我国黑龙江、吉林长白山区、辽宁中部至辽东半岛、胶东半岛及苏北云台山区等地。日本、朝鲜及俄罗斯东部地区亦有分布。

图3-17　赤松（植株）

主要习性：强阳性；耐干旱瘠薄，在贫瘠多石地树干多弯曲不直；耐寒性强，能耐−20℃的低温，不耐盐碱，忌水涝。喜酸性或中性排水良好的土壤，在黏重土壤上生长不良。深根性，耐潮风能力较强。抗虫能力弱。生长缓慢，寿命长。

栽培养护：以播种繁殖为主，观赏品种用嫁接繁殖。播种苗幼苗期应注意防治立枯病危害。移植均需带土球，宜在春季或秋季进行，一般采用穴植，小苗也可采用窄缝栽植法。栽植时应尽量减少根系的暴露时间，切忌伤根。

园林用途：姿态整齐，虬枝婉垂，极具观赏价值，是园林中优良的观赏树种。主要用于沿海低山区绿化，可作庭荫树、风景林、园景树和行道树。与色叶树种混植可呈绯叶翠枝景观，古朴多姿，亦可制作树桩盆景。

18. 雪松

别名：喜马拉雅雪松

拉丁学名：*Cedrus deodara*（Roxb.）G. Don

科属：松科　雪松属

形态及分布：常绿乔木，高达50～70m，胸径达3m；树冠圆锥形。树皮灰褐色，不规则鳞片状剥裂。大枝不规则轮生，平展；1年生长枝淡黄褐色，有毛；短枝灰色。叶针状，灰绿色，长2.5～5cm，各面有数条气孔线，20～60枚簇生于短枝顶。雌雄异株，少数同株。雌

雄球花异枝。雄球花椭圆状卵形，长2 ～ 3cm；雌球花卵圆形，长约0.8cm。球果椭圆状卵形，长7 ～ 12cm，顶端圆钝，熟时红褐色，种鳞阔扇状倒三角形，背面密被锈色短茸毛。种子三角状，种翅宽大［见图3-18（a）～（c）］。花期10 ～ 11月，球果翌年9 ～ 10月成熟。原产于喜马拉雅山西部海拔1300 ～ 3300m间。我国长江流域各大城市普遍栽培，青岛、旅顺、西安、昆明、北京、郑州、上海、南京等地均生长良好。

主要习性：喜光，稍耐阴，喜温凉气候，有一定的耐寒性，大苗可耐短期–25℃的低温，对过于湿热的气候适应能力较差。不耐水湿，忌积水。在年降水量600 ～ 1200mm的地区生长良好。喜土层深厚、排水良好的土壤，能适应微酸性及微碱性土壤、瘠薄地和黏土地，浅根性，抗风力不强。性畏烟，幼叶对二氧化硫和氟化氢极为敏感。生长速度较快，年平均高生长量达50 ～ 80cm。

栽培养护：播种、扦插及嫁接繁殖。播种可于3 ～ 4月进行，播前用冷水浸种1 ～ 2天，捞出阴干后播种。播种量5kg/亩，播后约半月后开始发芽，共持续1个月左右。土壤应事先消毒，否则幼苗易遭立枯病危害。夏季应搭荫棚，冬季应防寒，当年苗高约20cm；2年生苗可高达40cm。扦插一般在春秋两季进行，插穗以幼龄实生母树上1年生粗壮枝条为好，插穗长15 ～ 20cm，留取顶芽，将下部叶除掉，将插穗基部速浸α-萘乙酸500mg/L水溶液5秒，然后插入土中1/3。保持基质湿润，插后1个月可开始生根。

移栽应在春季进行，移栽必须带土球。2 ～ 3m以上的大苗栽后须立支架，以防风吹摇动；及时浇水，并时常向叶面喷水，切忌栽在低洼水湿地带。移栽不要疏除大枝，以免影响

图3–18（a） 雪松（植株）

图3–18（b） 雪松（雌雄球花）

图3–18（c） 雪松（球果）

观赏价值。移栽后应注意浇水、松土、锄草等，特别是冬季要有一定的隔离挡风措施，以防北方干冷寒风的危害。成活后的秋季施以有机肥，促其发根，生长期可施2～3次追肥。壮年雪松生长迅速，中央领导枝质地较软，常呈弯垂状，最易被风吹折而破坏树形，故应及时用细竹竿缚直为妥。若顶梢断折时，可在顶端生长点附近，选一生长强壮的侧枝，扶直绑以竹竿，并适当剪去被扶枝条周围的侧枝，加大顶端优势，经过2～3年，树冠可恢复如初，此时可除去竹竿。

园林用途：世界五大公园树种之一。树体高大，树姿优美，终年苍翠，最宜孤植于草坪中央、建筑前庭的中心、广场中心或主要大建筑物的两旁及园门的入口等处，是珍贵的庭园观赏及城市绿化树种。冬季白雪覆枝叶上，形成高大的银色金字塔，更加引人入胜。此外，列植于园路的两旁，形成甬道，景色壮观。

19. 侧柏

别名：柏树、扁柏、香柏

拉丁学名：*Platycladus orientalis*（L.）Franco.

科属：柏科　侧柏属

形态及分布：常绿乔木，高达20m，胸径可达1m以上，有时为灌木状。幼树树冠卵状尖塔形，老时则呈广圆形。树皮薄，淡灰褐色，条片状纵裂。大枝斜生，生鳞叶的小枝细，向上直展或斜展，扁平，排成一平面。2年生枝绿褐色，微扁，渐变为红褐色，并呈圆柱形；鳞叶小，长1～3mm，两面均为绿色，交互对生，先端微钝，具线状腺槽，基部下延生长，背部有棱脊。雌雄同株；球花单生枝顶；雄球花具6对雄蕊，雌球花具4对珠鳞。球果当年成熟，卵状椭圆形，长1.5～2cm，成熟前近肉质，蓝绿色，被白粉，成熟后开裂，红褐色。种子长卵形，长4～6mm，无翅。种鳞木质，扁平，较厚，背部顶端的下方具一弯曲的钩状尖头，中部2对种鳞各具1～2枚种子。种子卵圆形或近椭圆形，顶端微尖，灰褐色或紫褐色，长6～8mm，稍有棱脊，无翅或有极窄之翅。子叶2，出土［见图3-19(a)、(b)］。花期3～4月，球果9～10月成熟。在我国分布极广，产于内蒙古、河北、北京、山西、山东、河南、陕西、甘肃、福建、广东、广西、四川、贵州、云南等地。朝鲜亦有分布。

主要习性：喜光，幼苗、幼树有一定耐阴能力；能适应暖湿气候，也较耐寒；浅根性，抗风力较差；对土壤要求不严，在酸性、中性、石灰性和轻盐碱土上均能生长，但以在钙质土上生长为佳；能耐干旱瘠薄，不耐水淹。抗烟尘，抗二氧化硫、氯化氢等有害气体。萌芽性强，耐修剪。生长缓慢，寿命极长。病虫害少。

栽培养护：播种繁殖。育苗地应选地势平坦、排水良好、较肥沃的沙壤土或轻壤土，要具有灌溉条件，不宜选土壤过于黏重或低洼积水地，也不宜选在迎风口处。种子空粒较多，应先进行水选，将浮上的空粒捞出。再用0.3%～0.5%的硫酸铜溶液浸种1～2小时，或用0.5%的高锰酸钾溶液浸种2小时，进行种子消毒。然后用温水浸种12小时，置篮筐内，放在背风向阳处，每天用清水淘洗1次并经常翻动，当有一半种子裂嘴时即可播种。一般春季播种，采用条播或撒播，播种量约10kg/亩。播前应灌透底水，播后保持苗床湿润，约10天幼苗开始发芽出土，20天左右为出苗盛期，场圃发芽率可达70%～80%。幼苗出土后，应设专人看雀。幼苗出齐后，立即喷洒0.5%～1%波尔多液，以后每隔7～10天喷1次，连续喷洒3～4次可预防立枯病的发生。幼苗生长期应适当控制灌水，以促进根系生长发育。苗木速生期6月中、下旬

图3–19（a）　侧柏（植株）

图3–19（b）　侧柏（枝叶和球果）

恰逢雨季之前的高温干旱期，气温高而降雨少，应及时灌溉，适当增加灌水次数，灌溉量也应逐渐增多，可根据土壤墒情每10～15天灌溉1次，以1次灌透为原则，以喷灌或侧方灌水为宜。进入雨季后减少灌溉，并应注意排水防涝，做到内水不积，外水不侵入。苗木速生期结合灌溉进行追肥，一般全年追施硫酸铵2～3次，每次施硫酸铵4～6kg/亩，在苗木速生前期追第1次，间隔半个月后再追施1次。也可用腐熟的人粪尿追施。每次追肥后必须及时浇水冲洗，以防烧伤苗木。在冬季寒冷多风的地区，一般于土壤封冻前灌封冻水，然后采取埋土防寒或夹设防风障防寒，也可覆草防寒。苗木多2年出圃，翌春移植。有时为了培育绿化大苗，尚需经过2～3次移植，培育成根系发达、生长健壮、冠形优美的大苗后再出圃栽植。

园林用途：树干苍劲，气魄雄伟，肃静清幽，自古以来常植于寺院、陵墓地和庭园中，与圆柏混植能达到更好的造景效果。由于其寿命长、树姿美，所以各地多有栽培，常用于庭院中散栽、群植或于建筑物四周种植。又因其耐修剪，也可做绿篱栽培。

20. 圆柏

别名：桧柏、桧

拉丁学名：*Sabina chinensis*（L.）Ant.

科属：柏科　圆柏属

形态及分布：常绿乔木，高达20m。幼树树冠尖塔形，老树宽卵球形。树皮灰褐色呈纵条剥离，有时呈扭转状。老枝常呈扭曲状；鳞叶小枝近圆形或近四棱形，直立或斜生，或略下垂。叶二型，鳞叶交互对生，先端钝尖或微尖，背面近中部具微凹的腺体；刺叶常3枚轮生，腹面微凹，有2条白粉带。雌雄异株，极少同株；球果近圆球形，径6～8mm，翌年或第三年成熟，熟时暗褐色，被白粉。种子2～3枚，卵圆形［见图3-20（a）～（c）］。花期4月下旬，球果11月

图3–20（a） 圆柏（植株）

图3–20（b） 圆柏（枝叶和雌球花）

图3–20（c） 圆柏（枝叶和雄球花）

成熟。分布于内蒙古南部、河北、山西、山东、河南、陕西等地区。朝鲜、日本亦有分布。

主要习性：喜光，有一定耐阴能力；喜温凉气候，耐寒、耐热；耐干旱、对土壤要求不严，在中性土、钙质土、微酸性土及微碱性土上均能生长，对土壤干旱及潮湿均有一定抗性，但以在中性、深厚而排水良好处生长最佳，忌积水。耐修剪、易整形。深根性，侧根也很发达。生长速度中等而较侧柏略慢，25年生者高8m左右。寿命极长。对多种有害气体有一定抗性，是针叶树中对氯气和氟化氢抗性较强的树种。对二氧化硫的抗性显著胜过油松。能吸收一定数量的硫和汞，防尘和隔音效果良好。

栽培养护：多用播种繁殖，亦可扦插育苗。当年采收的种子，次春播种后常发芽率极低或不发芽，故应于1月份将纯净种子浸于5%的福尔马林液中消毒25分钟后，用凉开水洗净，然后层积于5℃左右环境中约经100天，则种皮开裂开始萌芽，即可播种，约2～3周后发芽。优良品种常用扦插、嫁接繁殖。进行嫩枝扦插时，在春末至早秋植株生长旺盛时，选用当年生粗壮枝条作插穗。将枝条剪下后，选取壮实的部位，剪成5～15cm长的一段，每段应带3个以上的叶节。剪取插穗时需要注意的是，上面的剪口在最上一个叶节的上方大约1cm处平剪，下面的剪口在最下面的叶节下方大约0.5cm处斜剪，上下剪口都要光滑。插穗生根的最适温度为20～30℃，插后必须保持适宜的温度，并使空气相对湿度保持在75%～85%。未生根的插穗是无法吸收足够的水分来维持其体内的水分平衡的，因此，必须通过喷雾来减少插穗的水分蒸发。在遮阴条件下，给插穗进行喷雾，每天3～5次，晴天温度越高喷的次数越多，阴雨天温度越低喷的次数则少或不喷。插穗生根离不开光照，但光照越强，温度越高，插穗的蒸腾作用越旺盛，消耗的水分越多，不利于插穗的成活。因此，插后必须遮光50%～80%，待根系长出后，再逐渐移去遮光网：晴天时每天下午4点揭开遮光网，第2天上午9点前再盖上遮光网。

园林用途：树冠整齐，树形优美，老树干枝扭曲，奇姿百态，可以独树成景，是我国传统的园林树种，可以群植草坪边缘作背景，或丛植片林，或镶嵌树丛的边缘。常整形后在树坛、庭园中应用，在欧美各国园林中广为栽培。我国古代多配植于庙宇陵墓作墓道树或柏林。耐阴性强且耐修剪，是优良的绿篱树种。

21. 龙柏

别名：龙爪柏、爬地龙柏、匍地龙柏、绕龙柏、螺丝柏

拉丁学名：*Sabina chinensis*（L.）Ant. cv. Kaizuca

科属：柏科　圆柏属

形态及分布：常绿乔木，高可达10m。树冠呈三角状圆柱形或塔状圆锥形，上部渐尖，下部圆浑丰满并略向一侧偏斜。分枝低、侧枝短，环抱主干，常有扭转向上之势；小枝密生，几乎全为鳞叶；鳞叶排列紧密，嫩时呈鲜黄绿色，老则变灰绿色，有时基部萌蘖枝上有少量刺叶。雌雄异株，花单性。雄球花黄色，椭圆形。球果蓝色，直径约6～8mm，微被白粉，内含种子1～4粒［图3-21（a）、（b）］。花期4月，球果翌年10月成熟。主产于长江流域、淮河流域，经过多年的引种，在山东、河南、河北、北京等地常见栽培。

主要习性：阳性树。喜高燥、排水良好的地形，对土壤适应性强，在疏松而排水良好的中性钙质土上生长好，在强酸性土上生长不良，能耐轻碱。畏积水，排水不良时易黄叶、落叶而导致生长不良。抗寒、抗旱性强。幼时生长较慢，树高达1m后生长较快，树高超过3m后生长又逐渐减弱。对氯气、氟化氢、二氧化氮、铬酸的抗性较强，具有吸收二氧化硫的能力，对粉尘的吸滞能力很强，并有隔音、减弱噪声的功能，但对烟尘的抗性较差。

栽培养护：龙柏一般采用嫁接和扦插繁殖。嫁接常用2年生（1年生壮苗亦可）侧柏或圆柏作砧木，选择生长健壮的母树侧枝顶梢作接穗，长10～15cm。露地嫁接于3月上旬进行，室内嫁接则可提前至1～2月，但接后需假植保暖，3月中下旬再移至圃地。常采用腹接，接穗剪去下半部鳞叶，腹接于砧木根颈部，砧木枝叶全部保留，接后壅土近接穗顶部或用塑料薄膜覆盖于床面，以保持较高的空气湿度。接穗成活后剪去砧木顶梢，于第2年春将砧木上部齐

图3-21（a）　龙柏（植株）

图3-21（b）　龙柏（枝叶）

上接口剪除。扦插繁殖有硬枝和半成熟枝扦插两种。硬枝扦插又有春插和初冬插之分。春插于2月下旬至3月中旬进行，初冬插于11月上中旬进行。插后用薄膜覆盖，保温、保湿，以促进基部伤口处愈合、生根。半成熟枝扦插在8月中旬至9月上旬进行。插穗选用侧枝顶梢，长15cm左右，剪除下部小枝及鳞叶，插入土中5～6cm，株行距可采用5cm×12cm，插后搭棚遮阴，经常喷水，保持苗床湿润。扦插初期忌阳光直射，需全日庇荫。发根慢，一般需6～8个月，根数少，宜留床1年，第3年春移栽。移植可在春秋两季进行，需带土球。通过以下技术措施可培育树形优美的龙柏球：①对龙柏苗摘心去顶，1年需摘心3～4次，促其多发侧枝，逐步形成龙柏球；②对原有中部以上生长不好的龙柏截干，培养成龙柏球；③对枝条生长疏松而不紧密的龙柏去掉正头，并用绳索扎成球形，进行栽培。

园林用途：龙柏是圆柏的人工栽培变种。枝密，呈扭曲上升之势，形似游龙，故名龙柏。鳞叶浓绿，树形整齐，列植或丛植均具有端庄和景象森严的特点，让人肃然起敬，特别适宜于烈士陵园及寺庙等处种植，亦可作为雕塑及艺术性构筑物的背景。龙柏树形高大，还可用以分隔空间或作为高篱遮挡粗陋之处。龙柏球较多用于全光照下快车道的隔离带，亦可用于草坪角隅或与其他球形树种配置成大小不一的球形景观。龙柏移栽成活率高，恢复速度快，是园林绿化中应用较多的绿化树种。

22. 杜松

别名：普圆柏

拉丁学名：*Juniperus rigida* Sieb.et Zucc.

科属：柏科　刺柏属

形态及分布：常绿乔木，高达12m，胸径达1.3m。树冠圆柱形，老则圆头状。大枝直立，小枝下垂。叶全为条状刺形，坚硬、端尖，长1.2～1.7cm，上面有深槽，内有1条白色气孔带，背面有明显纵脊，无腺体。球果球形，成熟时呈淡褐黄色或蓝黑色，被白粉。每果内有2～4粒种子。种子近卵形，顶端尖，有四条不显著的棱［见图3-22（a）、（b）］。花期5月，

图3-22（a）　杜松（植株）

图3-22（b）　杜松（枝叶）

球果翌年10月成熟。产于我国东北、内蒙古乌拉山以及河北、山西北部、西北地区。日本、朝鲜亦有分布。

主要习性：强阳性，有一定耐阴性；喜冷凉气候；对土壤要求不严，喜石灰岩形成的栗钙土或黄土形成的灰钙土，可以在海边干燥的岩缝间或沙砾地上生长。深根性树种，主根长，侧根发达。抗潮风能力强。是梨锈病的中间寄主。

栽培养护：播种及扦插繁殖，参阅圆柏。

园林用途：枝叶浓密下垂，树姿优美，北方各地栽植为庭园树、风景树、行道树和海崖绿化树种。长春、哈尔滨栽植较多。适宜于公园、庭园、绿地、陵园墓地孤植、对植、丛植或列植，也可作绿篱。盆栽可供室内装饰。

23. 香柏

别名：美国侧柏

拉丁学名：*Thuja occidentalis* L.

科属：柏科　崖柏属

形态及分布：常绿乔木，在原产地高达20m。树皮红褐色或橘红色，纵裂呈条状块片脱落。枝条开展，树冠塔形。当年生小枝扁，2～3年后逐渐变成圆柱形。叶鳞形，先端尖，小枝上面的叶绿色或深绿色，下面的叶灰绿色或淡黄色，中央的叶楔状菱形或斜方形，长1.5～3mm，宽1.2～2mm，尖头下方有透明隆起的圆形腺点，主枝上鳞叶的腺体比侧枝的大。球果幼时直立，成熟时淡红褐色，向下弯曲，长椭圆形，长8～13mm，径6～10mm。种鳞通常5对，薄革质，近顶端有突起的尖头。种子扁，两侧具翅［见图3-23（a）、（b）］。原产于北美。我国青岛、庐山、江浙一带有引种栽培。

主要习性：性喜光，耐寒，耐水湿。

栽培养护：播种及扦插繁殖，参阅圆柏。

园林用途：树形优美，宜作园景树。

图3-23（a）　香柏（植株）

图3-23（b）　香柏（枝叶和球果）

24. 罗汉松

别名：罗汉杉、长青罗汉杉、土杉、罗汉柏、江南柏

拉丁学名：*Podocarpus macrophyllus*（Thunb.）Sweet

科属：罗汉松科　罗汉松属

形态及分布：常绿乔木，高达20m。树冠广卵形。树皮薄鳞片状脱落。枝开展或斜展，较密。叶条状披针形，长7～12cm，宽7～10mm，先端尖，基部楔形，两面中脉显著，无侧脉，表面暗绿色，背面灰绿色，有时被白粉，排列紧密，螺旋状互生。雌雄异株或偶有同株。雄球花3～5簇生叶腋，雌球花单生叶腋。种子未熟时绿色，熟时假种皮紫褐色，被白粉，着生于膨大的种托上；种托肉质，红色或紫红色［见图3-24（a）、（b）］。花期4～5月，果期8～11月。原产于我国，分布于长江流域以南至华南、西南。日本亦有分布。

主要习性：较耐阴，为半阳性树种，怕水涝和强光直射。要求温和湿润的气候条件，夏季无酷暑湿热，冬季无严寒霜冻。如遇轻霜，嫩叶和秋梢会全部枯黄。要求富含腐殖质、疏松肥沃、排水良好的微酸性土，在碱性土上叶片黄化；能耐潮风，在海边生长良好。生长缓慢，寿命长达数百年，甚至达千年以上。

栽培养护：常用播种和扦插繁殖。于8月采种后立即播种，约10天后发芽。扦插在春秋两季均可进行，春季选休眠枝，秋季选半木质化嫩枝，插穗长12～15cm，插入沙、土各半的苗床，约50～60天生根。移植以春季3～4月为好，小苗需带适量宿土，大苗带土球，也可盆栽，栽后应浇透水。生长期保持土壤湿润。盛夏高温季节需放半阴处养护，2个月施肥1次。冬季盆栽注意防寒，盆钵可埋入土内，并减少浇水。

园林用途：树形优美，四季常青。绿色的种子和红色的种托，似许多披着红色袈裟打坐的罗汉，故而得名。满树紫红点点，颇富奇趣。可孤植作庭荫树，或对植、散植于厅堂之前，亦可布置花坛或盆栽陈于室内欣赏。

图3-24（a）　罗汉松（枝叶和雄球花）

图3-24（b）　罗汉松（种子和肉质种托）

25. 东北红豆杉

别名：紫杉

拉丁学名：*Taxus cuspidata* Sieb.et Zucc.

科属：红豆杉科　红豆杉属

形态及分布：常绿乔木，高达20m。树皮红褐色，有浅裂纹。枝条平展或斜上直立，密生；小枝基部有宿存芽鳞，1年生枝绿色，秋后呈淡红褐色，2～3年生枝红褐色或黄褐

色；冬芽淡黄褐色，芽鳞先端渐尖，背面有纵脊。叶排成不规则的2列，斜上伸展，约成45°角，条形，通常直，稀微弯，长1～2.5cm，宽2.5～3mm，上面深绿色，有光泽，下面有2条灰绿色气孔带。雄球花有雄蕊9～14枚，各具5～8个花药。种子紫红色，有光泽，卵圆形，假种皮红色（见图3-25）。花期5～6月，种子9～10月成熟。产于吉林老爷岭、张广才岭及长白山区海拔500～1000m、气候冷湿的酸性土地带，常散生于林中。山东、江苏、江西等地有栽培。日本、朝鲜、俄罗斯亦有分布。

图3–25 东北红豆杉（枝叶）

主要习性：极耐阴，耐寒，喜凉爽湿润气候及富含有机质的酸性土壤，在空气湿度较高处生长良好。浅根性，侧根发达；生长迟缓，寿命长。

栽培养护：播种或扦插繁殖。9～10月采收红色果实，搓去红色假种皮和果肉，洗净，混湿沙贮藏。种子后熟期较长，有休眠特性，在自然条件下需经二冬一夏方可萌发，即当年采种后，于冬季置室外冷冻，翌年夏季经高温、雨淋后，于秋季播种，第3年春季种子发芽出土。春播应在种子采收后进行，混湿沙于室内保湿或室外贮藏，入冬后仍留室外土中冷冻，翌年3月中、下旬移入暖房催芽，5月1日之后播种，播后30天左右种子就能萌芽出土。种子有胚根、胚轴双休眠习性，胚根需经过1个月左右25℃以上高温阶段才能打破休眠，胚轴需在−20～−3℃条件下1个月左右才能解除休眠。点播或条播，出苗后应遮阴，幼苗怕日灼，荫棚的透光率15%～20%，并应勤除草，15～20天浇1次淡尿素水提苗，1～2年后可露地移栽。扦插繁殖一般在2～3月采集母树穗条，采后若不立即扦插，应用雪藏的方法保存在0℃以下的冰冻地方，并随时检查，以免插穗发霉及遭鼠咬。采用半木质化的嫩枝扦插时，应随采随插。硬枝扦插通常在4月至5月上旬进行，嫩枝扦插以7月上旬至8月上旬为宜。

园林用途：树形端直，枝叶浓密，色泽苍翠，秋日红果在绿叶丛中辉映。宜在较阴的环境中孤植、丛植。采用矮化技术处理的盆景造型古朴典雅，枝叶紧凑而不密集，舒展而不松散，红茎、红枝、绿叶、红豆使其具有观茎、观枝、观叶、观果的多重观赏价值。其变种矮紫杉（var. *nana*）树形矮小，半球状，姿态古拙，宜于高山园、岩石园栽植或作绿篱及盆景。

26. 红豆杉

别名：赤柏松

拉丁学名：*Taxus chinensis*（Pilger）Rehd.

科属：红豆杉科 红豆杉属

形态及分布：常绿乔木，高达30m。树皮灰褐色、红褐色或暗褐色，开裂呈条片。叶条形，长1～3.2cm，宽2～4mm，螺旋状互生，基部扭曲排成2列，微弯或直，叶缘微反曲，先端常微急尖，下面中脉密生均匀而微小的圆形角质乳头状突起。雌雄异株，雄球花单生于叶腋，雌球花的胚珠基部有圆盘状假种皮。种子卵圆形，稀倒卵形，微扁或圆，先端有突起的短钝尖头，假种皮杯状红色［见图3-26（a）、（b）］。花期5～6月，种子9～10月成熟。我国特有树种。产于河南、陕西、甘肃、湖北武汉，南至长江流域以南等地。

图3-26（a） 红豆杉（植株）

图3-26（b） 红豆杉（枝叶和种子）

主要习性：阴性树种，喜温暖湿润气候，多散生于湿润肥沃的沟谷阴处和半阴处林下，适于疏松、不积水的微酸性至中性土。浅根性树种，主根不明显、侧根发达。

栽培养护：播种或扦插繁殖。参阅东北红豆杉。

园林用途：枝叶终年深绿，秋季成熟的种子包于鲜红的假种皮内，使枝条鲜艳夺目，是庭园中不可多得的耐阴观赏树种。可在阴面种植观赏，亦可配置于假山石旁或疏林下。

27. 广玉兰

别名：荷花玉兰、洋玉兰、大花玉兰

拉丁学名：*Magnolia grandiflora* L.

科属：木兰科　木兰属

形态及分布：常绿乔木，原产地树高达30m。树皮灰褐色；树冠卵状圆锥形，小枝及芽有锈色线毛。叶长圆状披针形或倒卵状长椭圆形，厚革质，边缘微反卷，长14～20cm，宽4～9cm，表面有光泽，背面有锈褐色或灰色柔毛，叶柄长约2cm。花单生于枝顶，径15～20cm，洁白，芳香，状如荷花，故又称为荷花玉兰。聚合蓇葖果圆柱形，长6～8cm，密生锈色茸毛。种子外包有红色假种皮，果熟开裂后悬挂于种柄上，极为美观［图3-27（a）、（b）］。花期5～7月，果期9～10月。原产于北美东部，在多瑙河流域和密西西比河一带有大量分布。约于1913年引入我国，先进入广州，故名广玉兰，我国长江流域以南各地常见栽培，生长良好。

主要习性：阳性树种。性喜光，但幼树颇能耐阴。不耐西晒，西晒极易引起树干灼伤，影响生长。喜温暖湿润气候，有一定耐寒能力，能经受短期-19℃低温而叶部无显著损伤，但长期在-12℃低温条件下，则叶受冻害。喜肥沃、湿润而排水良好的微酸性土或中性土，在河岸、溯滨地段生长良好；不耐干旱瘠薄，也不耐水涝和盐碱土，在积水处或盐碱地上生长不良。不耐修剪。病虫害少。对烟尘及二氧化碳有较强抗性。根系深广，抗风力强。实生苗树干挺拔，树势雄伟，适应性更强。

栽培养护：常用播种、嫁接等方法进行繁殖。种子易失去发芽力，应于10月采种后立即播种；若春播则应湿沙层积贮藏，以免种子油质挥发而影响发芽率。春季3月播种，5月出苗。幼苗生长缓慢，播种宜稍密；播后遮阴保湿，冬季防寒，第2年即可移栽，培育大苗。嫁接于3～4月进行，用紫玉兰、白玉兰、山玉兰等作砧木。春季进行枝接或根接，也可进行靠接，秋季进行切接，成活率均较高。嫁接苗常发生砧木萌蘖，应及时剪除。移植宜于3月中旬根系

萌动前或9～10月进行。苗木需带完整土球，还应适当疏枝剪叶，以提高移植成活率。定植后应及时立支柱，并用草绳卷干或刷白，以保护树干。

园林用途：广玉兰树姿雄伟，叶厚实而有光泽，四季常青，绿荫浓密，花芳香馥郁，孤植或丛植均宜，在庭园、公园和游园中多有栽培。适宜孤植于草坪边缘或列植于甬道两边，亦可群植作为背景树。用于道路绿化时，常与彩叶树种配置，形成显著的色相对比，使街景的色彩丰富、鲜艳；在绿化带应用时，常与紫叶李间植，配以桂花、海桐球等，极具观赏效果。广玉兰不仅姿态优美，花大洁白，清香宜人，而且耐烟抗风，对二氧化硫等有毒气体有较强的抗性，是净化空气、美化及保护环境的优良树种。

图3-27（a）　广玉兰（植株）

图3-27（b）　广玉兰（枝叶）

28. 印度橡皮树

别名：橡皮树、印度胶榕

拉丁学名：*Ficus elastica* Roxb. ex Hornem.

科属：桑科　榕属

形态及分布：常绿乔木，高达20～30m，径25～40cm。树皮灰白色，平滑。全株无毛，有丰富乳汁。叶宽大，厚革质，有光泽，呈长圆形至椭圆形，长10～30cm，全缘，中脉显著，侧脉多而细，平行直伸；叶柄圆筒形，粗长。托叶膜质，披针形，淡红色，长可达叶片的一半，包被幼芽［图3-28（a）、（b）］。花期9～11月。隐花果长圆形，成对着生于叶腋，无柄；成熟时黄色，长约1.2cm。常见栽培变种有金边橡皮树和花叶橡皮树。原产印度、缅甸、不丹、尼泊尔、马来西亚、印度尼西亚，我国热带地区各大城市有栽培，长江流域及其以北地区植于盆中，冬季室内越冬。

主要习性：喜温暖、湿润气候。适宜在肥沃湿润的酸性土上生长。喜光，亦耐阴。不怕暑热，不耐寒冷，冬季温度低于5～8℃时易受冻害，适温为20～25℃。较耐水湿，忌干旱，在黏土中生长不良，在pH值6～7的土壤中能正常生长。

栽培养护：用播种、扦插或压条繁殖，生产上多用无性繁殖。扦插不受季节限制，温度在15℃以上就可进行，以5～6月最为适宜。春、夏季扦插，选用1～2年生健壮枝条作插穗，秋插可用当年生健壮枝条。剪好的插穗不能立即扦插，需待剪口处流胶凝结后或用木炭粉及砻糠灰吸干，或插入水中数小时，洗净切口，方可插入基质。多芽插穗插入基质1/3～1/2，单

图3–28（a） 印度橡皮树（植株）

图3–28（b） 印度橡皮树（叶）

芽插穗全部插入基质中，顶部稍露。夏插可用全光照喷雾育苗法进行，一般30天即可生根，50天后可移栽。压条可在夏季选择生长充实的1～2年生粗壮枝条，环剥0.5～1cm，清洗切口处乳汁或敷上草木灰，然后用糊状泥涂于环剥处，厚度2cm左右，外面用塑料薄膜裹住，以保持湿度，待生根后剪下栽入土中，即为独立的小苗。

印度橡皮树多为温室盆栽。盆栽幼苗应放在半阴处。小苗需每年春季换盆，成年植株可每2～3年换盆1次。换盆时应剪去部分卷曲的老根，增施腐殖土和基肥。当株高达1m左右时，在茎干约80cm处打顶，促发新枝，使之形成3～5个侧枝，以后每年春季还要将侧枝短截，促发更多的新枝。印度橡皮树较喜肥、喜水，在生长旺季应及时浇水、施肥。平时应保持盆土湿润，高温季节每天早晚各浇1次水，并经常向枝叶上喷水。印度橡皮树虽喜在阳光充足处生长，但在盛夏酷暑应置于遮阴处或室内通风处。北方应在10月中下旬移入室内越冬，室温以10℃左右为宜。翌年4月上中旬可根据当地气温，择机移到室外。家养印度橡皮树以小型为好，故一般生长3～4年就应更新，结合换盆，仅基部保留3～5节，将其上部全部剪去，母株约2个月后即可萌发新枝。此外，小苗应定期转动方向，以防斜向生长，降低观赏价值。

园林用途：印度橡皮树树皮平滑，顶芽红色，托叶开裂后远望如红樱倒垂，十分美观。叶片较大，肥厚而绮丽，新叶红色，后呈浓绿色，经冬不落，并有气生根从枝干上自然下垂，颇为美观。热带地区可植于花坛中心、庭前、草坪边缘及道路旁，其他地区多盆栽观赏，布置会堂，如宾馆、会议室、接待室、家居客厅等。

29. 榕树

别名：细叶榕、小叶榕

拉丁学名：*Ficus microcarpa* L.f.

科属：桑科 榕属

形态及分布：常绿大乔木，高15～25m，径达50cm，分枝能力极强，冠幅大。主干和侧枝的节间能长出大量气生根，向下垂挂，状似支柱，颇为壮观。树皮深灰色，枝条比较光滑。单叶互生，椭圆状卵形至倒卵形，薄革质，长4～8cm，全缘，羽状脉，背脉明显而凸出，叶柄很短。托叶小，披针形。雌雄同株，同序异花，小花单性。隐头花序单个或成对腋生或生于已落叶枝叶腋。隐花果由花序托发育而成，无果梗，球形至倒卵形，黄色，成熟后呈赤褐色，

直径约0.6cm［图3-29（a）、（b）］。花期5～6月。原产于我国福建、台湾和广东三省，在浙江南部山区也有野生。印度、马来西亚和日本的琉球群岛等热带和亚热带地区均有分布。

主要习性：榕树虽原产于亚热带地区，但具有一定的耐寒能力，可在5℃的气温下安全越冬，除华南和西南外，浙江南部亦可露地栽培。榕树为阳性树种，喜阳光充足、温暖湿润气候，不怕烈日暴晒，也相当耐阴，可在室内长期陈设，叶片不会发黄。榕树的适应性强，喜疏松肥沃的酸性土，在微酸和微碱性土中均能生长，在瘠薄的沙质土中也能生长，在碱土中叶片黄化。不耐旱，较耐水湿，短时间水涝不会烂根。在干燥的气候条件下生长不良，在潮湿的空气中能萌发大量气生根，使观赏价值大大提高。根系发达，生长快，寿命长，病虫害少。

栽培养护：榕树虽能年年结实，但种子非常细小，脱粒也非常困难，因此多采用扦插或压条繁殖。在华南和西南地区大量育苗时，多在雨季于露地苗床上进行嫩枝扦插，成活率可达95%以上。北方可于5月上旬采1年生充实饱满的枝条在花盆、木箱或苗床内扦插；将枝条按3节一段剪开，保留先端1～2枚叶片，插入素沙土中；庇荫养护，每天喷水1～2次以提高空气湿度，不必蒙盖塑料薄膜，但应注意防风，20天后可陆续生根，45天后可起苗上盆。为了培育大苗，可利用榕树大枝柔软的特性进行压条。先在母株附近放一个大花盆，装上盆土，然后选择一根形态好的大侧枝拉弯下来埋入花盆，上面压上石块，入土部分不用刻伤也能生根，2个月后将其与母株分离，即可形成一棵较大的盆栽植株，也可在母株的树冠上选择几根很粗的侧枝进行高压繁殖。榕树强健，适应性强，在粗放栽培条件下也能正常生长。起苗时需带土球，盆栽时用不含碱的培养土上盆，2～3年翻盆换土1次。浇水时掌握宁湿勿干的原则，切勿受旱；施肥不宜过多，也不宜栽入大盆，以防枝条徒长，难以控制树形，每年追施液肥3～5次即可。冬季可入中温温室越冬，应多见阳光，在一般家庭居室内陈设均不会受冻。

盆栽榕树主要用来制作树桩盆景，大型盆株可培养一根1.5～2m高的主干，通过修剪保留少量侧枝，让侧枝集中着生在主干的顶端，使气生根从树冠上垂挂下来，并将其中粗壮的气生根盘绕在主干上，犹如玉柱盘龙，让较细的气生根自然飘荡，好似阵阵丝雨。榕树生长快，发枝能力强，要想把树桩盆景养好，关键在于如何控制其长势和保持既定的姿态，防止枝条徒长。因此不应年年换盆换土，更不要施肥过多，并应随时修剪新生枝条，在不扩大冠幅的情况下，可适当增加小枝和叶片的稠密度。只有当盆内的老根部分枯死或叶片大量脱落时再脱盆换

图3-29（a）　榕树（植株）

图3-29（b）　榕树（人工造型）

土，同时对根系和侧枝进行强修剪，让其萌发新枝、新叶和新根，对植株进行彻底更新。

园林用途：榕树枝繁叶茂，冠幅庞大，气生根相互缠绕，状似盘龙，是华南地区常见的行道树及庭园绿化树种，亦可制作成盆景，或作为孤植树观赏之用。在华南和西南等亚热带地区露地栽培榕树美化庭园时，从树冠上垂挂下来的气生根能为园林环境创造出热带雨林的自然景观。大型盆栽植株通过造型可装饰厅、堂、馆、舍，也可在小型古典式园林中摆放；树桩盆景可用来布置家庭居室、办公室及茶室，可长年在公共场所陈设，不需要精心管理和养护。榕树可被制作成盆景，装饰庭院、卧室，亦可作为孤植树观赏之用。

30. 桂花

别名：木犀、岩桂、九里香、金粟

拉丁学名：*Osmanthus fragrans*（Thunb.）Lour.

科属：木犀科　木犀属

形态及分布：常绿小乔木或丛生灌木，树冠浑圆，高3～5m，最高可达18m。树皮粗糙，多为灰褐色或灰色，有时有菱形或圆形皮孔。芽叠生。单叶对生，革质，椭圆形至椭圆状披针形，有光泽，端急尖或渐尖，基部楔形，全缘或上半部疏生细锯齿，网脉不甚明显。花序聚伞状，簇生于叶腋，花梗纤细，花冠橙黄色至白色，花冠4裂，浓香。核果椭圆形，熟时紫黑色。花期9～10月，果期翌年4～5月［图3-30（a）、（b）］。变种和品种繁多，主要有金桂、银桂、丹桂、四季桂、子桂。原产我国西南部，现云南、四川尚有野生分布，四川、广西及湖北分布较多，南北各地均有栽培，是传统香花。

主要习性：阳性树种。在幼苗期有一定的庇荫性，成年后要求充足的光照。较耐寒，在短期−20℃低温条件下，只要局部小气候条件良好，仍可存活和开花。喜温暖湿润气候和微酸性土壤，以肥沃、湿润、排水良好的沙质壤土最为适宜。在潮湿土壤上生长不良，尤忌积水，若遇涝渍则根系发黑腐烂、叶尖枯黄脱落，甚至导致全株死亡。喜较高的空气湿度，不耐干旱瘠薄，土壤偏碱也会造成生长不良。不耐烟尘，叶片滞尘则常年不开花。萌发力强，具有自然形成灌丛的特性，若要培养独本桂花，应不断剪除根基和树干上的萌蘖。桂花对二氧化硫的抗性

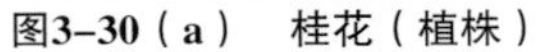
图3-30（a）　桂花（植株）

图3-30（b）　桂花（花和叶）

较强，对氯气、汞蒸气有一定的吸收能力，对氟化氢抗性中等，具有减弱噪声的功能。

栽培养护：常采用播种、压条、嫁接、扦插等方法进行繁殖，以扦插和嫁接应用较为普遍。种子5月成熟，若采后即播，秋季能部分发芽出苗。种子经沙藏至翌春播种，4月间出苗；苗期生长颇快，经2～3年培育即可移栽，但实生苗始花期长，一般不采用播种繁殖。压条繁殖分高压、低压两种，一年四季均可进行，但以春季发芽前较好。高压因材料数量有限，而且费工费力，有时还会损伤母株，故生产上应用不多。低压宜选择低分枝或丛生母株，在3～6月间，将选取的1～2年生枝条压入3～5cm深的沟内，壅土平覆沟身，并用木桩或竹片固定好被压枝条，仅露出梢端和叶片，注意保持土壤湿润，到翌春与母株分离，成为新植株。嫁接是桂花苗木最常用的繁殖方法，以腹接成活率较高；一般在3～4月进行，砧木多用女贞、小叶女贞、小蜡、流苏树等，其中用女贞作砧木，嫁接成活率高，初期生长快，但亲和力差，接口愈合不好，风吹易断离，需加强管护。用流苏树作砧木抗寒力强，适于北方应用。扦插于6月中下旬或8月下旬进行，选取半熟枝带踵插条，顶部留2叶，插于精耕细作苗床内，插入深度达插穗的2/3，插后压实，充分浇水，随即架双层荫棚遮阴，经常保持湿润，棚内温度保持在25～28℃，相对湿度85%以上，2个月后，插条产生愈合组织，并陆续发出新根，11月拆除荫棚，保护过冬。用硬枝扦插，成活率亦较高。桂花为喜光树种，应选择阳光充足、排水良好、土层深厚的地段栽植。春、秋季均可移植，但以春移为宜，常在3月中旬至4月下旬进行，温暖地区秋植效果亦好。切忌冬季移植，以免生长不良，推迟开花。定植前应施足基肥。定植时，用带土球的大苗细致栽植。栽植不宜过深，必要时在平地上还应堆土栽植；如果植株较高大，定植时应用木桩固定，同时进行大量疏枝修剪。每年施肥2次。冬施基肥，于11～12月间施足，以促使翌年枝叶茂盛和花芽分化；夏施追肥，于7月进行，以促秋季开花繁盛。花前应注意浇水，但开花时要控制浇水，否则容易落花。

近年来，盆栽桂花日益增多，尤其在露地越冬有困难的北方地区，盆栽桂花更受欢迎。桂花盆栽容易管理，夏季置于庭院阳光之下，冬季在一般室内即可安全越冬。盆栽桂花用土配比不很严格，可用园土、堆厩肥配制。把带土球的苗木细致上盆，一年四季均可进行，但以早春2月和初冬为宜；桂花的蒸发系数高，应根据不同阶段合理浇水，并不断补充肥料，以满足开花和树体生长之需。桂花萌枝力强，有自然形成灌丛的特性，一般不宜强行修剪，但若要培育高干植株，则需适当抹芽，对生长旺盛的植株，1年需进行2次，对成形树每年应对树冠内膛的枯死枝、重叠枝进行疏剪，以利通风透光。

园林用途：桂花是我国十大传统名花之一，栽培历史悠久。桂花树姿端庄，四季常青，秋季开花，花香浓郁，可谓“独占三秋压群芳”，是现代都市园林绿化最珍贵的花木之一。在园林中常作园景树，对植、孤植或成丛、成片栽植在各种园林绿地中，常与建筑、山石相配。对植以独干并具较宽冠幅者为佳，古称“双桂当庭”或“双桂留芳”。将丛生灌木状植株植于亭台、楼阁附近，在开花时节有“秋风送香”的效果。桂花对二氧化硫、氟化氢等有害气体有一定抗性，也是工矿区绿化的优良花木。

第四章 落叶乔木的栽培与养护

1. 银杏

别名：白果、公孙树、鸭脚树、蒲扇

拉丁学名：*Ginkgo biloba* L.

科属：银杏科　银杏属

形态及分布：落叶大乔木，高达40m；树冠圆锥形。主枝斜出，近轮生。幼树树皮近平滑，浅灰色，大树之皮灰褐色，不规则纵裂，有长枝与短枝之分。叶扇形，在长枝上互生，在短枝簇生，具细长叶柄，顶缘具缺刻或2裂，宽5～8（15）cm，具多数二歧状分叉叶脉。雌雄异株，球花单生于短枝的叶腋；雄球花成柔荑花序状，雄蕊多数，各有2花药；雌球花有长梗，梗端常分两叉（稀3～5叉），叉端生1具有盘状珠托的胚珠，常1个胚珠发育成可育种子。种子核果状，具长梗，下垂，椭圆形、长圆状倒卵形、卵圆形或近球形，长2.5～3.5cm，直径1.5～2cm；假种皮肉质，被白粉，成熟时淡黄色或橙黄色；种皮骨质，白色，常具2（稀3）纵棱；内种皮膜质［见图4-1(a)～(d)］。花期4～5月，种子9～10月成熟。浙江有野生分布，山东、河北、河南、湖北、江苏、四川等地有栽培。日本、朝鲜、韩国、加拿大、新西兰、澳大利亚、美国、法国、俄罗斯等国家和地区亦有栽培。我国特有孑遗树种。

图4-1（a）　银杏（植株秋景）

主要习性：寿命极长，我国有3000年以上的古树。喜光，宜栽植在阳光充足的地方；能适应高温多雨气候，又具有较强的耐寒性、耐旱性；对土壤要求不严，但以土层深厚、土壤湿润肥沃、排水良好的中性或微酸性沙质壤土为好，在偏碱性土上也能正常生长。雌株一般20年左右开始结实，500年生的大树仍能正常结实。深根性树种，萌蘖性强。生长速度较慢，年高生长量0.3～0.5m，胸径生长量0.3～0.8cm。

栽培养护：用播种、扦插、嫁接等法繁殖。播种繁殖苗多用于大面积绿化或制作丛株式盆景。秋季种子成熟后，应在壮龄母树上采收颗粒大的种子，然后将采收的种子去皮阴干。南方可以秋播，北方以春播为宜。若春播，必须先进行混沙层积催芽。播种时，将种子横放在播种沟内，播后覆土3～4cm并压实，幼苗当年可长

图4-1（b）　银杏（雄球花）

图4-1（c）　银杏（核果状种子）

图4-1（d）　银杏（秋叶）

至15～25cm高。苗床宜选用透水性较好的沙质壤土。扦插繁殖可分为硬枝扦插和嫩枝扦插两种。硬枝扦插一般于3～4月进行，从采穗圃或大树上选取1～2年生的健壮枝条，剪成15～20cm长的插穗，每50根扎成一捆，用清水冲洗干净后，再用100mg/kg的ABT生根粉浸泡1小时，插于细沙土或疏松的苗床土中；扦插后浇足水，保持土壤湿润，约40天左右即可生根。嫩枝扦插宜于6～7月进行，剪取大树根际周围或树枝上当年生尚未充分木质化的枝条，剪成长约15cm的插穗，上部留2片叶，插入细沙土或疏松的苗床土中，在晴天的中午前后应遮阳，并给叶面喷雾2～3次，待插穗成活后进行正常管理。嫁接繁殖多用于果实生产。于5月下旬至8月上旬均可进行绿枝嫁接。从良种母树上采集生长健壮的多年生枝条，剪掉其上的叶片，仅留叶柄，每2～3个芽剪一段，然后将接穗下端浸入水中或包裹于湿布中，最好随采随接。砧木选用2～3年生的播种苗或扦插苗，一般采用劈接或切接。接后用塑料薄膜把接口绑扎好，成活后5～8年即开始结果。银杏容易发生萌蘖，尤以10～20年生的树木萌蘖较多，春季可利用萌蘖苗进行分株繁殖。雌株的萌蘖苗可以提早结果。苗木的移植方式与苗木的大小直接相关。直径5cm以下的苗木可以裸根移植，更大的苗木一般应带土球。裸根移植的苗木，当年生长缓慢，而带土球的苗木当年生长良好。小苗成行栽植后可进行大水漫灌，但大树移植最好是先在坑中灌满水，待水渗完后，再将大树放入坑的中央填土踩实，让坑中的水返上来滋润根部。之后浇水宜在坑边挖引水沟盛满水，让水慢慢渗透到根部。千万不要大水漫灌，以免造成根系腐烂，影响成活。

园林用途：树体高大挺拔，叶形古雅秀美，春夏叶色翠绿，深秋金黄，寿命长，病虫害少，抗烟尘，抗火灾，抗有毒气体，适宜作庭荫树、行道树或独赏树，是中国四大长寿观赏树种（松、柏、槐、银杏）之一。作街道绿化时，应选择雄株，以免种实污染环境；在大型绿地中则可雌雄混栽。银杏盆景干粗、枝曲、根露、造型独特、苍劲潇洒、妙趣横生，是中国盆景中的一绝，给人以峻峭雄奇、华贵典雅之感，日益受到重视，被誉为“有生命的艺雕”，主要有观叶盆景、观实盆景和树桩盆景3种类型。

2. 水杉

别名：水桫

拉丁学名：*Metasequoia glyptostroboides* Hu et Cheng

科属：杉科　水杉属

形态及分布：落叶乔木，高达35m；树皮灰褐色或深灰色，裂成条片状脱落；干基部膨大；幼树树冠尖塔形，老树则广卵形。大枝斜展，不规则轮生；小枝对生或近对生，下垂。具长枝及脱落性短枝。叶条形，扁平，柔软，交互对生，在绿色脱落性短枝上排成羽状2列，几

图4-2（a） 水杉（植株）

图4-2（b） 水杉（枝叶）

图4-2（c） 水杉林

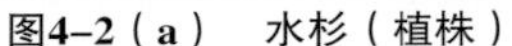

乎无柄，通常长1.3～2cm，宽1.5～2mm，上面中脉凹下，下面沿中脉两侧有4～8条气孔线，冬季与无冬芽小枝一同脱落。雌雄同株，雄球花单生叶腋或苞腋，有短梗，卵圆形，交互对生排成总状或圆锥花序状，雄蕊交互对生，约20枚，花药3，花丝短，药隔显著；雌球花单生于上年生侧枝顶端或近枝顶，由22～28枚交互对生的苞鳞和珠鳞所组成，各有5～9胚珠。球果下垂，当年成熟，近球形或长圆状球形，微具四棱，长1.8～2.5cm；种鳞木质，盾形，顶部宽，有凹槽，熟时深褐色；中部种鳞具5～9粒种子。种子倒卵形，扁平，周围有窄翅，先端有凹缺［见图4-2（a）～（c）］。每年2月开花，果实11月成熟。我国特有树种，天然古树分布于四川石柱、湖北利川、湖南龙山。华北南部至长江流域广泛栽培。

主要习性：喜光，不耐阴。喜温暖、湿润气候，较耐寒。适生于疏松、肥沃的酸性土壤，但在微碱性土壤中亦能正常生长。适应性强，但不耐干旱瘠薄，忌水涝。病虫害较少。我国古老的孑遗树种，为国家重点保护树种之一。

栽培养护：主要有播种、扦插两种繁殖方法。由于种源缺乏，常以扦插繁殖为主。种子多瘪粒，不宜在30年生以下的幼树上采种，应从其原产地母树林中采收优质种子供繁殖用。种子细小，千粒重1.75～2.28 g，每千克有32万～56万粒。发芽率仅8%左右。幼苗细弱，忌旱畏涝，故要求苗圃地势平坦，排灌便利，并细致整地。播期在3月中下旬，以宽行距（20～30cm）条播为宜。播种量约0.8～1.5kg/亩。

扦插分春插、夏插、秋插，以春插为主。以实生苗培育的采穗母树多优于无性繁殖的，所以应尽量用播种苗建立采穗圃。从1～3年生实生苗上采取的插穗，具有发根早、成活率高等优点。硬枝扦插宜在3月中下旬至4月上旬进行。将畦面整平，灌足水，立即进行浆插。插条的2/3插入土壤，1/3露出地面。1畦插好后再浇足水。1周后由于浆插之故，苗床行间会产生

土壤板结或龟裂，需及时中耕松土1～2次，然后用稻草覆盖插条行间，以不露畦土为宜，每亩用草约300kg，保湿和提高地温，有利于插穗发叶生根。夏插进行嫩枝扦插，宜在5月下旬至6月上旬进行，需细致管理，设双层荫棚。秋插在9月间进行，用半成熟枝作插穗，当年生根但不发芽，须用单层荫棚。苗期主要病虫害为立枯病及蛴螬，定植后有大袋蛾等为害，均应及时防治。

园林用途：树干通直挺拔，叶色翠绿，入秋后变成棕褐色，是著名的庭院观赏树种；可于公园、庭院、草坪、绿地中孤植，列植或群植；也可成片栽植营造风景林，并配以适量常绿地被植物；还可植于建筑物前或用作行道树，效果均佳。对二氧化硫有一定抗性，是工矿区绿化的优良树种。

3. 华北落叶松

别名：落叶松、雾灵落叶松

拉丁学名：*Larix principis-rupprechtii* Mayr.

科属：松科　落叶松属

形态及分布：落叶乔木，高达30m；树冠圆锥形，树皮暗灰褐色，呈不规则鳞状裂开，大枝平展，小枝不下垂或枝梢略垂，1年生长枝淡褐黄或淡褐色，常无白粉。枝较粗，径1.5～2.5mm；短枝径2～3mm。叶长2～3cm，窄条形，扁平。球果长卵形或卵圆形，长约2～4cm，径约2cm，种鳞26～45枚，背面光滑无毛，边缘不反曲，苞鳞短于种鳞，暗紫色；种子灰白色，有褐色斑纹，具长翅（见图4-3）。花期4～5月，球果9～10月成熟。主产于河北、山西两省；天然分布于北京百花山、灵山及河北小五台山海拔2000～2500m，河北围场、承德、雾灵山等海拔1400～1800m，山西五台山、恒山海拔1800～2800m等高山地带。此外，辽宁、内蒙古、山东、陕西、甘肃、宁夏、新疆等地亦有引种栽培。

主要习性：强阳性树种，极耐寒。幼苗喜群生，较耐庇荫。喜湿润凉爽气候，在年降雨600～900mm的地方生长良好。对土壤的适应性较强，喜深厚肥沃湿润的酸性或中性土壤，略耐盐碱，在花岗岩、片麻岩、砂页岩等山地棕壤上生长最好。有一定的耐湿和耐旱力，耐瘠薄土壤但生长缓慢。寿命200年以上，根系发达，抗风力较强。有一定的萌芽能力。生长迅速，在相同条件下比云杉、油松、华山松等生长都快。

栽培养护：播种和扦插繁殖。育苗地应选择地势平坦、排水良好、灌溉方便、土层深厚、较肥沃的中性沙质壤土。选好的育苗地于头年深耕25cm，施腐熟有机肥4000kg/亩、磷酸氢二铵或过磷酸钙25～50kg/亩，然后作床，播前5～7天灌足底水。苗床一般长10m、宽2m、埂宽25～30cm，搂平床面；为防治病虫害，结合整地施入50%锌硫磷1.3～1.4kg/亩、黑矾20～30kg/亩，均匀拌入土中。精选的种子要用0.3%～0.5%高锰酸钾水溶液浸种消毒2h，捞出后用清水浸泡1昼夜，再用

图4-3　华北落叶松（枝叶和球果）

雪藏法或湿沙埋藏法催芽。出苗期不可灌水。前期喷洒水应少量多次，进入幼苗期生长旺盛，应结合灌水追施化肥，6 ～ 7月初间苗1 ～ 2 次。保苗700株/m^2左右，10月可出圃。起苗最好随起随栽，以提高成活率。若需运输，应保护好苗木根系，防止风吹日晒。土壤结冻前用土覆盖苗床以利苗木越冬。

适宜在中高山阴坡、半阴坡、山脚、沟谷土层较深厚处栽植。栽植前1 ～ 2天进行整地，常采用穴状、水平沟、鱼鳞坑等整地方式。一般选用2年生壮苗、要求顶芽饱满、根系发达、无病虫害和机械损伤，苗高20cm以上、地径粗要达0.3cm以上。栽植密度一般166株/亩。以秋季栽植为主，春季栽植应尽量提早进行。栽植方法常采用窄缝栽植法或直壁靠边栽植法。

幼苗常见的病害有猝倒病、松杨锈病、早期落叶病等。猝倒病又称立枯病，防治时用1% ～ 3%硫酸亚铁或0.4%高锰酸钾溶液喷浇苗床20min后，用清水冲洗，每10天1次或喷200倍波尔多液，发病轻时10 ～ 15天喷1次。为防治松杨锈病的发生，苗圃周围最好不成片栽植杨树，4月末至5月初，用0.8%～ 1.0%波尔多液喷洒幼苗。常用的喷洒药剂还有：0.3%的石硫合剂，65%可湿性代森锌液（500倍），敌锈钠200倍液等。松苗高温伤害可通过改良土壤结构、适时浇水、适当早播等方法，使苗木提早木质化、增强抗性来防治。虫害以地下害虫为害较多。在北方地区，主要有金龟子、地老虎、蝼蛄、沟叩头虫等，防治地下害虫可根据成虫羽化期进行毒饵和黑光灯诱杀，亦可用20%乐果、25%辛硫磷进行防治。

园林用途：树冠整齐呈圆锥形，叶轻柔而潇洒，可形成美丽的风景林。最适合于较高海拔和较高纬度地区配置应用。

4. 胡桃

别名：核桃、羌桃

拉丁学名：*Juglans regia* L.

科属：胡桃科　胡桃属

形态及分布：落叶乔木，高达35m。树冠广卵形至扁球形。树皮灰白色，浅纵裂，枝条髓部片状，幼枝具细柔毛；2年生枝常无毛。羽状复叶长25 ～ 50cm，小叶5 ～ 9个，稀有13个，椭圆状卵形至椭圆形，顶生小叶通常较大，长5 ～ 15cm，宽3 ～ 6cm，先端急尖或渐尖，基部圆或楔形，有时为心脏形，全缘或有不明显钝齿，表面深绿色，无毛，背面仅脉腋有微毛，小叶柄极短或无。雄花序为柔荑花序，长5 ～ 10cm；雌花1 ～ 3朵聚生，花柱2裂，赤红色。核果球形，直径约5cm，灰绿色。幼时具腺毛，老时无毛，果核近球形，黄褐色，基部平，先端钝，表面有不规则槽纹及2纵脊［见图4-4（a）、（b）］。花期4 ～ 5月，果期9 ～ 11月。原产我国新疆、中亚及欧洲。我国北起辽宁、南至广西、东达沿海、西抵新疆广为栽培，以西北、华北为主产区。

主要习性：喜光，喜温暖凉爽气候，耐干冷，不耐湿热、严寒。在年均温8 ～ 14℃、7月均温不低于20℃、年降水量400 ～ 1200mm条件下适生；极端低温−20℃时易受冻害，极端高温超过40℃时易受日灼。适深厚肥沃、疏松湿润、pH值5.5 ～ 8.0的沙壤土或壤土，不耐盐碱。深根性，主根发达，生长较快，寿命可达500年以上。人工栽培一般6 ～ 8年始果，20 ～ 30年达盛果期，经济年龄80 ～ 120年或更长。

栽培养护：播种和嫁接繁殖。播种繁殖：8 ～ 9月果熟后采种，脱皮、晾干、干藏。3月

图4-4（a）　胡桃（植株）

图4-4（b）　胡桃（枝叶和果）

中旬将种子用冷水浸泡2～3天，捞出后混湿沙，堆于向阳处。高30～35cm，上面盖10cm厚的湿沙，每天洒水1次保持湿润，晚间盖草帘或薄膜保湿保温，10～15天果壳开裂、露白即可播种。每天挑选1次，分批播种。先按行距40～50cm开沟，株距按15～20cm点播，点播时种子的两条合缝线应平行于地面，深度以果上距地表3～5cm为宜，覆土后压实保墒，播种量100kg/亩左右，产苗量7000～8000株/亩。优良品种常用嫁接繁殖：3月中旬在芽即将萌动时，采集生长健壮、无病虫害的1年生枝作接穗，采后分品种进行湿沙贮藏，4月上旬待核桃砧木芽萌动时进行嫁接。要求砧木粗度在1.5cm左右，嫁接高度距地面10cm。核桃嫁接时有伤流，影响成活，嫁接前12小时必须在根际部刻伤至木质部“放水”，再行劈接或插皮接，接后用塑料条绑紧伤口，接穗上端用漆涂抹防止水分蒸发。接穗成活后及时除萌松绑，松绑时间以新梢长至20cm以上时进行为宜，同时用小竹竿或木棍固定，以防风折。效率最高、成活率最高的嫁接方法是“方块芽接法”。华北地区通常在5月20日至6月20日进行嫁接。先用嫁接刀切割长3～4cm、宽0.8cm左右的方块状芽片，掰下，然后在距地面约30cm的当年生茎上切除与芽片相同大小的表皮，并向下切割出放水口；将芽片放入切口，尽量保持下部和一侧与砧木紧密结合；用薄膜严密包扎，露出芽；接口以上留3片复叶剪砧；之后随时抹除萌芽，促使嫁接芽萌发；待嫁接芽长至15cm时，去掉绑条。成活率一般可达80%以上。

3月下旬萌芽前后，栽植1～2年生苗成活率高。栽后应浇透水，并加强水肥管理，经常松土除草，雨季注意排水，6～7月注意防治病虫害。生长期应进行修枝，干高保持在3m以上。落叶后不可剪枝，否则易造成伤流，影响树木长势。

主要病虫害害有炭疽病、蚜虫及天蛾类食叶害虫、胡桃枯枝病等，其中胡桃枯枝病主要危害枝干，常造成枝干枯死。一般植株受害率20%左右，重者可达90%，该病主要影响树势生长和产量。防治方法是清除病枝，集中烧毁；防治时间和使用的药剂与核桃炭疽病的防治相同。

园林用途：冠姿雄伟，树干洁白，枝叶繁茂，绿荫盖地，宜作庭荫树、行道树，其叶、果可分泌杀菌素，自然杀菌效果较好，故可作卫生保健林。果实供生食及榨油，亦可药用。

5. 胡桃楸

别名：核桃楸

拉丁学名：*Juglans mandshurica* Maxim.

科属：胡桃科 胡桃属

形态及分布：落叶乔木，高达20m，胸径达70cm。树冠宽卵形。树皮灰色，浅纵裂。小枝有毛。叶互生，奇数羽状复叶，长40～60cm，小叶9～17枚，叶缘有锯齿，顶生小叶大，椭圆状披针形，侧生小叶长椭圆形。幼叶有短柔毛及星状毛，老时表面仅中脉有毛，叶背有星状毛及柔毛。花单性，雌雄同株。雄花序为柔荑花序，长10～27cm，腋生，下垂；雌花序穗状，常有4～10朵花，直立。花后果序下垂，常有5～7个果。核果球形至卵圆形，顶端稍尖，长3.5～7.5cm，直径3～5cm。核果外果皮肉质，果核长卵形，顶端尖，具8条纵脊，其中2条较显著（见图4-5）。花期4～5月，果期8～9月。主要分布于我国东北东部地区，华北、西北、内蒙古有少量分布；俄罗斯、朝鲜、日本亦有分布。

图4-5 胡桃楸（核果）

主要习性：喜光，不耐庇荫；耐寒性较强，能耐−40℃严寒，但有干风吹袭时易引起干梢。根系发达，适生于土层深厚、湿润、排水良好、海拔400～1000m的中、下部山坡和向阳的沟谷，干旱瘠薄及排水不良处生长缓慢。20年生树高10～14m。寿命可达250年。

栽培养护：播种繁殖。播前先要对种子进行挑选，选用当年采收、籽粒饱满、无残缺或畸形、无病虫害的种子。种子保存的时间越长，其发芽率越低。随后分别对种子和栽培基质消毒，常用60℃左右的热水浸种15分钟，再用温水催芽12～24小时。对基质进行消毒，若能用锅或烘箱进行高温灭菌，灭虫效果更好。

园林用途：地理分布较胡桃更偏北，园林应用同胡桃。

6. 美国黑核桃

别名：黑核桃、黑胡桃、核桃木、胡桃木

拉丁学名：*Juglans nigra* L.

科属：胡桃科 胡桃属

形态及分布：落叶乔木，高达30m，树冠圆形或圆柱形，树皮暗褐色，纵裂；枝条灰褐色或暗褐色。奇数羽状复叶，小叶椭圆状、卵形至长椭圆形，13～23，边缘有不规则锯齿，背面沿侧脉腋有一簇短柔毛。花单性，雌花序具小花2～5朵簇生，果序短，下垂，核果常1～4粒生于果序顶端，圆球形，浅绿色，表面有小突起，被茸毛；坚果圆形，稍扁，先端微尖，表面具不规则的深刻沟，壳坚厚，难开裂，种子肥厚。花期5月，果期9～10月［图4-6（a）、（b）］。原产于北美，在我国引种栽培的地区有吉林、河南、北京、陕西、青海、新疆、内蒙古、云南、贵州、湖南、安徽等20多个省、市、自治区。

主要习性：适应性强，喜光，耐寒，耐盐碱，可在pH值4.6～8.2的各种土壤中生长，但在不同土壤中的生长量差别较大。喜深厚肥沃、排水良好的土壤，以沙壤土或冲积土最为适

图4-6（a）　美国黑核桃（植株）

图4-6（b）　美国黑核桃（枝叶和果）

宜，忌干旱之地。生长快，耐瘠薄，寿命长，病虫害少。深根性，抗风力强。

栽培养护：播种或嫁接繁殖。播种繁殖方法可参照核桃，嫁接繁殖常以核桃为砧木。

园林用途：树形高大，树干通直，树冠开阔，宜作庭园观赏树，也是经济价值较高的果材兼用树种。

7. 薄壳山核桃

别名：美国山核桃、长山核桃

拉丁学名：*Carya illinoensis* K.Koch

科属：胡桃科　山核桃属

形态及分布：落叶乔木，在原产地高达55m。树冠长圆形或广卵形，主干耸直。树皮灰色，粗糙，纵裂。幼枝和鳞芽皆被灰色毛。奇数羽状复叶，小叶11～17，呈长圆状披针形或微弯近镰刀形，具锯齿。雌雄同株，单性，雄花序为三出下垂柔荑花序，雌花序生于新枝顶端。核果长椭圆形，平滑，壳薄［图4-7（a）、（b）］。花期4～5月，果期10～11月。原产于北美洲，于1900年前后引入我国。目前我国栽培较广泛，除江苏、浙江、福建等地栽培较多外，上海、江西、湖南、四川、北京、河南均有栽培，但多数仅限于大中城市。

图4-7（a）　薄壳山核桃（叶和果）

图4-7（b）　薄壳山核桃（叶）

主要习性：深根性树种，1年生实生苗主根长度超过地上部分1倍以上。喜光，对光照要求比较敏感，尤其是开花结实期需要充足的光照；较耐寒，耐水湿，不耐旱，尤其苗期不耐干旱。喜温暖湿润气候，最适宜生长的平均温度为15～20℃，生长期需要较长的生长季和较高的夏季温度，冬季还需有一短暂的低温时期，以利雌花的形成和芽的发育。在深厚、疏松、排水良好、腐殖质丰富的沙壤土中生长良好。对土壤pH值的适应范围广，pH值 4～8时均可生长，但以pH值6为最适宜。深根性，有菌根共生，生长速度中等，根萌蘖性强，寿命长。

栽培养护：用播种、嫁接、扦插等方法进行繁殖，用于绿化的苗木常用播种繁殖。10月果熟，采收后摊放在室内通风处，待多数外果皮展开时取出种子，晾干后若不冬播，可在室内用湿沙贮藏，至翌年2～3月播种，条播、点播均可，播后覆土厚5cm，冬季播种可略深并盖草。播后40天发芽出土，成苗率80%以上，当年苗高35～40cm，翌年分栽培育。以果用为目的时需嫁接。春季嫁接不宜过早，在树液开始流动、芽萌动后嫁接成活率较高，常在3月中旬至4月中旬采用皮下接或切接。夏季嫁接之后用铝箔和塑料袋套在接口和接穗部分，以降低温度和保湿。立秋前后进行方块形芽接，亦可达到理想的效果。扦插用根插法，选幼龄实生苗1.5cm粗的根系（可利用起苗后圃地残留的根系），剪成10cm长插穗，于2月中下旬扦插，成活率可达90%以上。移植在秋季落叶后或春季芽萌动前进行，大苗需带土球，1～2年生小苗可裸根，但需多带侧根和须根，并蘸泥浆，以免根系失水变干而影响成活。移植株行距一般5m×6m。在生长过程中一般不需整枝。薄壳山核桃的雌雄花开放时间有差异，即雌雄不遇，故须混植不同品种，以达到结实丰盛的目的。

园林用途：树体高大、枝叶茂密、树姿优美、荫质浓厚，是优良的城乡绿化树种，可用作行道树、庭荫树，也可成片栽植。耐水湿，适于河流沿岸、湖泊周围及平原地区四旁绿化。在园林中是优良的上层骨干树种，丛植、片植于坡地、草坪，颇为壮观。结果丰盛，是绿化结合生产的观赏和经济树种。根系发达，深根性，亦可营造防风林、防沙林。果实味美、营养丰富，是优良的木本油料和干果。

8. 枫杨

别名：坪柳、麻柳、蜈蚣柳、元宝树、枫柳

拉丁学名：*Pterocarya stenoptera* C.DC.

科属：胡桃科 枫杨属

形态及分布：落叶乔木，树高可达30m、胸径达2m。幼树皮光滑，老时深纵裂。小枝髓心片状分隔，裸芽，密被褐色毛。奇数羽状复叶，顶生小叶有时不发育而成假偶数羽状复叶，叶轴具叶质窄翅，小叶10～16枚（稀6～25枚），无小叶柄，对生或稀近对生，长椭圆形至长椭圆状披针形，长8～12cm，宽2～3cm，缘具向内弯的细锯齿，柔荑花序，雄花长6～10cm，单生于上年生枝叶腋内，花序轴常有稀疏的星芒状毛。雌花长约10～15cm，顶生，几无梗，花序轴密被星芒状毛及单毛。果序长20～45cm，果序轴常被有宿存的毛。坚果，具2斜上伸展的翅，翅长2～3cm，矩圆形至椭圆状披针形［见图4-8（a）～（c）］。花期4～5月，果熟期8～9月。广布于我国华北、华中、华南和西南地区，在长江流域和淮河流域最为常见，吉林、辽宁南部有栽培。朝鲜亦有分布。

主要习性：喜光，幼时稍耐阴；耐水湿及轻度盐碱，野生常见于山谷溪旁或河流两岸；喜温暖气候，但亦较耐寒、耐旱。深根性，主、侧根均发达；对土壤要求不严，适生于肥沃、湿

图4-8（a）　枫杨（植株）

图4-8（b）　枫杨（幼叶和雌雄花序）

图4-8（c）　枫杨（果序）

润中性至酸性土壤。生长较快，萌蘖性强，对二氧化硫、氯气等有害气体抗性强，叶片有毒，鱼池附近不宜栽植。

栽培养护：播种繁殖。果实成熟后采下晒干、去杂后干藏至11月播种；春播最好翌年1月先用温水浸种24小时，再掺沙2倍堆置背阴处低温处理，至2月中旬再将种子移到向阳处加温催芽，经常倒翻，并注意保持湿润，至3月下旬或4月上旬进行播种。1年生苗高可达1m左右，秋季落叶后掘起入沟假植，冬季土壤湿度不宜过大，以防烂根。第2年春季移栽时应适当密植，以防侧枝过旺和主干弯曲，待苗高3～4m时再扩大株行距，培养树冠。植株发枝力很强，用作行道树及庭荫树时，应注意修去干部侧枝。修剪应避开伤流严重的早春季节，一般在树液流动前的冬季或到5月展叶后再行修剪。修剪后主干上休眠芽容易萌发，应及早抹掉。

有丛枝病、天牛、刺蛾、蚧壳虫等为害，应注意及早防治。有时核桃扁叶甲对枫杨为害相当严重。在湖北、湖南及江西等地，枫杨跳象为害严重。

园林用途：树冠广展，枝叶茂密，生长快速，根系发达，为河床两岸低洼湿地的良好绿化树种，既可作行道树，也可成片种植或孤植于草坪及坡地，用作风景区绿化树、“四旁”树、庭荫树等，或用作固堤护岸林、防风林等。

9. 毛白杨

别名：大叶杨、白杨、笨白杨、独摇

拉丁学名：*Populus tomentosa* Carr.

科属：杨柳科　杨属

形态及分布：落叶乔木，高可达40m，胸径2m。树冠卵圆形或卵形。树皮灰白色，平滑，具菱形皮孔；老时深灰色，纵裂；幼枝有灰色绒毛，老枝平滑无毛，芽稍有绒毛。单叶互生；长枝及幼树之叶三角状卵形或近圆形，长10～15cm，宽8～12cm，先端尖，基部平截或近心形，具大腺体2枚，缘具缺刻或锯齿，表面深绿色，光滑或疏有柔毛，背面密被灰白色绒毛，后渐脱落；叶柄圆，长2.5～5.5cm；老枝之叶较小，缘具波状齿，渐无毛；短枝之叶更小，卵形或三角形，缘具不规则波状钝齿，叶背初被短茸毛，后近无毛；叶柄侧扁。柔荑花

图4-9（a） 毛白杨（植株）

图4-9（b） 毛白杨（叶）

序，雌雄异株，先叶开放；雄花序长约10 ～ 14cm；苞片卵圆形，尖裂，具长柔毛；雄蕊8；雌花序长4 ～ 7cm；子房椭圆形，柱头2裂。蒴果长卵形，2裂［见图4-9（a）、（b）］。花期3月，果期4～5月。原产于我国，分布广，北起辽宁南部、内蒙古，南至长江流域，西至甘肃东部，西南至云南均有分布，以黄河中下游为适生区。

主要习性：强阳性树种。喜凉爽湿润气候，在暖热多雨的条件下易发病。对土壤要求不严，中性至微碱性土壤均可生长，在深厚、肥沃、湿润又排水良好的壤土或沙壤土上生长最好，不耐过度干旱瘠薄，稍耐碱，pH值8 ～ 8.5时亦能生长；大树耐湿。抗风，抗烟尘，抗污染。深根性，根系发达，萌芽力强，生长较快，15年生树高可达16m，胸径20cm，是杨属中寿命最长的树种，长达200年。

栽培养护：野生资源雌株少、雄株多，而播种繁殖分化严重，故实践中经常进行营养繁殖，常用方式有扦插、埋条、根蘖、嫁接等，以扦插应用最多。苗期应注意及时摘除侧芽，保护顶芽生长。

生长快，要求水肥条件高，选择适合其生长的地段栽植才能达到预期目的。低洼积水、中度以上盐碱等地，不适于毛白杨的生长。栽植前宜在穴内施化肥或农家肥作基肥，无条件时放些树叶、野草之类的材料亦有效果。在幼树期的每年秋末，每株可施土杂肥20 kg，在生长旺盛期应适时浇水或雨后追施化肥，每株0.5 kg左右。

栽植前应对苗木进行打头去侧枝处理。具体做法为依苗木高度及1年生中心枝的位置，保留1年生中心枝1m左右进行打头，一般定干高5 ～ 6m，并可选留5 ～ 6个分布均匀的侧枝剪留20 ～ 30cm，其余的全部除去。当年6月将树干中部以下萌发的枝芽全部抹掉。为培育通直圆满主干，应根据植株生长情况，合理进行修枝。

园林用途：树干端直银白，树体高大挺拔，姿态雄伟，叶大荫浓，生长较快，适应性强，是城乡及工矿区绿化的优良树种，常用作行道树、园路树、庭荫树或营造防护林，在街道、公路、学校运动场、工厂、农田、牧场周围栽植，可孤植、列植、丛植、群植于建筑周围、草坪、广场、水滨等处，形成气势庞大的景观，有很高的观赏价值。

10. 加杨

别名：加拿大杨、欧美杨

拉丁学名：*Populus canadensis* Moench

科属：杨柳科　杨属

形态及分布：落叶乔木，高达30m。树冠卵形；干直，树皮灰褐色，深纵裂。小枝近圆柱形，稍有棱，萌枝及苗茎棱角显著。芽初为绿色，后变为褐绿色，富黏质。叶三角形或三角状卵形，长7～10cm，长枝和萌枝叶较大，长10～20cm，一般长大于宽，先端渐尖，基部截形或宽楔形，无或有1～2腺体，边缘半透明，有圆锯齿，近基部较疏，具短缘毛。叶柄侧扁而长，带红色（苗期特明显）。雄花序长7～15cm，花序轴光滑，每花有雄蕊15～25（40），苞片丝状深裂，花盘全缘；雌花序长3～5cm，子房卵圆形，柱头2～3裂；果序长10～20cm；蒴果卵圆形，2～3瓣裂（见图4-10）。花期4月，果期5～6月。19世纪中叶引入我国，各地普遍栽培，而以华北、东北及长江流域最多。现广植于欧、亚、美各洲。

主要习性：杂种优势明显，生长势和适应性均较强。性喜光，颇耐寒，喜湿润而排水良好之冲积土，对水涝、盐碱和瘠薄土地均有一定耐性，能适应暖热气候。对二氧化硫抗性强，并有吸收能力。生长快，在水肥条件好的地方12年生树高可达20m以上，萌芽力、萌蘖力均较强。寿命较短。

栽培养护：播种和扦插繁殖，以扦插为主。扦插育苗成活率高。可裸根移植。苗圃地应选择土壤肥沃和灌溉方便的地方，在冬初进行深耕，深度25～30cm，翌春解冻后施基肥，并做好苗床。扦插一般宜选大树上的1～2年生枝条，以枝条中部剪取的插穗为佳，基部的较差，梢部仍可利用。插穗长17cm左右，粗以1～1.5cm为宜。扦插密度以30cm×30cm或30cm×40cm为宜，如果培育2～3年生大苗，扦插距离可达50～70cm，株距30～40cm为宜。一般3月上中旬扦插的插穗，4月上旬即可开始发芽生长。此时应每隔10～15天灌水1次，特别干旱时应适当增加灌溉次数。同时应注意追肥，还要适时中耕除草，促进苗木生长。易患杨叶锈病、白粉病、白杨透翅蛾、光肩星天牛等病虫害，应及时防治。

园林用途：树体高大，树冠宽阔，枝叶茂密、树大荫浓，适应能力较强，宜作行道树、庭荫树及防护林树种等，是华北平原常用的绿化树种。对大气污染抗性较强，宜作工矿区绿化及“四旁”绿化树种。雌株飞絮污染严重，在园林应用中应选用雄株。

图4-10　加杨（植株）

11. 银白杨

拉丁学名：*Populus alba* L.

科属：杨柳科 杨属

形态及分布：落叶乔木，高15～30m，树冠宽阔，广卵形或圆球形。树皮白色至灰白色，基部常粗糙。芽、幼枝、幼叶密被白绒毛。萌发枝和长枝叶宽卵形，掌状3～5浅裂，长5～10cm，宽3～8cm，裂片顶端渐尖，基部楔形、圆形或近心形，幼时两面被毛，后仅背面被毛；短枝叶较小，卵圆形或椭圆形，长4～8cm，宽2～5cm，叶缘具不规则波状钝齿；叶柄与叶片等长或较短，被白绒毛。叶柄上部两侧略扁；老叶叶背及叶柄仍有白茸毛。柔荑花序；雄花序长3～6cm，苞片长约3mm，雄蕊8～10，花药紫红色；雌花序长5～10cm，雌蕊具短柄，柱头2裂。蒴果圆锥形，长约5mm，无毛，2瓣裂（见图4-11）。花期4～5月，果期5～6月。我国新疆有野生天然林分布，西北、华北、辽宁南部及西藏等地有栽培，欧洲、北非及亚洲西部、北部亦有分布。

主要习性：喜光，不耐阴。耐严寒，−40℃条件下可安全越冬。耐干旱气候，不耐湿热，南方栽培易受病虫为害，且主干弯曲常呈灌木状。耐瘠薄，耐轻度盐碱，能适应含盐量0.4%以下的土壤，在河岸冲积形成的沙壤土上生长较快，但在黏重的土壤中生长不良。深根性，根系发达，固土能力强，根蘖性强。抗风、抗病虫害能力强。寿命达90年以上。

栽培养护：可用播种、扦插、分蘖等方法繁殖，以扦插较为常用。选择1～2年生光滑粗壮、饱满无虫的枝条中下部作插穗，11月初将插条采回放在窖内，分层湿沙埋藏，最上层盖沙20cm，翌年3月末取出剪成12～14cm长的插穗，不必按芽剪穗，只要插穗上剪口平，下剪口斜即可。每100个穗为一捆置于窖内，贮藏，方法是先将用0.3%高锰酸钾溶液消毒的河沙铺在窖内地面上，然后将插穗下剪口朝下整齐地摆放在河沙上，每摆一层，上面铺一层10cm厚的河沙，沙子湿度以能够捏成团为度。育苗地应选择含盐量小、通气条件好、肥力较高的沙壤土，春天解冻后立即整地。在沙藏处理条件下越冬的插条较春季或秋季随采随插的成活率高2～3倍，地径粗20%～30%。育苗地的抚育管理主要包括浇水灌溉、定干抹芽、松土除草、施肥、修枝打杈等环节。植株抗病能力较强，常见病害为立枯病，防治方法：喷洒敌克松800倍或1%～3%的硫酸亚铁液，以淋湿苗床土层为度，每隔10天左右喷施1次，共2～3次；锈病可喷洒65%可湿性代森锌500倍液或50%的退菌特500倍液。黑锈病可喷洒1:1:200波尔多液，或65%的代森锌250倍液，或4%代森锌粉剂，10～15天喷1次。主要虫害有白杨透翅蛾、青杨天牛等，可在其羽化前后用毒泥堵住虫孔，亦可用毒眼蜂、姬蜂等进行生物防治。

图4–11 银白杨（植株）

园林用途：树形高大，树姿优美，树皮灰白，树叶银白在微风中飘动、在阳光下闪烁，犹如银花朵朵，观赏价值极高。园林中可作风景树、庭荫树、行道树、“四旁”绿化树等，还可作固沙、保土、护岩固堤及荒沙造林树种。

12. 新疆杨

别名：白杨、新疆奥力牙苏、帚形银白杨、新疆银白杨

拉丁学名：*Populus alba* L. var. *pyramidalis* Bunge

科属：杨柳科　杨属

形态及分布：落叶乔木，高达30m；枝直立向上，形成圆柱形或尖塔形树冠。干皮灰绿色，老时灰白色，光滑，很少开裂。短枝之叶近圆形，有缺刻状粗齿，背面幼时密生白色绒毛，后渐脱落近无毛；长枝之叶缘缺刻较深或呈掌状深裂，裂片尖，背面被白色绒毛。柔荑花序。目前仅见雄株（见图4-12）。主要分布在我国新疆，以南疆地区较多。近年来，在北方各地区，如山西、陕西、甘肃、宁夏、青海、辽宁等地区大量引种栽植，生长良好，有的地区还将其列为重点推广的优良树种大力发展。

主要习性：喜半阴，喜温暖湿润气候及肥沃的中性及微酸性土，耐寒性不强，耐修剪，对有毒气体抗性强。在年平均气温11.3～11.7℃，极端最高气温39.5～42.7℃，极端最低气温−22～−24℃的气温条件下生长良好；在绝对最低气温−41.5℃时树干底部会出现冻裂。生长快，18年生高达16m，胸径30cm以上。

栽培养护：主要用播种和扦插繁殖。种子采收后应立即播种，播前用温水浸泡，待种子吸水膨胀后即可播种。插穗采集与贮藏于11月上旬进行，从3年生以上新疆杨基干上采集生长健壮、木质化程度高、芽眼饱满的当年生枝条，在上冻前进行窖藏。贮藏时先在窖底铺5～10cm厚湿沙，然后在上面平放一层插条，盖一层沙土，再放一层插条，最上面放20cm厚湿沙。在春插前20天左右，将贮藏的插条取出，剪成15cm长插穗，上平下斜，每穗保留2～3个芽，把插穗每50根捆成一捆，置于清水中浸泡12小时，再用100mg/L ABT生根粉溶液浸泡插穗基部1小时，然后用800W地温线加热催根。催根前在空屋地上先铺一层10cm厚锯末，上面铺5cm厚细河沙，摆上地热线，线上盖5cm厚细河沙，摆上插穗捆，缝间填好沙土（至插穗2/3高处），浇透水，通电源逐渐加温至20℃，15天左右，大部分插穗长出白色根系时，开始降温至10℃炼苗待栽。当地温升至10℃时进行移栽。在先前做好的垄（60cm宽）上开沟，深度15cm，按株距20cm栽植好，灌透水（也可覆膜）。及时抹芽、松土除草、防治病虫害。扦插成活

图4-12　新疆杨（植株）

率可达85%以上，当年平均苗高达1.1m，平均地径达0.9cm。

园林用途：树形及叶形优美，在城乡绿化中应用颇多，主要作行道树、风景林、防护林和“四旁”绿化树等，在城市绿地、道路，或郊区田间地头、房前屋后孤植、列植或丛植，亦可用作绿篱及基础种植材料。

13. 小叶杨

别名：南京白杨

拉丁学名：*Populus simonii* Carr.

科属：杨柳科　杨属

形态及分布：落叶乔木，高达20m。树皮灰褐色，老时粗糙、纵裂；树冠近圆形。小枝红褐色，无毛，幼树小枝及萌枝有明显棱脊，老树小枝圆柱形。芽细长，有黏质。叶菱状卵形、菱状椭圆形或菱状倒卵形，长3～12cm，宽2～8cm，先端短渐尖，基部楔形或宽楔形，缘具细锯齿，两面无毛；叶柄圆筒形，有时带红色，表面具沟槽，长0.5～4cm。雄花序长2～7cm，花序轴无毛，苞片细条裂，雄蕊8～9（25）；雌花序长2.5～6cm，苞片淡绿色，裂片褐色，柱头2裂。果序长达15cm；蒴果小，2（～3）瓣裂，无毛［图4-13（a）、（b）］。花期3～5月，果期4～6月。产于我国及朝鲜。在我国分布广泛，北至哈尔滨，南达长江流域，西至青海、四川等地均有栽培。

主要习性：喜光，不耐庇荫。适应性强，耐干旱、瘠薄土壤和严寒气候，对高温和低温均有一定的忍受能力，但性喜湿润肥沃土壤，常在河岸、河滩和山沟生长。根系发达，固土抗风能力强。对土壤要求不严，沙壤土、轻壤土、黄土、冲积土、灰钙土及轻度盐碱土上均能正常

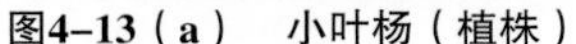
图4-13（a）　小叶杨（植株）

图4-13（b）　小叶杨（枝叶）

生长。阶地、梁峁上亦有分布。不适宜在长期积水的低洼地上栽植，在干旱瘠薄的沙荒茅草地上常形成“小老树”。根系发达，侧根水平伸展，须根密集。生长较快，20年生树高达15m，胸径22cm。

栽培养护：播种、扦插、埋条繁殖。播种繁殖包括采种、做床、播种、管理等程序。果实成熟后，应及时采收。采回的果实摊放在室内晾晒、抽打脱粒，细筛精选，去杂，即得纯净种子。苗圃地应选择富含腐殖质的沙质壤土，播前要细致整地，施足底肥，做到床面平整，能灌能排。播种前先灌水，待水快渗完时，将种子播于床面，然后用过筛的“三合土”（1份细土，1份细沙，1份腐熟的基肥）覆盖，以稍见种子为度。播后2天即开始出土，3～5天幼苗基本出齐。从出土至真叶形成期应及时洒水或浇水，保持苗床湿润。苗高2～3cm时，应开始间苗和拔草。苗高5cm左右时定苗，株距5～10cm。苗木速生期应加强水肥管理和中耕除草。扦插所用种条应选择生长健壮、发育良好的1～2年生的枝条，尤以1～2年生平茬条为好。春、秋两季均可采集。扦插宜在春季进行，插前将种条截成18～20cm的插穗，粗度以1～2cm为宜，放入清水中浸3天左右，或用ABT生根粉进行处理，能促进生根发芽，扦插株距为20cm，行距30cm。扦插后应及时灌足底水，插穗生根前浇水1～2次，以后每15～20天浇水1次，6～7月间施追肥2～3次。

园林用途：树形及叶形优美，园林上适作行道树、庭荫树、“四旁”绿化树、厂矿区绿化树等，也可作固坡护岸林、防风固沙林树种等，是“三北”防护林的主要组成树种之一。

14. 钻天杨

别名：笔杨、美杨、美国白杨

拉丁学名：*Populus nigra* L. var. *italica* Koehne

科属：杨柳科 杨属

形态及分布：落叶乔木，高达30m。枝条分枝角小，故树冠狭窄呈尖塔形或圆柱形。树皮暗灰褐色，老时沟裂；小枝黄褐色，无毛；嫩枝有时疏生毛。芽长卵形，先端长渐尖，淡红色，富黏质。长枝叶扁三角形，通常宽大于长，长约7.5cm，先端短渐尖，基部截形或阔楔形，边缘具钝圆锯齿；短枝叶菱状三角形或菱状卵圆形，长5～10cm，宽4～9cm，长宽近等或长略大于宽；叶柄上部微扁，长2～4.5cm，先端无腺点。雄花序长4～8cm，雄蕊15～30；雌花序长10～15cm。蒴果2瓣裂，先端尖，果柄细长（见图4-14）。花期4月，果期5月。原产于意大利，广植于欧洲、亚洲及北美洲。我国自哈尔滨以南至长江流域各地均有栽培，西北（陕西、宁夏、甘肃、青海、

图4-14 钻天杨（植株）

新疆）、华北（河北、山西、北京、天津）地区最适生长。

主要习性：喜光，耐寒、耐干冷气候，对南方湿热环境适应性差。稍耐盐碱和水湿，忌低洼积水及土壤干燥黏重。抗病虫害能力较差，生长快，寿命短。

栽培养护：播种、扦插和压条繁殖。播种应选用当年采收的种子。种子保存的时间越长，其发芽率越低。此外还应注意选用籽粒饱满、无残缺或畸形、无病虫害的种子。种子催芽用温水浸泡12～24个小时，待种子吸水膨胀后即可播种。扦插常于春末秋初用当年生的枝条进行嫩枝扦插，或于早春用1年生枝条进行硬枝扦插。进行嫩枝扦插时，于春末至早秋植株生长旺盛时，选用当年生粗壮枝条作插穗。把枝条剪下后，选取壮实的部位，剪成5～15cm长的插穗，每个插穗应带3个以上的叶节。插穗生根的最适温度为20～30℃，低于20℃时，插穗生根困难、缓慢；高于30℃时，插穗的上、下两个剪口容易受到病菌侵染而腐烂，并且温度越高，腐烂的比例越大。扦插后必须保持空气相对湿度在75%～85%。

园林用途：树冠圆柱状或尖塔形，树形高耸挺拔，姿态优美，在园林中宜作风景树、行道树，可丛植、列植于草坪、广场、学校、医院等地，亦可作为防护林树种。

15. 旱柳

别名：柳树、河柳、江柳、立柳、直柳

拉丁学名：*Salix matsudana* Koidz.

科属：杨柳科 柳属

形态及分布：落叶乔木，高达20m，树冠广圆形或倒卵形。树皮灰黑色，纵裂。枝条纤细斜展，小枝淡黄色或绿色，无毛，枝顶微垂，无顶芽；幼小枝有时具毛。单叶互生，披针形至狭披针形，先端长渐尖，基部楔形，缘有细锯齿，叶背有白粉。叶柄长2～8mm，托叶披针形，早落。雌雄异株，柔荑花序小，长1～2cm，基部具2～3枚小叶片；雄花序轴有毛；苞片宽卵形，基部常有毛；雄蕊2，花丝分离，基部具2腺体，雌花腹背各具1枚腺体，子房无柄。蒴果2裂，种子细小，基部有白色长毛［见图4-15（a）～（c）］。花期3～4月，果期4～5月。我国分布甚广，东北、华北、西北及长江流域地区均有栽培，而以黄河流域为其分布中心，是我国北方平原地区最常见的乡土树种之一。

主要习性：喜光，不耐庇荫；耐寒性强；耐水湿，亦耐干旱。对土壤要求不严，生长快，萌芽力强，根系发达，主根深，侧根和须根分布于各土层中。在土壤深厚、排水良好的沙壤土上生长最好。稍耐盐碱，在含盐量0.25%的轻度盐碱地上仍可生长，生长快，8年生树高达13m，胸径25cm。固土、抗风力强，不怕沙压。对病虫害及大气污染的抗性较强。

栽培养护：播种和扦插繁殖，以扦插繁殖为主。扦插极易成活，除一般的枝插外，实践中人们常用大枝直插以代替大苗，称“插干”或“插柳棍”。插条采集一般在树木落叶后至早春树液流动前进行，从良种采穗圃中选择生长健壮、无病虫害的粗壮枝条，也可从育苗地选取当年生的营养繁殖苗（如扦插苗）或由壮龄母树根部长出的1年生萌芽条作插穗。扦插在春、秋和雨季均可进行，北方以春季土地解冻后进行为好，其中华北地区在3月上、中旬，东北地区在4月上、中旬，西北地区在4月中旬左右；南方土地不结冻地区以12月至翌年1月进行较好。由于长期营养繁殖，柳树20年左右便出现心腐、枯梢等衰老现象，故宜提倡种子繁殖。播种在4月种子成熟时，随采随播。播种量0.25～0.5kg/亩。在幼苗长出第1对真叶时即可进行间苗，苗高3～5cm时定苗，当年苗高可达60～100cm。用作城乡绿化时，最好选用高2.5～3m，粗3.5cm

图4-15（a）　旱柳（植株）

图4-15（b）　旱柳（枝叶）

图4-15（c）　旱柳（果序）

以上的大苗。因此，在苗圃育苗期间应注意培养主干，对插条苗应及时进行除蘖，并适当修剪侧枝，以达到一定的干高。栽植宜在冬季落叶后至翌春芽未萌动时进行，栽后应充分浇水并立支柱。当树龄较大，出现衰老现象时，可进行平头状重剪更新。主要病虫害有柳锈病、烟煤病、腐心病及天牛、柳木蠹蛾、柳天蛾、柳毒蛾、柳金花虫等，应注意及早防治。

园林用途：枝条柔软，树冠丰满，树姿优美，适应性强，是我国北方常用的庭荫树、行道树，常沿河湖岸边栽植，或孤植于草坪、对植于建筑两旁，亦可用作公路绿化、营造防护林或治沙造林。在北方园林中，该种是落叶树种中绿期最长的树种之一，应用十分广泛。但由于其种子成熟后柳絮飘扬，故在园林应用中最好栽植雄株。

16. 绦柳

别名：旱垂柳

拉丁学名：*Salix matsudana* Koidz. cv. ‘Pendula’

科属：杨柳科　柳属

形态及分布：落叶乔木，高可达30m。树皮厚，纵裂，老龄树干中心多朽腐而中空。枝条细长而低垂，褐绿色，无毛；冬芽线形，密着于枝条。单叶互生，线状披针形，长7～15cm，两端尖削，缘具腺状小锯齿，表面浓绿色，背面绿灰白色，两面平滑无毛，具托叶。柔荑花序，先叶后花；雄花序有短梗，略弯曲，长1～1.5cm。雌、雄花各具2个腺体。蒴果，成熟后2瓣裂，内藏种子多枚，种子上具绵毛（见图4-16）。华北、东北，西北至淮河流域园林中常见栽培。

图4-16　绦柳（植株）

主要习性：喜光，耐寒性强，既耐水湿又耐干旱。对土壤要求不严，干瘠沙地、低湿沙滩和弱盐碱地上均能生长。对空气污染、二氧化硫及尘埃的抗性强，适于都市庭园中栽植，尤其适生于水池旁或溪流边。

栽培养护：扦插繁殖为主，也可播种繁殖。育苗地的选择、整地施肥、插穗的选取、扦插方法及幼苗的管理等与旱柳相同。

园林用途：树形优美，易繁殖，枝条柔软嫩绿，树冠丰满，深受人们喜爱，适于庭前、道旁、河堤、溪畔、草坪栽植。

17. 馒头柳

拉丁学名：*Salix matsudana* Koidz. cv. ‘Umbraculifera’

科属：杨柳科 柳属

形态及分布：旱柳的栽培品种，因其小枝密而上扬，树形规整如馒头而得名（图4-17）。分布于东北、华北、西北、华东。北京园林中常见栽植。

主要习性：喜光，喜温凉气候，耐污染，耐寒，生长快。在坚硬、黏重土壤及重盐碱地上生长不良。不耐庇荫，既喜水湿又耐干旱。

栽培养护：以扦插繁殖为主。选择土壤潮湿、疏松、肥沃、阳光充足、通风良好的地方作育苗地，深翻，施足基肥，灌足水，保持土壤潮湿。大枝直插密度为70cm×70cm，插后10～15天即可发芽；当年不抹芽、不修枝，可保证当年生枝条不干梢。翌年不移栽，在快速生长期前剪除徒长枝，第3年进行3m定干。

园林用途：枝条柔软，树冠丰满，是我国北方常用的庭荫树和行道树，常栽培在河湖岸边，或孤植于草坪，或对植于建筑两旁。亦可用作公路和“四旁”绿化及防护林或治沙造林树种。

图4-17 馒头柳（植株）

18. 垂柳

别名：垂枝柳、垂丝柳、垂杨柳、倒挂柳、倒垂柳、倒栽柳、柳树

拉丁学名：*Salix babylonica* L.

科属：杨柳科 柳属

形态及分布：落叶乔木，高12～18m。树冠开展，常呈倒卵圆形。树皮灰黑色，不规则开裂。小枝细长，下垂，无毛，有光泽，淡黄绿色、淡褐色或带紫色。叶狭披针形或条状披针形，长9～16cm，宽5～15mm，先端渐尖或长渐尖，基部楔形，有时歪斜，缘有细锯齿，两面无毛，下面带白色，侧脉15～30对；叶柄长6～12mm，有短柔毛。柔荑花序，花序轴有短柔毛；雄花序长1.5～2cm；苞片椭圆形，外面无毛，缘有睫毛；雄蕊2，离生，基部有长柔毛，腺体2；雌花序长达5cm；苞片狭椭圆形，仅腹面具腺体1；子房无柄，柱头2裂。蒴果长3～4mm，带黄褐色［见图4-18（a）、（b）］。花期3～4月，果期4～5月。主要分布于我

图4–18（a）　垂柳（植株）

图4–18（b）　垂柳（枝叶）

国长江流域及黄河流域，全国各地普遍栽培。垂直分布在海拔1300m以下，是平原水边常见树种。亚洲、欧洲、美洲均有引种栽培。

主要习性：喜光，喜温暖湿润气候及潮湿深厚之酸性及中性土壤。较耐寒，耐水湿，在平原地区水边习见，短期水淹生长不受影响，亦能在土层深厚之高燥地区栽植。发芽早，落叶迟，根系发达，生长快，萌发力强。寿命短，30年后渐趋衰老。

栽培养护：可用播种、扦插、压条、嫁接等繁殖。种子宜采自主干通直、生长健壮、无病虫害的优良母树。采收应及时，一般花后30天左右种子即可成熟，随采随播。种粒小，播种整地应细致，多采用畦内宽幅条播。覆土为微见种子为度，播种后应保持土壤湿润，如需补充水分时，宜早晚用喷壶洒水。当年苗高可达1m左右，即可移栽。扦插繁殖，在春秋两季扦插均可进行，极易生根，有“无心插柳柳成荫”之说。移植宜在冬季落叶后至翌年早春芽未萌动前进行，栽后应充分浇水并立支柱。

园林用途：枝条细长，柔软下垂，随风飘舞，姿态优美潇洒，植于河岸及湖池边最为理想，柔条依依拂水，别有风致，自古即为重要的庭园观赏树，尤为我国江南园林中的春景特色，亦可用作行道树、庭荫树、固岸护堤树及平原造林树种。对有毒气体抗性较强，并能吸收二氧化硫，故也适用于工厂区。

19. 白桦

别名：桦树、桦木、桦皮树

拉丁学名：*Betula platyphylla* Suk.

科属：桦木科　桦木属

形态及分布：落叶乔木，高达25m；树冠卵圆形，幼树树皮暗褐色；成年树树皮白色，光滑，纸状分层剥离，内皮红褐色，皮孔黄色。小枝细，红褐色，无毛，外被白色蜡层，多密生油腺点。冬芽卵圆形，芽鳞具睫毛。叶三角状卵形或菱状卵形，先端渐尖，基部广楔形，缘具不规则重锯齿，侧脉5～8对，叶表无毛，叶背无毛或脉腋有毛，疏生油腺点。叶柄长1～2.5cm，无毛。花单性，雌雄同株，柔荑花序。果序单生，下垂，圆柱形，果苞长

图4–19（a） 白桦（植株）

图4–19（b） 白桦（枝和秋叶）

3～7mm，中裂片三角形，侧裂片平展或下垂，中裂片较侧裂片短；小坚果椭圆形，膜质翅与果等宽或较果稍宽［见图4-19（a）、（b）］。花期5～6月，果期8～10月。产于我国东北大兴安岭、小兴安岭、长白山及华北高山地区，黑龙江、吉林、辽宁、内蒙古、华北、西北、四川、云南、西藏均有分布。

主要习性：喜光，不耐阴。耐干旱瘠薄，耐水湿，耐严寒。对土壤适应性强，喜酸性土，在沼泽地、干燥阳坡及湿润阴坡均能生长。树皮的洁白程度与生长环境水分、养分关系较大；水分充足、营养良好时树皮洁白；在干旱瘠薄地树皮暗斑增多，观赏价值减弱。深根性，常与落叶松、红松、山杨、蒙古栎混生或成纯林。天然更新良好，生长较快，30年生树高达12m，胸径16cm；萌芽强，寿命较短。

栽培养护：以播种繁殖为主。春季播种。需细致整地，可采取撒播，覆土厚0.2cm，盖稻草保湿，播后15～20天发芽出土。随着幼苗生长，分批撤除盖草。种粒小，幼苗比较细弱，应适当遮阴。幼苗生出3～5片真叶时，开始间苗。当苗高达20cm左右时，撤去遮阴棚或遮阴帘，进行炼苗。翌春按16～20cm的株距移栽，再培育1～2年，当苗高达1m以上时，即可出圃。野生的桦木林下，常有天然下种的自生幼苗，每年春季挖取2～3年的野生苗也可直接应用。

园林用途：枝叶扶疏，姿态优美，尤其是树干修直，洁白雅致，十分引人注目。孤植、丛植于庭园、公园之草坪、池畔、湖滨或列植于道旁均颇美观。若在山地或丘陵坡地成片栽植，可组成美丽的风景林。

20. 千金榆

别名：穗子榆

拉丁学名：*Carpinus cordata* Bl.

科属：桦木科　鹅耳枥属

形态及分布：落叶乔木或小乔木，高达12m。树冠圆卵形。树皮灰褐色，纵裂；幼树树皮具明显菱形皮孔。幼枝淡褐色，具长柔毛；老枝灰褐色，无毛。冬芽褐黄色，无毛。叶卵形或椭圆状卵形，先端尾尖，基部深心形，长8～14cm，宽4～6cm，缘有不规则刺毛状重锯齿，叶背沿脉被柔毛，侧脉14～21对，叶柄长1.5～2cm，无毛或有柔毛。果序长5～12cm，

果苞膜质，宽卵状长圆形或长椭圆形，排列紧密，长2.2 ～ 3cm。坚果具多条不明显纵向肋纹。花期4 ～ 5月，果期9 ～ 10月（图4-20）。产于我国东北、华北及陕西、甘肃等地。朝鲜、日本也有分布。

主要习性：喜光，稍耐阴；耐寒，较耐瘠薄。野生常见于阴坡、半阴坡杂木林中。在土层深厚、湿润、排水良好的土壤上生长良好。

栽培养护：播种繁殖。移植易成活。

园林用途：树形紧凑，冬芽长达1cm，尤其在早春变成褐红色，比较醒目；幼叶嫩绿、折叠展开，果穗下垂。在园林中宜作风景树、庭院绿化树等，观赏价值较高。

图4-20　千金榆（叶和果序）

21. 鹅耳枥

别名：北鹅耳枥

拉丁学名：*Carpinus turczaninowii* Hance

科属：桦木科　鹅耳枥属

形态及分布：落叶小乔木或灌木状，高达5m；树皮铁锈色，粗糙或浅纵裂；小枝褐色，初具细绒毛，后无毛。冬芽红褐色，芽鳞具缘毛。叶卵形、阔卵形或卵状菱形，长2.5 ～ 5cm，宽1.5 ～ 3cm，顶端急尖，基部圆形或阔楔形，有时近心形，边缘有齿牙状重锯齿，表面光亮，背面沿脉及叶柄有毛，侧脉8 ～ 12对。果序稀疏，下垂，长3 ～ 4cm；序梗有细绒毛；果苞叶状，半卵形至半椭圆状卵形，长0.6 ～ 2cm，一边全缘，一边有齿。小坚果卵形，具多条明显纵向肋纹，疏生油腺点。花期5月，果期8 ～ 9月［图4-21（a）、（b）］。产于我国东北南部、华北至西南各省，朝鲜、日本亦有分布。

图4-21（a）　鹅耳枥（植株）

图4-21（b）　鹅耳枥（叶和果序）

主要习性：喜光，稍耐阴，喜肥沃湿润土壤，也耐干旱瘠薄。在干燥阳坡、湿润沟谷、林下均能生长。

栽培养护：播种和扦插繁殖。种粒小，寿命短，不耐贮藏，播种繁殖以采后即播为宜，11月中旬播种，翌年4月上旬出土，但成苗率不高，幼苗纤弱须遮阴。当年生苗高5～15cm，第3年春进行分栽，苗木平均高可达100cm，平均地径为1.5cm。扦插繁殖，采用2年生苗侧枝于3月中旬扦插，当年平均苗高8cm，最高可达17cm。

园林用途：叶形秀丽，果穗奇特，枝叶茂密，观赏价值较高。宜庭院观赏或作为风景树，尤宜制作盆景。

22. 板栗

别名：栗、毛栗

拉丁学名：*Castanea mollissima* Bl.

科属：壳斗科　栗属

形态及分布：落叶乔木，高15～20m；树冠扁球形。幼枝被灰褐色绒毛；无顶芽。叶成2列，长椭圆形至长椭圆状披针形，长9～18cm，宽4～7cm，先端渐尖，基部圆形或楔形，缘有锯齿，齿端芒状，叶背被灰白色短绒毛，侧脉10～18对；叶柄长1～1.5cm。雄花序穗状，直立；雌花生于枝条上部的雄花序基部，2～3朵生于总苞内。总苞球形，直径4～6.5cm，密被长针刺，内含坚果1～3个，坚果当年成熟，褐色［见图4-22（a）、（b）］。花期5～6月，果期9～10月。我国北自东北南部，南至两广，西达甘肃、四川、云南等地均有栽培，以华北和长江流域较集中。

主要习性：喜光，光照不足会引起树冠内部枝条枯死或不结果。对土壤要求不严，喜肥沃湿润、排水良好、富含有机质的沙质壤土，对有害气体抗性强。忌积水，在黏重土、钙质土、盐碱土上生长不良。深根性，根系发达，萌芽力强，耐修剪，虫害较多。北方品种较耐寒（绝对最低气温-30℃）、耐旱，南方品种喜温暖、不怕炎热，但耐寒、耐旱性较差。寿命长达300年以上。

栽培养护：主要用播种和嫁接繁殖，亦可进行分蘖繁殖。播种繁殖应从产量高、坚果

图4-22（a）　板栗（叶）

图4-22（b）　板栗（花）

大、连续结果能力强的单株上采集饱满的坚果。种子处理的关键是保湿（湿沙的饱和含水量50%～70%）、低温（1～4℃为宜）和通气三要素。当土温达12℃以上时适宜播种。点播，育苗密度为15cm×40cm，一般用种量为60～100kg/亩。播种后应注意防鼠、兔为害。出苗后应及时灌水、松土、除草及防治金龟子和立枯病、白粉病等病虫害。嫁接繁殖的砧木最好选用本砧，接穗要经蜡封处理。一般均采用枝接，常用的枝接方法有劈接、舌接、插皮接和腹接等。

园林用途：枝叶茂密，树荫浓郁，树冠丰满，宜在公园草坪及坡地孤植或群植观赏。在工矿区绿化可作隔音、防风、防火林或作高墙绿篱。

23. 麻栎

别名：橡子

拉丁学名：*Quercus acutissima* Carr.

科属：壳斗科　栎属

形态及分布：落叶乔木，高达25m；树皮暗灰色，浅纵裂；幼枝密生绒毛，后脱落。叶椭圆状披针形，长8～18cm，宽3～4.5cm，先端渐尖或急尖，基部圆或阔楔形，缘有锯齿，齿端成刺芒状，叶背幼时有短绒毛，后脱落，仅脉腋有毛；叶柄长2～3cm。雄花序长6～12cm，花被通常5裂；雌花序有花1～3。总苞碗状，包被坚果约1/2，小苞片木质状，反卷，被灰白色茸毛。坚果卵形或长卵形，直径1.5～2cm；果脐隆起［见图4-23（a）、（b）］。花期4月，果期翌年9～10月。我国北自东北南部、华北，南达两广，西至甘肃、四川、云南等地均有分布，日本、朝鲜也有分布。

主要习性：喜光，喜湿润气候。耐寒，耐干旱瘠薄，不耐水湿。对土壤要求不严，但不耐盐碱，在深厚、肥沃、湿润而排水良好的中性至微酸性沙壤土上生长最好，排水不良或积水地不宜种植。与其他树种混交能形成良好的干形；深根性，萌芽力强，但不耐移植。抗污染、抗尘埃，抗风能力亦较强。寿命长达500～600年。

栽培养护：以播种繁殖为主。9～10月果实颜色由绿色变为黄褐色或栗褐色时，果皮光亮，标志果实成熟，继而自然脱落，应及时采集。种子采收后应及时进行灭虫处理，通常最便

图4-23（a）　麻栎（枝叶和壳斗）

图4-23（b）　麻栎（树皮）

捷、最有效的方法是水浸灭虫。将采收后的种子装入编织袋内，浸入流动的河水中（切不可将种子长时间浸泡在死水中或缸、桶等容器内），编织袋应浸入水面以下，上面用石块等重物压好，以免漂浮或被水冲走。一般浸泡7～10天即可杀死种内象鼻虫。经浸泡的种子应及时摊开晾晒，晾晒7～8天后，将种子收集起来，暂时摊放在通风、无阳光直射的屋内。摊放厚度10～12cm左右，定期翻动，使其含水量保持在30%～60%。种子越冬贮藏可采用室内混沙埋藏。贮藏室应选择通风、不受阳光直射、无供暖设施的空屋。贮藏期间，应定期检查，防止种子发热、发霉，防止鼠害。贮藏时间多为100～120天。翌年3月下旬至4月上旬，播种前4～5天，将种子筛出。水选后的种子，应及时摊放在地面上，种子下面铺1～2层草帘，种子摊放5～7cm厚，每天翻动2次，种子干燥时适时喷水。一般4～5天后，待种子有30%左右发芽后，即可播种。选择地势平坦，排水良好，有灌溉条件的沙壤土、轻壤土作为育苗地，土壤黏重、通透性差的地块或排水不良的低洼地块不宜采用。当春季土壤化冻20cm，地下10cm处地温达到10～12℃时即可播种，北方地区一般在4月上旬至4月中旬。垄播或床播，播后覆土、镇压。幼苗出土后1个月内地上部分生长缓慢，根系生长较快，所需养分主要依靠子叶贮藏营养，从外界吸收养分的能力较差，因此追肥应在6月雨季到来后进行。及时间苗，拔除生长过于密集、发育不良和感病虫苗木。

园林用途：树干通直，树形高大，枝条广展，树冠雄伟，浓荫葱郁，绿叶鲜亮，秋叶变为橙褐色，季相变化明显，是优良的绿化观赏树种。根系发达，适应性强，可作庭荫树、行道树；抗火、抗烟能力较强，若与枫香、苦槠、青冈等混植，可构成城市风景林，也是营造防风林、防火林、水源涵养林的理想树种。对二氧化硫的抗性和吸收能力较强，对氯气、氟化氢的抗性亦较强。

24. 栓皮栎

别名：软木栎、粗皮栎、白麻栎

拉丁学名：*Quercus variabilis* Bl.

科属：壳斗科 栎属

形态及分布：落叶乔木，高达30m。树冠广卵形。树皮深灰色，深纵裂，木栓层发达。小枝淡褐黄色，无毛。单叶互生，宽披针形，长8～15cm，宽3～6cm，先端渐尖，基部阔楔形；缘具芒状锯齿；叶背灰白，密生细毛。雄花序生于当年生枝下部；雌花生于新枝叶腋。总苞碗状，径2cm，包坚果2/3以上，小苞片钻形反曲；坚果近球形或宽卵形，直径1.5cm，顶圆微凹［见图4-24（a）、（b）］。花期3～4月，果翌年9～10月成熟。我国自辽宁以南至广东均有分布，以鄂西、秦岭、大别山区为其分布中心。朝鲜、日本也有分布。常生长于海拔300～800m的向阳山坡。

主要习性：喜光，但幼树以有侧方庇荫为好。对气候、土壤的适应性强。主根发达，萌芽力强，耐火、抗风，能耐−20℃的低温，在pH值4～8的酸性、中性及石灰性土壤中均能生长，亦耐干旱、瘠薄，而以深厚、肥沃、适当湿润而排水良好的壤土和沙质壤土最为适宜，不耐积水。

栽培养护：多用播种繁殖。选择30～100年生、干形通直完满、生长健壮、无病虫害的优良单株为采种母树。种子成熟期一般在8月下旬至10月上旬，种实成熟时，种壳棕褐色或黄色。良好的种子，棕褐色或灰褐色，有光泽，饱满个大，粒重，种仁乳白色或黄白色。种子采集后，应妥为处理和贮藏。种子含水率高，无休眠期，易发芽霉烂，且易遭虫害。采后应立即

图4–24（a）　栓皮栎（树皮）

图4–24（b）　栓皮栎（枝叶）

放在通风处摊开阴干，每天翻动2 ～ 3次，至种皮变淡黄色，种内水分降至15% ～ 20%，便可贮藏。贮藏前用0.5%六六六粉以1∶100的重量拌种堆起，再用沙撒盖在上面，以不见种子为度，经24小时后，即可杀死象鼻虫和虫卵，亦可用二硫化碳或敌敌畏密闭熏蒸24小时，然后贮藏。种子贮藏应因地制宜，通常有室内沙藏、室内窖藏和流水贮藏3种方法。种子无休眠期，长江流域各省采用冬播（11 ～ 12月），黄河流域各地种子成熟期早（8月下旬～ 9月中旬），宜采用秋播，亦可采用春播（3月），但秋、冬播均较春播好，可免除种子贮藏和损耗，且成苗率高，苗木比较粗壮。株行距以10cm×20cm或15cm×15cm较好。

园林用途：树干通直，枝条广展，树冠雄伟，浓荫如盖，秋季叶色变为橙褐色，季相变化明显，是良好的绿化观赏树种，孤植、从植或与其他树种混交成林，均甚适宜。根系发达，适应性强，树皮不易燃烧，是营造防火林带、水源涵养林及防护林的优良树种。韧皮发达，老干树皮厚，剥下可用于生产软木塞，是天然的绝热、隔声和绝缘材料。

25. 蒙古栎

别名：柞树、青杏子

拉丁学名：*Quercus mongolica* Fisch. ex Ledeb.

科属：壳斗科　栎属

形态及分布：落叶乔木，高可达30m。树冠卵圆形。树皮暗灰色，深纵裂；小枝粗壮，栗褐色，无毛；幼枝具棱。叶常集生枝端，倒卵形或倒卵状长椭圆形，长7 ～ 20cm，先端短钝或短凸尖，基部窄圆或近耳形，缘具深波状缺刻，仅叶背脉上有毛，侧脉8 ～ 15对；叶柄短，仅2 ～ 5mm，疏生绒毛。花单性同株，雄花序为下垂柔荑花序，长5 ～ 7cm，轴近无毛；雌花序长约

图4–25　蒙古栎（叶）

1cm，有花4～5朵，但仅1～2朵结果。总苞浅碗状，包果1/2～1/3，壁厚；苞鳞三角状卵状，背部呈半球形瘤状突起，密被灰白色短绒毛；坚果单生，卵形或长卵形。花期5～6月，果期9～10月（图4-25）。分布于东北、内蒙古、华北、西北各地，朝鲜、日本、蒙古及俄罗斯亦有分布。

主要习性：喜光，适应性强，耐火，耐干旱瘠薄，耐寒性强，能耐−50℃的低温。喜凉爽气候和中性至酸性土壤，常生于向阳干燥山坡。根系深广，主根发达，不耐移植。树皮厚，抗火性强。

栽培养护：多用播种繁殖。9月中旬待种子完全成熟时，从优良母树上采种。种子采收后用50～55℃温水浸种15分钟或用冷水浸种24小时，同时将漂浮的劣质种子捞出，亦可用敌敌畏熏蒸1昼夜进行杀虫处理。秋播种子消毒处理后即可直接播种；春播种子在冷室内混沙（种沙比为1∶3）催芽，每周翻动1次，随时检出感病种子并烧掉，翌春播前1周将种子筛出，在阳光下翻晒，种子裂嘴达30%以上时即可播种。育苗地应选择在地势平坦、排水良好、土质肥沃、pH值5.5～7.0、土层厚度50cm以上的沙壤土和壤土，撒播、条播或点播。撒播将种子均匀撒在床面上，覆土4～5cm后镇压；条播幅距10cm，开沟深5～6cm，将种子均匀撒在沟内，覆土4～5cm后镇压；点播株行距8cm×10cm，深度5～6cm，每穴放1粒种子，种脐向下，覆土4～5cm后镇压。播种前浇足底水，幼苗出土前不必浇水当幼苗长出4片真叶时，在大约6cm深处切断主根，以促进须根生长。切根后应将土压实并浇水。在幼苗进入高生长速生期时进行定苗，间去病苗、弱苗，疏开过密苗，同时补植缺苗断条之处。间苗和补苗后应灌水，以防漏风吹伤苗根。留苗密度60～80株/m^2。

园林用途：同槲栎。

26. 槲树

别名：柞栎、波罗栎

拉丁学名：*Quercus dentata* Thunb.

科属：壳斗科　栎属

形态及分布：落叶乔木，高达25m。树冠椭圆形，树皮暗灰色，宽纵裂。小枝粗壮，具沟槽并密生黄灰色星状绒毛。叶倒卵形，长达10～30cm，先端钝圆或钝尖，基部耳形或窄楔形，缘具4～10对波状缺裂或粗齿，侧脉4～10对，幼叶表面疏被柔毛，背面密被星状茸毛，老叶背面灰绿色，有星状毛；叶柄极短，长仅2～5mm，密被绒毛。花单性，雌雄同株；雄花为细长下垂之柔荑花序，生于新枝的基部，雄花的花被常7～8裂，雄蕊8～10；雌花单生或2～3朵丛生于枝梢，总苞碗形，包围坚果1/2～2/3，小苞片革质，狭披针形，棕红色，反卷，坚果卵形至椭圆形。花期4～5月，果期9～10月（图4-26）。主产于我国北部地区，以

图4-26　槲树（叶）

河南、河北、山东、山西等地山地多见，辽宁、陕西、湖南、四川等地也有分布，朝鲜、日本亦有分布。河南省襄城县境内紫云山上分布的槲树林是目前保存最好的槲树林之一。

主要习性：喜光、耐旱、耐瘠薄，对土壤要求不严，适生于排水良好的沙质壤土，在石灰性土、盐碱地及低湿涝洼处生长不良。华北山地多见于海拔500m以下的阳坡；根系深广，萌芽、萌蘖力强；寿命长，抗风、抗火、抗烟尘、抗病虫害。生长较为缓慢。

栽培养护：同27. 槲栎。

园林用途：树干挺直，叶片宽大，树冠广展，寿命较长，叶片入秋呈橙黄色且经久不落，可孤植、片植或与其他树种混植，季相色彩极其丰富。

27. 槲栎

别名：大叶栎树、白栎树、青冈树、白皮栎、菠萝树、槲树、橡树

拉丁学名：*Quercus aliena* Bl.

科属：壳斗科 栎属

形态及分布：落叶乔木，高达20m。树冠广卵形。树皮暗灰色，深裂；小枝粗，黄褐色，具沟纹，无毛；老枝暗紫色，具多数灰白色突起的皮孔；冬芽鳞片赤褐色，被白色绒毛。叶倒卵状椭圆形或长圆形，长10 ～ 20cm，宽5 ～ 13cm，先端渐尖或钝，基部渐狭呈楔形或略呈心形，缘具深波状粗锯齿，齿端钝圆，表面深绿色，无毛，背面灰绿色，密生星状毛，侧脉11 ～ 18对；叶柄长1.5 ～ 3cm。雄花序长4 ～ 8cm，雄花单生或数朵簇生，雄蕊常10枚，雌花序生于当年生枝叶腋，单生或2 ～ 3朵簇生；子房3室，柱头3裂。总苞浅杯状，包被坚果约1/2；小苞片线状披针形，排列紧密，暗褐色，外被灰色密毛。坚果长椭圆形或卵状球形［见图4-27（a）、（b）］。花期4 ～ 5月，果期10月。产于我国山东中部、河南、山西、陕西、甘肃，南至长江流域各地。

图4–27（a） 槲栎（植株）

图4–27（b） 槲栎（叶）

主要习性：喜光，稍耐阴，耐寒、耐干旱瘠薄，喜湿润、深厚、排水良好的酸性至中性土壤。

栽培养护：播种繁殖。选择20～50年生、无病虫害的健壮母树采种。果实成熟时由绿变黄褐色，坚果有光泽，可自行脱落。采种后进行粒选，剔除病虫损害及色泽不正常的种子，可得优良种子。将种子浸入55℃温水10分钟后即可杀死种内害虫。经杀虫处理后的种子在庇荫干燥的地方摊开晾干，每天翻动3～4次，以防种子发热生霉。晾干后即可贮藏。贮藏在地势高燥、地下水位较低的地方。挖坑深80cm、宽约1m，长度以种子数量多少而定，在坑底铺厚约15cm的细沙，沙上摊放种子5cm厚，种子上再盖3cm厚的细沙。细沙与种子交替摊放，直至距坑口10cm左右。在坑中每隔1m插一秫秸把，以防止种子发热生霉。覆土封盖要略高于地面，在坑的四面挖30cm深的排水沟，防止雨水浸入。选择地势高燥、平坦、有排灌条件的沙壤土作圃地，深翻，整平，作床，并施足基肥。春播于3月下旬进行，秋播于种子成熟后随采随播。土层深厚的山坡、梯田翻耕后，也可整平作畦育苗。出苗后，及时中耕、除草、间苗。

园林用途：树干通直，树冠宽阔，叶片大且肥厚，叶形奇特、美观，叶色翠绿油亮、枝叶稠密，又颇耐寒，适应性较强，是南北方均可应用的优良绿化观赏树种，与其他树种混交可营造风景林，用于森林公园和风景区绿化。

28. 辽东栎

别名：柴树、橡树、青冈

拉丁学名：*Quercus wutaishanica* Mayr（*Q. liaotungensis* Koidz.）

科属：壳斗科　栎属

形态及分布：落叶乔木，高达15m，有时呈灌木状。树皮暗灰色，深纵裂。小枝绿色，幼时有毛，后渐脱落。叶革质，多集生枝端，倒卵形或倒卵状长椭圆形，长5～17cm，宽2.5～10cm，先端圆钝或短突尖，基部窄圆或耳形，叶缘有波状圆齿，侧脉5～10对，背面无毛或沿脉腋微有毛；叶柄长2～5mm，无毛。花单生，雌雄同株，柔荑花序下垂，总苞成熟时木质化、浅碗状，包果约1/3，小苞片扁平或背部凸起。坚果卵形或椭圆形［见图4-28（a）、（b）］。花期5月，果期9～10月。产于我国东北东部及南部至黄河流域地区，西至甘肃、青海、四川。朝鲜亦有分布。

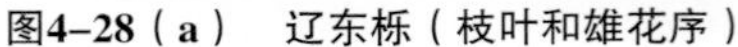

图4-28（a）　辽东栎（枝叶和雄花序）

图4-28（b）　辽东栎（植株秋景）

主要习性：喜光，耐寒，尤耐旱，耐瘠薄，对土壤要求不严。萌芽性强，喜生于山地阳坡、半阳坡、山脊上。

栽培养护：同27.槲栎。

园林用途：同27.槲栎。

29. 杜仲

别名：思仙、思仲、丝棉皮、玉丝皮、胶树

拉丁学名：*Eucommia ulmoides* Oliv.

科属：杜仲科　杜仲属

形态及分布：落叶乔木，高达20m。树冠圆球形。小枝光滑，黄褐色或较淡，具片状髓。皮、枝及叶均含胶质。单叶互生，椭圆形或卵形，长7～15cm，宽3.5～6.5cm，先端渐尖，基部广楔形，缘有锯齿，幼叶表面疏被柔毛，背面毛较密，老叶表面光滑，背面叶脉处疏被毛；叶柄长1～2cm。花单性，雌雄异株，与叶同时开放，或先叶开放，生于1年生枝基部苞腋内，有花柄；无花被；雄花簇生，雄蕊6～10枚；雌花单生于新枝基部苞腋，花柄短，雌蕊具一裸露而延长的子房，子房1室，顶端有2叉状花柱。翅果扁平，卵状长椭圆形，先端下凹，内有种子1粒［见图4-29(a)、(b)］。花期4～5月。果期9月。分布长江中游及南部各省，河北、河南、陕西、甘肃等地均有栽培。

主要习性：喜光不耐阴，喜温暖湿润气候及肥沃、湿润、深厚而排水良好的土壤，在酸性、中性及微碱性土上均能正常生长，有一定的耐盐碱能力，耐寒，丘陵、平原均可种植，也可利用零星土地或四旁栽培。在过湿、过干或过于贫瘠的土上生长不良。根系浅而侧根发达，萌蘖性强。

栽培养护：以播种繁殖为主，亦可扦插、压条、分蘖和嫁接繁殖。采集新鲜、饱满、黄褐色、有光泽的种子，于冬季11～12月或春季2～3月播种，南方宜冬播，北方可秋播或春播。种子忌干燥，故宜趁鲜播种。如需春播，则采种后应将种子进行层积处理，种子与湿沙的比例为1:10，或于播种前用20℃温水浸种2～3天，每天换水1～2次，待种子膨胀后取出，稍晒干后播种。条播，行距20～25cm，用种量8～10kg/亩，播后盖草，保持土壤湿润。幼苗出土后，于阴天揭除盖草。加强中耕除草，浇水施肥。嫩枝扦插于春夏之交进行，剪取1年生嫩枝，剪成

图4-29（a）　杜仲（植株）

图4-29（b）　杜仲（枝叶和果）

长5～6cm的插条，插入苗床，入土深2～3cm，在土温21～25℃条件下，经15～30天即可生根。若用0.05mL/L萘乙酸溶液处理插条24小时，插条成活率可达80%以上；根插繁殖可在苗木出圃时，修剪苗根，取径粗1～2cm的根，剪成10～15cm长的根段，进行扦插，粗的一端微露地表，在断面下方可萌发新梢，成苗率可达95%以上；压条繁殖可在春季选取强壮枝条压入土中，深15cm，待萌蘖抽生高达7～10cm时，培土压实，经15～30天，萌蘖基部可发生新根。深秋或翌春挖起，将萌蘖一一分开即可定植；嫁接繁殖，用2年生苗作砧木，选优良母树上1年生枝作接穗，于早春切接于砧木上，成活率可达90%以上。幼苗忌强光照射，宜适当遮阴，旱季应及时喷灌防旱，雨季应注意防涝。结合中耕除草进行追肥。实生苗若树干弯曲，可于早春沿地表将地上部全部除去，促发新枝，从中选留1个壮旺挺直的新枝作新干，其余全部除去。1～2年生苗高达1m以上时即可于落叶后至翌春萌芽前定植。幼树生长缓慢，宜加强抚育，每年春夏应进行中耕除草，并结合施肥。秋季或翌春应及时除去基生枝条，剪去交叉过密枝。有条件时，对成年树亦应酌情追肥。北方地区8月停止施肥，避免晚期生长过旺而降低抗寒性。

园林用途：树干端直，枝叶茂密，树形整齐优美，是良好的庭荫树及行道树，也可作一般的绿化造林树种。树皮为重要中药材。

30. 英桐

别名：悬铃木、二球悬铃木、英国梧桐

拉丁学名：*Platanus acerifolia* Willd.（*P. hispanica* Muenchh.）

科属：悬铃木科　悬铃木属

形态及分布：落叶大乔木，高达35m。树皮灰绿色，不规则大薄片状剥落，内皮淡绿白色、平滑。叶片大，3～5深裂，中裂片长宽近相等，全缘或疏生粗缺齿，叶柄长。花单性，雌雄同株，雌雄花各自集成头状花序。聚合果球形，通常2个（稀1或3个）生于一个果序轴上，表面花柱宿存粗糙；果柄长而下垂；聚合果宿存树上，经冬不落[见图4-30（a）、（b）]。花期4～5月，果期9～10月。英桐是法桐（三球悬铃木）和美桐（一球悬铃木）的杂交种，于1640年在英国伦敦育成，故名英国梧桐。原产于欧洲英伦三岛，现广植于世界各地。我国引入栽培有百余年历史，北至大连、北京，西北到西安、武功、天水，西南至成都、昆明，南至南宁，均有栽培，生长良好。本属常用的还有法桐和美桐，但近年来各城市新植者绝大多数为本种，在长江中下游各城市尤为普遍。

主要习性：喜温暖湿润气候，在年平均气温13～20℃，年降水量800～1200mm的地区生长良好。较耐寒，但在北方，春季晚霜常使幼叶、嫩梢受冻害，并使树皮冻裂，应对4年生以内的苗木适当防寒。强阳性树种，不耐庇荫，喜温暖湿润气候，对土壤适应性强，最适于微酸性或中性、深厚、肥沃、湿润、排水良好的土壤，在微碱性或石灰性土中亦能生长，但长势略差、易发生黄叶病；耐干旱和瘠薄，生长速度快，成荫快，寿命较长；抗性强，能适应城市街道透气性较差的土壤条件，但在此种条件下因根系发育不良，易被大风吹倒。短期水淹后能恢复生长。移植成活率高，萌芽力强，极耐修剪，易于控制树形。对臭氧、苯、苯酚、乙醚、硫化氢等有毒气体抗性较强；对二氧化硫、氯气等抗性差，易受害，但叶片对二氧化硫及氯、氟、铅蒸气等有一定吸收能力。滞尘和隔噪声能力均很强，并有较强的杀菌能力。

栽培养护：播种和扦插皆可。播种在秋季采球后，去掉外面的绒毛，将净种子藏至翌年春播。播前宜用冷水浸种，播后约20天可出苗，出苗率20%～30%。当年苗高可达1m左右。扦

图4-30（a） 英桐（秋景）

图4-30（b） 英桐（叶和果）

插宜于2～3月进行，结合冬季修剪时选粗壮的1年生枝，剪成15～20cm长的插穗，分层贮藏于湿沙中。扦插株行距20cm×20cm，插后叶芽先根而发，形成假活，应勤检查，发现萎蔫现象应及时除芽、摘叶。5月中旬定芽，留一个强健挺直芽条培育主干，其余的皆剪除。6月和8月的两个生长高峰期应加强肥水管理。当年苗高可达1.5m左右。若培育行道树，应于翌春截干，加强肥水管理，年终高可达2～3m，第3年冬季在树高3.2～3.4m处截干，第4年早春移植，使株行距达到1.2m×1.2m。当截干处萌条长20～30cm时，留4～5个分布均匀、生长健壮枝作主枝，冬季截短，留30～50cm长，第5年萌芽后在每一主枝剪口附近留2枝向两侧生长的萌条作第一级侧枝，冬季在侧枝30～50cm处截短，始育成行道树大苗，带土球移栽，架设支柱。移植宜在秋季落叶后至春季芽萌动前（避开冰冻天），可裸根移植。根系浅，不耐积水，地下水位以低于1m为宜，亦因根系浅易被风吹倒，特别是在先雨后风的台风季节尤应注意。在北方于定植后的头1～2年应行裹干、涂白或包枝等防寒措施。

园林用途：树体雄伟挺拔，叶大浓荫，荫质优良，夏季降温效果极为显著。树皮斑驳可爱，又耐修剪，适应性强，有一定抗污染效果，是优良的行道树种，有“行道树之王”的美誉，广泛应用于城市绿化。在园林中孤植于草坪或旷地，或列植于甬道两旁，或作为庭荫树、水边护岸固堤树及工厂绿化树种，尤为雄伟壮观。因其对多种有毒气体抗性较强，并能吸收有害气体，作为街坊、厂矿绿化树种颇为合适。由于幼枝叶上有星状毛脱落及小坚果具有残存基部的刺毛花柱会与种子同时散落，会造成一定的空气污染，有碍健康，故应选育结果较少的单株进行繁殖推广，以减少环境污染。

31. 蚊母树

别名：米心树、蚊子树、蚊母、中华蚊母

拉丁学名：*Distylium racemosum* Sieb. et Zucc.

科属：金缕梅科　蚊母树属

形态及分布：常绿乔木或灌木，高达25m，栽培时常成灌木状；树皮暗灰色、粗糙，树冠常不规整，小枝略成“之”字形曲折，嫩枝被垢鳞，老枝秃净，干后暗褐色；芽体裸露无鳞状苞片，被鳞垢。单叶互生，革质，椭圆形或倒卵形，先端钝或略尖，网脉两面不明显，全缘或

图4-31（a）　蚊母树（灌木状植株）

图4-31（b）　蚊母树（枝和叶）

近端略有齿裂状。总状花序，雌雄花同序，花药红色，雌花位于花序顶端，缺花瓣；萼筒短，萼齿大小不等，被鳞垢。蒴果卵圆形，密生星状毛，端有2宿存花柱，不具宿存萼筒，果梗短。种子卵圆形，深褐色、发亮，种脐白色［见图4-31(a)、(b)］。花期4～5月，果期8～10月。产于我国广东、福建、台湾、浙江等省，多生于海拔100～300m之丘陵地带，日本、朝鲜亦有分布。长江流域城市园林中常见栽培。

主要习性：喜光，喜温暖湿润气候，对土壤要求不严，酸性、中性土壤均能适应，以排水良好、肥沃湿润的壤土为宜；耐半阴，稍耐寒；耐修剪，发枝力强，特别是侧枝的延长枝长势强，常使树冠不规整。对二氧化硫、氯气的抗、吸能力强，对氟化氢、二氧化氮的抗性强，对烟尘亦有抗、吸能力。

栽培养护：播种和扦插繁殖。播种于9月采收果实，日晒脱粒，净种后干藏，至翌年2～3月播种，发芽率70%～80%。扦插于3月用硬枝踵状插，亦可在梅雨季用嫩枝踵状插。移植于10月中旬至11月中旬，或2月下旬至4月上旬进行，需带土球，并适当疏去枝叶。栽植点需通风、排水良好，否则易遭蚧虫为害。平时应注意疏枝修剪，调整冠形和树势。

园林用途：蚊母树枝叶密集，树形整齐，叶色浓绿，经冬不凋，春日开细小红花也颇美丽，加之抗性强、防尘及隔音效果好，是城市及工矿区绿化及观赏树种，植于路旁、庭前草坪上及大树下都很合适；成丛、成片栽植作为分隔空间或作为其他花木之背景效果亦佳。因耐修剪，亦可修剪成球形于门旁对植或作基础种植材料，还可栽作绿篱和防护林带。

32. 榔榆

别名：小叶榆、秋榆

拉丁学名：*Ulmus parvifolia* Jacq.

科属：榆科　榆属

形态及分布：落叶乔木，高10～20m。树冠扁球形至卵圆形。树干基部有时呈板根状。树皮灰褐色，不规则薄鳞片状剥离后露出红褐色内皮。幼枝深褐色，有毛，后渐脱落。单叶互生，长椭圆形、卵形或倒卵形，小而质厚，先端短尖，基部钝圆，稍偏斜，缘具整齐

单锯齿（萌芽枝上的叶常有重锯齿），表面光滑，深绿色，背面幼时被毛，后渐脱落，仅脉腋有簇生毛；叶柄长2～6mm，被毛。花两性，2～6朵簇生于叶腋，或为短聚伞花序；花被杯状，4深裂，裂片椭圆形，膜质，宿存；雄蕊4，与花被片对生，花药椭圆形；子房上位，花柱2裂，向外反卷。秋季开花，花梗与花被之间具关节。翅果扁平，椭圆形或椭圆状卵形，长0.8～1.2cm，翅较狭而厚，顶端2裂，无毛，种子位于翅的中央［见图4-32（a）、（b）］。花期8～9月，果期9～10月。分布于我国河北、山东、江苏、安徽、浙江、福建、台湾、江西、广东、广西、湖南、湖北、贵州、四川、陕西、河南等省区。日本、朝鲜亦有分布。

主要习性：喜光，稍耐阴，喜温暖气候，能耐−20℃的短期低温。有一定的耐干旱瘠薄能力，在酸性、中性及石灰性土上均能生长，但以肥沃、湿润、排水良好的中性土为最适宜的生境。萌芽力强，对二氧化硫等有毒气体及烟尘的抗性较强。

栽培养护：播种繁殖。10～11月种子成熟后应及时采收，摊开晾干，除去杂物，装袋干藏。翌年3月播种，选无风晴天播于平整苗床上，上覆细土，以不见种子为度，再盖以稻草，约1个月左右即可发芽出土，及时揭草，适当间苗。幼苗生长期长，应加强水肥管理，及时进行松土除草，当年苗木可高达30～40cm。若做盆景材料，宜倒床培养数年，经修剪整形，再上盆加工。

园林用途：树形优美，姿态潇洒，树皮斑驳，枝叶细密，具有较高的观赏价值。在庭园中孤植、丛植或列植，作庭荫树或行道树，宜植于池畔、亭榭附近或山石之间，唯病虫害较多。抗性较强，还可选作厂矿区绿化树种。老桩易萌新芽，且枝条可塑性强，是制作盆景的好材料。

图4-32（a）　榔榆（植株）

图4-32（b）　榔榆（叶和果）

33. 榆树

别名：家榆、白榆、榆钱树

拉丁学名：*Ulmus pumila* L.

科属：榆科　榆属

形态及分布：落叶乔木，高达25m。树干直立，枝多开展，树冠近球形或卵圆形。树皮深灰色，粗糙，不规则纵裂。小枝灰色，纤细，排成2列状。单叶互生，卵状椭圆形至椭圆状披针形，先端渐尖或长渐尖，基部圆或楔形，稍歪斜，缘具不规则单锯齿，稀重锯齿。花两性，早春先叶开花或花叶同放，紫褐色，聚伞花序簇生于上年生枝叶腋。翅果近圆形，顶端有凹缺，果核位于翅果中部［见图4-33（a）、（b）］。花期3～4月，果期4～5月。产于我国东北、华北、西北、华东等地。朝鲜、蒙古、俄罗斯亦有分布。

主要习性：喜光，耐旱，耐寒，耐瘠薄，不择土壤，适应性很强。根系发达，抗风力、保土力强。萌芽力强，耐修剪。生长快，寿命长。不耐水湿，萌芽力较强。具抗污染性，叶面滞尘能力强。

栽培养护：以播种繁殖为主，亦可分蘖、扦插繁殖。播种宜随采随播，千粒重7.7g，发芽率65%～85%。扦插繁殖成活率高，达85%左右，扦插苗生长快，适宜粗放管理。常见害虫有红蜘蛛、榆蛎蚧、吹绵蚧等。红蜘蛛的为害症状是叶色灰暗、干实，在阳光透射下可看到叶片被蛀蚀成网络状（虫体细小到肉眼不能看见）。被害树长期不能萌芽生长。榆蛎蚧的为害症状是枝条布满白色丝状物，被害枝条瘦弱，若持续时间太长，有可能造成整株枯萎。

园林用途：树干通直，树形高大，绿荫较浓，适应性强，生长快，是良好的行道树和庭荫树也是进行工厂绿化、营造防护林和四旁绿化的常用树种，唯病虫害较多。在干瘠、严寒之地常呈灌木状，可作绿篱。老茎残根萌芽力强，可自野外掘取制作树桩盆景。

图4-33（a）　榆树（植株）

图4-33（b）　榆树（翅果）

34. 垂枝榆

别名：龙爪榆

拉丁学名：*Ulmus pumila* L. cv. Pendula

科属：榆科　榆属

形态及分布：落叶小乔木。单叶互生，椭圆状窄卵形或椭圆状披针形，长2～9cm，基部偏斜，缘具单锯齿，侧脉9～16对，直达齿尖。花春季常先叶开放，多数簇生于上年生枝的叶腋。枝条柔软、细长、下垂，翅果近圆形（见图4-34）。分布于东北、西北、华北等地。

图4-34　垂枝榆（植株）

主要习性：喜光，耐寒，抗旱，喜肥沃、湿润而排水良好的土壤，不耐水湿，但能耐干旱瘠薄和盐碱土壤。主根深，侧根发达，抗风，保土力强，萌芽力强，耐修剪。

栽培养护：嫁接繁殖。多以榆树作砧木，进行嫁接繁殖。于3月下旬至4月可进行皮下枝接，或6月取当年新生枝上的芽进行芽接。插皮接是枝接中常用的一种方法，多用于高接换头。将准备嫁接的榆树在要求的位置锯断或剪断，断面应与枝干垂直，截口要用刀削平，以利愈合，并且抹去砧木上其他萌芽。将接穗削成长2～3cm的长削面，如果接穗粗，削面稍长些。在长削面的背面削出1cm左右的斜面，使下端稍尖，形成一个楔形，接穗留2～3个芽。接穗随接随削，以防风干。将削好的接穗插入砧木的木质部和皮层之间，长削面紧贴砧木木质部，然后用塑料条绑紧。春穗需套袋，以减少水分散失。无论是枝接还是芽接，只要先处理好砧木和接穗，认真操作，加强养护管理，均可成活。定植后根据枝条生长快、耐修剪的特点，通过整形修枝进行造型。对株距小、空间少的植株通过绑扎，抑强促弱，纠正偏冠，使枝条均匀下垂生长。当垂枝接近地面时，从离地面30～50cm处周围剪齐，其外形如同一个绿色圆柱体，很有特色。

园林用途：枝条下垂，植株呈塔形，宜布置于门口或建筑入口两旁等处作对栽，或在建筑物边、道路边作行列式种植。

35. 脱皮榆

别名：小叶榆、榔榆

拉丁学名：*Ulmus lamellosa* T.Wang et S.L.Chang

科属：榆科　榆属

形态及分布：落叶小乔木，高达10m。树皮灰褐色或灰白色，幼枝光滑且呈紫褐色，老干则呈圆片状剥落。有明显的棕黄色皮孔，常数个皮孔排成不规则的纵行。冬芽先端不紧贴小枝。叶倒卵形，先端尾尖或骤凸，基部楔形或圆，稍偏斜，叶表粗糙，密生硬毛或有毛迹，叶背微粗糙，幼时密生短毛，脉腋有簇生毛，叶缘兼有单锯齿与重锯齿。花同幼枝一起自混合芽抽出，春季与叶同时开放，簇生于叶腋。翅果较大，常散生于新枝的近基部，稀2～4个簇生于上年生枝上，圆形至近圆形，两面及边缘有密毛，顶端凹，柱头密生短毛，果核位于翅果的中部；宿存花被钟状，被短毛，花被片6，边缘有长毛，残存的花丝明显的伸出花被；果梗密生伸展的腺状毛与柔毛［图4-35（a）、（b）］。花期3～4月，果期4～5月。产于河北、山西、内蒙古等省（区）。中科院植物园有栽培。

图4-35（a） 脱皮榆（植株）

图4-35（b） 脱皮榆（枝叶和翅果）

主要习性：喜光，稍耐阴。喜温暖湿润气候。亦能耐−20℃的短期低温；对土壤的适应性较广，耐干旱瘠薄。在酸性、中性和石灰性土壤的山坡、平原及溪边均能生长，生长速度中等，寿命较长。深根性、萌芽力强。对二氧化硫等有毒气体及烟尘的抗性较强。

栽培养护：播种繁殖。于10～11月间及时采种，随即播种。或干藏至翌年春播。一般采用宽幅条播，条距25cm，条幅10cm，用种量2～2.5kg/亩。1年生苗高30～40cm。用作城市绿化的苗木应培育至2～3m以上才可出圃。

园林用途：干皮薄片状脱落后留下斑驳痕纹，甚美观，是良好的行道树和庭荫树，亦可用作工厂绿化、营造防护林和“四旁”绿化树种。

36. 大果榆

别名：黄榆、山榆、毛榆

拉丁学名：*Ulmus macrocarpa* Hance

科属：榆科 榆属

形态及分布：落叶乔木，高达10m。树冠扁球形。树皮灰黑色，小枝常有两条规则的木栓翅，叶倒卵形或椭圆形，有重锯齿，质地粗厚，有短硬毛。翅果大，具红褐色长毛［见图4-36（a）～（c）］。花果期4～5月。产于我国东北、华北和西北海拔1800m以下地区。

主要习性：喜光，耐寒，稍耐盐碱，可在含盐量0.16%的土壤中生长。耐干旱瘠薄，根系发达，萌蘖性强，寿命长。

栽培养护：常用播种繁殖。采种宜选择15～30年生的健壮母树。4～5月当翅果由绿变

图4-36（a）　大果榆（植株）

图4-36（b）　大果榆（枝叶）

图4-36（c）　大果榆（翅果）

为黄白色时，即可采收。采后应置于通风处阴干，清除杂物。可随采随播，若不能及时播种，应密封保存。播种应选择排水良好、肥沃的沙壤土或壤土。播种的前1年秋季进行整地，深翻20cm以上，施基肥，并撒敌百虫粉剂，毒杀地下害虫。翌春做长10m、宽1.2m的苗床播种。播种量2.5～3.0kg/亩，播后10余天即可出苗。待幼苗长出2～3片真叶时，可开始间苗，苗高5～6cm时定苗。

园林用途：冠大荫浓，树体高大，适应性强，是北方“四旁”绿化、防风固沙、水土保持和盐碱地的优良树种。在园林中宜作行道树，列植于公路及人行道，或群植于草坪、山坡，也宜密植作树篱。深秋叶色变为红褐色，是北方秋色叶树种之一。

37. 刺榆

别名：钉枝榆、刺榆针子

拉丁学名：*Hemiptelea davidii*（Hance）Planch.

科属：榆科　刺榆属

形态及分布：落叶小乔木，高可达15m，或呈灌木状；树皮深灰色或褐灰色，不规则的条状深裂；小枝灰褐色或紫褐色，被灰白色短柔毛，具粗而硬的棘刺；刺长2～10cm；冬芽常3个聚生于叶腋，卵圆形。叶椭圆形或椭圆状矩圆形，稀倒卵状椭圆形，长4～7cm，宽1.5～3cm，先端急尖或钝圆，基部浅心形或圆形，缘有整齐的粗锯齿，叶面绿色，幼时被毛，

图4-37（a） 刺榆（树皮）

图4-37（b） 刺榆（枝叶和枝刺）

后脱落，残留有稍隆起的圆点，叶背淡绿，光滑无毛，或在脉上有稀疏的柔毛，侧脉8～12对，排列整齐，斜直出至齿尖；叶柄短，长3～5mm，被短柔毛；托叶矩圆形、长矩圆形或披针形，长3～4mm，淡绿色，缘具睫毛。小坚果黄绿色，斜卵圆形，两侧扁，长5～7mm，在背侧具窄翅，形似鸡头，翅端渐狭呈缘状，果梗纤细，长2～4mm［见图4-37（a）、（b）］。花期4～5月，果期9～10月。主产于河北、河南、山西、山东等地的山地荒坡，东北、西北、华东地区亦有分布。

主要习性：喜光，耐寒，耐干旱瘠薄。适应性强，较耐盐碱，萌蘖力强，生长速度较慢。

栽培养护：以播种繁殖为主，亦可扦插或分株繁殖。播种采用条播，4月翅果由绿色变为浅黄色时即可采种，阴干后及时播种。一般用条播，行距30cm，覆土1cm。因发芽时正是高温干燥季节，最好再覆3cm土保湿，发芽时再用耙子搂平。苗高10cm左右时开始间苗，苗高10～20cm时再次间苗，第2年继续间苗至株行距60cm×30cm，之后根据培养苗木的大小调整至合适的密度。苗期管理措施与榆树等略同。

园林用途：枝刺长而硬，颇具山野情趣，是干旱瘠薄地带的重要绿化树种，园林绿化多作绿篱应用。

38. 糙叶树

别名：糙叶榆、牛筋树

拉丁学名：*Aphananthe aspera*（Thunb.）Planch.

科属：榆科 糙叶树属

形态及分布：落叶乔木，高达20m。树冠圆头形，树皮黄褐色，有灰斑与皱纹，老时纵裂，幼枝被平伏硬毛，后脱落。单叶互生，卵形或狭卵形，长5～13cm，宽3～8cm，先端渐尖，基部圆形或阔楔形，基部以上有单锯齿，两面均有糙伏毛；基生3出脉，两侧叶脉之外侧有平行支脉，侧脉直伸至锯齿缘；叶柄长7～13mm；托叶线形。花单性，雌雄同株；

雄花呈伞房花序，生于新枝基部的叶腋；雌花单生新枝上部的叶腋，有梗；花被5裂，宿存；子房被毛，1室，柱头2。核果近球形或卵球形，长8～10mm，黑色，被平伏硬毛；果柄短［见图4-38（a）、（b）］。花期4～5月，果期8～10月。我国原产树种，除东北、西北地区处，全国各地均有分布。山东崂山太清宫有高达15m、胸径1.24m的千年古树，当地称“龙头榆”。

主要习性：喜光，稍耐阴，喜温暖湿润的气候和深厚肥沃沙质壤土。对土壤要求不严，但不耐干旱瘠薄，抗烟尘和有毒气体。寿命长。

栽培养护：以播种繁殖为主。于10月采种，将种子用清水浸泡1～2天后，揉搓除去外果皮及果肉，洗净除杂，再用2%的高锰酸钾水溶液浸泡30分钟，沥干后立即沙藏，发芽率为70%～75%。沙藏期间经常检查，防治鼠害和霉变。圃地选择地势平缓、交通运输方便、避风向阳、土质疏松、透水性好、不易积水且有灌溉条件的沙壤土。种子催芽前需进行水选，选出发育健全、饱满、粒大的种子。在播前7天，用浓度0.15%的福尔马林溶液浸种1小时后取出，密闭2小时，然后用清水洗净。将湿润的种子放在泥盆中上盖湿布，放在温暖处催芽，每天用温水淘洗2～3次，当种子有30%以上裂嘴时即可播种。春播时间应在3月10日前后，采用开沟条播，播幅间距以20cm左右为佳，播种沟深4cm，播种量25kg/亩。苗木出土10天后喷1次多菌灵溶液，防止苗木幼嫩而产生病害。苗木生长前期，应做好松土除草工作。4月下旬，进行第1次间苗，6月下旬进行第2次间苗，间苗前后均应喷水浇灌。第1次间苗7天后适当追施些氮肥，以后每隔15天左右施肥1次。每次施肥后应对苗头进行清洗，以防因幼苗太小产生肥害，9月上旬之后停止施肥。当苗高达60cm、地径0.6cm以上时，即可出圃。

园林用途：树冠广展，苍劲挺拔，枝叶茂密，浓荫盖地，宜孤植、对植或散植于广场、公园及风景区作观赏树或庭荫树，亦是良好的工矿区及“四旁”绿化树种，喜生于河边溪畔土壤湿润之地。

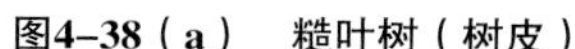

图4-38（a）　糙叶树（树皮）

图4-38（b）　糙叶树（枝叶）

39. 青檀

别名：翼朴、檀树

拉丁学名：*Pteroceltis tatarinowii* Maxim.

科属：榆科 青檀属

形态及分布：落叶乔木，高可达20m；树皮淡灰色，幼时光滑，老时裂成长片状剥落，剥落后露出灰绿色的内皮，树干常凹凸不圆；小枝栗褐色或灰褐色，细弱，无毛或具柔毛；冬芽卵圆形，红褐色，被毛，先端多贴近小枝。单叶互生，纸质，卵形或椭圆状卵形，长3～13cm，宽2～4m，先端渐尖至尾状渐尖，基部楔形、圆形或截形，稍歪斜，缘具锐尖单锯齿，近基部全缘，3出脉，侧生的1对近直伸达叶的上部，侧脉在近叶缘处弧曲，表面幼时被短硬毛，后脱落常残留小圆点，光滑或稍粗糙，背面在脉上有稀疏的或较密的短柔毛，脉腋有簇毛，或全部有毛；叶柄长5～15mm。花单性，雌雄同株，生于当年生枝叶腋；雄花簇生，雌花单生于叶腋，子房侧向压扁，花柱2。小坚果周围具翅，翅稍带木质，近圆形或近方形，宽1～1.7cm，两端内凹，果柄纤细，长于叶柄，被短柔毛［见图4-39（a）、（b）］。花期3～5月，果期8～10月，广布于我国黄河及长江流域，南达两广及西南。多生于海拔800m以下低山丘陵地区，海拔1700m（四川康定）亦有分布。

主要习性：喜光，稍耐阴，耐干旱瘠薄，常生于山麓、林缘、沟谷、河滩、溪旁及峭壁石隙等处，成小片纯林或与其他树种混生。适应性较强，喜钙，喜生于石灰岩山地，也能在花岗岩、砂岩地区生长。根系发达，常在岩石隙缝间盘旋伸展。生长速度中等，萌蘖力强，寿命长，山东等地庙宇有千年古树。

栽培养护：播种繁殖。果熟后易脱落飞散，应适时采种。春播育苗，当年苗高50～100cm。以割枝取皮为目的时，在种植3～5年后，可采取强度截枝法促其萌发新枝，以提高枝皮产量。

园林用途：树冠宽阔，枝条柔细，古树苍劲，雄伟壮观，是石灰岩山地绿化造林树种，亦可栽作庭荫树或行道树。茎皮、枝皮纤维是制造驰名中外的书宣纸的优质原料；木材坚实、致密、韧性强、耐损，供家具、农具、绘图板及细木工用材。我国特有的单种属，对研究榆科系统发育有学术价值。

图4-39（a） 青檀（植株）

图4-39（b） 青檀（枝叶和果）

40. 朴树

别名：沙朴、青朴、朴榆

拉丁学名：*Celtis sinensis* Pers.

科属：榆科　朴属

形态及分布：落叶乔木，高达20m。树冠扁球形。小枝密被柔毛。叶宽卵形至卵状披针形，长3～10cm，先端短渐尖，基部稍偏斜，中部以上有圆齿或近全缘，表面无毛，背面脉腋有须毛；叶柄长0.3～1cm。花杂性同抹；雄花簇生于当年生枝下部叶腋；雌花单生于枝上部叶腋，1～3朵聚生。核果近球形，熟时橙红色，表面有凹点及棱背，单生或并生，果柄与叶柄近等长（见图4-40）。花期4月，果期10月。产于淮河流域、秦岭以南至华南各省区，散生于平原及低山区，村落附近习见。

图4-40　朴树（植株）

主要习性：喜光，稍耐阴。喜温暖气候及肥厚、湿润、疏松的土壤，对土壤酸碱度要求不严，在微酸、中性、微碱性土上均能生长。耐轻度盐碱，稍耐水湿及瘠薄，有一定抗旱能力。适应性强，深根性，萌芽力强，抗风。耐烟尘，抗污染。生长较慢，寿命长。

栽培养护：播种繁殖。于11月采种，采后晾晒2～3天，然后用草木灰液浸泡数日，再洗去果肉，除去浮粒，晾干后播种或沙藏。春播于2～3月间条播，播种量15kg/亩左右。播前若用40℃温水浇淋催芽，可提早发芽出土。幼苗长至10cm以上时，应及时定苗，株距5～10cm，第2年春季即可移植，根据绿化用苗的大小，从第3年春季开始可陆续出圃。苗期应注意整形修剪，以培养干形通直、冠形美观的大苗。常见病虫害有木虱、红蜘蛛、白粉病、煤污病等。木虱用氧化乐果1000～1500倍液喷杀，红蜘蛛用1000倍乐果乳油液喷杀，白粉病用2000倍的粉锈宁乳液喷杀，煤污病用500倍的多菌灵喷杀。

园林用途：树形古朴秀丽，树冠宽广，树荫浓郁，宜作庭荫树、行道树，亦是城乡绿化的优良树种。适应性强，根系深广，对氯化氢、二氧化硫等有毒气体的抗性强，可选为厂矿区绿化及防风、护堤树种，也是制作盆景的常用树种。

41. 大叶朴

别名：大叶白麻子、白麻子、草榛子、大青榆

拉丁学名：*Celtis koraiensis* Nakai

科属：榆科　朴属

形态及分布：落叶乔木，高达10～12m。树冠紧凑而浑圆。树皮暗灰色或灰色，微裂；小枝褐色，无毛，散生小而微凸、椭圆形的淡褐色皮孔。冬芽深褐色，内部鳞片具棕色柔毛。单叶互生，卵圆形或倒卵形，长7～16cm，宽4～12cm，先端截形或圆形，有尾尖，尾尖两侧有粗齿，基部圆形或广楔形，偏斜，缘具粗锯齿；表面无毛，背面沿脉的脉腋间具疏的长毛；

图4–41（a） 大叶朴（植株）

图4–41（b） 大叶朴（枝叶和果）

叶柄长0.5～1.5cm，具毛。萌枝上的叶较大，且具较多和较硬的毛。核果球形，单生叶腋，径约1～1.2cm，成熟时橙黄色至深褐色，果柄比叶柄长或近等长。果核黑褐色，凹凸不平，具网纹［见图4-41（a）、（b）］。花期4～5月，果期9～10月。分布于我国华北、西北及辽宁等地。北京生长良好，朝鲜亦有分布。

主要习性：喜光，稍耐阴。喜温暖湿润气候，亦耐寒。对土壤要求不严，抗干旱瘠薄能力极强。抗风、抗烟尘、抗轻度盐碱、抗有毒气体。根系发达，有固土保水能力。

栽培养护：播种繁殖。种子需层积处理。野生于海拔100～1500m的地区，常生于山坡或沟谷林中，目前很少有人工引种栽培。

园林用途：树形端直，枝繁叶茂，叶形奇特，秋末叶色变为亮黄色，是典型的遮阴兼观叶树种，宜作庭荫树、行道树。

42. 小叶朴

别名：黑弹树、黑弹朴

拉丁学名：*Celtis bungeana* Bl.

科属：榆科 朴属

形态及分布：落叶乔木，高达20m。树冠倒广卵形至扁球形，小枝无毛。树皮浅灰色，平滑。单叶互生，卵形、宽卵形或卵状长椭圆形，长4～8cm，先端渐尖或近尾状尖，基部偏斜，缘中部以上具浅钝锯齿，有时一侧近全缘。3主脉明显，两面无毛。叶柄淡黄色，长5～15mm，表面有沟槽，幼时槽中有短毛，老后脱净；萌枝上的叶形变异较大，先端可具尾尖且有糙毛。核果单生叶腋，近球形，熟时紫黑色，果核白色、常平滑，果柄长为叶柄长的2倍或更长［见图4-42（a）、（b）］。花期5～6月，果期9～10月。产于我国东北南部、华北、长江流域及西南、西北等地，朝鲜也有分布。

主要习性：喜光，稍耐阴，耐寒；喜深厚、湿润的中性黏质土壤。深根性，萌蘖力强，生长较慢。对病虫害、烟尘污染等抗性强。耐寒，耐干旱，抗有毒气体，寿命长。

图4-42（a） 小叶朴（植株）

图4-42（b） 小叶朴（枝叶和果）

栽培养护：播种繁殖。常春播，因其种粒细小，多用床播。播前灌透水，播后覆盖保温保湿，出苗后应及时浇水、间苗。栽培不拘土质，但以排水良好而湿润的壤土或沙质壤土最佳，需充足日照。深根性，成年树移植应先做断根处理。春季和夏季各施肥1次，古树盆景应减少氮肥施用，以防徒长而失去苍古特色。每年冬季落叶后修剪整枝，早春未萌发新芽之前是盆栽换盆、换土的最佳时期。

园林用途：树冠宽阔、圆整，适应性强，可孤植、丛植作庭荫树，亦可列植作行道树，又是厂矿区绿化树种。

43. 榉树

别名：大叶榉、血榉、金丝榔、沙榔树、毛脉榉

拉丁学名：*Zelkova schneideriana* Hand-Mazz.

科属：榆科 榉属

形态及分布：落叶乔木，高达30m。树冠倒卵状伞形。树皮棕褐色，平滑，老时薄片状脱落后仍光滑。小枝细，红褐色，有毛。单叶互生，卵形、椭圆状卵形或卵状披针形，先端尖或渐尖，缘具整齐的单锯齿；叶表面微粗糙，背面淡绿色，无毛或沿中脉有疏毛。花单性（少杂性）同株；雄花簇生于新枝下部叶腋或苞腋，雌花单生于枝上部叶腋。坚果小，径2.5～4mm，无翅，歪斜且有皱纹，几无柄［见图4-43(a)、(b)］。花期4月，果期10～11月。产于我国淮河及秦岭以南，长江中下游至华南、西南各地区。日本、朝鲜亦有分布。垂直分布多在海拔500m以下之山地、平原，在云南可达海拔1000m。

主要习性：喜光，喜温暖环境，适生于深厚、肥沃、湿润的土壤，在酸性、中性、碱性及轻度盐碱土上均可生长。深根性，侧根广展，抗风力强。忌积水，不耐干旱贫瘠。生长慢，寿命长。耐烟尘，抗有毒气体。

栽培养护：播种繁殖。选择30年生以上、结实多且籽粒饱满的健壮母树，于10月中下旬当果实由青转褐色时采种。采后应先除去枝叶等杂物，然后摊放在室内通风干燥处让其自

图4-43（a） 榉树（植株）

图4-43（b） 榉树（枝叶和果）

然干燥2～3天，再行风选。贮藏前在室内自然干燥5～8天，或用沸石等干燥剂干燥处理3天，或用60℃的风干机处理8小时，使种子含水量降至13%以下。翌年播种，播前用清水浸种1～2天。一般采用条播，条距20～25cm，用种量6～10kg/亩。当年苗高可达60～80cm。城市绿化用苗应留圃培养5～8年，待干径3cm左右时方可出圃定植。苗根细长而韧，起苗时应用利铲先将周围根切断方可挖取，以免撕裂根皮。硬枝扦插应选用1～5年生母树上的粗壮叉枝、侧枝作插条，亦可选用大树采伐后从伐桩上萌发的枝条。秋季落叶后剪切插条，再将插条剪成长8～10cm、直径0.3～1.0cm、上口距上芽1cm、下口距下芽0.5cm的插穗，每个插穗保留4～5个芽。捆扎后放在5cm厚的湿沙上，待翌春土壤化冻后，直接插入沙壤苗圃中。插入深度以能见到插穗最上端一个芽为限，株行距10cm×20cm，插后灌水或喷水，保持土壤湿度。未经冬季湿沙处理的插穗，一般应在2月下旬至3月下旬扦插。嫩枝扦插于6月上旬从树龄较小的母株上采集当年生半木质化的粗壮嫩枝作插穗，每个插穗带2～3片叶。为减少水分蒸发，可将叶片各剪去一半。插穗下切口距叶芽0.5cm左右，切面多用斜切口。将切好后的插穗迅速放入50mg/L ABT生根粉1号溶液中，浸泡0.5～1小时。插穗剪取和处理应在早晚进行，做到随采随喷水，随用生根剂处理随扦插。插前将苗床浇透水，开沟扦插，插深2～4cm，以插穗下部叶片稍离床面基质为度。扦插密度以插穗间枝叶互不接触为宜。插后喷水1次，上罩塑料薄膜弓形小棚，再搭起1.2～1.5 m高的框架，用草帘或遮阳网在上方和两侧遮阴，保持20%～30%的透光率。在有条件的地方，最好用电子间歇叶喷雾装置，进行全光照喷雾育苗；嫁接繁殖应选择1～2年生、地径1.5～2cm的榆树实生苗作砧木，以1～2年生的榉树枝条作接穗，在树液流动季节进行嫁接。嫁接方法有枝接和芽接两种。枝接一般在4月进行。过早嫁接成活率较低，过迟嫁接影响新梢生长。枝接常用劈接和皮下接。芽接宜在7月下旬至8月中旬进行，方块形芽接比“丁”字形芽接效果好。

园林用途：枝细叶美，绿荫浓密，树姿端庄，秋叶变成褐红色，是观赏秋叶的优良树种，常种植于绿地中的路旁、墙边，宜孤植、丛植或列植，作行道树和庭荫树，也是制作盆景的好材料。适应性强，抗风力强，耐烟尘，是宅旁绿化、厂矿区绿化和营造防风林的理想树种。

44. 光叶榉

别名：榉树、鸡油树

拉丁学名：*Zelkova serrata*（Thunb.）Mak.

科属：榆科　榉属

形态及分布：落叶乔木，高达30m。树冠扁球形。树皮灰白色或褐灰色，呈不规则的片状剥落；当年生枝紫褐色或棕褐色，疏被短柔毛，后渐脱落；冬芽圆锥状卵形或椭圆状球形。叶薄纸质至厚纸质，大小形状变异很大，卵形、椭圆形或卵状披针形，长3～10cm，宽1.5～5cm，先端渐尖或尾状渐尖，基部有的稍偏斜，圆形或浅心形，稀宽楔形，叶表绿，干后绿或深绿，稀暗褐色，稀带光泽，幼时疏生糙毛，后脱落变平滑，叶背浅绿，幼时被短柔毛，后脱落或仅沿主脉两侧残留有稀疏的柔毛，缘有圆齿状锯齿，具短尖头。叶柄粗短，长2～6mm，被短柔毛。雄花具极短的梗，花被裂至中部；雌花近无梗，子房被细毛。核果几乎无梗，淡绿色，斜卵状圆锥形，上面偏斜，凹陷，直径2.5～3.5mm，具背腹脊，网肋明显，表面被柔毛，具宿存的花被（见图4-44）。花期4月，果期9～11月。产于我国陕西南部、甘肃东南部、山东、江苏、安徽、浙江、江西、福建、台湾、河南、湖北、湖南、贵州东南部和广东北部等地。日本、朝鲜亦有分布。大连、锦州、南京等地有栽培。生于海拔500～1900m的河谷、溪边疏林中，在湿润肥沃土壤上长势良好。

主要习性：中等喜光树种，喜温暖气候和湿润肥沃土壤，在微酸性、中性、石灰质土及轻度盐碱土上均能生长。在干燥瘠薄山地上生长不良。深根性，侧根发达，抗风力强，树冠大，落叶量多，有改良土壤之效。

栽培养护：播种和扦插繁殖。采种宜在结实的大年进行。大年种子发芽率可达50%～70%，而小年种子的萌发率则只有20%～30%。于10月中下旬，当果实由青转黄褐色时，截取果枝或待自然成熟后落下收集，去杂阴干，随即播种或混沙贮藏，亦可置阴凉通风处贮藏。春播宜在“雨水”至“惊蛰”之间进行，干藏种子播前浸种2～3天，除上浮瘪粒，于5～10℃低温条件下处理2周左右，促其发芽。一般采用条播，行距20cm，用种量6～10kg/亩，覆土约0.5cm，播后盖草保温。出苗后及时揭草间苗，松土除草，灌溉和施肥，并注意防治蚜虫和袋蛾的为害。当幼苗长至10cm左右时，常出现顶部分叉现象，应及时修剪。若播种适时，管理得当，当年苗高可达50～80cm，翌春即可出圃。若作“四旁”及城市绿化用苗，应于翌春移植，培育成3～4年生的大苗。扦插繁殖的基质采用细沙与黄心土混合物，比例为1∶4，其中黄心土为石灰岩发育的红壤，pH值4～6，经打碎、过筛后与细沙混合均匀，然后将配制好的基质装入规格为8cm×10cm的营养袋内。春季扦插以3月为宜，秋季扦插以9月为宜。选择生长健壮的直立枝，以节间长、分枝少的嫩枝为宜，插穗长度以3节为宜，节处作下切口，顶部保留半片叶。插穗截好后，以20枝为一束，用浓度200～300mg/L的6号ABT生根粉浸泡插穗下部2cm处5h，然后插于营养袋内，扦插深度为插穗长度的1/3左右。插后及时覆盖薄膜保温，用遮阴网

图4-44　光叶榉（植株）

遮阴，定期浇水，并用0.125%多菌灵溶液喷雾防病害。每半个月检查1次生根情况。城镇绿化的行道树栽植密度通常为3m×4m或4m×4m。宜在春季进行栽植。

园林用途：树形优美，秋叶变为黄色、古铜色或红色，适合作行道树、园景树、防风树、盆景。材质鲜红坚硬，为阔叶一级木，可供制家具、地板、楼梯扶手之用。

45. 桑树

别名：桑、家桑、白桑、荆桑

拉丁学名：*Morus alba* L.

科属：桑科 桑属

形态及分布：落叶乔木，高达15m。树冠倒广卵形。叶卵形或宽卵形，长5～10（20）cm，宽4～8cm，先端急尖或钝，基部近心形，稍偏斜，缘有粗钝锯齿，有时不规则分裂，表面无毛，有光泽，背面脉上有疏毛，脉腋有簇生毛；叶柄长1～2.5cm；托叶披针形，早落。花单性，雌雄异株，柔荑花序；雄花序长1～2.5cm，雌花序长5～10mm；雄花花被片4，雄蕊4，中央有不育雌蕊；雌花花被片4，结果时变肉质，无花柱或花柱极短，柱头2裂，宿存。聚花果（桑葚）圆柱形，长1～2.5cm，熟时黑紫色、红色或白色，汁多味甜［见图4-45（a）、（b）］。花期4月，果期5～6月。原产于我国中部，现全国各地均有栽培，以长江流域及黄河中下游各地栽培最多；朝鲜、日本、蒙古、中亚及欧洲亦有栽培。

主要习性：喜光，对气候、土壤适应性都很强，在微酸性、中性、石灰质和轻盐碱（含盐0.2%以下）土壤上均能生长，以土层深厚、肥沃、湿润处生长最好。耐寒，可耐−40℃的低温，耐旱，不耐水湿。也可在温暖湿润的环境生长。抗风，耐烟尘，抗有毒气体。根系发达，生长快，萌芽性强，耐修剪，寿命长，一般可达数百年，个别可达数千年。

栽培养护：用播种、扦插、嫁接等法繁殖。播种繁殖于5～6月间采取成熟桑葚，放入桶中，

图4-45（a） 桑树（植株）

图4-45（b） 桑树（叶）

拌草木灰若干，用木棍轻轻捣烂，再用水淘洗，取出种子铺开略行阴干，即可播种。若欲翌年春播，种子须充分晒干后密封贮藏，置阴凉室内。春播前可先用温水浸种2小时，捞出后铺开并盖以湿布，待种子微露幼芽时再播。条播行距25cm，沟宽5cm，用种量大约0.5kg/亩。覆土以不见种子为度。播后覆草，每天喷水，3～4天便可出苗。之后应及时间苗，进入旺盛生长期后应加强水肥管理。1年生苗可高达60～100cm。硬枝扦插北方在3～4月进行，南方可在秋冬进行；嫩枝扦插在5月下旬进行。嫁接繁殖可用切接、皮下接、芽接、根接等方法，而以在砧木根颈部进行皮下接成活率最高。砧木用桑树实生苗。接穗采自需要繁殖的优良品种。皮下接于3月下旬至4月中旬当树液流动能剥开皮层时进行。根据功能要求和品种的不同，可培养成高干、中干和低干等树形。以饲蚕为目的时，多采用低干杯状整枝，以便于采摘桑叶。在园林绿地及宅旁绿化栽植，以采用高干及自然广卵形树冠为好。移栽于春、秋两季进行，以秋栽为好。

园林用途：树冠丰满，枝叶茂密，秋叶金黄，颇为美观。适应性强，管理容易，为城市绿化的先锋树种，宜孤植作庭荫树，也宜与喜阴花灌木配置成树坛、树丛或与其他树种混植成风景林；果能吸引鸟类，能形成鸟语花香的自然景观。也宜作厂矿和“四旁”绿化树种或防护林树种。

46. 龙桑

别名：龙爪桑

拉丁学名：*Morus alba* L. cv. Tortuosa

科属：桑科　桑属

形态及分布：落叶乔木，树皮黄褐色，每一枝条均呈龙游状扭曲。叶片卵形至卵圆形，大而具光亮。花单生，雌雄异株，聚花果，紫色［见图4-46（a）、（b）］。花期4月，果期5～6月。栽培区域同桑树。

主要习性：喜光，幼树稍耐阴，喜温暖、湿润，可耐−40℃低温。要求排水良好、深厚肥

图4-46（a）　龙桑（植株）

图4-46（b）　龙桑（植株冬景）

沃的土壤，最适pH值4.5 ~ 7.5，在含盐量为0.2%的轻盐碱土上亦能生长。不耐涝。

栽培养护：同桑树。

园林用途：龙桑枝条扭曲，似游龙，为观枝树种。叶可养蚕，全株入药。

47. 柘树

别名：柘、柘桑、柘刺

拉丁学名：*Cudrania tricuspidata*（Carr.）Bur. ex Lavallee

科属：桑科 柘属

形态及分布：落叶小乔木或灌木，高达8m。树皮淡灰色，成不规则的薄片状剥落；幼枝有细毛，后脱落，有硬刺，刺长5 ~ 30mm。叶卵形或倒卵形，长3 ~ 12cm，宽3 ~ 7cm，顶端渐尖，基部楔形或圆形，全缘或3裂，幼时两面有毛，老时仅背面沿主脉上有细毛。花排列成头状花序，单生或成对腋生。聚花果近球形，肉质，红色［见图4-47（a）~（d）］。花期5 ~ 6月，果期9 ~ 10月。主产于我国华东、中南及西南各地，华北除内蒙古外均有分布。朝鲜、日本亦有分布。山野路边常见。

主要习性：喜光亦耐阴。耐寒，喜钙质土壤，耐干旱瘠薄，多生于山脊的石缝中，适生性很强。在较荫蔽湿润处则叶形较大，质较嫩；在干燥瘠薄处则叶形较小，先端常3裂。根系发达，生长较慢。

栽培养护：播种和扦插繁殖。移植在秋季落叶后至春季萌芽前进行，适应性强，易成活，

图4-47（a） 柘树（植株）

图4-47（b） 柘树（叶和未成熟聚花果）

图4-47（c） 柘树（成熟聚花果）

图4-47（d） 柘树（枝刺）

不必带土球。栽培管理简便，除定植时需浇透水外，一般不需再浇水、施肥。病虫害少。

园林用途：叶秀果丽，可在公园的边角、背阴处、街头绿地作庭荫树或刺篱。繁殖容易、经济用途广泛，是风景区绿化及荒滩水土保持的先锋树种。

48. 构树

别名：楮树

拉丁学名：*Broussonetia papyifera*（L.）L’Hér. ex Vent.

科属：桑科　构树属

形态及分布：落叶乔木，高达16m，有乳汁。树皮平滑，不裂。小枝密被丝状刚毛。叶宽卵形至矩圆状卵形，长7～20cm，宽6～15cm，不裂或不规则2～5深裂，先端渐尖，基部略偏斜，圆形或心形，缘有粗锯齿，表面有糙毛，背面密生柔毛；叶柄长2.5～8cm。花单性，雌雄异株；雄花序为柔荑花序，长6～8cm；雌花序为头状花序，径1.2～1.8cm。聚花果球形，径约3cm，肉质，成熟时橙红色；小核果扁球形，表面被小瘤［见图4-48（a）～（c）］。花期4～5月，果期8～9月。分布于黄河、长江和珠江流域各地；越南、印度、日本亦有分布。

主要习性：喜光，适应性强，能耐北方的干冷和南方的湿热气候；耐干旱瘠薄，也能生于水边；喜钙质土，也可在酸性、中性土上生长。根系浅，侧根分布很广，生长快，萌芽力和分蘖力强，耐修剪。对烟尘及有毒气体抗性强，病虫害少。

栽培养护：播种、扦插和分蘖繁殖。于10月采集成熟果实，装在桶内捣烂，进行漂洗，除去渣液，便获得纯净种子，稍晾干即可干藏备用。通常采用窄幅条播，播幅宽6cm，行间距25cm，播前用播幅器镇压，将种子与细土（或细沙）按1∶1的比例混匀后撒播，覆土0.5cm，稍加镇压即可，干旱地区需盖草。苗出齐后1周内用细土培根护苗。进入速生期可追肥2～3次。做好松土除草、间苗等常规管理。当年苗高可达50cm。种子多而生活力强，根蘖性亦很强，因此常在母树附近生出大量小苗，有时成为一种麻烦，但也为分蘖繁殖提供了丰富的材料；选择具有优良性状的雄株进行埋根、扦插、分蘖、压条等营养繁殖可在一定程度上避免这种麻烦。硬枝扦插成活率很低，但在8月用嫩枝扦插成活率可达95%左右；根插成活率也可达70%以上。

图4-48（a）　构树（叶）

图4-48（b）　构树（雄花序）

图4-48（c）　构树（果）

幼苗生长快，移栽容易成活。

园林用途：外貌虽较粗野，但冠形圆整，枝叶茂密，繁殖容易，聚花果鲜红艳丽，是城乡绿化的重要树种，尤其适于工矿区及荒山坡地绿化，亦可选作庭荫树及防护林树种。

49. 无花果

别名：映日果、密果、树地瓜、明目果、菩提圣果

拉丁学名：*Ficus carica* L.

科属：桑科　榕属

形态及分布：落叶小乔木，高达12m。常呈灌木状，多分枝。小枝粗壮，直立，光滑无毛。叶互生，厚膜质，宽卵形或矩圆形，长11～24cm，宽9～22cm，掌状3～5裂，少有不裂，先端钝，基部心形，边缘波状或有不规则粗齿，表面粗糙，背面生短毛；基生3～5出脉，叶柄长4～14cm，隐花，果梨形，单生于叶腋，径约2.5cm，顶部凹，成熟时黄色或黑紫色，基部有苞片3［见图4-49(a)、(b)］。花期5～6月果期9～10月。原产地中海和西南亚；我国各地有栽培。

主要习性：喜光，喜温暖湿润的海洋性气候，喜肥，不耐寒，不抗涝，较耐干旱。在年平均气温13℃以上、冬季最低气温−20℃以上、年降水量400～2000mm的地区均能正常生长挂果，在华北内陆地区如遇−12℃低温新梢即易发生冻害，−20℃时地上部分可能死亡，因而冬季防寒极为重要。对土壤的适应范围广，在沙土、壤土、黏土、酸性土、中性土和碱性土上均可生长，但以深厚肥沃、排水良好、pH值6.2～7.5的沙质壤土生长最好。根系发达，生长快。

栽培养护：以扦插繁育为主，亦可播种或压条繁育。头年扦插，第2年即可挂果，6～7年达盛果期。幼苗定植后，留70～80cm高度定干。若为庭院栽培，定干可适当高些；作为盆景栽培，可根据不同要求进行定干和选择适宜的、有观赏价值的树形。新定植的幼苗抽生新梢后，选择3个角度和方位适宜的新梢作为主枝，其余新梢摘心后作为辅养枝，多余的疏除。所选留的3个主枝，应相互错落，不能重叠，分枝角度也不宜小于60°，以免与主干结合不牢而造成劈裂。第2年冬季修剪时，应注意调整各主枝间的平衡长势，强枝修剪宜稍重，弱枝修剪宜略轻，年生长量小于40cm的，可不短截。主枝延长枝的剪口芽，一般多留外芽，但若为弱枝或开张角度较大的枝条，也可选留内向芽。为使各主枝间的长势均衡，并力求健壮，应控

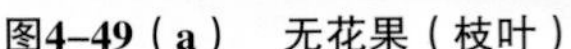
图4-49（a）　无花果（枝叶）

图4-49（b）　无花果（果）

制或疏除主枝延长枝附近的强旺新梢，其余新梢可选角度适宜的留作侧枝。第3年及以后的修剪，主要是促进扩大树冠，调整主、侧枝的平衡长势，选留辅养枝，充分利用空间和光照。树形完成后，则主要是通过维持修剪，保持树势均衡。对无用的徒长枝及时疏除；准备利用的徒长枝，则应及早摘心，促进枝梢充实和萌发分枝。无花果的发枝力较弱，树冠中的枝条一般不会过密，所以，疏剪的程度应尽量从轻。

园林用途：叶片宽大，果实奇特，夏秋果实累累，是优良的庭院绿化和经济树种，具有抗多种有毒气体的特性，耐烟尘，少病虫害，可用于厂矿绿化和家庭副业生产，叶、果、根均可入药。唯抗寒性较差，栽植宜选择背风向阳的温暖之处。果实皮薄无核，肉质松软，风味甘甜，具有很高的营养价值。

50. 领春木

别名：云叶树、正心木、木桃

拉丁学名：*Euptelea pleiospermum* Hook. f. et Thoms.

科属：领春木科　领春木属

形态及分布：落叶乔木，高达15m。树皮灰褐色或灰棕色，皮孔明显；小枝亮紫黑色；芽卵圆形，褐色。单叶互生，卵形或近圆形，长5～14cm，宽3～9cm，顶端突尖或尾尖，基部广楔形且全缘，中部及中部以上具细尖锯齿，无毛，侧脉6～11对；叶柄长～6cm。花两性，先叶开放，6～12朵簇生；无花被；雄蕊6～14，花药红色，较花丝长，药隔顶端延长成附属物；心皮6～12，离生，排成1轮，子房歪斜，具长子房柄。花柄长1～4.5cm。翅果不规则倒卵圆形，长6～12mm，先端圆，一侧凹缺，成熟时棕色，果梗长7～10mm；种子1～3（4），卵圆形，紫黑色。花期4～5月，果期7～10月［图4-50（a）、（b）］。原产于我国及印度，系第三纪孑遗植物。现主要分布于我国湖北、四川、甘肃、陕西、河南、安徽、浙江、江西及西南地区。北京植物园有引种栽培，生长良好。

主要习性：中性偏阳树种，幼树稍耐阴，分布区的年均温为11～15℃，极端最低温可达-18℃，年降水量800～1400mm。主根发达，侧根不多，适生于土层深厚、富含有机质的沙壤土或壤土中。多生于避风、空气湿润的山谷、沟壑或山麓林缘，常居林冠下层。枝干多弯

图4-50（a） 领春木（枝和叶）

图4-50（b） 领春木（叶和果）

曲，且常有干基萌生苗而呈灌木状。结实量大，种子可育率高，常随溪沟流水传播，更新苗木多沿溪旁缓坡地生长。

栽培养护：播种繁殖。本种迄今仍处于野生状态。种子发芽率较高，但由于其对夏季高温干燥极不适应，在杭州植物园几经露地栽培，未获成功。因此，除在原产区加强保护和人工繁殖外，迁地种植时应给予适宜的环境。

园林用途：树姿优美，花果成簇，红艳夺目，为优良的观赏树木。孑遗植物，对研究植物系统发育具有重要价值。

51. 紫玉兰

别名：木兰、辛夷、木笔、望春、女郎花

拉丁学名：*Magnolia liliflora* Desr.

科属：木兰科　木兰属

形态及分布：落叶大灌木，高3～5m，常丛生，树皮灰褐色，小枝绿紫色或淡褐紫色，无毛。单叶互生，椭圆状倒卵形或倒卵形，长8～18cm，宽3～10cm，先端急尖或渐尖，基部渐狭沿叶柄下延至托叶痕，全缘，表面深绿色，幼嫩时疏生短柔毛，背面灰绿色，沿脉有短柔毛；侧脉每边8～10条，叶柄长8～20mm，托叶痕约为叶柄长之半。花蕾卵圆形，被淡黄色绢毛；花大，单生枝顶，花被片9～12，外轮3片萼片状，紫绿色，披针形，长2～3.5cm，常早落，内两轮肉质，外面紫色或紫红色，内面带白色，花瓣状，椭圆状倒卵形，长8～10cm，宽3～4.5cm；雄蕊紫红色，长8～10mm，花药长约7mm，侧向开裂，药隔伸出成短尖头；雌蕊群长约1.5cm，淡紫色，无毛。聚合蓇葖果，圆柱形，长7～10cm［见图4-51（a）～（c）］。花期3～4月，先叶开放，果期8～9月。产于我国福建、湖北、四川、云南西北部。生于海拔300～1600m的山坡林缘。该种为我国两千多年的传统花卉，我国各地广为栽培，并已引种至欧美各国都市，花色艳丽，享誉中外。

主要习性：喜光，稍耐阴；喜温暖湿润气候，也较耐寒，但不耐干旱和盐碱；肉质根，怕水淹，要求肥沃、排水好的沙壤土。萌蘖力和萌芽力强，耐修剪。

图4-51（a）　紫玉兰（叶）

图4-51（b）　紫玉兰（开花植株）

图4-51（c）　紫玉兰（聚合蓇葖果）

栽培养护：常用播种、嫁接、扦插、压条与分株繁殖。秋季当果实变红并绽裂时为采种适期，种子剥出晾干后进行沙藏，于翌年3月，在室内点播，约20天出苗，5月移入苗床或苗圃，2～4年可出圃定植。移植可在秋季或早春进行，小苗用泥浆蘸根，大苗必须带土球。嫁接用野生木兰或白玉兰作砧木，于春季萌芽前切接或劈接，5～8月可进行芽接。硬枝扦插成活率低，可在5～6月间进行嫩枝扦插。少量繁殖宜用高空压条法，选健壮且通直的枝条，在节下进行环状剥皮，深达木质部，内用苔藓或素土，外用塑料薄膜裹好捆紧，经常保持基质湿润，促其生根。春季压条，秋后分栽；秋季压条，翌年春季分栽。萌蘖力强，常在根部长出萌蘖苗，可于休眠期将其挖出分栽。

园林用途：早春著名观赏花木，花色紫红，幽姿淑态，别具风情，适于厅前院后、草地边缘、池畔石间应用，可孤植，也可丛植。此外，还常用作嫁接白玉兰、二乔玉兰或广玉兰的砧木。

52. 玉兰

别名：白玉兰、望春花、玉兰花、玉树、玉堂春、荷花玉兰

拉丁学名：*Magnolia denudata* Desr.

科属：木兰科　木兰属

形态及分布：落叶乔木，高达15m。枝广展形成宽阔的树冠。树皮深灰色，粗糙开裂；小枝稍粗壮，灰褐色；冬芽及花梗密被淡灰黄色长绢毛。单叶互生，倒卵形、宽倒卵形或倒卵状椭圆形，基部徒长枝叶椭圆形，长10～15（18）cm，宽6～10（12）cm，先端宽圆、平截或稍凹，具短突尖，中部以下渐狭成楔形，表面深绿色，嫩时被柔毛，后仅中脉及侧脉留有柔毛，背面淡绿色，沿脉上被柔毛，侧脉每边8～10条，网脉明显；叶柄长1～2.5cm，被柔毛，上面具狭纵沟；托叶痕为叶柄长的1/4～1/3。花蕾卵圆形，单生枝顶，先叶开放，直立，芳香，直径10～16cm；花梗显著膨大，密被淡黄色长绢毛；花萼、花瓣相似，共9片，纯白色，肉质，长圆状倒卵形，长6～8（10）cm，宽2.5～4.5（6.5）cm；雄蕊长7～12mm，花药长6～7mm，侧向开裂；药隔宽约5mm，顶端伸出成短尖头；雌蕊群淡绿色，无毛，圆柱形，长2～2.5cm；雌蕊狭卵形，长3～4mm，具长4mm的锥尖花柱。聚合蓇葖果圆柱形（在庭园栽培种常因部分心皮不育而弯曲），长12～15cm，直径3.5～5cm；蓇葖厚木质，褐色，具白色皮孔；种子心形，侧扁，外种皮红色，内种皮黑色［见图4-52(a)～(c)］。花期2～3月（亦常于7～9月再开1次花），果期8～9月。产于江西（庐山）、浙江（天目山）、湖南（衡山）、贵州等地。生于海拔500～1000m的林中。现全国各大城市园林广泛栽培。

主要习性：喜光，稍耐阴；喜温暖气候，也较耐寒，在北京及其以南各地均可正常生长。根肉质，忌低湿，栽植地渍水易烂根。喜肥沃、排水良好而带微酸性的沙质壤土，在弱碱性的土壤上亦可生长。在气温较高的南方，12月至翌年1月即可开花。

栽培养护：播种、扦插、压条或嫁接繁殖。播种繁殖于9月底或10月初，将成熟的果实采下，取出种子，用草木灰水浸泡1～2天，然后搓去蜡质假种皮，再用清水洗净即可播种；亦可将种子洗净后，用湿沙层积冷藏，否则易失去发芽力，于翌年3月在室内盆播，20天左右即可出苗。幼苗喜略遮阴，北方冬季需培土防寒。扦插繁殖可在夏季用嫩枝扦插，约经2个月生根，但成活率不高。硬枝扦插一般不易生根。植株低矮呈灌木状的可于春季进行就地压条繁殖，经1～2年后可与母株分离。在南方气候潮湿地区亦可采用高压法。嫁接繁殖通常用木兰作砧木。山东菏泽花农多在立秋后（8月上中旬）用方块芽接法。河南鄢陵县

图4–52（a） 玉兰（秋叶）

图4–52（b） 玉兰（果）

图4–52（c） 玉兰（开花植株）

花农多在秋分前后（9月下旬）进行切接，接后培土将接穗全部覆盖，至翌春温暖后除去培土，露出接穗顶部即可。若在早春进行切接则很难成活。靠接自春至秋皆可进行，通常在4～7月进行，而以4月为佳。靠接的成活率比切接的高，但长势不如切接的好。靠接部位以距离地面70cm处最佳，接后约经50天即可与母株切离，但以时间较长为佳。苗木一般在苗圃培养4～5年后即可出圃。不耐移植，在北方更不宜在晚秋或冬季移植。一般以在春季开花前或花谢而刚展叶时进行为佳；秋季则以仲秋为宜，过迟则根系伤口愈合缓慢。移栽时应带土球，并适当疏芽或剪叶，以免蒸腾过盛，剪叶时应留叶柄以保护幼芽。对已定植的玉兰，欲使其花大香浓，应在开花前及开花后施以速效液肥，并在秋季落叶后施基肥。因玉兰的愈伤能力差，故一般多不修剪，若必须修剪时，应在花谢而叶芽开始伸展时进行。此外，玉兰尚易于进行促成栽培供观赏。

园林用途：花大、洁白、芳香，开花时极为醒目，宛若琼岛，有“玉树”之称，是驰名中外的庭园观赏树种。先花后叶，花感甚强，适于建筑前列植或在入口处对植，也可孤植、丛植于草坪或常绿树前，能形成春光明媚的景观，给人以青春、喜悦和充满生气的感染力。对二氧化硫和氯气的抗性较强，可用作矿区绿化树种。

53. 望春玉兰

别名：望春花、迎春树、辛兰

拉丁学名：*Magnolia biondii* Pamp.

科属：木兰科 木兰属

形态及分布：落叶乔木，高可达12m。树皮淡灰色，光滑；小枝细长，灰绿色，直径3～4mm，无毛；顶芽卵圆形或宽卵圆形，长1.7～3cm，密被淡黄色展开长柔毛。叶椭圆状披针形、卵状披针形、狭倒卵形或卵形，长10～18cm，宽3.5～6.5cm，先端急尖或短渐尖，基部阔楔形或圆钝，边缘干膜质，下延至叶柄，表面暗绿色，背面浅绿色，初被平伏棉毛，后无毛；侧脉每边10～15条；叶柄长1～2cm，托叶痕为叶柄长的1/5～1/3。花先叶开放，直径6～8cm，芳香；花梗顶端膨大，长约1cm，具3苞片脱落痕；花被9，外轮3片

紫红色，近狭倒卵状条形，长约1cm，中内两轮近匙形，白色，外面基部常紫红色，长4～5cm，宽1.3～2.5cm，内轮的较狭小；雄蕊长8～10mm，花药长4～5mm，花丝长3～4mm，紫色；雌蕊群长1.5～2cm。聚合果圆柱形，长8～14cm，常因部分不育而扭曲；果梗长约1cm，径约7mm，残留长绢毛；蓇葖果浅褐色，近圆形，侧扁，具凸起瘤点；种子心形，外种皮鲜红色，内种皮深黑色，顶端凹陷，具"V"形槽，中部凸起，腹部具深沟，末端短尖不明显。花期3月，果期9月（图4-53）。在古代原产于长江流域，现在庐山、黄山、峨眉山等处尚有野生分布。现代的望春玉兰多产自于我国中部地区，现北京及黄河流域以南均有栽培。

图4-53　望春玉兰（叶）

主要习性：喜光、喜湿，在年平均气温10～23℃，年降水量650～1400mm的气候条件下都能生长，在年平均气温13～14.5℃，年降水量750～1000mm，海拔300～900m，无霜期180～240天的中低山地生长最好，品质最佳。在pH值5.5～7.5的中性至微酸性土壤上都能生长，但以土层深厚、肥沃、疏松、湿润、排水良好的壤土、沙土中生长最好；在干旱瘠薄的粗沙地、山顶、山梁、沙滩、风口以及pH值8.5以上的盐碱地上生长不良。

栽培养护：播种、高枝压条和嫁接繁殖。播种以即采即播为佳；早春适合进行高枝压条和嫁接繁殖。大树移植宜在展叶前进行，并在3个月前作断根处理。春季至夏季每2～3个月施肥1次，以有机肥为佳，或酌施氮、磷、钾复合肥。

园林用途：树干光滑，枝叶茂密，树形优美，花色素雅，气味浓郁芳香，早春开放，花瓣白色，外面基部紫红色，十分美观，夏季叶大浓绿，有特殊香气，能驱蚊防蝇；仲秋时节，长达20cm的聚合果，由青变黄红，露出深红色的外种皮，令人喜爱；初冬时抱蕾满树十分壮观，为美化环境、绿化庭院的优良树种。古时多在亭、台、楼、阁前栽植，现多见于园林及厂矿中孤植、散植或于道路两侧作行道树。北方也有作桩景盆栽的，是广玉兰、白玉兰和含笑的砧木。

54. 二乔玉兰

别名：朱砂玉兰、紫砂玉兰、苏郎木兰

拉丁学名：*Magnolia soulangeana* Soul. Bod.

科属：木兰科　木兰属

形态及分布：落叶小乔木，高6～10m。小枝紫褐色，无毛，花芽窄卵形，密被灰黄绿色长绢毛；托叶芽鳞2片。叶倒卵形、宽倒卵形，先端宽圆，1/3以下渐窄成楔形，表面中脉基部常有毛，背面多少被柔毛，叶柄多柔毛。花大而芳香，花瓣6，外面呈淡紫红色，内面白色，萼片3，花瓣状，稍短。聚合蓇葖果长约8cm，卵形或倒卵形，熟时黑色，具白色皮孔[见图4-54(a)、(b)]。花期4月，果期9月。原产于我国，在华北、华中及江苏、陕西、四川、云南等地均有栽培。

图4–54（a） 二乔玉兰（开花植株）

图4–54（b） 二乔玉兰（花）

主要习性：系玉兰与紫玉兰的杂交种，与二亲本相近，但更耐旱、耐寒，表现出一定程度的杂种优势。移植较困难，大苗移栽成活率低，移栽时应适当多带宿土。

栽培养护：播种、嫁接、扦插、压条等方法繁殖。播种繁殖必须掌握种子的成熟期。当蓇葖转红绽裂时立即采集，将采下的蓇葖摊开晾晒，脱出种子，然后将其放在冷水中浸泡搓洗，除净外种皮，捞出种子晾干，层积沙藏，于翌年2～3月播种，1年生苗高可达30cm左右。第1～2年的盛夏季节需适当遮阴，入冬后，在北方地区还应防寒。培育大苗者于翌春移栽，适当截切主根，多施基肥，控制密度，3～5年即可培育出树冠完整、稀现花蕾、株高3m以上的合格苗木。定植2～3年后，即可进入盛花期。嫁接繁殖通常用紫玉兰、山玉兰等木兰属植物作砧木，可采用切接、劈接、腹接、芽接等方法嫁接扦插一般5～6月进行，插穗以幼龄树的当年生枝成活率最高。用50mg/kg萘乙酸浸泡基部6小时可提高生根率。压条宜在2～3月进行，压后当年生根，与母株相连时间越长，根系越发达，成活率越高。定植后2～3年即可开花。栽植以早春发芽前10天或花谢后展叶前栽植最为适宜。小苗需蘸泥浆，并注意尽量不要损伤根系，以求确保成活。大苗应带土球，挖大穴，深施肥，适当深栽以抑制萌蘖。新栽者可不必施肥，待落叶后或翌春再施肥。生长期可分别于花前和花后追肥，追肥时期为2月下旬与5～6月间。肥料多用充分腐熟的有机肥，酸性土应适当多施磷肥。

肉质根，不耐积水。夏季高温、干旱不仅影响营养生长，还会导致花蕾萎缩和脱落，影响翌年开花，故应及时灌水，保持土壤湿润。入秋后应减少浇水，使枝条充分木质化，以利越冬。冬季一般不浇水，只有当土壤过干时浇水。枝干伤口愈合能力较差，故除十分必要外，多不进行修剪。但为了培养良好的树形，对徒长枝、枯枝、病虫枝以及有碍树形美观的枝条，仍应在展叶初期剪除。修剪期应选在开花后及大量萌芽前，剪去病枯枝、过密枝、冗枝、并列枝及徒长枝，平时应随时去除萌蘖。剪枝时，短于15cm的中等枝和短枝一般不剪，长枝剪短至12～15cm，剪口要平滑、微倾，剪口距芽应小于5mm。此外，花谢后，若不留种，还应将残花和蓇葖果穗剪掉，以免消耗养分，影响翌年开花。

园林用途：花大色艳，观赏价值高，是城市绿化的优良观花树种，广泛用于公园、绿地和庭园等孤植观赏。在国内外庭院中普遍栽培，亦宜盆栽培植成桩景。

55. 鹅掌楸

别名：马褂木

拉丁学名：*Liriodendron chinense*（Hemsl.）Sarg.

科属：木兰科　鹅掌楸属

形态及分布：落叶乔木，高可达40m。树冠圆锥形。小枝灰色或灰褐色。叶马褂状，长4～12（18）cm，先端截形或微凹，近基部每边具1侧裂片，背面苍白色，叶柄长4～8（16）cm。花单生枝顶，杯状，花被片9，外轮3片绿色，萼片状，向外弯垂，内两轮6片，直立，花瓣状，倒卵形，长3～4cm，绿色，具黄色纵条纹，花药长10～16mm，花丝长5～6mm，花期时雌蕊群超出花被之上，心皮黄绿色。聚合果长7～9cm，具翅的小坚果长约6mm，顶端钝或钝尖，具种子1～2粒［见图4-55（a）～（c）］。花期5月，果期9～10月。产于我国长江以南各地，生于海拔900～1000m的山地林中。

主要习性：喜光，喜温和湿润气候，有一定耐寒性，可经受短期-15℃低温而不受冻害。在北京地区小气候良好的条件下可露地越冬。喜深厚肥沃、湿润而排水良好的酸性或微酸性土壤（pH值4.5～6.5），在干旱土地上生长不良，也忌低湿水涝。对二氧化硫有中等抗性。

栽培养护：播种和扦插繁殖。播种繁殖发芽率较低，通常为10%～20%。在孤植树上采集的种子，发芽率更低，只有0～6%，而在群植树上采集的种子，可达20%～35%。发芽率低的主要原因是受精不良，因为在花未开放时雌蕊已成熟，待开放后已过熟，故若能人工辅助授粉则可使种子发芽率提高到70%以上。在10月，果实呈褐色时即可采收，先在室内阴干1周，然后在日光下晒裂，净种后立即播种或干藏至翌年春播。宜播于高床上，播后覆盖稻草防干，经20余日即可出土，幼苗期最好适当遮阴。当年苗高可达30cm以上，3年生苗高1.5m。扦插繁殖以1～2年生枝条做插穗进行硬枝扦插，南方可于落叶后进行秋插，北方可进行春插，成活率可达80%以上。亦可进行嫩枝扦插及压条或分株繁殖。不耐移植，故移植时应少伤根，移植后应加强养护。一般不进行修剪，如需轻度修剪时应在晚夏进行，南方可在初冬。

图4-55（a）　鹅掌楸（叶）

图4-55（b）　鹅掌楸（花）

图4-55（c）　鹅掌楸（秋叶和聚合翅果）

园林用途：树形端庄，叶形奇特，花色黄绿，秋叶金黄，是极为优美的行道树和庭荫树，最适于孤植、丛植于安静休息区的草坪和庭院，或用作宽阔街道的行道树。对二氧化硫等有毒气体有抗性，可在大气污染较严重的地区应用。

56. 枫香

别名：枫树

拉丁学名：*Liquidambar formosana* Hance

科属：金缕梅科　枫香树属

形态及分布：落叶乔木，高达30m。树冠广卵形或略扁平。树皮灰褐色，方块状剥落；小枝干后灰色，被柔毛，略有皮孔；芽体卵形，长约1cm，略被微毛，鳞状苞片敷有树脂，干后棕黑色，有光泽。单叶互生，叶薄革质，阔卵形，掌状3裂，中央裂片较长，先端尾状渐尖，两侧裂片平展，基部心形，表面绿色，干后灰绿色，不发亮；背面有短柔毛，后渐脱落，仅在脉腋间有毛；掌状脉3～5条，在叶两面均显著，网脉明显可见；缘有锯齿，齿尖有腺状突；叶柄长达11cm，常有短柔毛；托叶线形，分离，或略与叶柄连生，长1～1.4cm，红褐色，被毛，早落。雄性短穗状花序常多个排成总状，雄蕊多数，花丝不等长，花药比花丝略短。雌性头状花序有花24～43朵，花序柄长3～6cm，偶有皮孔，无腺体；萼齿4～7个，针形，长4～8mm，子房下半部藏在头状花序轴内，上半部分离，有柔毛，花柱长6～10mm，先端常卷曲。头状果序圆球形，木质，直径3～4cm；蒴果下半部藏于花序轴内，有宿存花柱及针刺状萼齿。种子多数，褐色，多角形或有窄翅（见图4-56）。花期3～4月，果期10月成熟。产于我国秦岭及淮河以南各省，亦见于越南北部、老挝及朝鲜南部。

主要习性：喜光，喜温暖湿润气候及深厚湿润土壤，耐干旱瘠薄，较不耐水湿。多生于平地、村落附近及低山次生林，野生常与壳斗科、榆科及樟科树种混生于山谷林地。深根性，主根粗长，抗风力强。对二氧化硫、氯气等有较强抗性，耐火烧，萌生力极强。

图4-56　枫香（叶和果）

栽培养护：以播种繁殖为主，亦可进行扦插繁殖。于10月当果实由绿色变成黄褐色而稍带青色、尚未开裂时击落收集，过晚果实开裂，种子易飞散。果穗采集后在日光下晾晒3～5天，其间用木锨翻动2次，蒴果即可裂开，取出种子，过细筛去杂，得纯净种子，置于通风干燥处贮藏。可冬播，亦可春播。冬播较春播发芽早而整齐。皖南近年来播种时间都选在春季3月10～20日之间。可条播或撒播，播前用清水浸种。条播，行距为20～25cm，沟底宽为6～10cm，将种子均匀撒在沟内。撒播，将种子均匀撒在苗床上。播后覆土，可用筛子筛一些细土覆盖在种子上，以微见种子为度，并在其上覆一层稻草。也可不覆土，直接在播种后的苗床上覆盖

稻草或茅草，用棍子将草压好，以防风吹。苗木出土前应做好保护工作，以防鸟兽为害。播种后25天左右种子开始发芽，45天幼苗基本出齐，此时应及时揭草。揭草最好分2次进行，第1次揭去1/2，5天后再揭去剩下的部分。揭草时动作要轻，以防带出幼苗。幼苗怕烈日曝晒，应搭稀疏荫棚遮光。揭草后，当幼苗长至3～5cm时，应选阴天或小雨天，及时进行间苗和补苗。将较密的苗木用竹签移出，去掉泥土，将根放在0.01%的ABT 3号或ABT 6号生根粉溶液中浸1～2分钟，再按8cm×12cm的株行距，栽于缺苗的苗床上，然后浇透水。幼苗揭草后6～7周或移栽后4～5周，可适当追施些氮肥，第1次追肥浓度应小于0.1%。以后视苗木生长情况，每隔1个月左右追肥1次，浓度在0.5%～1%之间。整个生长季施肥2～3次。前期可施些氮肥，后期可施些磷、钾肥。施肥应在下午3点以后进行。施肥浓度大于0.8%时，施肥后应及时用清水冲洗。下雨时，应及时排除苗圃地的积水，防止苗木烂根；天气持续干旱时，应及时进行浇灌，补充苗木生长所需的水分。在苗木生长期间，应及时松土除草。1年生苗高30～40cm。幼苗直根较深，在育苗期间应多移几次，促生须根，移栽大苗时最好采用预先断根措施，否则不易成活。移栽宜在秋季落叶后或春季萌芽前进行。

园林用途：树高干直，树冠宽阔，深秋叶色红艳或深黄，是著名的秋色叶树种，宜作风景林和庭园绿化树种。具有较强的耐火性和对有毒气体的抗性，也可用于厂矿区绿化。

57. 百华花楸

别名：花楸、臭山槐

拉丁学名：*Sorbus pohuashanensis*（Hance）Hedl.

科属：蔷薇科　花楸属

形态及分布：落叶乔木，高达8m；小枝粗壮，圆柱形，灰褐色，具灰白色细小皮孔，嫩枝具绒毛，逐渐脱落，老时无毛；冬芽长圆卵形，先端渐尖，具数枚红褐色鳞片，外面密被灰白色绒毛。奇数羽状复叶，连叶柄在内长12～20cm，叶柄长2.5～5cm；小叶11～15，基部和顶部的小叶片常稍小，卵状披针形或椭圆披针形，长3～5cm，宽1.4～1.8cm，先端急尖或短渐尖，基部偏斜圆形，缘有细锐锯齿，基部或中部以下近于全缘，表面具稀疏绒毛或近于无毛，背面苍白色，有稀疏或较密集绒毛，间或无毛，侧脉9～16对，在叶边稍弯曲，背面中脉显著突起；叶轴有白色绒毛，老时近于无毛；托叶宿存，宽卵形，有粗锐锯齿。花白色，复伞房花序具多数密集花朵，总花梗和花梗均密被白色绒毛，后渐脱落；花梗长3～4mm；花直径6～8mm；萼筒钟状，外面有绒毛或近无毛，内面有绒毛；萼片三角形，先端急尖，内外两面均具绒毛；花瓣宽卵形或近圆形，长3.5～5mm，宽3～4mm，先端圆钝，白色，内面微具短柔毛；雄蕊20，几与花瓣等长；花柱3，基部具短柔毛，较雄蕊短。梨果近球形，直径6～8mm，红色或橘红色，具宿存闭合萼片［见图4-57（a）～（c）］。花期6月，果期9～10月。产于黑龙江、吉林、辽宁、内蒙古、河北、山西、甘肃、山东等地。

主要习性：喜湿润的酸性或微酸性土壤，较耐阴。常生于海拔900～2500m的山坡或沟谷杂木林中。

栽培养护：播种繁殖。种子采后须先沙藏层积，春天播种。

园林用途：花、叶美丽，入秋红果累累，可作庭园树种，也可用于风景林栽植。

图4-57（a） 百华花楸（开花植株）

图4-57（b） 百华花楸（叶）

图4-57（c） 百华花楸（果）

58. 山楂

别名：山里果、山里红、山里红果、红果、红果子

拉丁学名：*Crataegus pinnatifida* Bunge

科属：蔷薇科　山楂属

形态及分布：落叶小乔木，高达6m。具枝刺或无刺。叶广卵形或三角状卵形，短渐尖，基部平截或宽楔形，4～9羽状深裂，叶缘有不规则尖锐重锯齿，侧脉直伸至裂片先端或分裂处，叶柄细，长2～6cm，托叶大而有齿。伞房花序有长柔毛，花白色。梨果近球形，径约1.5cm，深红色，有白色皮孔［见图4-58(a)～(c)］。花期5～6月，果期9～11月。产于东北、华北、西北等地。生于海拔1500m以下的山坡灌丛中。

主要习性：喜光，稍耐阴，耐寒，耐旱，在湿润、排水良好的沙质壤土上生长最好。根系发达，萌芽性强。

栽培养护：播种、分株、扦插、嫁接繁殖。播前种子须经沙藏处理，挖50～100cm深沟，将种子与3～5倍湿沙混匀后放入沟内至离沟沿10cm为止，再覆沙至地面，结冻前再盖土至地上30～50cm，第2年6～7月间将种子翻倒，秋季取出播种，亦可第3年春播。条播行距20cm，开沟4cm深，宽3～5cm，每米播种200～300粒，播后覆薄土，上再覆1cm厚沙，以防止土壤板结及水分蒸发。分株繁殖于休眠期挖出根蘖苗，分栽即可。扦插繁殖可于春季将粗0.5～1cm根切成12～14cm根段，斜插于苗床，15日左右即可萌芽，当年苗高50～60cm。嫁接繁殖可于春、夏、秋进行。用种子繁殖的实生苗或分株苗均可作砧木，采用芽接或枝接，以芽接为主。

园林用途：枝叶繁茂，花艳果红，是观花、观果树种，可作庭荫树和园路树。

图4-58（b）　山楂（叶和果）

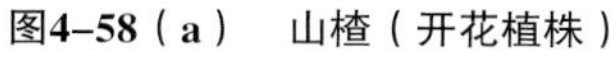

图4-58（a）　山楂（开花植株）

图4-58（c）　山楂（秋叶）

59. 山里红

别名：大山楂、红果、棠棣

拉丁学名：*Crataegus pinnatifida* Bge. var. *major* N. E. Br.

科属：蔷薇科　山楂属

形态及分布：落叶乔木，高达6m。树皮粗糙，暗灰色或灰褐色；刺长约1～2cm，有时无刺；小枝圆柱形，当年生枝紫褐色，无毛或近于无毛，疏生皮孔，老枝灰褐色；冬芽三角卵形，先端圆钝，无毛，紫色。叶片宽卵形或三角状卵形，稀菱状卵形，长5～10cm，宽4～7.5cm，先端短渐尖，基部截形至宽楔形，通常两侧各有3～5羽状深裂片，裂片卵状披针形或带形，先端短渐尖，缘有尖锐稀疏不规则重锯齿，表面暗绿色，有光泽，背面沿叶脉有疏生短柔毛或在脉腋有髯毛，侧脉6～10对，达裂片先端或达裂片分裂处；叶柄长2～6cm，无毛；托叶草质，镰形，边缘有锯齿。伞房花序具多花，直径4～6cm；小花直径约1.5cm；萼筒钟状，外面密被灰白色柔毛；萼片三角卵形至披针形，先端渐尖，全缘，约与萼筒等长，内外两面均无毛，或在内面顶端有髯毛；花瓣倒卵形或近圆形，白色；雄蕊20，短于花瓣，花药粉红色；花柱3～5，基部被柔毛，柱头头状。梨果近球形或梨形，直径1～2.5cm，深红色，有浅色斑点；小核3～5；萼片脱落很迟，先端留一圆形深洼［见图4-59（a）～（c）］。花期5～6月，果期9～10月。产于黑龙江、吉林、辽宁、内蒙古、河北、河南、山东、山西、陕西、江苏等地，生于海拔100～1500m的山坡林边或灌木丛中。朝鲜、俄罗斯西伯利亚亦有分布。

主要习性：同山楂。

栽培养护：一般用山楂为砧木进行嫁接繁殖。

图4-59（a） 山里红（叶）

图4-59（b） 山里红（花）

图4-59（c） 山里红（植株秋景）

园林用途：树冠开展，白花烂漫，果形较大，深亮红色，有较好的观赏价值。在产地广泛用作果树栽培，也常植于庭园观赏。

60. 杜梨

别名：棠梨、海棠梨、野梨子、土梨

拉丁学名：*Pyrus betulaefolia* Bunge

科属：蔷薇科 梨属

形态及分布：落叶乔木，高达10m。树冠开展，枝常具刺；小枝嫩时密被灰白色绒毛，2年生枝条具稀疏绒毛或近于无毛，紫褐色；冬芽卵形，先端渐尖，外被灰白色绒毛。叶片菱状卵形至长圆卵形，长4～8cm，宽2.5～3.5cm，先端渐尖，基部宽楔形，稀近圆形，缘有粗锐锯齿，幼叶两面均密被灰白色绒毛，后脱落，老叶表面无毛而有光泽，背面微被绒毛或近于无毛；叶柄长2～3cm，被灰白色绒毛；托叶膜质，线状披针形，长约2mm，两面均被绒毛，早落。伞形总状花序，有花10～15朵，总花梗和花梗均被灰白色绒毛，花梗长2～2.5cm；苞片膜质，线形，长5～8mm，两面均微被绒毛，早落；花直径1.5～2cm；萼筒外密被灰白色绒毛；萼片三角卵形，长约3mm，先端急尖，全缘，内外两面均密被绒毛，花瓣宽卵形，长5～8mm，宽3～4mm，先端圆钝，基部具有短爪。白色；雄蕊20，花药紫色，长约花瓣之半；花柱2～3，基部微具毛。梨果近球形，直径5～10mm，2～3室，褐色，有淡色斑点，萼片脱落，基部具带绒毛果梗［见图4-60（a）～（c）］。花期4月，果期8～9月。产于辽宁、河北、河南、山东、山西、陕西、甘肃、湖北、江苏、安徽、江西等地。生平原或山坡阳处，海拔50～1800m。

图4-60（b）　杜梨（花）

图4-60（a）　杜梨（开花植株）

图4-60（c）　杜梨（果）

主要习性：喜光，耐寒，耐旱，耐涝，耐瘠薄，在中性土及盐碱土中均能正常生长。在土壤含盐量为0.4%、pH值8.5的地区，亦能良好生长。

栽培养护：以播种繁殖为主，亦可压条繁殖。可于秋季采集果实后堆放于室内，使其果肉自然发软，期间需经常翻搅，防止腐烂，待果肉发软后，放在水中搓洗，将种子捞出，放在室内阴干，11月土壤上冻前进行混沙贮藏，湿沙与种子3∶1，拌匀后放在室外背阴的贮藏池内。为防止种子脱水，可再盖10cm左右的湿沙，翌春解冻后，及时翻搅，以防霉烂变质。种子露白后，及时播种，20天左右即可发芽，5年左右可开花。

园林用途：生性强健，对水肥要求也不严，加之树形优美，花色洁白，在北方盐碱地区应用较广，不仅可用作防护林、水土保持林，还可用于街道庭院及公园的绿化，是值得推广的好树种。果实、树皮等可药用。可做梨的砧木。

61. 桃

别名：毛桃

拉丁学名：*Prunus persica* L.

科属：蔷薇科　李属

形态及分布：落叶小乔木，高3～8m；树冠宽广而平展；树皮暗红褐色，老时粗糙呈鳞片状；小枝细长，无毛，有光泽，绿色，向阳处转变成红色，具大量小皮孔；冬芽圆锥形，顶端钝，外被短柔毛，常3芽并生，中间为叶芽，两侧为花芽。单叶互生，椭圆状披针形或倒卵状披针形，长7～15cm，宽2～3.5cm，先端渐尖，基部宽楔形，上面无毛，背面脉腋间具少数短柔毛或无毛，缘具细锯齿或粗锯齿，齿端具腺体或无腺体；叶柄粗壮，长1～2cm，常具1至数枚腺体，有时无腺体。花单生，先叶开放，直径2.5～3.5cm；花梗极短或几无梗；花瓣长圆状椭圆形至宽倒卵形，粉红色，罕为白色；花柱几与雄蕊等长或稍短；子房被短柔毛。核果形状和大小均有变异，卵形、宽椭圆形或扁圆形，直径（3）5～7（12）cm，长几与宽相等，色泽变化由淡绿白色至橙黄色，常在向阳面具红晕，外面密被短柔毛，稀无毛。核表面具纵、横沟纹和孔穴；种仁味苦，稀味甜［见图4-61（a）、（b）］。花期3～4月，果实成熟期因品种而异，通常为8～9月。我国除黑龙江省外，其他各省（自治区、直辖市）均有栽培，主要经济栽培区在华北、华东地区。

主要习性：喜光，耐旱，耐寒喜排水良好、土层深厚的沙质微酸性土壤，不耐水湿，淹水24小时就会造成植株死亡，黏重土及碱性土均不适宜。

栽培养护：以嫁接繁殖为主，多用切接或盾形芽接。北方以山桃为砧木，南方以毛桃作砧木，但用毛桃或山桃砧所接之桃树，皆有树龄短而病虫害多之弊；若改用杏为砧木，虽初期生长略慢，但寿命长而病虫少。芽接多在7～8月进行，砧木以用1年生充实的实生苗为好，2年生砧亦勉强可用。芽接成活率很高，多在95%以上；接穗当年多不萌发，翌春进行检查，成活者去砧芽使接穗抽发，未活者可用切接法补接。切接在春季芽已开始萌动时进行，选取生长健壮的1年生枝条，截成6～7cm长枝段，以带2节芽为好，1节亦可，切口长2～3cm，砧木以1～2年生苗为好，过老者欠佳。约在砧木离地5cm处截顶，然后切接。接后即须培土，略盖过接穗顶端即可。切接成活率一般可达90%或更高。

移栽、定植多在早春或秋冬落叶后进行，幼苗移栽需要带宿土或蘸泥浆，中、大植株移植需带土球，以保证成活。种植地最好选在排水良好、阳光充足的地方，切忌在积水处种植。种植穴内应施基肥（人粪尿、堆肥、饼肥、骨粉等），以促进花芽分化。整形以自然开心形为主，修剪可较梅略重，既行疏剪，又加短截，对树冠内的纤细枝、交叉枝和病虫枝，都加以剪除，注意不要剪去开花枝（花蕾是在隔年的枝条上形成的），修剪多于花前进行，盆栽者则可延至花后进行。夏季应对生长旺盛的枝条进行摘心，冬季对长枝作适当修剪，以利多生花枝，并保持树冠整齐。一般在早春开花时或晚春花谢后进行1～2次追肥，第1次以磷肥为主，第2次以氮肥为主。冬季施基肥1次，花前和6月前后各追肥1次，以促开花和花芽形成。此外，平

图4-61（a） 桃（植株）

图4-61（b） 桃（花）

时应适当中耕、除草。病虫害主要有桃蚜、桃粉蚜、桃浮尘子、梨小食心虫、桃缩叶病、桃褐腐病等，应及时防治。

园林用途：桃花艳丽芬芳，妩媚可爱，是优良的早春观花树种，可植于庭园、山坡、路旁，或栽植为专类园。园林中常与柳树间植于水畔，形成桃红柳绿的景致。果可观又可食，是园林结合生产的理想材料。

62. 山桃

别名：花桃、山毛桃

拉丁学名：*Prunus davidiana*（Carr.）Franch.

科属：蔷薇科　李属

形态及分布：落叶乔木，高可达10m；树冠开展，树皮暗紫色，光滑；小枝细长，直立，幼时无毛，老时褐色。叶卵状披针形，长5～13cm，宽1.5～4cm，先端渐尖，基部楔形，两面无毛，缘具细锐锯齿；叶柄长1～2cm，无毛，常具腺体。花单生，先于叶开放，直径2～3cm；花梗极短或几无梗；花萼无毛；萼筒钟形；萼片卵形至卵状长圆形，紫色，先端圆钝；花瓣倒卵形或近圆形，长10～15mm，宽8～12mm，粉红色，先端圆钝，稀微凹；雄蕊多数，几与花瓣等长或稍短；子房被柔毛，花柱长于雄蕊或近等长。果实近球形，直径2.5～3.5cm，淡黄色，外面密被短柔毛，果梗短而深入果洼；果肉薄而干，不可食，成熟时不开裂；核果核球形或近球形，两侧不压扁，顶端圆钝，基部截形，表面具纵、横沟纹和孔穴，与果肉分离［见图4-62（a）～（d）］。花期3～4月，果期7～8月。产于山东、河北、河南、山西、陕西、甘肃、四川、云南等地。生于山坡、山谷沟底或荒野疏林及灌丛内，海拔800～3200m。

主要习性：适应性强，喜光，耐寒，耐旱，又耐盐碱土壤。

栽培养护：以播种繁殖为主。采种时应选择优良母树，采集品种纯正或类型一致、无病虫害且充分成熟的种子，否则会影响苗木质量。尽量选择本地种子，就地采种，就地播种。外调种子应对种子进行种质检验，含仁率、发芽率低于国家标准的不能使用。可采用秋播或春播。秋播在秋末冬初地冻之前进行，适宜在土质好、湿度适宜、不太严寒、小气候条件好的地方采用。秋播的种子在田间完成后熟过程，省去了种子层积处理工序，且播种期长，翌春出苗早，生长期长。播前应将种子浸泡1天，再行播种。春播在土壤解冻后进行。应于头年秋冬季节对种子进行层积处理，可在窖内或室外进行。室外选择地势高燥、排水良好的地方，挖坑进行层积处理。坑宽及坑深以1m左右为宜，坑长随种子多少而定。选好的种子和湿沙按1∶5的比例混合，然后把种、沙混合物放入坑内，其厚度一般不超过50cm，其上覆沙，用土培成屋脊型埋好。坑中央要有通气设施，种子数量不多时可用秸秆作通气孔，种子数量多时可设置专用的通气孔。层积处理的温度以2～7℃最为适宜，沙子湿度以手握成团不滴水，一触即散为宜。层积时间为90天左右。山桃种子外壳坚硬，不易吸收水分，播前最好进行破壳和催芽，以促进其尽早发芽出土。直播造林是将种子直接点播于定植穴中。播种深度对种子发芽、出土和蓄水保墒等的影响很大，也是影响直播造林成败的重要因素之一。播的太深，种子不易出土或延长出土期，会导致幼芽弯曲或腐烂；播的太浅，则不能保墒，种子不易发芽或发芽后变干。所以在播种时应注意播种深度，秋季播种不宜过浅，一般深度在10cm以内，7～8cm为好。春季播种不宜过深，5～6cm为好。播种量为2kg/亩，每穴2～3粒。

图4-62（a） 山桃（树皮）

图4-62（c） 山桃（枝和花）

图4-62（b） 山桃（花）

图4-62（d） 山桃（枝叶和果）

植苗造林需经过育苗和移植过程。苗圃育苗播种时先在畦内按一定的行距开沟，沟深7～8cm。开沟后浇足水，水渗下后将种子点在沟内，覆土4～5cm。一般播种约5000粒/亩。春季幼苗出土后应及时追肥、浇水、中耕和锄草。春季移植应在早春树液尚未流动前进行，不宜太晚。移植后应及时灌水，3～5天后再灌水1次，使苗根舒展，与土壤紧密接触，保持土壤湿润，提高移植成活率。直播造林或植苗造林后均需严加管护，对林地应设专人管护，防治病虫、鼠害、兽害、自然灾害等，保证种子正常出芽，使苗木正常生长，确保直播造林或植苗造林的成活率和保存率。

园林用途：耐寒，抗旱性强，是退耕还林、荒山造林的良好树种，也是园林绿化中广泛应用的树种。花期早，开花时美丽可观，并有曲枝、白花、柱形等变异类型。园林中宜成片植于山坡并以苍松翠柏为背景，方可充分显示其娇艳之美。在庭院、草坪、水际、林缘、建筑物前零星栽植也很合适。绿化效果好，深受人们的喜爱。在华北地区常作桃、梅、李等果树的砧木。

63. 红碧桃

拉丁学名：*Prunus persica* cv. Rubro-plena

科属：蔷薇科　李属

形态及分布：红碧桃为桃的栽培变种，花红色，重瓣（见图4-63）。我国华北地区有栽培。

主要习性：同原种。

图4-63　红碧桃（开花植株）

栽培养护：以嫁接繁殖为主。常用毛桃作砧木，但15年生即开始衰老。若以山杏为砧木，初期生长慢，但寿命长，病虫害少。砧木一般用实生苗，多秋播，第2年春出苗后，及时剪除树干上的萌芽，保证主干光滑，晚夏芽接或翌春枝接均可，3年生苗可进行定植栽培，嫁接苗定植后1～3年开始开花，4～8年进入开花盛期。

栽培管理：整形一般是将树体控制在3～4 m高，大片栽植的地区应每隔2～3年进行一次简单修剪，将大小枝搭配均匀，以控制冠形。有条件时在花后应及时修剪，将开过花的枝条留2～3个芽短剪。夏摘心。喜肥，但肥多易染病害。主要病害有枯萎病、白粉病、叶斑腐、缩叶病、穿孔病、流胶病等；主要害虫有蚜虫、红蜘蛛、介壳虫、钻蛀害虫和为害叶片的蛾类等。保持树体健康和树体周围清洁是防止病虫害传播的有效方法。

园林用途：可列植、丛植或群植于山坡、水畔、石旁、庭院、草坪边，能与背景形成合理的色彩搭配。我国习惯“桃红柳绿”之景色。在开阔地大面积群植，可形成春天繁花似锦的景观。

64. 菊花桃

拉丁学名：*Prunus persica* cv. Stellata

科属：蔷薇科　李属

形态及分布：菊花桃为桃的栽培变种，花为菊花型，粉红色［见图4-64（a）、（b）］。我国北京及辽宁等地有栽培。

主要习性：同原种。

栽培养护：嫁接繁殖。繁殖可用1年生的山桃、毛桃或杏苗作砧木，在夏季进行芽接。接穗要用当年生发育充实、健壮、中段枝条上的芽，亦可在春季用切接法繁殖。菊花桃每年施3次肥，第1次在开花前，以磷钾肥为主，可促使花大色艳；第2次在开花后，以氮肥为主，使其枝叶繁茂；6～7月是其花芽分化期，可施1～2次磷钾肥，并适当浇水，促其多形成花芽，有利翌年开花。入秋后应注意控制浇水，更不能施肥，以控制秋梢萌发，促使当年生枝条木质化。花前对植株稍作修剪，剪去枯枝、乱枝，使开花时株形达到最美状态。花后进行1次重剪，将开过花的枝条保留2～3个芽，以促发新枝，形成开花枝。对于生长过旺的枝条在夏季可摘心，以控制长势，多形成花芽。盆栽植株冬季可放在室外避风向阳处或在室内越冬，每年春季换盆1次。移栽时放些腐熟的饼肥末、骨粉等作基肥。

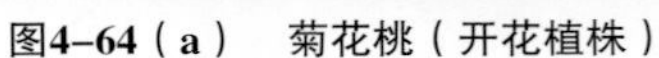

图4-64（a） 菊花桃（开花植株）

图4-64（b） 菊花桃（花）

园林用途：菊花桃植株不大，株型紧凑，开花繁茂，花型奇特，色彩鲜艳，可栽植于广场、草坪以及庭院或其他园林场所，也可盆栽观赏或制作盆景，还可剪下花枝瓶插观赏。

65. 垂枝桃

图4-65 垂枝桃（开花植株）

拉丁学名：*Prunus persica* cv. Pendula

科属：蔷薇科 李属

形态及分布：为桃的栽培变种，枝下垂，有红花、白花及重瓣品种（见图4-65）。我国华北及辽宁南部等地有栽培。

主要习性：同原种。

栽培养护：嫁接繁殖。宜每年修剪促其多生新梢，以便翌年多开花。短截时宜留向外的侧芽，使新梢向四周垂吊，形成良好树形。

园林用途：垂枝桃是桃花中枝姿最具韵味的一个类型，小枝拱形下垂，树冠犹如伞盖。花开时节，宛如花帘一泻而下，蔚为壮观。无论是孤植于庭院，还是群植，都有很好的观赏效果。

66. 白花山碧桃

拉丁学名：*Prunus davidiana*（Carr.）Franch cv. Albo-plena

科属：蔷薇科　李属

形态及分布：落叶小乔木，树体较大而开展，树皮光滑，似山桃；花白色，重瓣，颇似白碧桃，但萼外近无毛，而且花期较白碧桃早半个月左右［见图4-66（a）、（b）］。桃与山桃的天然杂交种。北京园林绿地中有栽培。

主要习性：同原种。

栽培养护：同原种。

园林用途：北方园林中早春重要的观花树种，亦是华北桃树的良好砧木。

图4-66（a）　白花山碧桃（开花植株）

图4-66（b）　白花山碧桃（花）

67. 杏

拉丁学名：*Prunus armeniana* L.

科属：蔷薇科　李属

形态及分布：落叶乔木，高达10m；树冠圆形。树皮暗褐色；小枝淡褐色或红褐色。单叶互生，近圆形或广卵形，长5～8cm，先端短急尖，基部圆形或近心形，缘具钝锯齿，背面脉腋有柔毛，叶柄带红色。花单生，先叶开放，粉白色或淡粉红色，花梗极短，雄蕊30～40。核果近球形，浅黄色或橙黄色，常带红晕，密被柔毛［见图4-67（a）、（b）］。花期3～5月，果期6～7月。产于我国东北、华北、西北、西南及长江中下游各地。

主要习性：喜光，耐寒，耐旱，抗盐性较强，不耐涝，喜深厚、排水良好的沙壤土。深根性，根系发达。

栽培养护：播种和嫁接繁殖，以嫁接繁殖为主。播种繁殖宜秋播或层积后春播，层积天数需70～100天。嫁接繁殖的砧木一般用普通杏，亦可用毛桃或山桃。夏秋季多用芽接，春季多用枝接。秋植或春植时，栽植后在树盘范围内覆盖地膜或其他材料，有助于冬春季节防旱增温，提高栽植成活率。自然开心形适用于干性较弱的品种，整形技术基本上与桃相同。唯杏的分枝角较小，分枝也少，主干高度一般应适当长留，在主干上培养3～4个主枝。疏散

图4-67（a） 杏（果）

图4-67（b） 杏（花）

分层形适用于干性较强的品种，留枝两层，第一层留3～4个，第二层留2～3个，层间距60～80cm。第二层主枝选好后，对中心干落头开心。亦可任其自然生长，待初步成形后，再在主干上选留5～6个分枝作主枝，然后在主枝上适当配置副主枝，形成自然圆头型树形。杏虽耐瘠薄土壤，但树势衰弱时会增加退化花的数量，降低产量，故应结合基肥的施用，每年扩穴深翻，改良土壤。杏对肥水的反应敏感，除秋施基肥外，在着果稳定后和采收后还应进行追肥，以促进果实膨大，提高质量，并可及时恢复树势，增加树体营养积累，减少退化花的比例，增产效果明显。两次追肥均以氮肥为主，配合磷、钾肥。杏树春季生长活动早而集中，基肥宜早施，未施基肥的树花前应增施1次追肥。杏的很多病虫害与桃相同，如疮痂病、流胶病、细菌性穿孔病、蚜虫、叶蝉、介壳虫、红颈天牛等。

园林用途：早春开花，有“南梅、北杏”之称，为东北重要观花树种。杏树是良好的绿化、观赏树种，也是干旱少雨、土层浅薄的荒山或风沙危害严重的地区防风固沙、保持水土、改善生态环境的先锋树种。

68. 山杏

别名：西伯利亚杏

拉丁学名：*Prunus sibirica* L.

科属：蔷薇科 李属

形态及分布：与杏的主要区别：叶基部楔形至宽卵形；花常2朵，粉红色；果实近球形，红色；核卵圆形，表面粗糙有网纹［见图4-68(a)、(b)］。花期3～4月，果期6～7月。产于河北、山西、山东等地，生于海拔1000～1500m的山沟或山坡，多野生。朝鲜北部，日本亦有分布。

主要习性：喜光，耐寒性强，耐干旱、瘠薄，根系发达。

栽培养护：春、秋季一般均可栽植，亦可采用营养钵育苗，在夏季或雨季栽植。按株行距要求挖好定植穴，将苗置于穴的中央，用表土埋根，提苗踩实，使根系舒展，埋土与地表相平，做好水堰浇水，水渗后覆一层土，然后每株覆盖一块1m^{2}地膜。在秋季栽植时，上冻前应将苗干弯曲与地面相平，埋土防寒。在春季将苗干挖出后再在根际周围覆盖薄膜。

选择栽植地块时应避开风口地带。多数山杏都生长在陡坡或缓坡的山上，立地条件差，深

图4-68（a）　山杏（叶和果）

图4-68（b）　山杏（植株秋景）

翻土壤比较困难，浅翻整地修好树盘即可。首先树盘内浅刨一次，捡净石块用于垒树盘，然后修好树盘。树盘大小应与树体大小相适宜，坡度大的地方外沿高，里面低，以后随着管理措施的逐年加强，树盘之间应连通，修成梯田。修树盘是保持水土的关键措施，由于山杏浇水困难，蓄水就更加重要。另外，应注意整形修剪和病虫害防治，去除多年生枝干上的枯枝或产量低的老枝，留下四周萌生的幼枝。

园林用途：庭院观赏树种，也是我国北方的主要栽培果树品种之一，以果实早熟、色泽鲜艳、果肉多汁、风味甜美、酸甜适口为特色，在春夏之交的果品市场上占有重要位置，深受人们的喜爱。

69. 辽梅山杏

别名：辽梅杏

拉丁学名：*Prunus sibirica* L. var. *pleniflora* J. Y. Zhang et al.

科属：蔷薇科　李属

形态及分布：灌木或小乔木，高5m。叶卵形，近圆形或扁圆形，基部圆形或近心形，先端长尾状尖，边缘具细锯齿。花白色或粉色，重瓣，颇似梅花；果近球形，黄色带红晕，表面被毛，果肉薄而干涩，成熟时开裂。花期4月，果期7～8月（见图4-69）。产于我国辽宁西部及南部，沈阳、鞍山、北京等地有栽培。

主要习性：喜光，耐干旱、瘠薄，耐寒，能适应干燥气候。

栽培养护：嫁接繁殖。参阅杏。

园林用途：可孤植或丛植于庭院、阶前、墙角、路边，在山坡上、林缘或公园内可片植，观赏效果颇佳。

图4-69　辽梅山杏（花）

70. 山荆子

别名：山定子

拉丁学名：*Malus baccata*（L.）Borkh.

科属：蔷薇科 苹果属

形态及分布：落叶乔木，高达10～14m；树冠阔圆形。小枝无毛或被短柔毛，暗褐色。单叶互生，椭圆形或卵形，长3～8cm，宽2～3.5cm，先端渐尖，基部楔形或圆形，缘具细锯齿；叶柄长2～5cm，无毛。伞形花序有花4～6朵，无总梗，集生于小枝顶端，花梗细，长1.5～4cm，无毛；花白色，直径3～3.5cm，萼筒外面无毛，裂片披针形；花瓣倒卵形；雄蕊15～20；伞形花序，集生于小枝顶端，花柱5或4。梨果近球形，直径0.8～1cm，红色或黄色，萼裂片脱落［见图4-70（a）、（b）］。花期4～6月，果期9～10月。产于我国东北、内蒙古及黄河流域各地；俄罗斯、蒙古、朝鲜、日本亦有分布。生于海拔50～1500m的山坡杂木林中及山谷灌丛中。

图4-70（a） 山荆子（植株）

图4-70（b） 山荆子（枝叶和果）

主要习性：适应性强，耐寒、耐旱力均强。全光照、侧方荫蔽和林内均可生长。

栽培养护：播种、扦插及压条繁殖，生产上多采用播种繁殖。即在果实充分成熟时采收，沙藏越冬，翌春播种，正常出苗率达80%以上。病虫害较少，抗腐烂病能力强。苗期立枯病感染较重。

园林用途：春天白花满树，秋季红果累累，经久不凋，颇美观，可做庭院观赏树，亦可作苹果、花红（*Malus asiatica Nakai*）等树种的砧木。

71. 白梨

别名：白挂梨、罐梨

拉丁学名：*Pyrus bretschneideri* Rehd.

科属：蔷薇科 梨属

形态及分布：乔木，高5～8m。树冠开展，小枝粗壮，冬芽卵形。叶卵形至椭圆状卵形，长5～11cm，宽3.5～6cm，先端渐尖，稀急尖，基部宽楔形，稀近圆形，缘具刺芒状尖锐锯齿；幼叶两面被绒毛，后脱落；伞形总状花序，有花7～10朵，花序梗和花梗被绒毛；萼片

图4-71　白梨（叶和幼果）

三角状卵形，缘有腺齿；花瓣白色，卵形，先端啮齿状；雄蕊20，花药浅紫红色；花柱5或4，与雄蕊近等长。梨果卵形，倒卵形或球形，径2～2.5cm，黄色，有细密斑点（见图4-71）。花期4月，果期8～9月。产于河北北部、山东东南部、河南西北部、山西、陕西西南部、甘肃及青海西部等地。

主要习性：喜光，对土壤要求不严。一般嫁接苗3～4年即可结果，约20年进入盛果期。

栽培养护：以嫁接繁殖为主，砧木常用杜梨。作为果树栽培技术要求较高，有很多著名的品种，如：河北的“鸭梨”、山东莱阳的“茌梨”等。树体高大，寿命较长。幼树生长旺盛，干性一般很强。多数品种的幼树枝条直立性强，大树骨干枝容易开张，萌芽率高，成枝力强或中强，树冠枝条稀密中等；隐芽寿命长，骨干枝易于更新；较易抽生短枝，而且数量较多。许多品种的幼树，都是先由短果枝开始结果。品种间短果枝抽生果台枝的能力差异较大；有些品种容易形成短果枝群，有些品种不易形成。修剪幼树时，宜少疏枝，延长枝宜长留；主枝开张角度不宜过大，以免造成中干过强；大树骨干枝的更新能力较强，角度开张过大时，或下部出现光秃的主、侧枝时，较易回缩更新；易形成短果枝群的品种，应注意维持短果枝群的健壮长势；不易形成短果枝群或短果枝群寿命较短的品种，应注意发挥新果枝的结果能力，利用大型枝组的更新复壮，维持结果枝组的结果能力。

园林用途：春天开花，满树雪白，树姿优美，果可鲜食，还可制梨酒、梨干、梨膏、罐头等，是良好的花果两用树种。木材质细，为良好的雕刻用材。

72. 秋子梨

别名：花盖梨、山梨、沙果梨、酸梨

拉丁学名：*Pyrus ussuriensis* Maxim.

科属：蔷薇科　梨属

形态及分布：落叶乔木，高达15m；树冠广卵形。小枝粗壮，老时变为灰褐色。单叶互生，卵形至宽卵形，长5～10cm，宽4～6cm，先端短渐尖，基部圆形或近心形，稀宽楔形，缘具长刺芒状尖锐锯齿，两面无毛或在幼时有绒毛；叶柄长2～5cm。伞形总状花序有花5～7朵；总花梗和花梗幼时有绒毛；花梗长2～5cm；花白色，直径3～3.5cm；萼筒外面无毛或稀生绒毛，裂片三角状披针形，外面无毛，内密生绒毛；花瓣卵形或宽卵形；花柱5，离生，近基部具疏生柔毛。梨果近球形，黄色，直

图4-72　秋子梨（开花植株）

径2～6cm，萼裂片宿存，基部微下陷，果梗长1～2cm（见图4-72）。花期4～5月，果期8～10月。产于我国东北、华北、西北等地。

主要习性：喜光，较耐阴，耐寒，喜湿润，耐干旱、瘠薄和碱土。深根性，生长较慢，抗病力较强。常生于低海拔寒冷而干燥的山区。

栽培养护：播种和嫁接繁殖。播种繁殖，种子需层积沙藏。嫁接繁殖，砧木常用杜梨。多数品种树冠开张；幼树长势中强。芽较小，萌芽率和成枝力一般均较强。多数品种的长枝，较细较软，中枝数量较多，顶芽延伸力强，但细软较易下垂。树冠的分枝级次高，枝条较为密集，高级次的枝易于披散下垂。短枝的数量少于白梨。结果后，品种间抽生果枝的能力有较大差异。大部分品种不易形成分枝多而紧凑的短果枝群。果枝连续结果能力亦较差。多数品种以短果枝结果为主，部分品种有腋花芽结果的习性。在幼树整形时，以选用主干疏层形和开心疏层形为好。修剪时，骨干延长枝可轻度短截，其余长枝可适当缓放，以缓和营养生长，促进早成花、早结果。秋子梨有高级次枝结果的特点，但短果枝群并不发达，所以对小枝组可不必过细修剪。

园林用途：庭园观花、观果树种，果实可食，亦可作蜜源树种。

73. 李

别名：李子、嘉庆子、玉皇李、山李子

拉丁学名：*Prunus salicina* Lindl.

科属：蔷薇科　李属

形态及分布：落叶乔木，高达12m；具枝刺。单叶互生，倒卵状椭圆形，长6～8（12）cm，宽3～5cm，先端突尖或渐尖，基部楔形，具圆钝重锯齿，背面脉腋有簇生毛。花常3朵簇生，先叶开放；花径1.5～2.2cm，花瓣白色，有明显带紫色脉纹，花梗长1.5～3.5cm。核果近球形，具1纵沟，径1.5～5（7）cm，黄色或红色，有时为绿色或紫色，外被蜡粉；核表面有皱纹（图4-73）。花期4月，果期7～8月。产于华北、东北、华中、华南和西南等地。

主要习性：喜光，耐半阴，耐寒，喜肥沃、排水良好的土壤，在酸性土、钙质土上均能生长，不耐干旱、瘠薄，不耐长期积水。萌芽性强，浅根性。生长快，寿命长。结实期早，产量高，果实耐贮藏。花期较早，在寒凉地区有时易受早霜影响。

图4-73　李（枝叶和果）

栽培养护：嫁接、分株、播种繁殖。生产上提倡用嫁接繁殖。常用的砧木有毛桃和李。芽接一般在7月中旬至9月，枝接宜于早春萌芽前进行。栽植宜在落叶后至萌芽前进行，具体时间可根据其生长特性和当地气候条件来确定。在冬季较温暖地区，一般进行秋栽，栽后受伤的根系能及时恢复，施入的农家肥也能完全腐熟，一到开春，就能及时供给幼苗萌芽、生长所需的营养；在冬季严寒，易发生冻害的地区，以春栽为好。栽植穴一般直径1m左右，深0.8～1m。栽植时应注意苗木嫁接口略高出地面2～4cm左右，幼苗栽植后立即灌足水。整形可采用

自然丛状开心形、自然开心形和主干疏层形。追肥每株每次施尿素、钾肥各250g，过磷酸钙1.5～2.5kg。用0.3%～0.5%尿素进行叶面喷肥。

园林用途：枝干如桃，叶绿而多，花洁白而繁密，故有"艳如桃李"之句，为优良庭园观花树种。果供鲜食，仁、根、叶、树胶均可入药，亦蜜源树种。

74. 紫叶李

别名：红叶李、樱桃李

拉丁学名：*Prunus cerasifera* Ehrh. f. *atropurpurea* Jacq.

科属：蔷薇科　李属

形态及分布：落叶小乔木，高达8m。树冠多直立状，小枝光滑，幼时紫色。叶卵形至倒卵形，先端尖，基部圆形，叶缘具尖细的重锯齿，常年紫红色。花多单生于叶腋，有时2～3朵聚生，花淡粉红色。核果近球形或椭圆形，长宽几相等，暗红色（图4-74）。花期3～4月，果期6～7月。原产于亚洲西南部，为樱李的观赏变型。我国各地园林中普遍栽培。

主要习性：喜光，在庇荫条件下叶色不鲜艳。喜温暖湿润气候，有一定抗旱能力，较耐寒，在北京可露地栽培；对土壤要求不严，在肥沃、深厚、排水良好的中性、酸性土上生长良好，在黏质土上亦能生长，不耐碱。较耐湿，根系较浅，生长旺盛，萌枝力较强。

栽培养护：可用扦插、压条、嫁接等方法进行繁殖，但扦插、压条成活率低，因而不常用。嫁接可用桃、李、梅、杏、山桃等作砧木。在华北地区以杏、桃、山桃作砧木最为常用。嫁接成活后1～2年，就可出圃定植。移植宜在晚秋及春季进行，以春季为好，根部需蘸泥浆。栽培管理中应及时剪除砧木上的萌蘖条，并对长枝进行适当修剪。根据其主要观叶的特点，应重点培养丰满茂密的树冠，主干高度一般在1m左右，让树冠上的各级枝条自然向上生长，不

图4-74　紫叶李（植株）

要强作树形。冬季植株进入休眠或半休眠期后，剪除病虫枝、瘦弱枝、枯死枝和过密枝。

园林用途：紫叶李幼枝紫色，叶色常年红紫，尤其在春、秋两季叶色更艳，颇为美观，是园林中常见的优良彩叶树种，适于庭园及公园中群植、孤植、列植，或与桃、李同植，构成色彩调和、花叶耐赏的喜人景观，或于建筑物门旁、园路角隅、草坪边角丛植数株，或以浅色叶树为背景，更能烘托出叶色美的特性。

75. 樱花

别名：福岛樱、青肤樱、尾叶樱、山樱花

拉丁学名：*Prunus serrulata* Lindl.

科属：蔷薇科 李属

形态及分布：落叶乔木，高达10～25m。树皮暗栗褐色，光滑而有光泽，具横纹。小枝无毛。单叶互生，卵形或卵状椭圆形，先端尾尖，缘具芒状锯齿，叶两面无毛，幼叶淡绿褐色，叶柄长1.5～3cm，常具2～4个腺体。花白色、粉红色、红色，3～5朵成短总状花序，花两性。核果球形，熟时红褐色（图4-75）。花期4月，果期7月。樱花是著名的春季花木，通常泛称的樱花除了本种以外还包括其他很多种和变种，本种在我国栽培较多，日本更为普遍。原产我国长江流域，日本、朝鲜亦有分布。我国东北、华北地区广为栽培。

主要习性：喜光，稍耐阴。对土壤的要求不严，喜深厚肥沃、排水良好的微酸性土，在中性土上亦能正常生长，不耐盐碱。喜空气湿度大的环境，但不耐水湿，忌积水低洼地，不宜栽植在地势平坦而地下水位较高的地方。有一定耐寒能力，除极端低温及寒冷之地外，一般均可适应。栽培品种在北京地区宜选小气候条件较好处栽植。根系较浅，对海风抵抗力差，不宜栽植在有台风的沿海地带。枝条愈合能力差，忌重度修剪。对氟化氢抗性强，对臭氧的抗性中等，对烟尘有一定的阻滞能力。

栽培养护：以嫁接繁殖为主，亦可用扦插和压条繁殖。嫁接砧木可用适应性强的单瓣樱花或樱桃实生苗，于3月下旬切接或8月下旬芽接。嫁接成活后经3～4年培育即可出圃。扦插在春季用硬枝，夏季用嫩枝。移植宜在落叶后至萌芽前进行，小苗带宿土或蘸泥浆、大树带土球移植，并立支柱。樱花的向光性很强，移植后应确保其原向阳的一面仍向阳，否则生长不良，甚至死亡。枝条愈合能力差，在生长旺盛期不宜重剪，尤其对较粗的枝条，只需在花后将花枝适当短剪即可。移植后管理要求不高，但需整形修剪，以培养优美的冠形。因其花芽是由顶芽和枝条先端的几个侧芽分化而成的，因此对花枝不要进行短截。为了顺应其自然生长的趋势，除应保持较高的树干外，还应培养4～5个健壮的侧主枝和1根中央领导枝，以形成高大茂密的观花树体。在早春开花后应及时剪去枯枝、重叠枝及病虫枝，保留长势健壮的枝条，以利通风透光。花后可施1次充分腐熟的有机肥，以促进展叶。有条件时亦可根外追肥，喷0.1%的尿素和0.2%的磷酸二氢钾

图4-75 樱花（叶和果）

混合肥液，以利花芽形成和叶色转绿。

园林用途：樱花春日繁花竞放，浓艳喜人，在我国栽培观赏历史悠久，秦汉时期已应用于宫苑之中，到唐代已普植于私家庭园。樱花因枝叶繁茂、绿荫如盖、荫质上乘而深受人们的喜爱。樱花妩媚多姿，繁花似锦，孤植、丛植或群植，无不适宜，尤以群植于公园及名胜区、风景区为佳，亦可列植于道旁，背衬常绿树，前流溪水，则红绿相映，相得益彰，且景色清幽。植为堤岸树或风景树，花开时节，佳景媚人。

76. 樱桃

拉丁学名：*Cerasus pseudocerasus*（Lindl.）G. Don

科属：蔷薇科　樱属

形态及分布：落叶小乔木，高6～8m。树皮灰褐色，光滑，皮孔横展，树皮横裂。单叶互生，卵形至矩圆状卵形，长5～12cm，宽3～5cm，先端渐尖或尾状渐尖，基部圆形，具尖锐重锯齿，齿端有小腺体，背面被稀疏柔毛；叶柄顶端具1～2腺体；托叶披针形，羽裂，具腺齿。伞房状或近伞形花序，具3～6朵花，先叶开放；花梗被疏柔毛；花序分枝处有苞片，苞片边缘有腺齿；萼筒钟形，外面被疏柔毛；萼片三角状卵形，全缘，花后反卷；花瓣白色，卵形。核果近球形，径0.9～1.3cm，红色，光滑有光泽［见图4-76（a）～（d）］。花期3～4

图4-76（a）　樱桃（枝叶）

图4-76（b）　樱桃（花）

图4-76（c）　樱桃（植株）

图4-76（d）　樱桃（果）

月，果期5～6月。产于辽宁西部、河北、山东东部、河南、安徽、江苏、浙江、江西、湖北、广西东北部、贵州北部、四川、甘肃南部及陕西南部等地。朝鲜、日本亦有分布。

主要习性：喜光，喜肥沃、湿润且喜排水良好的沙壤土。较耐寒，耐旱。萌蘖力强，生长迅速。

栽培养护：分株、扦插或嫁接繁殖。养护过程中，为防止樱桃遭受冻害应加强肥水管理，生长后期的水肥管理尤为重要。增施有机肥，重视秋施基肥，并施足施好，增加树体营养贮备。加强各类穿孔性落叶病和食叶害虫的防治，保护好叶片。重视防涝排涝工作，防止因涝害而引起树势衰弱。上冻前浇好封冻水，提高树体抗冻能力。冬季用10%石灰水喷洒全树或涂抹大枝，保护树体。休眠期结合修剪彻底清除田间的残枝、落叶、落果，刮除树体老翘树皮，剪除病枝病梢并彻底销毁，以减少病虫害的发生。同时，加强树体保护，给剪锯口和刮皮处涂杀菌剂或油漆，防止病害感染。虫害可根据发生种类和程度，选用高效氯氰菊酯、吡虫啉、灭幼脲、阿维菌素等进行防治。提倡药剂混用，实行病虫兼治。

园林用途：早春先花后叶，后有红果，宜作观花、观果树种；果实可食，为城镇近郊果园观光采摘的理想树种。

77. 海棠

别名：小果海棠、子母海棠、海红

拉丁学名：*Malus spectabilis*（Ait.）Borkh.

科属：蔷薇科　苹果属

形态及分布：乔木，高可达8m；小枝幼时具短柔毛，逐渐脱落，老时红褐色或紫褐色，无毛。叶片椭圆形至长椭圆形，长5～8cm，宽2～3cm，先端短渐尖或圆钝，基部宽楔形或近圆形，缘具紧贴细锯齿，有时部分近于全缘，幼嫩时上下两面具稀疏短柔毛，以后脱落，老叶无毛；叶柄长1.5～2cm，具短柔毛。花序近伞形，有花4～6朵，花梗长2～3cm，具柔毛；花径4～5cm；萼筒外面无毛或有白色绒毛；萼片三角卵形，先端急尖，全缘，外面无毛或偶有稀疏绒毛，内面密被白色绒毛，萼片比萼筒稍短；花瓣卵形，基部有短爪，白色，在芽中呈粉红色；雄蕊20～25，花丝长短不等，长约花瓣之半；花柱5，稀4，基部有白色绒色，比雄蕊稍长。果实近球形，直径2cm，黄色，萼片宿存，基部不下陷。梗洼隆起；果梗细长，先端肥厚，长3～4cm［见图4-77（a）～（c）］。花期4～5月，果期8～9月。分布于河北、山东、河南、山西、陕西、甘肃和云南等地。

主要习性：喜光，不耐阴，对严寒有较强的适应性，耐干旱力也很强。喜在土层深厚、肥沃、土壤pH值5.5～7.0的微酸性至中性壤土中生长。

栽培养护：常用播种、分株和嫁接繁殖。播种可秋播或沙藏后春播。实生苗生长缓慢，要5～6年后才能开花，且常产生变异，故仅作为砧木培育和杂交育种之用。园艺品种多用嫁接法繁殖，以山荆子或海棠实生苗作砧木。栽植常于秋季落叶后或春季萌芽前进行。性喜肥，栽植时穴底应施入几锹腐熟发酵的圈肥做基肥，此后可每年的7～8月在花芽分化集中期施一些氮、磷、钾复合肥，初冬结合浇冻水再施1次有机肥，以芝麻酱渣和烘干鸡粪为好，可使植株花开繁茂，枝粗叶壮。另外在早春萌发前及时修剪病虫枝、枯枝及过密枝；对老龄植株进行老枝更新。北方地区常有春旱，因此早春需浇水2～3次。

图4-77（a）　海棠（开花植株）

图4-77（b）　海棠（枝叶和花）

图4-77（c）　海棠（果）

园林用途：宜植于人行道两侧、亭台周围、丛林边缘、水滨池畔等，亦是制作盆景的材料，切枝还可供瓶插及其他装饰之用。对二氧化硫有较强的抗性，适用于城市街道绿地和矿区绿化。

78. 垂丝海棠

别名：垂枝海棠

拉丁学名：*Malus halliana* Koehne

科属：蔷薇科　苹果属

形态及分布：落叶小乔木，高约5m；树冠疏散。枝开展，幼时紫色。单叶互生，卵形至长卵形，长3.5～8cm，先端渐尖，基部楔形或稍圆，具细钝锯齿或近全缘，质较厚实，表面有光泽；叶柄及中脉常带紫红色。花4～7朵组成伞房花序，簇生于小枝端，鲜玫瑰红色，径3～3.5cm，花柱4～5，花萼紫色，萼片比萼筒短而端钝，花梗细长下垂，紫色；花序中常有1～2朵花无雄蕊。果倒卵形，径6～8mm，紫色，萼片脱落［见图4-78（a）～（c）］。花期4月，果期9～10月。产于我国西南部，长江流域至西南各地均有栽培。北京在小气候条件良好处可露地栽培。

主要习性：喜光，不耐阴，也不甚耐寒；喜温暖湿润环境，适生于阳光充足的背风之处。对土壤要求不严，在微酸性或微碱性土上均可生长，但以土层深厚、疏松、肥沃、排水良好略带黏质的生长更好。

图4-78（a） 垂丝海棠（开花植株）

图4-78（b） 垂丝海棠（花）

图4-78（c） 垂丝海棠（枝叶和果）

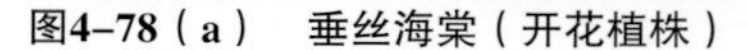

栽培养护：主要采用播种和嫁接繁殖。播前须对种子进行湿沙层积处理，3～5℃条件下沙藏约2个月，3月初取出种子，除去沙子，用清水浸泡12小时后，将种子捞出，摊放在背风向阳处，盖上透明塑料薄膜，四周封严，放置6～8天，每天需上下翻动1～2次，并用温水冲洗种子表面黏液，以利种子呼吸，有70%的种子裂嘴时，即可播种。嫁接法繁殖，多用湖北海棠作砧木，亦可选用河北产的八棱海棠，嫁接时间在6月下旬至7月上旬，当砧苗基径达0.5cm左右时即可嫁接，采用“丁”字形芽接法，接后用塑料薄膜缠紧封严，只露叶柄以便检查成活。9月追施磷、钾肥为主的液肥，以促进花芽分化。10月果实成熟，应及时摘除，以免消耗养分。11月进行冬季修剪，去除重叠枝、枯老枝，调整树形以利生长，早春萌发前及时修剪病虫枝条、枯枝及过密的枝条；对老龄植株进行老枝更新。进入12月，应做好防冻保温工作，并及时清除病虫叶和落叶，集中销毁深埋，以减少病虫害的发生。

园林用途：花繁如锦，朵朵下垂，色泽艳丽，是著名的庭园观赏花木，宜植于小径两旁，或孤植、丛植于草坪上，最宜植于水边，犹如佳人照碧池，亦可制作桩景。

79. 木瓜

拉丁学名：*Chaenomeles sinensis*（Thouin）Koehne

科属：蔷薇科 木瓜属

形态及分布：落叶小乔木或灌木，高5～10m。树皮片状剥落。小枝常无刺，但短小枝常成棘状，幼枝有毛。叶椭圆状卵形至椭圆状矩圆形，稀倒卵形，长5～8cm，宽1.5～5.5cm，缘有刺芒状尖锐腺锯齿，幼时背面密被茸毛；托叶膜质，卵状披针形，具腺齿。花单生于叶腋，淡粉红色；与叶同放或后于叶开放；花萼片具腺齿，反折，花梗粗；雄蕊多数；花

图4–79（a）　木瓜（植株）

图4–79（b）　木瓜（树皮和棘）

图4–79（c）　木瓜（果）

柱3～5，基部合生。果长椭圆形，长10～15cm，暗黄色，芳香，果皮木质［见图4-79（a）～（c）］。花期4月，果期9～10月。产于山东、秦岭及淮河以南，南至华南等地。

主要习性：喜光，喜温暖，但有一定的耐寒性，北京在良好小气候条件下可露地越冬；要求肥沃、湿润、排水良好的土壤，不耐盐碱和积水。生长较慢。

栽培养护：播种及嫁接繁殖。嫁接繁殖，通常以2～3年生木瓜实生苗作砧木。实生苗生长较慢，10年左右才能开花。幼树整形修剪以扩冠为目的。第1年冬剪对留作主枝的枝条进行短截，留30～40cm为宜，以轻剪为主，主要是疏除过密枝、竞争枝、交叉枝、重叠枝，对有空间的枝条进行短截，留20～30cm为宜，翌年长至40cm时及时摘心，形成结果枝组。冬季松土时应培土，以利防冻。

园林用途：树冠开阔，树皮斑然可爱，花色淡雅，秋季金瓜满树，芳香袭人，是观花、观果及树皮的树种，常植于庭园观赏，果实可药用。

80. 梅花

别名：酸梅、黄仔、合汉梅、白梅花、绿萼梅、绿梅花

拉丁学名：*Prunus mume* Sieb.et Zucc.

科属：蔷薇科　李属

形态及分布：落叶小乔木，稀灌木，高达10m。树皮浅灰色或带绿色，平滑。小枝绿色。单叶互生，卵形至椭圆形，长4～8cm，宽1.5～5cm，先端尾尖，基部宽楔形或圆形，具尖锯齿，两面无毛，叶柄常有腺体。花单生，稀2朵簇生，径2～2.5cm，先叶开放，近无梗，芳香；花萼常红褐色；花瓣白色或粉红色。核果近球形，径2～3cm，熟时黄色或绿白色，被

图4–80（a）　梅花“丰厚”（开花植株）

图4–80（b）　梅花（美人梅之花和幼叶）

图4–80（c）　梅花（美人梅之植株）

图4–80（d）　梅花（杏梅之花）

图4–80（e）　梅花“丰厚”（花）

柔毛，味酸；核椭圆形，表面有明显纵沟，具蜂窝状孔穴［见图4-80（a）～（e）］。花期1～3月，果期5～6月（华北7～8月）。原产于华中至西南山区，以长江流域为中心产区，黄河以南均可露地栽培。某些品种已在华北地区引种栽培成功。我国已有3000多年的栽培历史。朝鲜、日本亦有分布。

主要习性：喜光，喜温暖而略潮湿的气候，有一定耐寒力，在北京须种植于背风向阳的小气候良好处。对土壤要求不严，较耐瘠薄土壤，亦能在轻碱性土壤中正常生长。忌积水，亦不

宜在风口处种植。寿命长，可达千年以上。

栽培养护：常用嫁接繁殖，也可用扦插、压条或播种繁殖。桃、山桃、杏、山杏及梅的实生苗均可作砧木。桃及山桃易得种子，作砧木行嫁接也易成活，故目前普遍采用，但缺点是接穗成活后寿命短，易罹病虫害，故实际上不如后三者作砧木为佳。

露地栽培时，整形方式以形成美观而不呆板的自然开心形为原则。修剪的方法是以疏剪为主；短截则以轻剪为宜，若过分重剪，则会影响翌年开花。一般在花前疏剪病枝、枯枝及徒长枝等，而在花后适当进行整株树形整理，必要时也可进行部分短剪。在北京露地栽植，须选背风向阳地点，否则易在冬春间旱风期抽条而死。

园林用途：树姿古朴，花色素雅，花态秀丽，花香清淡，果实丰盛，为我国传统果树和名花，宜植于庭园、草坪、低山丘陵观赏，可孤植或丛植。我国自古就有松、竹、梅“岁寒三友”和梅、兰、竹、菊“四君子”的配植方式，亦可大片丛植或群植成专类园或片林观赏。此外，还可盆栽观赏，或整形修剪做成各式桩景，或作切花瓶插供室内装饰用。

81. 稠李

别名：臭李子、橉木、稠梨

拉丁学名：*Prunus padus* L.

科属：蔷薇科　李属

形态及分布：落叶乔木，高达15m。干皮灰褐色或黑褐色，浅纵裂，小枝紫褐色，有棱；嫩枝灰绿色，近无毛。单叶互生，卵状长椭圆形至倒卵形，长6～14cm，叶端突渐尖，叶基圆形或近心性，缘具细锐锯齿，侧脉8～11对，叶表深绿色，叶背灰绿色，无毛或仅背面脉腋具簇毛；叶柄长1～1.5cm，无毛，近端部常有2腺体，托叶与叶柄近等长。花小，白色，径1～1.5cm，芳香，花瓣长为雄蕊2倍以上；10～20朵排成下垂之总状花序，基部有叶。核果近球形，径6～8mm，黑色，有光泽；核有明显皱纹［见图4-81（a）、（b）］。花期4～6月，与叶同放，果期7～9月。产于东北、内蒙古、河北、河南、山西、陕西、甘肃等地。欧洲、亚洲西北部、朝鲜、日本亦有分布。

图4–81（a）　稠李（叶和果）

图4–81（b）　稠李（枝叶和花序）

主要习性：喜光，幼树耐阴，较耐寒，在肥沃、湿润、排水良好的中性沙质壤土上生长良好。忌积水，不耐干旱瘠薄。萌蘖力强，病虫害少。

栽培养护：播种、分蘖繁殖。播种繁殖，春、秋均可。采种时，当果实变成黑色时即可采收，采后用水浸泡，并搓去外种皮与果肉，然后用清水将种子洗净，放在阴凉通风处阴干，以防种子自热、发霉、腐烂，降低生命力。将阴干的种子放入0～5℃的窖中贮藏。晚秋选择地势干燥、排水良好、背风向阳处挖坑，坑深1.5m，坑底铺15cm的石砾或粗沙，坑中间插一束草把以便通气，坑长宽视种子数量而定。种子贮藏前用40℃温水浸泡2天，然后将种子与湿沙按1∶3的体积比例混合，放入坑中，装到距地面20cm为止，然后回填土，填土应高出地面10cm。四周挖排水沟。翌年4月初，从坑中起出种子，放在阴凉处开始催芽，当有1/3种子露白后，即可播种。选地势平坦、排灌方便、土壤深厚、土质疏松的沙壤土为好。播前应施足底肥，细致整地作垄，垄面要平，并灌足底水。待水渗完，土壤稍干后，用镐起沟，均匀撒播种子，及时覆土，厚度以1.5cm为宜，覆土后稍加镇压，之后应保持垄面湿润。播后10～15天，幼苗即可全部出齐，此时应进行人工看护，防止鸟食。当苗高达5cm时进行第1次间苗，去弱留强。苗高达10～15cm时即可定苗。幼苗期正处于杂草旺盛生长之时，应加强中耕除草和松土保墒。苗木生长期应及时追肥，第1次追肥可在间苗或定苗后进行，6月下旬或7月中旬施第2次肥。若苗木中下部叶子发绿发黑，顶梢发红，表明苗木不缺肥水，否则应及时施肥，适当浇水。8月停止施肥浇水，以利于幼苗木质化。对幼苗进行修剪时应剪去侧枝，若幼苗有顶枝时应去弱留强。播种苗留地1年，翌年4月初进行移植，株行距以1m×2m为宜。扦插易生根，多采用硬枝扦插。

园林用途：花序长而美丽，秋叶黄红色，果成熟时亮黑色，是良好的观赏树种，亦为较好的蜜源树种。

82. 紫叶稠李

拉丁学名：*Padus virginiana* L.‘Canada Red’

科属：蔷薇科 稠李属

形态及分布：落叶乔木，是北美稠李（*Padus virginiana*）的栽培品种，高达12m。树皮灰褐色，粗糙；小枝褐色。单叶互生，卵状长椭圆形至倒卵形，长5～14cm，先端渐尖，叶缘有锯齿，叶片初为绿色，有光泽，进入5月后随着气温的升高逐渐变为紫红色，秋后变为红色。总状花序，花白色。核果球形，成熟后紫黑色。花期4～5月，果熟7～8月［见图4-82（a）～（c）］。原产于北美。我国东北地区及河北、山西、北京、大连等地有引种栽培。

主要习性：喜光，在半阴环境下叶片很少转为紫红色。耐寒，耐旱，耐高温，喜温暖、湿润环境，在湿润、肥沃、排水良好、pH值6～8的沙壤土上生长健壮。

栽培养护：扦插或嫁接繁殖。嫁接繁殖常以稠李为砧木。

园林用途：紫叶稠李新叶鲜绿，老叶紫红，与其他树种搭配，红绿相映成趣。叶片显色期长，是我国北方重要的彩叶树种。树势优美，在公园、机关、街心花园及居民小区中孤植、对植、丛植，或与其他植物在房前屋后、草坪、河畔、山石旁混植均能起到丰富景观层次、引导人们视野、分割景观空间及障景的作用。于庭院大厅门口两侧、大厅的玻璃窗外、亭阁周边、假山景石、墙角转弯处等位置，以面积大小行片植或丛植，能营造出清幽高雅、幽而不暗、闹而不喧的别样景观，使人心境平和，轻松愉快。在城市园林绿化中，可在条件较差的城市园林

图4-82（a）　紫叶稠李（植株株形及秋季叶色）

图4-82（b）　紫叶稠李（花序及变色前叶色）

图4-82（c）　紫叶稠李（变色中叶色）

绿地或城郊绿化带中栽植，粗放经营，省工省力，绿化效果也较好，同时又可减弱噪声，降低温度，吸收二氧化碳、二氧化硫，分泌杀菌素，起到改善环境的作用。

83. 合欢

别名：芙蓉树、绒花树、夜合槐、马缨花

拉丁学名：*Albizia julibrissin* Durazz.

科属：豆科　合欢属

形态及分布：落叶乔木，高达16m；树冠伞形。树皮灰褐色，不裂或浅裂。小枝绿棕色，皮孔明显。2回偶数羽状复叶互生，羽片4～12对，各有小叶10～30对，小叶镰刀形或窄长圆形，先端锐尖，基部截形，两侧极偏斜，中脉偏于一侧，全缘，长6～12mm，宽1～4mm。花序头状，多数，呈伞房状排列，腋生或顶生；花冠长为萼筒的2～3倍，淡黄色，漏斗状，顶端5裂；花丝细长，基部结合，淡红色。荚果扁平带状，黄褐色，长9～15cm，宽1.2～2.5cm，幼时有毛［见图4-83（a）～（c）］。花期6～7月，果期9～11月。产于我国黄河流域及以南各地。全国各地广泛栽培。朝鲜、日本、越南、泰国、缅甸、印度、伊朗及非洲东部亦有分布。生于路旁、林边及山坡上。

主要习性：喜光，喜生于较温暖、湿润的地区，对气候和土壤适应性强，宜在排水良好的肥沃土壤上生长，也耐瘠薄土壤和干旱气候，但不耐水涝。生长迅速。

图4-83（a） 合欢（叶）

图4-83（b） 合欢（花）

图4-83（c） 合欢（果）

栽培养护：主要用播种繁殖。10月采种，种子干藏至翌春播种，播前用60℃热水浸种，每天换水1次，第3天取出保湿催芽1周，播后5～7天发芽。苗期应及时剪去侧枝，保证主干通直。移植宜在芽萌动前进行。在移植大树时应设支架，以防被风刮倒。冬季于树干周围开沟施肥1次。主要病害为溃疡病，可用50%退菌特800倍液喷洒；主要害虫为天牛和木虱，可用煤油1 kg加80%敌敌畏乳油50g灭杀天牛，用40%乐果乳油1500倍液喷杀木虱。

园林用途：树形优美，树冠开阔，入夏绿荫清幽，羽状复叶昼开夜合，奇特雅致，夏日粉红色绒花吐艳，鲜艳夺目，是优良的园林绿化树种，宜作庭荫树、行道树，适于池畔、水滨、河岸和溪旁等处散植或列植。对氯化氢、二氧化氮抗性强，对二氧化硫有一定抗性，适于厂矿、街道绿化。

84. 皂荚

别名：皂角

拉丁学名：*Gleditsia sinensis* Lam.

科属：豆科 皂荚属

形态及分布：落叶乔木，高达30m；树皮暗灰色，小枝灰色至深褐色；刺粗壮，圆柱形，常分枝，多呈圆锥状，长达16cm。1回羽状复叶互生，长10～18(26)cm；小叶（2)3～9对，卵形或卵状长椭圆形，长2～8.5（12.5）cm，宽1～4（6）cm，顶端圆钝，具小尖头，基部圆形或楔形，有时稍歪斜，缘具细锯齿，表面被短柔毛，背面中脉上稍被柔毛；网脉明显，在两面凸起；小叶柄长1～2(5)mm，被短柔毛。花杂性，黄白色，总状花序腋生，长5～14cm，被短柔毛，花丝分离；花梗长2～8（10）mm；萼片4，三角状披针形；花瓣4，长圆形，黄白色。荚果带状扁平，长12～37cm，宽2～4cm，劲直或扭曲，果肉稍厚，两面鼓起，或有的荚果短小，多少呈柱形，长5～13cm，宽1～1.5cm，弯曲作新月形，通常称猪牙皂，内无种子；果瓣革质，褐棕色或红褐色，常被白色粉霜；种子多粒，长圆形或椭圆形，棕色，光亮[见图4-84（a）、（b）]。花期3～5月；果期9～10月。原产于我国长江流域，分布极广，自我国北部至南部及西南均有分布。

主要习性：喜光而稍耐阴，对土壤要求不严，喜温暖湿润气候及深厚肥沃适当湿润的土

图4-84（a） 皂荚（植株枝刺）

图4-84（b） 皂荚（花序）

壤，在石灰质土、微酸性土及轻盐碱土上都能长成大树，但在干旱贫瘠处生长不良。深根性，对氟化氢、二氧化硫和氯气抗性较强。多见于平原、山谷及丘陵地区。在温暖地区可分布在海拔1600m处。生长速度慢但寿命较长，可达六七百年。

栽培养护：播种繁殖。种子保藏期可达4年。1kg种子约2200粒。因种皮厚，发芽慢且不整齐，故在播前1个多月进行浸种，每隔4～5天换1次水，待种子充分吸水种皮变软时与湿沙层积，种皮开裂后即可播种。当年生苗高可达0.5m以上。幼苗培养期间应注意修枝，使之形成通直之主干。对1年生小苗，华北北部应培土防寒。播种苗需经7～8年的营养生长才能开花结果，但结实期可长达数百年。

园林用途：树冠宽广，枝叶浓密，树形优美，寿命较长，宜作园景树、庭荫树及四旁绿化树种。

85. 山皂荚

别名：山皂角

拉丁学名：*Gleditsia japonica* Miq.

科属：豆科 皂荚属

形态及分布：落叶乔木，高达15m。小枝紫褐色或脱皮后呈灰绿色；枝刺粗壮，基部扁圆，中上部扁平，常分枝，黑棕色或深紫色，长2～16cm，基径可达1cm，且多密集。1回或2回偶数羽状复叶，长10～25cm；1回羽状复叶常簇生，小叶6～11对，互生或近对生，卵状长椭圆形至长圆形，长2～6cm，宽1～4cm，先端钝尖或微凹，基部阔楔形至圆形，稍偏斜，边缘有细锯齿，稀全缘，两面疏生柔毛，中脉较多；2回羽状复叶具2～6对羽片，小叶3～10对，卵形或卵状长圆形，长约1cm。雌雄异株；雄花成细长的总状花序，花萼和花瓣均为4，黄绿色，花丝分离；雌花成穗状花序，花萼和花瓣同雄花，有退化的雄蕊，子房有柄。荚果带状，长20～36cm，宽约3cm，棕黑色，质薄而常不规则扭曲，或呈镰刀状。花期5～6月；果期6～10月［见图4-85（a）、（b）］。分布于我国辽宁、河北、山东、江苏、安徽、陕西等地。朝鲜、日本亦有分布。

主要习性：喜光，稍耐阴，耐寒，耐旱，耐轻度盐碱，适应性强，在酸性、石灰性土壤上均能生长。深根性，抗污染力强。

图4-85（a） 山皂荚（植株）

图4-85（b） 山皂荚（叶）

栽培养护：播种繁殖。与皂荚相似。

园林用途：树冠宽广，叶密荫浓，宜做庭荫树、园景树和行道树，也可用作四旁绿化树种。因有枝刺，栽培地点应远离儿童。

86. 黄檀

图4-86 黄檀（植株）

别名：不知春、白檀

拉丁学名：*Dalbergia hupeana* Hance

科属：豆科 黄檀属

形态及分布：落叶乔木，高达20m。树皮灰色，条状纵裂。小枝无毛。羽状复叶，小叶7～11，卵状长椭圆形至长圆形，长3～5.5cm，宽1.5～3cm，先顶端钝或微缺，基部圆形；叶轴与小叶柄均有白色疏柔毛；托叶早落。圆锥花序顶生或生于上部叶腋间；花梗被锈色疏毛；萼钟状，萼齿5，不等，最下面1个披针形，较长，上面2个宽卵形，较短，被锈色柔毛；花黄白色；雄蕊2体（5+5）。荚果长圆形，扁平，长3～7cm，种子1～3粒（见图4-86）。花果期7～10月。分布广，秦岭、淮河以南至华南、西南等地均有野生。

主要习性：喜光、耐干旱瘠薄，在酸性、中性或石灰性土壤上均能生长。深根性，具根瘤，能固氮，是荒山荒地的先锋造林树种，山区、丘陵、平原都有生长，通常零星或小块状生长在阔叶林或马

尾松林内。天然林生长较慢，人工林生长较快。

栽培养护：播种、扦插繁殖。选择树龄15年以上、干形通直、生长健壮、发育正常、无病虫害者作为采种母树。播种可在3～4月进行，播前用冷水浸种1～2天，捞出阴干后播种。播后覆土盖草，晴天早晚浇水，保持床面适当湿润，约10天开始发芽，经15天发芽结束。夏季应搭荫棚，冬季应防寒，当年苗高约20cm；2年生苗高可达40cm。扦插一般在春秋两季进行，插穗以幼龄实生母树上1年生粗壮枝条为好，插穗长15～20cm，留取顶芽，剪除下部叶片，将插穗基部在α-萘乙酸500mg/L水溶液中速蘸5秒，然后插入土中约1/3。保持基质湿润，插后1个月即开始生根。育苗地以沙质壤土为宜。幼苗不耐水渍，黏重、板结的土壤会导致幼苗生长衰弱，叶片枯黄脱落甚至烂根死亡。

园林用途：园林中多用作庭荫树和观赏树，是“四旁”绿化和浅山区绿化的优良树种。

87. 刺槐

别名：洋槐

拉丁学名：*Robinia pseudoacacia* L.

科属：豆科　刺槐属

形态及分布：落叶乔木，高达10～20m。树皮灰褐色，纵裂；枝具托叶刺。奇数羽状复叶，互生，具9～19小叶；叶柄长1～3cm，小叶柄长约2mm，被短柔毛，小叶片椭圆形至卵状长圆形，长2.5～5cm，宽1.5～3cm，先端圆或微凹，具小尖头，基部广楔形或近圆形，全缘，表面绿色，被微柔毛，背面灰绿色被短毛。总状花序腋生，下垂，比叶短，花序轴黄褐色，被疏短毛；花梗长8～13mm，被短柔毛，萼钟状，具不整齐的5齿裂，表面被短毛；花冠白色，芳香，旗瓣近圆形，长18mm，基部具爪，先端微凹，翼瓣倒卵状长圆形，基部具细长爪，顶端圆，长18mm，龙骨瓣向内弯，基部具长爪；雄蕊10枚，成9与1两体；子房线状长圆形，被短白毛，花柱几乎弯成直角，荚果扁平，带状，长3～11cm，褐色，光滑。含

图4-87（a）　刺槐（开花植株）

图4-87（b）　刺槐（花序）

3～10粒种子，二瓣裂。种子肾形，黑色［见图4-87（a）、（b）］。花期4～5月，果期8～10月。原产于北美，因其适应性强、生长快、繁殖易、用途广而在欧、亚各国广泛引种和栽培。19世纪末先在我国青岛引种，后渐扩大栽培，现已遍及华北、西北、东北南部的广大地区，以黄河中下游和淮河流域为其分布中心，垂直分布最高可达2100m。

主要习性：喜光，不耐阴。喜温暖湿润气候，在年平均气温8～14℃、年降水量500～900mm的地方生长良好。对土壤要求不严，适应性强。能在石灰性土、酸性土、中性土以及轻度盐碱土上正常生长，但以肥沃、湿润、排水良好的冲积沙质壤土上生长最佳。对土壤酸碱度不敏感，有一定的抗盐碱能力。在底土过于黏重坚硬、排水不良的黏土、粗沙土上生长不良。有一定抗旱能力，但在久旱不雨的严重干旱季节往往会出现枯梢现象。不耐水湿，怕风。浅根性，侧根发达；有根瘤，生长快，萌蘖力强，寿命较短；抗烟尘。

栽培养护：播种和无性繁殖，以播种为主。可于8～9月间自10～20年生健壮母树上采种。采后经晒干、碾压脱粒、风选后干藏。一般在3～4月进行条播。因种子皮厚而硬，发芽困难，故播前应进行催芽处理。通常将种子放入缸中，约达缸深的1/3，然后倒入80℃热水，搅拌1～2分钟后逐渐加入冷水，使水温降到39～40℃，捞除浮在水面的空粒种子，浸泡1～2天后捞出过筛，然后将已浸拌的种子放入箩筐内，盖上湿布，放在较温暖处，并每天用温水淘洗1次，3～5天即可开始发芽，此时将种子取出播种即可。也可在秋季层积，于翌春播种。亦可在雨季后期播种。播种地宜选便于灌溉和排水良好的肥沃沙壤土。为防止立枯病危害，不宜连作。条播行距为50～60cm，覆土1cm左右。播前先灌足底水或适当提早播种期以充分利用早春土壤的良好墒情，这样可以在幼苗出土前不灌水，避免土壤板结影响出苗。幼苗生长迅速，出苗后应及时间苗和松土、除草。定苗后应及时进行除蘖及修剪，以促使树干和树冠的形成。对生长不良的，可在冬季进行平茬，使其另生萌条以培养壮直的主干。大苗定植后，应设立支柱，以防雨季风倒或造成根部摇动。生长季应注意防治虫害。插根繁殖可选粗0.5～2.0cm的根系，剪成15～20cm长的插穗，插后盖以塑料薄膜可提高成苗率。

园林用途：树冠高大，叶色鲜绿，每当开花季节绿白相映非常素雅而且芳香宜人，可作行道树、庭荫树、庭园观赏树，是常见的园林绿化树种。因其抗性强、生长迅速，故又是工矿区绿化及荒山荒地绿化的先锋树种。也是良好的蜜源树种和速生用材树种。根部具根瘤，有提高地力之功效。

88. 槐

别名：国槐

拉丁学名：*Sophora japonica* L.

科属：豆科　槐属

形态及分布：落叶乔木，高15～25m，干皮暗灰色，小枝绿色，皮孔明显。无顶芽，侧芽为柄下芽。奇数羽状复叶互生，长15～25cm；叶轴有毛，基部膨大；小叶9～15片，卵状长圆形，长2.5～7.5cm，宽1.5～5cm，顶端渐尖而有细突尖，基部阔楔形，背面灰白色，疏生短柔毛。圆锥花序顶生；萼钟状，有5小齿；花冠蝶形，黄白色，旗瓣阔心形，有短爪，并有紫脉，翼瓣龙骨瓣边缘稍带紫色；雄蕊10，不等长。荚果肉质，念珠状，长2.5～5cm，无毛，不裂；种子1～6，肾形［见图4-88（a）～（c）］。花期6～8月，果期9～10月。产于

图4-88（a）　槐（开花植株）

图4-88（b）　槐（花）

图4-88（c）　槐（果）

我国北部，北自辽宁，南至广东、台湾，东至山东，西至甘肃，四川、云南均有栽植。在华北平原及黄土高原海拔1000m的山地均能生长。

主要习性：喜光，稍耐阴，喜温凉气候，有一定的耐寒性，大苗可耐短期-25℃的低温。不耐水湿，耐旱力较强，在年降水量600～1200mm的地区生长良好。喜土层深厚、湿润、肥沃、排水良好的沙壤土，能在石灰性、酸性及轻度盐碱土上正常生长；在干旱、贫瘠的山地及低洼积水处生长不良。深根系，抗风力强；对二氧化碳、氯气、氯化氢及烟尘等有毒气体抗性较强。寿命长，生长快，耐修剪。

栽培养护：以播种繁殖为主，亦可扦插繁殖。春播，因种皮具细胞紧密结合的栅栏层，透水性差，播前用始温为85～90℃的水浸种24小时，余硬粒再处理1～2次。种子吸水膨胀后即可播种。条播行距20～25cm，覆土厚度1.5～2cm，播种量8～10kg/亩，7～10天幼苗出土，幼苗期合理密植，防止树干弯曲，一般每米长留苗6～8株，1年生苗高达1m以上。也可早春集中营养钵育苗后移植定苗。萌芽力较强，若培养大苗形成良好的干形，可于第2年早春截干，加大株行距，当年苗高达3～4m，树干通直，粗壮光滑。每年在春季生长停止后，第2个生长季节来临前（一般在7月上旬），将顶端弯曲部分剪除，待发出新枝后，选择一个垂直向上的枝作为新的主干。对2～3年生的苗木，当春季开始生长时，若苗木没有明显的主干或有主干但过于偏斜的应再次进行截干，剪口选在开始偏斜的部位即可。幼苗期应多施磷钾肥，生长季节加强叶面喷肥，有助于加强光合作用，加快木质化进程，防止主干弯曲。

园林用途：树冠宽广，树姿优美，抗烟尘及有害气体，宜作行道树及遮阴树，是优良的园林绿化树种，也是工矿区绿化的理想树种。

89. 五叶槐

别名：蝴蝶槐、畸叶槐

拉丁学名：*Sophora japonica* L. var. *oligophylla* Franch.

科属：豆科 槐属

形态及分布：槐树之变种。落叶乔木，树高多5～10m。小叶3～7簇生，顶生小叶常3裂，侧生小叶下部常有大裂片，叶片畸形，形似蝴蝶，故又称畸叶槐或蝴蝶槐，叶背有毛［见图4-89（a）、（b）］。分布与槐树相似

主要习性：同槐（国槐）。

栽培养护：嫁接繁殖。选地径为1.5cm左右、高1.7m的1年生国槐实生苗，或胸径为6cm左右、具1年生分枝的国槐成苗作砧木。采用健壮的1年生五叶槐枝条为接穗。落叶后，剪取生长健壮、无病虫害的当年生枝条，在高燥、排水良好、背风向阳的地方挖沟，沟深80cm，将枝条捆扎成束，埋于沟内，盖上细沙和泥土。由于采集的枝条数量往往有限，为增加嫁接苗的数量，常采用贴芽法嫁接。春季国槐开始萌芽后，在距地表10cm处剪砧，选光滑平直的一侧，用枝接刀以45°左右角度，切入皮层，长1cm左右，深达木质部，而后在此刀口上方约2cm处再横切1刀，长度同下切口，然后在上切口两侧斜向下进刀，沿木质部下切至第1刀口，取下皮层。以同样的方法切取接穗，使接芽居中，芽片大小应与砧木切口相近，以不带或稍带

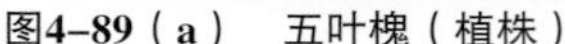
图4-89（a） 五叶槐（植株）

图4-89（b） 五叶槐（叶）

木质部为最佳，实行1芽1砧嫁接。嫁接时要求迅速，最少一侧皮层对齐，随后用塑料膜带封闭缚扎。嫁接成活后应及时解除绑缚物并除萌蘖。在1年生砧木上嫁接成活的苗木，当枝条长到50cm左右时，应设支架，以利于苗木向上生长和培育通直主干。及时进行病虫害防治、浇水、施肥，以保证苗木健壮生长。

园林用途：与槐（国槐）相似。

90. 金枝槐

别名：黄金槐、金枝国槐

拉丁学名：*Sophora japonica* ‘Winter Gold’ [*S. japonica* ‘Golden Stem’]

科属：豆科　槐属

形态及分布：落叶乔木，是国槐（*S. japonica*）的栽培品种，高可达20m；树皮灰褐色，具纵裂纹。1年生枝春季为淡绿色，秋季逐渐变成黄色、深黄色，2年枝金黄色，树皮光滑。奇数羽状复叶互生，小叶椭圆形，光滑，淡绿色、黄色或深黄色；叶轴初被疏柔毛，旋即脱净；叶柄基部膨大，包裹着芽；托叶形状多变，有时呈卵形，叶状，有时线形或钻状，早落；圆锥花序顶生，花梗较短，花萼浅钟状，具灰色绒毛，花冠黄色，具短的小柄。荚果串状，种子间缢缩不明显；种子椭圆形，排列较紧密；果皮肉质，成熟后不开裂，有种子1～6粒。花期5～8月，果期8～10月［见图4-90（a）、（b）］。产于我国北京、辽宁、陕西、新疆、山东、河南、江苏、安徽等地。

主要习性：耐旱，较耐寒，对土壤要求不严，在贫瘠土壤上亦可生长，在深厚、肥沃、富

图4-90（a）　金枝槐（植株）

图4-90（b）　金枝槐（枝和叶）

含腐殖质的土壤上生长更好。

栽培养护：常用嫁接繁殖，以国槐为砧木。

园林用途：金枝槐树体呈金黄色，能形成非常夺目的美丽景观，是公路、校园、庭院、公园、机关单位等进行绿化的优良树种，具有较高的观赏价值。

91. 朝鲜槐

别名：山槐、高丽槐、怀槐

拉丁学名：*Maackia amurensis* Rupr. et Maxim.

科属：豆科 马鞍树属

形态及分布：落叶乔木，高达15m，通常高7 ～ 8m，胸径约60cm；树皮淡绿褐色，薄片状剥裂。小枝紫褐色，有褐色皮孔，幼时有毛，后光滑；冬芽扁圆锥形，黑色或黑褐色；无顶芽，侧芽稍扁，芽鳞少，外面无毛。奇数羽状复叶互生，小叶7 ～ 11枚，对生或近对生，纸质，卵形、倒卵状椭圆形或长卵形，长3.5 ～ 8cm，先端急尖或钝，基部阔楔形或圆形，全缘；幼叶两面密被灰白色毛，后脱落；小叶柄长3 ～ 6mm。总状花序3 ～ 4个集生，长5 ～ 9cm；总花梗及花梗密被锈褐色柔毛；花蕾密被褐色短毛，花密生；花梗长4 ～ 6mm；花萼钟状，5浅齿，密被黄褐色平贴柔毛；花冠蝶形，白色，长约7 ～ 9mm，旗瓣倒卵形，顶端微凹，基部渐狭成柄，反卷，翼瓣长圆形，基部两侧有耳；子房线形，密被黄褐色毛，雄蕊10，花丝基部合生。荚果扁平，长3 ～ 5cm，宽1 ～ 1.2cm，腹缝无翅或有宽约10mm的狭翅，暗褐色，外被疏短毛或近无毛；果梗长5 ～ 10mm，无果颈；种子褐黄色，长椭圆形或条形，沿腹缝线有宽约1mm的狭翅；无胚乳。花期6 ～ 7月，果期9 ～ 10月（见图4-91）。产于黑龙江、吉林、辽宁、内蒙古、河北、山东等地，俄罗斯远东地区和朝鲜也有分布。

主要习性：喜光，稍耐阴，较耐寒，喜肥沃湿润土壤，在较干旱山坡也能生长。一般多分布于海拔300 ～ 900m的小河溪流旁湿地或润湿肥沃的阔叶林中，有时也可生长于山坡灌丛或山坡杂木林中。喜与水曲柳（*Fraxinus mandshurica*）伴生，多散生，少有成片生长。萌芽力强，病虫害少。

图4-91 朝鲜槐（花和叶）

栽培养护：生长缓慢，尚未见大量人工栽培。哈尔滨森林公园已栽培成功。主要采用播种繁殖。在黑龙江省播种时间一般在5月上中旬，种子10 ～ 20天发芽。播种采取垄作直播或床面育苗。垄播的垄距60 ～ 70cm，采取穴播，每穴2 ～ 3粒种子；床播时先做苗床，播种量为1kg/10m^2，覆土厚度约1cm。当年生苗高可达50 ～ 70cm，第2年出圃移栽。嫩叶期易受蚜虫为害，可用2000倍乐果液喷洒。

园林用途：朝鲜槐以其独特的皮色、秀丽的叶形和叶色倍受园林工作者的青睐，可植于池边、溪畔、山坡作风景树或行道树，也是较好的蜜源树种。茎皮有毒。

92. 臭檀

别名：北吴茱萸

拉丁学名：*Evodia daniellii*（Benn.）Hemsl.

科属：芸香科　吴茱萸属

形态及分布：落叶乔木，高达15m。树皮暗灰色，平滑。小枝密被短毛，后渐脱落。裸芽。单数羽状复叶对生；小叶5～11枚，纸质，卵形、长圆状卵形或长圆状披针形，长5～13cm，先端渐尖，基部圆形或宽楔形，近全缘或有细钝锯齿，背面沿中脉密被白色长柔毛；叶柄长2～5cm；小叶柄长1～3mm。聚伞状圆锥花序顶生，花序大小变化很大，花序轴及花梗被短绒毛；花单性，雌雄异株，白色；雄花萼片、花瓣、雄蕊均5；花瓣长约4mm，内面被疏柔毛，花丝中部以下被长柔毛，退化子房顶端4～5裂，密被毛；雌花与雄花相似而稍大，退化雄蕊短线状，长约为子房的1/4，顶端无退化花药；子房上位，近球形。聚合蓇葖果，4～5瓣裂，成熟后紫红色，有腺点，顶端有小喙；种子黑色，光亮（见图4-92）。花期6～7月，果期10月。产于我国辽宁南部、河北、山西、河南、陕西、甘肃等地，以秦岭为中心。朝鲜、日本亦有分布。

主要习性：喜光，常生于平地及山坡向阳处，深根系，耐干旱，在土层深厚的沙质壤土上生长良好。

栽培养护：播种繁殖。果实成熟后，心皮沿背缝线或腹缝线开裂，种子会自然脱落，因此，应在果实开裂前采种。调制种子时，将收集到的果实在通风的室内阴干，不宜在阳光下曝晒，阴干脱粒后装入布袋放在室内贮藏。越冬沙藏宜在11月中旬土壤结冻前进行，将种子混以3倍的湿沙（沙子湿度以手攥成团，轻轻落地即散为度），放于花盆内保持湿度，然后将花盆置于室外背风向阳、宽和深各为50cm的坑内，上面盖土至地表。3月中旬土壤解冻后，将干藏种子用温水浸种24小时，然后捞出种子混以2倍湿沙，放在背风向阳处上盖湿布片进行催芽。越冬沙藏的种子，也应取出进行催芽。春播应在催芽的同时给苗床灌足底水。苗床以平床为宜，床宽120cm，床长根据圃地情况灵活掌握。催芽7～8天后，部分种子开始发芽，这时苗床表面也已风干（土壤湿度正适宜播种），开沟条播。播种沟宽4～6cm、深1.5～2cm、沟间距20cm，覆土1.5～2cm，播后将床面整平，覆盖塑料薄膜或稻草。用种量约3.5kg/亩。秋播在当年采种后土壤结冻前进行，播种方法同春播。当大部分种子已出苗时，应及时将薄膜或稻草除去，此后应以雾状喷水保持床面湿润。当幼苗长出2～3对真叶时进行间苗，留苗约48株/m^2左右；当幼苗长出4～5对真叶时定苗，留苗约24株/m^2左右。定苗后适时浇水、松土、除草、施肥等。秋播不仅发芽率高、出苗早、出苗整齐，而且可以减少春季作业繁忙、劳力紧张的现象，还省去了种子贮藏、催芽的工序，具有成苗率高、苗木生长期长、生长健壮、抗性强等优点，所以播种育苗时，采用秋播更为适宜。苗木生长高峰出现在6月中旬至7月上旬，9月中旬高生长几乎停止。为此，在苗期管理中，6月中旬至7月上旬

图4-92　臭檀（叶）

应加强水肥管理，至9月上中旬应控制水肥，以利于苗木木质化，安全越冬。

园林用途：树冠宽阔，花序较大，观赏性强，可植为庭荫树或成片栽植。

93. 黄檗

别名：黄波罗、黄柏

拉丁学名：*Phellodendron amurense* Rupr.

科属：芸香科 黄檗属

形态及分布：落叶乔木，高10～20m，树冠广阔，枝开展。成年树的树皮有厚木栓层，浅灰或灰褐色，深沟状或不规则网状开裂，内皮薄，鲜黄色，味苦。奇数羽状复叶对生，小叶通常7～13，卵状椭圆形至卵状披针形，长6～12cm，宽2～4cm，先端长尖，叶基稍不对称，缘有细钝锯齿，齿间有透明油点，叶表光滑，叶背中脉基部有毛。花小，黄绿色，雌雄异株，排成顶生圆锥花序。浆果状核果，黑色，密集成团，有特殊香气与苦味［见图4-93(a)～(c)］。花期5～6月，果期10月。产于东北和华北各地，河南、安徽北部、宁夏也有分布，内蒙古有少量栽培。朝鲜、日本、俄罗斯（远东地区）也有分布，也见于中亚和欧洲东部。

主要习性：喜光，不耐阴，耐寒，但5年生以下幼树有时有枯梢现象；喜适当湿润、排水良好的中性或微酸性壤土，在黏土及贫薄土地上生长不良，喜肥喜湿。野生见于山间、河谷、溪流附近，或生于杂木林中。深根性，主根发达，抗风力强。萌生能力很强，砍伐后易萌芽更新，当年萌条高1～2m。根部受伤后易受刺激而萌出大量根蘖。生长速度中等，寿命约300年。

栽培养护：生产中多用播种繁殖，亦可用萌芽更新及扦插繁殖。10月下旬，果实呈黑色，种子已成熟，采后堆放于房角或木桶内，盖上稻草，沤10～15天后放簸箕内用手搓脱粒，把果皮捣碎，用筛子在清水中漂洗，除去果皮杂质，捞起种子晒干或阴干，贮放在干燥通风处

图4-93（a） 黄檗（果）

图4-93（b） 黄檗（树皮）

图4-93（c） 黄檗（植株秋景）

供播种用。秋播或春播，若春播种子需经沙藏处理。秋播可在11 ～ 12月间或封冻前进行，第2年春季出苗。春播在3 ～ 4月进行，播种宜早不宜迟。春播后约半月即可出苗，秋播出苗时间比春播稍早，出苗期间应经常保持土壤湿润。育苗地施肥对幼苗生长影响较大。一般育苗地除施足基肥外，还应追肥2 ～ 3次。在夏季高温时，若遇干旱，应及时浇水，勤松土。幼苗生长1年后，到冬季或第2年春季即可移植。定植后的半月内，若遇干旱应及时浇水，以免影响成活。在生长期间，前2 ～ 3年每年夏、秋季应松土除草1次，入冬前施1次厩肥，每株沟施10 ～ 15 kg，还应注意修枝及除蘖。

园林用途：树冠宽阔，秋叶黄色，可植为庭荫树或成片栽植。在自然风景区中可与红松、兴安落叶松、花曲柳等进行配置。

94. 臭椿

别名：樗树、椿树、木砻树

拉丁学名：*Ailanthus altissima*（Mill.）Swingle

科属：苦木科　臭椿属

形态及分布：落叶乔木，树高可达30m。树冠呈扁球形或伞形。树皮灰白色或灰黑色，平滑，稍有浅裂纹。小枝粗壮，缺顶芽。叶痕大，倒卵形，内具9个维管束痕。奇数羽状复叶，互生，长40 ～ 60cm，叶总柄基部膨大；小叶13 ～ 25，卵状披针形，长4 ～ 15cm，中上部全缘，叶基偏斜，近基部具少数粗齿，齿端有1腺点，有臭味。雌雄同株或异株。圆锥花序顶生，长10 ～ 30cm；花小，杂性，淡绿色，花瓣5 ～ 6，雄蕊10，柱头5裂。翅果，有扁平膜质的翅，长椭圆形，熟时淡褐黄色至淡红褐色。种子位于中央，扁圆形［见图4-94(a)～(c)］。花期4 ～ 5月，果期8 ～ 10月。东北南部、华北、西北至长江流域各地均有栽培，而以黄河流域为其分布

图4-94（a）　臭椿（结果植株）

图4-94（b）　臭椿（花序）

图4-94（c）　臭椿（翅果）

中心。朝鲜、日本亦有分布。垂直分布在海拔100～2000m范围内。世界各地广为栽培。

主要习性：喜光，适应性强，耐干旱、贫薄，不耐水湿，长期积水会烂根或死亡。喜生于向阳山坡或灌丛中，在乡村房前屋后多栽培，亦可植为行道树。能耐中度盐碱，对微酸性、中性和石灰质土壤均能适应，喜排水良好的沙壤土。耐寒能力较强，在西北能耐-35℃的低温度。对烟尘和二氧化硫抗性较强。深根性、根系发达，萌蘖性强，生长较快。

栽培养护：播种繁殖，以春播为宜。种子采集加工时去杂不必去翅，发芽率可达80%左右；种子干藏，发芽力可保持1年。早春进行条播，播后4～5天开始出苗，当年生苗高60～100cm。最好移植1次，截断主根，促进侧须根生长。根蘖性很强，亦可采用分根、分蘖等方法繁殖。

园林用途：树干通直高大，树冠圆整呈半球状，颇为壮观；叶大荫浓，春季嫩叶紫红色，秋季红果满树，是良好的观赏树和行道树，也是“四旁”绿化及矿区绿化的良好树种，可孤植、丛植或与其他树种混栽。在印度、英国、法国、德国、意大利、美国等常被用作行道树，因颇受赞赏而被称为“天堂树”。

95. 香椿

别名：香椿铃、香铃子、香椿子、山椿

拉丁学名：*Toona sinensis*（A. Juss.）Roem.

科属：楝科　香椿属

形态及分布：落叶乔木，高达25m。树皮暗褐色，长条片状纵裂。小枝粗壮，叶痕大，扁圆形。偶数羽状复叶（稀奇数）互生，长40cm，宽24cm，小叶6～10对，长椭圆形或长圆状披针形，先端长渐尖，基部不对称，全缘或有不明显钝锯齿；长10～12cm，宽4cm；幼叶紫红色，成年叶绿色，叶背红棕色，轻披蜡质，略有涩味，叶柄红色。圆锥花序顶生，下垂，两性花，白色，有香味；花小，钟状，子房圆锥形，5室，每室有胚珠3枚，花柱比子房短。蒴果，狭椭圆形或近卵形，长2cm左右，成熟后呈红褐色，果皮革质，开裂成钟形。种子椭圆形，上有木质长翅［见图4-95（a）～（d)］。花期6月，果期10～11月。原产于我国中部和南部，东北至辽宁南部，西至甘肃，北至内蒙古南部，南到广东，河南、河北栽培最多。

主要习性：喜光，喜温暖湿润气候，不耐严寒，适宜在平均气温8～10℃的地区栽培，气

图4-95（a）　香椿（植株）

图4-95（b）　香椿（果）

图4-95（c）　香椿（果序）

图4-95（d）　香椿（树皮）

温在-27℃及以下易遭冻害；耐旱性较差。对土壤要求不严，在中性、微酸性及微碱性（pH 5.5～8.0）土壤上均能生长，适宜生长于河边、宅院周围的肥沃湿润土壤中，一般以沙壤土为好。深根系，根萌蘖力强，生长速度中等偏快。

栽培养护：播种、分株、埋根繁殖。秋季种子成熟后应及时采收，否则蒴果开裂后种子极易飞散。果采回后日晒脱粒，去杂干藏。次春条播，行距约25cm，播种量3～4kg/亩。播前在30～35℃的温水中浸种24小时，捞起后，置于25℃处催芽。至胚根露出米粒大小时播种（播种时的地温最低在5℃左右）。出苗后，在幼苗长出2～3片真叶时开始间苗，4～5片真叶时定苗。分株繁殖，可在早春挖取幼苗，植于育苗地上，翌年苗长至2m左右时，再行定植。也可利用根部易生不定根的特性，于冬末春初，在成树周围挖60cm深的圆形沟，切断部分侧根，而后将沟填平，断根处易萌发新苗，或利用起苗时剪下的粗根，截成10～15cm长的根插穗进行埋插，很易成苗。若管理得当，生长比实生苗快，翌年即可移栽。植于河渠、宅后的，均为单行，株距5m左右。定植后要浇水2～3次，以提高成活率。

园林用途：树干通直，树冠开阔，枝叶浓密，嫩叶红艳，常用作庭荫树、行道树，是理想的“四旁”绿化树种，也是重要的用材树种。园林中配置于疏林，作上层骨干树种，其下栽以耐阴花木，可形成良好的景观。

96. 苦楝

别名：楝树、楝

拉丁学名：*Melia azedarach* L.

科属：楝科　楝属

形态及分布：落叶乔木，高10～20m；树皮灰褐色，纵裂。2～3回奇数羽状复叶，长20～40cm；小叶对生，卵形、椭圆形至披针形，先端短渐尖，基部楔形或宽楔形，多少偏斜，缘有钝锯齿，幼时被星状毛，后两面均无毛。圆锥花序约与叶等长，无毛或幼时被鳞片状短柔毛；花芳香；花萼5深裂，裂片卵形或长圆状卵形，先端急尖，外面被微柔毛；花瓣淡紫色，倒卵状匙形，长

图4-96　苦楝（开花植株）

约1cm，两面均被微柔毛，通常外面较密；子房近球形，5～6室，无毛，每室有胚珠2颗，花柱细长，柱头头状，顶端具5齿。核果球形至椭圆形，长1～2cm，宽8～15mm，内果皮木质，4～5室，每室有1粒种子；种子椭圆形（见图4-96）。花期4～5月，果期10～12月。产于我国黄河以南各地，较常见；广布于亚洲热带和亚热带地区，温带地区也有栽培，多生于低山及平原。

主要习性：喜光，不耐庇荫，喜温暖湿润气候，耐寒力不强，在华北地区幼树易遭冻害；对土壤要求不严，在土层深厚、疏松肥沃、排水良好、富含腐殖质的沙质壤土上生长迅速，在酸性土、中性土及石灰岩地区均能生长，喜生于低海拔旷野、路旁或疏林中。萌芽力强，抗风；生长快，但寿命短，30～40年即衰老。对二氧化硫抗性较强，但对氯气抗性较弱。

栽培养护：播种繁殖。10～11月选择20年以上的健壮母树采种，浸水沤烂后去除果肉，洗净阴干，贮藏备用。翌年4月播前用温水浸种2～3天，按行距30～45cm开条沟，沟深6cm，将种子播下，覆土压实。苗高5～10cm时进行间苗，当年生苗高可达1～1.5m，翌春即可移栽。按株行距5m×5m开穴，穴径1.2m，深80cm，底层施厩肥，上覆细土10cm，每穴栽植1株，栽植时要使根部舒展，土壤与根部密接，覆土压实，然后浇水。幼树生长期间，每年要松土除草、施肥2～3次，冬季进行培土，遇雨季要及时开沟排除积水。

园林用途：树形优美，叶形秀丽，春夏之交开淡紫色花朵，且有淡香，宜作庭荫树和行道树，宜在草坪孤植、丛植，或配植于池边、路旁、坡地。耐烟尘，抗二氧化硫，是良好的城市及工矿区绿化树种。

97. 黄连木

别名：楷木、楷树、黄楝树、黄华、黄木连

拉丁学名：*Pistacia chinensis* Bunge

科属：漆树科　黄连木属

形态及分布：落叶大乔木，高达30m。树冠近圆球形；树皮薄片状剥落。偶数羽状复叶，小叶10～14，披针形或卵状披针形，长5～9cm，先端渐尖，基部偏斜，全缘。雌雄异株，圆锥花序，雄花序淡绿色，雌花序紫红色。核果卵球形，径约6mm，初为黄白色，后变红色至蓝紫色，若红而不蓝则多为空粒［见图4-97（a）、（b）］。花期3～4月，先叶开放；果期

4–97（a）　黄连木（结果植株）

4–97（b）　黄连木（果）

9～11月。原产于我国，分布很广，北自黄河流域，南至两广及西南各省（自治区、直辖市）均有分布；常散生于低山丘陵及平原，其中以河北、河南、山西、陕西分布最为集中。

主要习性：喜光，幼时稍耐阴；喜温暖，畏严寒；耐干旱瘠薄，对土壤要求不严，在微酸性、中性和微碱性的沙质、黏质土上均能生长，而以在肥沃、湿润、排水良好的石灰岩山地上生长最好。深根性，主根发达，抗风力强。萌芽力强，生长较慢，寿命长达300年以上。对二氧化硫、氯化氢和煤烟的抗性较强。

栽培养护：播种、扦插或分蘖繁殖。春播一般在2月下旬至3月中旬进行。条播，行距30cm，沟深3cm。播前灌足底水，将种子均匀撒入沟内，播种量4～5kg/亩，覆土2～3cm，轻轻压实，上盖地膜。种子出苗前，应保持土壤湿润，一般20～25天左右出苗。第1次间苗在苗高3～4cm时进行，去弱留强。以后根据幼苗生长情况再间苗1～2次，最后1次间苗在苗高15cm时进行。幼苗生长期施肥以氮、磷肥为主，速生期氮、磷、钾混合施用，苗木硬化期以钾肥为主，停施氮肥。及时松土除草，多在灌溉后或雨后进行，行内松土深度要浅于覆土厚度，行间松土可适当加深。1年生苗高可达60～80cm，产苗量2.5万株/亩。

园林用途：树冠浑圆，枝叶繁茂而秀丽，早春嫩叶红色，秋叶变成深红或橙黄色，红色的雌花序也极美观，宜作庭荫树、行道树及风景林树种，也常作“四旁”绿化及低山区造林树种。在园林中植于草坪、坡地、山谷或于山石、亭阁之旁配植无不相宜。若与槭类、枫香等混植，构成大片秋色红叶林，效果更好。

98. 漆树

别名：漆、干漆、大木漆、小木漆、山漆

拉丁学名：*Toxicodendron vernicifluum*（Stokes）F. A. Barkl.

科属：漆树科　漆树属

形态及分布：落叶乔木，高达20m。树皮灰白色，粗糙，呈不规则纵裂，小枝粗壮，被棕黄色柔毛，后变无毛，具圆形或心形的大叶痕和突起的皮孔，枝内有乳白色漆液；顶芽大而显著，被棕黄色绒毛。奇数羽状复叶互生，常螺旋状排列，叶柄长7～14cm，近基部膨大，半圆形，上面平；小叶9～15，卵形或卵状椭圆形或长圆形，长6～13cm，宽3～6cm，先端急尖或渐尖，基部偏斜，圆形或阔楔形，全缘，叶面通常无毛或仅沿中脉疏被微柔毛，叶背沿脉被平展黄色柔毛，稀近无毛，侧脉10～15对，两面略突；小叶柄长4～7mm，上面具槽，被柔毛。圆锥花序腋生，与叶近等长，花小，黄绿色或黄色，花瓣长圆形，先端钝，开花时外卷；花盘5浅裂，无毛；子房球形，花柱3。果序疏散而下垂，核果肾形或椭圆形，不偏斜，略压扁，先端锐尖，基部截形，外果皮黄色，无毛，具光泽，成熟后不裂；果核棕色，与果同形，坚硬［见图4-98（a）、（b）］；花期5～6月，果期8～10月。原产于我国中部，以湖北、湖南、四川、贵州、陕西等地最多。生于海拔800～2800m的向阳山坡林内，现全国各地都有栽培，北自辽宁、河北，南至两广、云南。印度、朝鲜、日本亦有分布。

主要习性：喜光，不耐庇荫；喜温暖湿润气候及深厚肥沃而排水良好之土壤，在酸性、中性及钙质土上均能生长。不耐干风和严寒，以向阳、避风的山坡、山谷处生长为好。不耐水湿，土壤过于黏重特别是土层内有不透水层时，容易烂根，甚至导致死亡。

栽培养护：以播种繁殖为主，亦可用嫁接和根插繁殖。因果核外皮具蜡质而坚硬，不易吸水，故播种前需经脱蜡和催芽处理。一般先用草木灰水浸种4～6小时，充分搓揉脱蜡后，再用60℃

图4–98（a） 漆树（植株）

图4–98（b） 漆树（叶和花序）

温水浸种6～8h，然后捞出与2倍的湿沙混合，堆积室内催芽，待有5%的种子裂嘴时即可播种。一般在早春条播，行距50cm，播前应灌足底水，覆土厚2～3cm。播种量15～20kg/亩。对优良品种的漆树可用嫁接繁殖，一般在生长期树皮可顺利剥离时采用“丁”字形芽接效果较好。

园林用途：秋叶变红，是造园及营造防护林的好树种，可孤植、丛植或群植。但漆液有刺激性，有些人会产生皮肤过敏反应，故园林中需慎用。

99. 黄栌

别名：红叶树、烟树、栌木

拉丁学名：*Cotinus coggygria* Scop. var. *cinerea* Engl.

科属：漆树科　黄栌属

形态及分布：落叶灌木或小乔木，高5～8m。小枝红褐色，被蜡粉。单叶互生，倒卵形至卵圆形，长3～8cm，宽2.5～6cm，先端圆形或微凹，基部圆形或阔楔形，全缘，两面被灰色柔毛，叶背尤甚，侧脉6～11对。聚伞圆锥花序顶生，被柔毛；花杂性，花萼裂片卵状三角形，花瓣卵形或卵状披针形，雄蕊5，花药卵形，与花丝等长，花盘5裂，紫褐色；子房近球形，花柱3，分离，不等长，花序中有多数不孕花，花落后花梗伸长成淡紫色羽毛状。核果

图4–99（a） 黄栌（植株）

图4–99（b） 黄栌（果序）

肾形，极压扁，红色［见图4-99（a）～（c）］。花期4～5月，果期6～7月。产于河北、山东、河南、湖北、四川等地；生于海拔700～1620m的向阳山坡林中。间断分布于东南欧。

主要习性：喜光，也耐半阴；耐寒，耐干旱瘠薄和碱性土壤，但不耐水湿。以深厚、肥沃而排水良好的沙壤土生长最好。生长快；根系发达。秋季日温差大于10℃时，叶变红。萌蘖性强。对二氧化硫有较强抗性，对氯化物较敏感。

图4–99（c） 黄栌（植株秋景）

栽培养护：以播种繁殖为主，亦可进行分株、压条、根插或嫩枝扦插繁殖，栽培品种主要用嫁接繁殖。种子成熟后应及时采种，宜在播种床上作条播或撒播，播前种子应经过70～90天沙藏处理，或用80℃温水浸种催芽。种植地应选高燥不积水、温差较大的地方。

园林用途：秋叶变红，艳丽夺目，初夏花后，不育花梗伸长呈羽毛状，簇集枝头，犹如万缕罗纱缭绕林间，所以有“烟树”之称。宜群植于山坡形成纯林或混交林，秋季层林尽染，可充分欣赏“霜叶红于二月花”的美景，是北方秋季重要的观叶树种，常植于山坡上或常绿树丛前供观赏。

100. 盐肤木

别名：五倍子树、五倍柴、五倍子、山梧桐

拉丁学名：*Rhus chinensis* Mill.

科属：漆树科　盐肤木属

形态及分布：落叶小乔木或灌木，高达8～10m；树冠圆形。小枝棕褐色，被锈色柔毛，具圆形小皮孔。奇数羽状复叶，小叶7～13，叶轴具宽的叶状翅，小叶自下而上逐渐增大，叶轴和叶柄密被锈色柔毛；小叶多形，卵形或椭圆状卵形或长圆形，长6～12cm，宽3～7cm，先端急尖，基部圆形，顶生小叶基部楔形，缘具粗锯齿或圆齿，叶表暗绿色，叶背粉绿色，被白粉，叶表沿中脉疏被柔毛或近无毛，叶背被锈色柔毛，脉上较密，侧脉和细脉在叶表凹陷，在叶背突起；小叶无柄。大型圆锥花序顶生，多分枝，雄花序长30～40cm，雌花序较短，密被锈色柔毛；花白色，雄花之花瓣倒卵状长圆形，开花时外卷；子房不育；雌花之花瓣椭圆状卵形，雄蕊极短，花盘无毛，子房卵形，密被白色微柔毛，花柱3，柱头头状。核果扁球形，被具节柔毛和腺毛，成熟时橙红色［见图4-100（a）、（b）］。花期8～9月，果期10～11月。我国除黑龙江、吉林、内蒙古和新疆外，其余各地均有分布。朝鲜、日本、越南、马来西亚亦有分布。

主要习性：喜光，稍耐阴，喜温凉气候，有一定耐寒性，大苗可耐短期−25℃的低温。耐旱性较强，在年降水量600～1200mm的地区生长良好。对土壤要求不严，在酸性、中性及石灰性土壤以及瘠薄干旱的沙砾地上都能生长，但不耐水湿。深根性，萌蘖性很强。性畏烟，幼叶对二氧化硫和氟化氢极为敏感。生长快，寿命长。

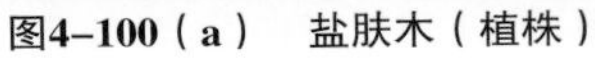

图4-100（a） 盐肤木（植株）

图4-100（b） 盐肤木（叶轴具窄翅）

栽培养护：播种繁殖。一般于7月中、下旬播种，播前用20℃温水浸种24小时，捞出沥干，拌少量细沙土，按行距20cm，开1～2cm深的浅沟进行条播，覆土不宜过厚，以盖没种子为度，然后稍加镇压并浇水。一般播后5～7天即可出苗。苗高7cm时进行间苗，苗高15～20cm时按株距15cm定苗。除幼苗期需常保持土壤湿润外，之后一般不宜多浇水，以防地上部徒长。雨季应及时排除积水。

园林用途：秋叶鲜红，果实橘红，是理想的观叶兼观果树种，可群植以壮秋色，或列植于溪岸、步道供观赏。适应性强，生长快，耐干旱瘠薄，根蘖力强，是荒山及废弃地植被恢复的先锋树种。

101. 栾树

别名：北栾、木栾、灯笼树

拉丁学名：*Koelreuteria paniculata* Laxm.

科属：无患子科 栾树属

形态及分布：落叶乔木，高达15m。树皮厚，灰褐色至灰黑色，老时纵裂；叶丛生于当年生枝上，平展，1回、不完全2回或偶有为2回羽状复叶，长可达50cm；小叶7～15，顶生小叶有时与最上部的一对小叶在中部以下合生，无柄或具极短的柄，对生或互生，卵形或卵状椭圆形，顶端短尖或短渐尖，基部钝至近截形，缘有不规则的钝锯齿，齿端具小尖头，有时近基部的齿疏离呈缺刻状，或羽状深裂达中脉而形成2回羽状复叶。聚伞圆锥花序长25～40cm，密被微柔毛，分枝长而广展，在末次分枝上的聚伞花序具花3～6朵，密集呈头状；苞片狭披针形，被小粗毛；花金黄色，稍芬芳；蒴果三角状卵形，长4～6cm，顶端渐尖，果瓣卵形，外面有

图4-101（a） 栾树（果）

图4-101（b）　栾树（花序）

图4-101（c）　栾树（结果植株）

网纹，内面平滑且略有光泽，成熟时红褐色或橘红色；种子近球形，直径6～8mm[见图4-101（a）～（c）]。花期6～8月，果期9～10月。产于我国北部及中部，北自东北南部、南到长江流域及福建、西到甘肃东南部及四川中部均有分布，以华北较为常见。日本、朝鲜亦有分布。多分布于海拔1500m以下的低山及平原，最高可达海拔2600m。

主要习性：喜光，耐半阴，耐寒，耐干旱、瘠薄。适应性强，喜生于石灰质土壤，也能耐盐渍及短期水涝。深根性，萌蘖力强，生长速度中等，幼树生长较慢，以后渐快，有较强抗烟尘能力。

栽培养护：以播种繁殖为主，亦可分蘖、根插繁殖。秋季果熟时采收，及时晾晒去壳净种。因种皮坚硬不易透水，若不经处理翌年春播，常不发芽或发芽率很低，故最好当年秋季播种，种子在土壤中越冬后，第2年春季发芽整齐，亦可用湿沙层积处理后春播。由于树干不够通直，第1次移植时要平茬截干，并加强肥水管理。栽培管理较为简单，移植时宜适当剪短主根及粗侧根，以促其多发须根，提高移植成活率。

园林用途：树形端正，枝叶茂密而秀丽，春季嫩叶多为红色，入秋叶色变黄，夏季开花，满树金黄，是理想的绿化、观赏树种，宜作庭荫树、行道树及园景树，也可用作防护林、水土保持及荒山绿化树种。

102. 全缘叶栾树

别名：山膀胱、黄山栾

拉丁学名：*Koelreuteria bipinnata* Franch. var. *integrifoliola*（Merr.）T. Chen

科属：无患子科　栾树属

形态及分布：落叶乔木，高17～20m，径1m；树冠广卵形。树皮暗灰色，片状剥落。小枝暗棕色，具小疣点，密生皮孔。2回奇数羽状复叶互生，长30～40cm；小叶7～11，薄革质，长椭圆形或长椭圆状卵形，长4～10cm，宽3～4.5cm，顶端渐尖，基部圆或宽楔形，全缘或偶有锯齿，两面无毛或沿中脉有短柔毛，入秋叶变淡红色。顶生圆锥花序，花金黄色；萼片5，缘有小睫毛；花瓣5，瓣柄有长柔毛；雄蕊8，花丝有长柔毛。蒴果椭圆状球形，橙红色，由膜状果皮结合而成灯笼状，长4～5cm，顶端钝头而有短尖，秋季变淡红色

图4-102（a） 全缘叶栾树（植株和花果）

图4-102（b） 全缘叶栾树（果）

［见图4-102(a)、(b)］。花期8～9月，果期10～11月。产于我国广东、广西、江西、湖南、湖北、江苏、浙江、安徽、贵州等地。生于海拔100～300m的丘陵地、村旁或600～900m的山地疏林中。

主要习性：喜光，稍耐半阴，有一定的耐寒性，耐干旱、瘠薄。喜生于石灰质土壤，也耐盐渍性土壤，并能耐短期水涝。深根性，萌蘖力强，生长速度较快，抗风能力及抗烟尘能力较强。

栽培养护：以播种繁殖为主，亦可分蘖和根插繁殖。于9～10月选生长健壮、干形通直、树冠开阔、果实饱满、处于壮龄期的优良单株作为采种母树，在蒴果呈红褐色或橘黄色而尚未开裂时及时采种。采后晾晒或摊开阴干，待蒴果开裂后，敲打脱粒，用筛选法净种。种子黑色，圆球形，发芽率60%～80%。干藏的种子于播前40天左右，用80℃的温水浸种，自然冷却后，混湿沙催芽，当裂嘴种子数达30%以上时即可条播。通常于3月播种，采用阔幅条播。播后覆1～2cm厚的疏松细碎土，并喷水，防止种子干燥失水或受鸟兽为害，然后用草、秸秆等材料覆盖，约20天后苗出齐，撤去稻草。幼苗长至5～10cm时进行间苗，以株距10～15cm为宜。结合间苗，进行补苗，使幼苗分布均匀。当年秋季落叶后即可将幼苗掘起，入沟假植，翌春分栽。春季扦插，株行距30cm×50cm，先用木棍打孔，直插，插穗外露1～2个芽。插后保持土壤湿润，适当搭建荫棚。由于树干不易长直，第1次移植时要平茬截干，并加强肥水管理。春季从基部萌蘖出枝条，选留通直、健壮者培养成主干，则主干生长快速、通直。第1次截干达不到要求的，第2年春季可再行截干处理。以后每隔3年左右移植1次，移植时应适当剪短主根和粗侧根，以促发新根。幼树生长缓慢，前两次移植宜适当密植，以利培养通直的主干，此后应适当稀疏，培养完好的树冠。

园林用途：树形高大优美，枝叶茂密，冠大荫浓，初秋开花，金黄夺目，不久就有淡红色灯笼似的果实挂满树梢，十分美丽，是常用的观果树种，宜作行道树和工厂绿化树种，也可用作防护林、水土保持及荒山绿化树种。

103. 文冠果

别名：文官果、文冠木、土木瓜、木瓜

拉丁学名：*Xanthoceras sorbifolia* Bunge

科属：无患子科　文冠果属

形态及分布：落叶小乔木或灌木，高达8m。树皮灰褐色，扭曲状纵裂。枝粗壮直立，嫩枝呈紫褐色，平滑无毛。芽较小，侧生，一般靠上部者为混合芽，靠下部者为叶芽。奇数羽状复叶互生，长14～90cm；小叶9～19枚，长椭圆形至披针形，无柄，多对生，长2～6cm，宽1～2cm，缘具锐锯齿，表面暗绿色，背面色较淡。总状花序顶生，多为两性花，分孕花和不孕花，生于枝顶花序的中上部为孕花，多能结实；腋生花序和顶生花序的下部花多为不孕花，不能结实。花5瓣，白色，基部内具紫红色斑纹，具香气；花盘5裂，裂片背面有一橙色角状附属物；雄蕊8；子房3室，每室7～8胚珠。蒴果椭球形，3瓣裂，种子球形，黑褐色［见图4-103（a）～（c）］。花期4～5月，果期7～9月。原产于我国北部，河北、河南、山东、山西、陕西、甘肃、辽宁及内蒙古等地均有分布。在黄土高原丘陵沟壑区由低山至海拔1500m地带常可见到。

主要习性：喜光，耐半阴；耐严寒和干旱，在年降雨量仅150mm的地区也有散生生长，对土壤要求不严，在沙荒地、石砾地、黏土及轻盐碱土上均能生长，但以深厚、肥沃、湿润、通气良好的土壤生长最好。不耐涝、怕风，在排水不好的低洼地、重盐碱地和未固定沙地不宜栽植。深根性，主根发达，萌蘖力强。生长尚快，3～4年生即可开花结果。

图4-103（a）　文冠果（开花植株）

图4-103（b）　文冠果（花）

图4-103（c）　文冠果（果和叶）

栽培养护：以播种繁殖为主，亦可嫁接、根插或分株繁殖。播种繁殖应在果实成熟后及时采种，随即播种，次春发芽。若将种子沙藏，翌春播前15天，在室外背风向阳处，另挖斜底坑，将沙藏种子移至坑内，倾斜面向阳，罩以塑料薄膜，利用日光进行高温催芽，当种子有20%裂嘴时播种。亦可在播种前1周用45℃温水浸种，自然冷却，浸泡2～3天后捞出，装入筐篓或蒲包，盖上湿布，放在20～50℃的温室催芽，当种子有2/3裂嘴时即可播种，一般于4月中、下旬进行，条播或点播，种脐应平放，覆土2～3cm。嫁接繁殖采用带木质部的大片芽接、劈接、插接或嫩枝芽接等，以带木质部的大片芽接效果较好。根插繁殖可利用春季起苗时的残根，剪成10～15cm长的根段，按株行距15cm×30cm插于苗床，顶端低于土面2～3cm，灌透水。有些灌木形植株，易生根蘖苗，可进行分株繁殖。幼苗出土后，浇水量应适宜。苗木生长期，追肥2～3次，并松土除草。嫁接苗和根插苗容易产生根蘖芽，应及时抹除，以免消耗养分。接芽生长到15cm时，应设支柱，以防风吹折断新梢。

园林用途：花序大而花朵密，春天白花满树，花期可持续20多天，是难得的观花树种。在园林中配置于草坪、路边、山坡、假山旁或建筑物前都很合适，也适于山地、水库周围风景区大面积绿化造林，能起到绿化、护坡固土作用。

104. 无患子

别名：木患子、洗手果、皮皂子、肥珠子、圆皂角

拉丁学名：*Sapindus mukorossi* Gaertn.

科属：无患子科 无患子属

形态及分布：落叶或半常绿乔木，高20～25m。树冠扁圆伞形，树皮灰色或灰褐色，平滑。枝开展，小枝密生皮孔、无毛，芽常2个叠生。偶数羽状复叶，互生或近对生，小叶4～7对，卵状长椭圆形，先端尖，基部楔形，不对称，全缘，薄革质，无毛。圆锥花序顶生，花黄色或淡紫色。核果近球形，淡黄色，有光泽，外果皮肉质透明。种子球形，黑色，坚硬（见图4-104）。花期5～6月，果期9～10月。产于我国淮河流域至华南及西南，在西南地区垂直分布可达2000m。越南、老挝、印度、日本亦有分布。

图4–104 无患子（植株）

主要习性：性喜光，稍耐阴，喜温暖气候和深厚、肥沃、疏松而稍湿润的土壤，在酸性土、钙质土及微碱性土上均能生长，能耐短暂低温（−15℃）。生长较快，寿命长。枝、干质地较脆，在当风处有风折现象发生。深根性，抗风力强。耐干旱，不耐水湿。萌芽力弱，不耐修剪。抗二氧化硫能力较强，是工业城市生态绿化的首选树种。

栽培养护：播种繁殖。选生长健壮的壮龄母树于10～11月果皮黄色透明时采种，将采回的果实浸入水中沤烂，搓去外果皮，浆果核洗净，阴干，层积或冬播。育苗方法与一般阔叶树基本相同，冬播、春播均可，条播行距25cm左右，覆土厚2.5cm，播后30～40天发芽出土。当年苗高可达0.8～1m，地径0.5～0.8cm。移植在秋季落叶后至春季芽萌动前进行，宜选择光照充足、土层深厚、排水良好的环境。苗木需带土球，栽于避风向阳处，平日不宜修剪。枝条有渐趋下垂的特性，用作行道树时，在落叶后的休眠期，应将下垂枝短剪。

园林用途：无患子树形高大，树干通直，冠幅开展，叶片较大而密集，绿荫稠密，入秋满树叶色金黄，绮丽夺目，果实累累，橙黄美观，为典型的秋季观叶、观果树种，是园林中较优良的庭荫树和行道树。在绿化配置中，可列植于路旁，丛植于庭园角隅，或点缀数株于广阔草坪上，与红色、棕黄色等秋色叶树种相配在一起，能形成壮观而绚丽的秋色景观。与常绿树种混交，入秋之后黄绿相间，别有风趣。对二氧化硫抗性较强，适宜市区街坊绿地、工厂、矿区绿化。

105. 元宝枫

别名：平基槭、华北五角枫、色树

拉丁学名：*Acer truncatum* Bunge

科属：槭树科　槭树属

形态及分布：落叶乔木，高8～10m；树冠伞形或倒卵形，树皮浅纵裂。单叶对生，掌状5裂，裂片较窄，先端渐尖，有时中裂片或上部3裂片又3裂，叶基通常截形，最下部2裂片有时向下开展。叶柄长3～5cm。伞房花序顶生；花黄绿色。翅果扁平，翅较宽而略长于果核，两翅展开约成直角，形似元宝［见图4-105（a）～（c）］。花期在5月，果期9月。主产于黄河中下游地区、东北南部及江苏北部，安徽南部也有分布。

图4–105（a）　元宝枫（开花植株）

图4–105（b）　元宝枫（枝叶和花序）

图4–105（c）　元宝枫（叶和双翅果）

主要习性：喜侧方庇荫，喜温凉湿润气候，耐寒性强，但过于干冷则对生长不利。对土壤要求不严，在酸性、中性及石灰性土上均能生长，但以湿润、肥沃、排水良好的土壤中生长最好。有一定的耐干旱能力，不耐涝，不耐瘠薄。深根性，抗风力强；生长速度中等，病虫害较少。对二氧化硫、氟化氢的抗性较强，吸附粉尘的能力亦较强。

栽培养护：播种繁殖。果实成熟后应及时采收，晾晒3～5天后，去杂净种贮藏，播前低温层积催芽，待种子有1/3开始发芽时即可播种。一般采用大田垄播，垄距60～70cm，垄上开沟，覆土厚1～2cm。幼苗出土后3周即可间苗，1年生苗高为60～80cm，城镇园林绿化用苗2年生即可出圃。移植在秋季落叶后至春季芽萌动前进行，大苗移植需带土球，还需适当修剪。此外，为了保持某些优良单株的观赏特性，可采用嫩枝扦插繁殖。硬枝扦插生根较难。

园林用途：树冠大，树形优美，叶形秀丽，嫩叶红色，秋叶黄色、红色或紫红色，是优良的秋色叶树种，宜作庭荫树、行道树或风景林树种。

106. 五角枫

别名：色木槭、地锦槭

拉丁学名：*Acer mono* Maxim.

科属：槭树科　槭树属

形态及分布：落叶乔木，高达20m。树皮粗糙，暗灰色。冬芽近于球形，鳞片卵形，小枝无毛。叶常掌状5裂，有时3裂及7裂的叶生于同一树上；叶基部心形或近心形，裂片卵状三角形，先端锐尖或尾状锐尖，全缘，两面无毛或仅背面脉腋有簇毛，入秋叶色变为红色或黄色。叶柄细，长4～6cm。花多数，杂性，雄花与两性花同株，生于有叶的枝上，花叶同放。萼片黄绿色，长圆形，花瓣淡白色，椭圆形或椭圆状倒卵形，花药黄色；子房无毛或近无毛。翅果扁平或微隆起，嫩时紫绿色，成熟时淡黄色，果翅展开成钝角，长约为果核的2倍（见图4-106）。花期4月，果期9～10月。产于我国东北、华北至长江流域一带，俄罗斯西伯利亚东部、蒙古、朝鲜和日本亦有分布。多生于海拔800～1500m的山坡或山谷疏林中，是槭树科中分布最广的一种。

主要习性：喜阳，稍耐阴，喜温凉湿润气候，耐寒性强，但过于干冷则对生长不利，炎热地区的干热也对生长不利。对土壤要求不严，在酸性、中性及石灰性土壤上均能生长，但以湿润、肥沃、土层深厚的土壤最为适宜。深根性，生长速度中等，病虫害较少。对二氧化硫、氟化氢的抗性较强，能吸附烟尘及有害气体，能分泌挥发性杀菌物质，具有净化空气的功能。

图4-106　五角枫（叶）

栽培养护：以播种繁殖为主。采种母树应为品质优良的壮年植株，在秋季翅果由绿色变为黄褐色时进行采集。采种后需晾晒2～3天，去杂后干藏。育苗地应选择交通便利、地势平坦、排水良好的沙壤土或壤

土，pH值以6.7～7.8为宜。种子采用层积催芽或温水浸种。大田育苗时，整地用低床或低垅。条播，行距15cm，播种深度2～3cm，播后覆盖地膜或细碎作物秸秆。容器育苗时，采用可降解的网袋、纸袋、塑料钵做育苗容器，基质可用人工配比轻质营养土。每个容器内播种2～3粒，播后覆土2cm左右。出苗率达40%左右时，应撤除覆盖物；用地膜覆盖的，应及时破膜放苗；用作物秸秆覆盖的，分2～3次撤除覆盖秸秆。苗高10cm时可间苗、定苗，株距8～10cm。定苗后，每10～15天灌溉并施肥1次，9月份后，停止施肥和灌溉。移植在秋季落叶后至春季芽萌动前进行，大苗需带土球，并进行适当修剪。

园林用途：五角枫树体高大，姿态优美，叶、果秀丽，嫩叶红色，入秋叶色变为红色或黄色，为我国北方园林中具有较高观赏价值的秋色叶树种，可与其他观叶树种相配，也可作庭荫树、行道树而应用于工厂绿化和四旁绿化中。叶型变异丰富，秋季观叶期长、观赏性好，是风景区绿化的重要树种。

107. 三角槭

别名：三角枫

拉丁学名：*Acer buergerianum* Miq.

科属：槭树科　槭树属

形态及分布：落叶乔木，高5～10m，稀达20m。树皮暗褐色，长片状剥落，小枝细瘦；当年生枝紫色或紫绿色，近于无毛；多年生枝淡灰色或灰褐色，稀被蜡粉。单叶对生，卵形或倒卵形，常浅3裂，有时不裂，裂片向前伸，先端短渐尖，基部圆形或广楔形，3出脉，全缘或上部疏生锯齿，表面深绿色，背面黄绿色或淡绿色，被白粉，幼时有毛；叶柄长2.5～5cm。花杂性，黄绿色，子房密生长柔毛；花柱短，2裂。伞房花序顶生，有短柔毛。翅果黄褐色，果核两面凸起，两果翅张开成锐角或近于平行（见图4-107）。花期4月，9月果熟。主产于长江中下游各地，北到山东，南至广东、台湾均有分布。日本亦有分布。多生于山谷及溪沟两侧。

主要习性：弱阳性，稍耐阴，喜温暖，有一定耐寒性，在北京可露地越冬；喜温暖湿润气候及酸性、中性土壤，较耐水湿。萌芽力强，耐修剪，寿命100年左右。根系发达，根蘖性强。

栽培养护：播种繁殖。秋季采种，去翅干藏，翌春浸种、催芽后播种，亦可于当年秋播。一般采用条播，条距25cm，覆土厚1.5～2cm。幼苗出土后应适当遮阴，当年苗高可达60cm左右。根系发达，裸根栽植亦能成活，但大树移栽需带土球。

园林用途：枝叶茂密，夏季浓荫覆地，秋叶变暗红色，颇为美观，宜作庭荫树、行道树及护岸树种，在湖岸、溪边、谷地、草坪配置，或点缀于亭廊、山石间都很适宜；也可用作绿篱，还是重要的树桩盆景材料。

图4-107　三角槭（叶）

108. 鸡爪槭

别名：青枫、雅枫、鸡爪枫、槭树

拉丁学名：*Acer palmatum* Thunb.

科属：槭树科　槭树属

形态及分布：落叶小乔木，高可达8～13m。树冠伞形；树皮平滑，灰褐色。枝开张，小枝细长，光滑，紫色或灰紫色。叶掌状5～9深裂，基部心形，裂片卵状长椭圆形至披针形，先端锐尖，缘有重锯齿，背面脉腋有白簇毛。花杂性，紫色，径6～8mm，萼背有白色长柔毛；伞房花序顶生，无毛。翅果小，无毛，两翅展开成钝角，紫红色，成熟时黄色［见图4-108（a）、（b）］。花期5月，果期9～10月。产于中国、日本和朝鲜。中国分布于长江流域，山东、河南、浙江也有分布；多生于海拔1200m以下山地、丘陵之林缘或疏林中。

主要习性：弱阳性，耐半阴，在阳光直射处孤植夏季易遭日灼之害；喜温暖湿润气候及肥沃、湿润而排水良好的土壤，耐寒性不强，北京需小气候良好条件下并加以保护才能越冬；酸性、中性及石灰质土均能适应。生长速度中等偏慢。

栽培养护：播种和嫁接繁殖。一般原种用播种繁殖，而园艺变种常用嫁接繁殖。播种繁殖于10月采种后即可播种，或用湿沙层积至翌春播种，播后覆土1～2cm，浇透水，盖稻草，出苗后揭去覆草。条播，行距15～20cm，覆土厚约1cm。幼苗怕晒，需适当遮阴。当年苗高可达30～50cm。移栽宜在苗木休眠期进行，小苗可露根移栽，但大苗移栽应带土球。嫁接可用切接、靠接及芽接等法，砧木一般常用3～4年生实生苗。切接在春季3～4月砧木芽膨大时进行，砧木最好在离地面50～80cm处截断进行高接，这样当年能抽梢长达50cm以上。靠接较费工，但易成活。芽接以5、6月间或9月中、下旬为宜。5、6月间正是砧木生长旺盛期，接口易于愈合，春天发的短枝上的芽正适合芽接；而夏季萌发的长枝上的芽正适合在9月中、下旬芽接。定植后，春夏季苗木生长期内宜施2～3次速效肥，夏季保持土壤适当湿润，入秋后土壤以偏干为宜。

图4-108（a） 鸡爪槭（植株）

图4-108（b） 鸡爪槭（叶和双翅果）

园林用途：树姿优美，叶形秀丽，且有多种园艺品种，有些常年红色，有些平时为绿色，但入秋叶色变红，色艳如花，均为珍贵的观叶树种。植于草坪、土丘、溪边、池畔，或于墙隅、亭廊、山石间点缀，均有自然淡雅之趣；若以常绿树或白粉墙作背景衬托，尤感美丽多姿。制成盆景或盆栽用于室内美化也极雅致。

109. 紫红鸡爪槭

别名：红枫、红槭

拉丁学名：*Acer palmatum* Thunb. cv. Atropurpureum

科属：槭树科　槭树属

形态及分布：落叶小乔木。株高约8m。树皮平滑，深灰色。小枝细瘦，紫色或灰紫色。单叶对生，紫红色，掌状深裂，裂片5～9枚，长卵形或披针形，缘有重锯齿。伞房花序顶生，花紫红色［见图4-109（a）、（b）］。花期4～5月；果期9～10月。产于中国、日本和朝鲜；在我国分布于长江流域，山东、河南、浙江亦有分布。

主要习性：弱阳性，耐半阴，受太阳西晒时生长不良。喜温暖、湿润环境，亦耐寒。较耐旱，不耐水涝，适生于肥沃深厚、排水良好的微酸性或中性土壤。

栽培养护：播种繁殖难以保持种性，易发生变异，且生长缓慢，因此其繁殖大都采用嫁接法，其中高干、单芽腹接可在梅雨季节进行。多以青枫作砧木，青枫与红枫的亲和力强，且种源丰富，发芽率高，长势旺盛。青枫可冬播或春播育苗。苗期应加强肥水管理，经1年多的生长，茎干直径在8mm以上时，即可作砧木。一般于6月中、下旬选当年生向阳健壮枝条上的充实饱满的芽做接芽，将削好的接芽迅速插入砧木接口内，注意使双方切口相吻合，然后用塑料条由下往上缠绕，把芽和叶柄留在外面，不要缚住。接后10天内应注意喷雾保湿。适时剪砧，以促进芽萌发和生长。砧木上的萌芽和枝条可分3次剪除，前后间隔1个月左右，在接芽萌发至4～5cm时，可剪去砧木2/3的枝叶；过半个月再剪除砧木剩余枝叶的1/2；再过半个月

图4-109（a）　紫红鸡爪槭（红枫）（植株）

图4-109（b）　紫红鸡爪槭（红枫）（叶）

后将接口上方的砧木全部剪除。

园林用途：树姿优美，叶形秀丽，尤其是其叶色特别，春、夏、秋三季常红，是著名的观红叶树种。

110. 茶条槭

别名：华北茶条

拉丁学名：*Acer ginnala* Maxim.

科属：槭树科 槭树属

形态及分布：落叶小乔木，高6～10m，径30cm。树皮灰色，粗糙，微纵裂。小枝细瘦，无毛，当年生枝绿色或紫绿色，多年生枝淡黄色或黄褐色，皮孔椭圆形或近于圆形、淡白色。冬芽细小，淡褐色。单叶对生，卵状椭圆形，常3裂，中裂特大，有时不裂或具不明显浅裂；叶基圆形或近心形，叶缘有不整齐重锯齿，叶背脉上及脉腋有长柔毛；秋叶鲜红色、黄色或橙黄色。伞房花序圆锥状，顶生，花杂性，清香，雄花与两性花同株；萼片卵形，黄绿色，花瓣长圆卵形，白色，较萼片长；花丝无毛，花药黄色，子房密生长柔毛。翅果黄绿色或黄褐色，展开成锐角或近于平行（见图4-110）。花期4～5月，果期9月。产于我国东北、黄河流域及长江下游地区，蒙古、俄罗斯西伯利亚东部、朝鲜和日本亦有分布，生于海拔800m以下的丛林中。

主要习性：喜光，耐半阴，在烈日下树皮易受日灼；耐寒，也喜温暖，喜土层深厚、排水良好的沙壤土。耐干旱，耐瘠薄，耐碱性土，抗性强，适应性广。深根性，抗风雪，耐烟尘，萌蘖性强，病虫害少，生长速度中等，较能适应城市环境。

图4–110 茶条槭（植株）

栽培养护：播种繁殖。秋季采集黄褐色成熟果实，搓去果翅，去杂后装袋，低温储藏。翌年播种前用60℃温水浸种1昼夜，或用1%过氧化氢浸泡2天后，再用冷水浸泡3～4天，均匀混入3倍体积的细沙，保持温度5～10℃，湿度60～70%，20天后，在1/3种子开裂时即可播种。苗圃地应选在离水源较近或方便浇水的地方，以土壤肥沃、排水性好的沙壤土为宜。秋季深翻，春播前做宽0.5m、长度适宜的苗床，结合整地施入基肥。耙细表层土壤后，喷施0.5%的高锰酸钾溶液进行土壤消毒，浇透水后即可播种。条播，播后用过筛的细土覆盖，以不露出种子为宜，镇压后覆盖草帘保湿。播后至长出真叶期间的管理是播种育苗成功与否的关键，应勤观察，始终保证床面湿润，浇水时以床面稍见积水为宜。播后10天左右种子开始萌芽出苗，此时应及时除去草帘。待大部分幼苗的子叶出土后，用代森锰锌400～500倍液均匀喷雾，以防止立枯病等病害的发生。苗期仍应保持床面湿润，浇水应少量多次。浇水

时间一般为早上8点前和下午4点后。小苗开始扎根后，应适当减少浇水和浇水次数，促进小苗根系的生长。实生苗蹲苗期较长，在根系发育完全前，生长较慢，因此杂草对小苗的影响较大，应及时除草，并结合除草适当松土。除草后应及时浇水，以防止根系透风死亡。当小苗长出2片真叶后可进行第一次间苗与补植，小苗不耐移栽，间苗与补植应在雨天或阴天进行，对移栽的苗应适当遮阳。小苗长出4片真叶后可进行第二次间苗，保证苗量在150株/m^2。当年苗高60～70cm，4年苗高3～4m时可出圃定植。移植在秋季落叶后或春季芽萌动前进行，大苗移植需带土球。

园林用途：树干端直而洁净，叶形美丽，秋季叶色红艳，特别引人注目；夏季刚刚结出的双翅果呈粉红色，十分秀气、别致，是北方优良的绿化树种，也是良好的庭园观赏树种，宜孤植、列植、群植，或修剪成绿篱，也可盆栽观赏。可与其他秋色叶树种相配置，形成亮丽的秋景。花有清香，为良好的蜜源树种。嫩叶可代茶，故名茶条槭。

111. 复叶槭

别名：梣叶槭、羽叶槭、糖槭

拉丁学名：*Acer negundo* L.

科属：槭树科　槭树属

形态及分布：落叶乔木，高达20m。树冠圆球形，树皮黄褐色或灰褐色，纵浅裂。小枝粗壮，光滑，绿色，有时带紫红色，被白粉，具灰褐色的圆点状皮孔；老枝灰色。芽小，卵形，褐色，密被灰白色的绒毛。奇数羽状复叶，对生，小叶3～5（7），卵形或长椭圆状披针形，缘有不规则缺刻，顶生小叶常3浅裂，其叶柄显著长于侧生小叶之叶柄，叶背沿脉有毛，入秋叶色金黄。雌雄异株，雄花具长梗，呈下垂簇生状，雌花为下垂总状花序；花小，先叶开放，黄绿色，无花瓣及花盘，花丝长，子房无毛。翅果扁平，淡黄褐色，果翅狭长，展开成锐角（见图4-111）。花期3～4月，果期8～9月。原产北美。我国东北、华北、内蒙古、新疆及华东一带均有引种，在东北和华北各省市生长较好。

图4-111　复叶槭（植株）

主要习性：喜光，稍耐阴，耐寒、耐旱，稍耐水湿，喜深厚、肥沃湿润土壤，在较干旱的土壤上也能生长，在暖湿地区生长不良。生长较快，寿命较短。抗烟尘能力强，杀菌能力强。

栽培养护：主要以播种繁殖，亦可扦插和分蘖繁殖。采种应选品质优良的健壮母树。秋季当翅果由绿色变为黄褐色时即可采种，采后晾2～3天，去杂袋藏。春季播种前用温水浸种后拌湿沙催芽。播种地应选择地势高燥、平

坦、排灌方便、土层深厚肥沃的沙壤土。翻耕耙平，精细整地，施充分腐熟的有机肥。多在春季播种。条播，行距25cm，将经过处理的种子均匀撒到沟内，覆土厚度1～1.5cm。播后盖草帘，保持土壤湿润。一般在播后5～7天即可出苗，待60%左右的种子出苗后揭去草帘，保持土壤湿润。当苗高10cm左右时进行间苗、定苗。定苗后，每7～10天进行1次叶面喷肥。入秋后应适时停施氮肥，增施磷钾肥，防止苗木徒长，同时应及时进行浇水、中耕、除草以及病虫害的防治。当年苗高可达60～80cm。入冬前浇1次冻水。移植宜在冬季或早春进行，移植早，对恢复生长、增强抗性有利。移植时小、中苗可裸根蘸泥浆，大苗需带土球。

园林用途：复叶槭生长迅速，枝叶稠密，树冠广阔，绿荫如盖，叶色翠绿，入秋叶色金黄，秀美宜人，宜作庭荫树、行道树，也是防护林、四旁绿化、工厂绿化的重要树种。对有害气体抗性强，亦可作防污染绿化树种。早春开花，花蜜丰富，是良好的蜜源树种。

112. 七叶树

别名：梭椤树、天师栗、猴板栗

拉丁学名：*Aesculus chinensis* Bunge

科属：七叶树科　七叶树属

形态及分布：落叶乔木，高达25m，树皮深褐色或灰褐色，长方片状剥落，小枝圆柱形，黄褐色或灰褐色，无毛或嫩时有微柔毛，有圆形或椭圆形淡黄色的皮孔。冬芽大形，有树脂。掌状复叶，小叶5～7，叶柄长10～12cm，具灰色微柔毛；小叶长圆状披针形至长圆状倒披针形，稀长椭圆形，先端短锐尖，基部楔形或阔楔形，缘具细锯齿，长8～16cm，宽3～5cm，表面深绿色，无毛，背面除中脉及侧脉的基部嫩时有疏柔毛外，其余部分无毛；侧脉13～17对，中央小叶之叶柄长10～18mm，两侧小叶之叶柄长5～10mm，具灰色微柔毛。花序圆筒形，连同长5～10cm的总花梗在内共长21～25cm，常由5～10朵小花组成。花杂性，雄花与两性花同株，花萼管状钟形；花瓣4，白色，缘具纤毛，基部爪状；雄蕊6，花药长圆形，淡黄色；子房在雄花中不发育，在两性花中发育良好，卵圆形，花柱无毛。蒴果球形或倒卵圆形，顶部短尖或钝圆而中部略凹下，直径3～4cm，黄褐色，无刺，具很密的斑点，果壳干后厚5～6mm，种子常1～2粒发育，近于球形，直径2～3.5cm，栗褐色；种脐白色，约占种子体积的一半［见图4-112（a）～（e）］。花期5月，果期9～10月。中国黄河流域及东部各省均有栽培，仅秦岭有野生。

主要习性：喜光，稍耐阴；喜温暖气候，也能耐寒；喜深厚、肥沃、湿润而排水良好之土壤。深根性，萌芽力不强；生长速度中等偏慢，寿命长。在炎热的夏季叶子易遭日灼。

栽培养护：主要用播种繁殖，亦可扦插、高空压条繁殖。采种应选择生长健壮、无病虫害、枝繁叶茂、结实多的中壮年母树。采集时间以8月下旬至9月上中旬果实成熟时为宜，此时的种子饱满，成熟度和质量亦较好。圃地应选择背风向阳、土层深厚、pH值为中性或微酸性、排水良好、距水源较近、交通便利的肥沃壤土。种子不耐久藏，受干易失去发芽力，所以一般采用秋播，亦可春播。秋播时应将采回的蒴果及时去除果皮，并随即播种，不必进行沙藏处理。春播时种子应进行沙藏处理，可将带果皮种子拌湿沙或泥炭在阴凉处储藏至翌年土壤完全解冻后播种。在种粒发芽前，应保持土壤湿润，但不能灌水，以免表面板结，因此在播种前1周左右应给播种床灌足底水，播种后最好在床面覆盖稻草，保温、保湿，幼苗出土后逐渐揭掉稻草。幼苗怕晒，需适当遮阴。在苗高长至10cm之前不用松土，但应除草。在5～7月，苗木生长旺盛

图4-112（a）　七叶树（开花植株）

图4-112（b）　七叶树（叶和花序）

图4-112（c）　七叶树（果）

图4-112（d）　七叶树（种子）

图4-112（e）　七叶树（植株秋景）

时期，每月结合松土除草追肥1次，以尿素为主，开沟埋施，用尿素20kg/亩左右。苗木生长停止前1个月应追施钾肥，可撒施草木灰，亦可喷施0.3%的磷酸二氢钾溶液，促进苗木健壮生长和安全越冬。在北方冬季需对幼苗采用稻草包干等防寒措施。春季在温床上根插，容易成活；亦可在夏季用嫩枝扦插。高空压条宜在春季4月中旬进行。苗期病虫害较少，有时有刺蛾与蛴螬为害。刺蛾幼虫食叶，在虫害发生初期可喷施90%敌百虫800～1000倍液或2.5%溴氰菊酯4000～5000倍液进行防治。蛴螬为害根部，可用氧化乐果0.125%溶液灌根防治。

园林用途：树干耸直，树冠开阔，姿态雄伟，叶形如掌，花大秀丽，果形奇特，是观叶、观花、观果不可多得的树种，为世界著名的观赏树种之一，最宜栽作庭荫树及行道树，可作人行步道、公园、广场绿化树种，既可孤植也可群植，或与常绿树和阔叶树混种。我国许多古刹名寺，如杭州灵隐寺、北京卧佛寺、大觉寺、潭柘寺等处都有千年以上的古树。欧美、日本等地也广泛栽培。

113. 欧洲七叶树

别名：马栗树

拉丁学名：*Aesculus hippocastanum* L.

科属：七叶树科　七叶树属

形态及分布：落叶乔木，高25～30m，冠径2m。小枝淡绿色或淡紫绿色，嫩时被棕色长柔毛，其后无毛。冬芽卵圆形，有丰富的树脂。掌状复叶对生，小叶5～7枚，倒卵状长椭圆形，顶端突尖，基部楔形，缘有不整齐重锯齿，背面绿色，近基部有铁锈色绒毛，小叶无柄。圆锥花序顶生，长20～30cm，基部直径约10cm；花较大，白色，基部有红黄色斑纹。蒴果近球形，果皮有刺。种子栗褐色，通常1～3粒，种脐淡褐色，约占种子面积的1/3～1/2［见图4-113（a）、（b）］。花期5～6月，果期9月。原产于巴尔干半岛，我国北京、青岛、上海、杭州有少量引种栽培。

主要习性：喜光，稍耐阴，耐寒，喜深厚肥沃而排水良好的土壤。

栽培养护：以播种繁殖为主，园艺品种用嫁接繁殖。其他措施可参照七叶树。

园林用途：世界四大行道树之一，树体高大雄伟，树冠宽阔，绿荫浓密，花序美丽，在欧美广泛作为行道树及庭院观赏树。其他园林用途可参照七叶树。

图4-113（a） 欧洲七叶树（园林应用）

图4-113（b） 欧洲七叶树（叶和花序）

114. 日本七叶树

别名：七叶枫树、开心果、猴板栗

拉丁学名：*Aesculus turbinata* Bl.

科属：七叶树科 七叶树属

形态及分布：落叶乔木，高达30m，冠径2m。伞形树冠。小枝淡绿色，当年生枝有短柔毛。冬芽卵形，有丰富树脂。掌状复叶对生，小叶5～7枚，倒卵状长椭圆形，中间小叶较两侧小叶明显大，缘有圆锯齿，叶背带白粉，脉腋有褐色簇毛，小叶无柄。圆锥花序顶生，直立，长15～25cm，花较小，白色带红斑。蒴果倒卵圆形或卵圆形，深棕色，有疣状突起，成熟后3裂；种子赤褐色，种脐大形，约占种子的1/2。花期5～7月，果期9月（见图4-114）。原产于日本，我国北京、上海、青岛等地有引种栽培。

主要习性：喜光，稍耐阴，喜温暖气候；有一定的耐寒性，不耐干旱；喜深厚、肥沃、湿润且排水良好的土壤。性强健，生长较快。

栽培养护：主要采用播种和扦插繁殖。秋季种子成熟后，可采种进行播种，也可带果皮贮藏至翌春播种。播床选择深厚、肥沃且排水良好的土壤。施足底肥，播前浇足水，一般采用条播，行距20～30cm。冬春可采用硬枝扦插，夏季可采用嫩枝扦插。嫩枝扦插时应选取无病虫害、生长健壮、叶片完好、腋芽饱满的当年生半木质化枝条，剪成长15～20cm的插穗，切口光滑。插床可用厚40cm的河沙作基质，并用0.1%～0.5%的高锰酸钾溶液进行基质消毒。为提高生根率，扦插时可用ABT 2号生根粉处理插穗，扦插前将插穗基部浸蘸2～4小时，之后将处理好的插穗插到苗床上。扦插时用比插条稍粗的小木棒在基质上打孔，株距10～20cm左右，扦插深度10～12cm，插后用手压实，及时喷水，保持床面湿润。在华北地区移植以秋季落叶后及春季萌芽前为宜，苗木需带土球，移植地应选择深厚、肥沃、湿润、向阳的土壤，不宜于西晒过强及土质过于干燥的地方栽植。日本七叶树主根深而侧根少，不耐移植，定植时应小心谨慎清除土球包装物，切勿弄散土球。定植时施足底肥，栽正踩实后灌足水。定植后应加强土肥水管理，开花前后可追施1次速效性肥，秋后并在春梢生长接近停止前再施1次有机肥，以促进花芽分化和果实膨大。施肥应注意树势，强壮树少施并以磷、钾为主；弱树，特别是开花结果多的树应多施肥。在华北地区，春季及时浇返青水，秋末冬初浇冻水，每次均应灌足水。

日本七叶树萌芽力不强，种植前仅可剪除病虫枝及枯死枝，不可对树体进行大修剪，以防影响树形。每年落叶后、冬季或翌春发芽前，将枯枝、内膛枝、纤细枝、病虫枝及生长不良枝剪除，以减少养分消耗，形成良好树冠。新种的植株浇足定根水后，应及时支好防风架。秋冬季节应在树干上涂白，新栽植株可用草绳卷干，防止树木枝干受日灼伤害。

园林用途：高大乔木，树干耸直、树冠开阔，挺拔雄伟，叶形宽大奇美，绿荫浓密，花序美丽，可用作庭荫树及行道树，也可孤植、丛植于庭院、休闲广场的绿地、草坪、花坛之中，均有极好的观赏和遮阴效果。

图4-114 日本七叶树（叶）

115. 大花卫矛

别名：野杜仲

拉丁学名：*Euonymus grandiflorus* Wall.

科属：卫矛科 卫矛属

形态及分布：半常绿小乔木或灌木，高达10m。叶对生，近革质，长倒卵形、窄矩圆形或近椭圆状披针形，长4～10cm，宽2～5cm，先端圆钝或急尖，稀为短渐尖，基部楔形，缘有细齿，侧脉细密；叶柄长0.5～1cm。聚伞花序有5～7花，黄白色；花瓣圆形，雄蕊有细长花丝；花盘肥大，直径达1cm；子房每室有6～12颗胚珠。蒴果近圆形，黄色，常有4条翅状窄棱；种子数粒，亮黑色，具红色假种皮［见图4-115（a）～（c）］。花期6～7月，果期9～10月。产于我国西部及西南部地区，华北及长江流域有零星栽培；印度亦有分布。

主要习性：喜光，稍耐阴，喜温暖，较耐寒，耐干旱瘠薄土壤。通常野生于山地灌木丛中或河谷、山坡较湿润处。

栽培养护：播种或扦插繁殖。通常秋播或沙藏后春播。秋播可不去除假种皮。沙藏需用细沙揉擦，清洗干净。

园林用途：姿态优美，果实成熟时果皮黄色，逐渐裂开露出橘红色假种皮，秋叶鲜红紫色，格外引人瞩目，可与其他卫矛及槭树等配植，作为观果、观叶树种供观赏。

图4-115（a） 大花卫矛（叶）

图4-115（b） 大花卫矛（秋叶）

图4-115（c） 大花卫矛（植株秋景）

116. 丝棉木

别名：桃叶卫矛、华北卫矛、明开夜合、白杜

拉丁学名：*Euonymus bungeanus* Maxim.

科属：卫矛科　卫矛属

形态及分布：落叶小乔木，高达10m。树冠圆形或卵圆形。树皮灰色，幼时光滑，老时浅纵裂。小枝细长，绿色，微四棱。单叶对生，卵状椭圆形、卵圆形或窄椭圆形，长4～8cm，宽2～5cm，先端长渐尖，基部阔楔形或近圆形，缘具细锯齿，叶柄通常细长。花3～7朵成聚伞花序，花序梗略扁，长1～2cm；花4数，淡白绿色或黄绿色，直径约8mm；小花梗长2.5～4mm；花药紫红色，花丝细长，长1～2mm。蒴果倒卵形，4深裂，成熟后果皮粉红色；种子长椭圆状，种皮棕黄色，假种皮橙红色，全包种子，成熟后顶端常有小口［见图4-116（a）～（c）］。花期5～6月，果期9～10月。产于我国东北、内蒙古经华北至长江流域各地，西至甘肃、陕西、四川；朝鲜及俄罗斯东部亦有分布。

主要习性：喜光，稍耐阴；耐寒、耐旱也耐水湿，对土壤要求不严，以肥沃、湿润、排水良好的土壤生长最好。根系深而发达，抗风；根蘖性强，生长速度中等偏慢。对二氧化硫的抗性中等。

栽培养护：播种、分株及扦插等法繁殖。于10月中下旬果熟后，选择生长快、结果早、品质优良、无病虫害的健壮母树采种，日晒待果皮开裂后收集种子，并在阴凉干燥处阴干。翌年1月上旬，选择地势高燥、背风向阳、排水良好、土质疏松的背阴处挖坑，将种子用30℃左右的温水浸泡24小时后，将种子与湿沙按1:3的比例混合堆放在坑内进行层积处理。处理期间应定期检查，以防种子发热霉烂。3月中旬土壤解冻后，将种子移至背风向阳处，并适当补充水分进行增温催芽，待种子有1/3露白时即可播种。一般采用条播，沟深3～5cm，将种子均匀撒入沟

图4–116（a）　丝棉木（植株）

图4–116（b）　丝棉木（叶）

图4–116（c）　丝棉木（枝和果）

内，覆土厚度约1cm，覆土后适当镇压。墒情适宜条件下20天左右即可出苗。硬枝扦插在3月下旬至4月上旬进行。应于秋季落叶后至春季树液流动前采集插条，从生长健壮、无病虫害的中幼龄母树上采集充分木质化的1年生枝条，将其剪成约15cm长的插穗，选择地势较高、排水良好的背阴处挖沟，将插穗按每50枝一捆，分层放于沟内保存。为提高扦插成活率，在插前6～8天，应用流水对插条进行浸泡，若为死水需每天换水。当下切口处呈现明显不规则瘤状物时进行扦插，亦可用1%的蔗糖溶液浸泡24h后再扦插。扦插深度为插条长度的2/3，株距20cm，行距40cm，插后浇透水。插后注意遮阴保湿，一般3周左右即能生根。嫩枝扦插多在夏季6月上中旬进行，随采随插。

园林用途：枝叶秀丽，红果密集，可长久悬挂枝头，秋季红绿相映，煞是美丽，是园林绿地的优良观赏树种，常植于林缘、草坪、路旁、湖边及溪畔，作为庭荫树和行道树，也可用作防护林及工厂绿化树种。对二氧化硫和氯气等有害气体抗性较强。

117. 八角枫

别名：华瓜木

拉丁学名：*Alangium chinense*（Lour.）Harms

科属：八角枫科　八角枫属

形态及分布：落叶乔木，高达10～15m，常成灌木状。树皮淡灰色，平滑，小枝圆形，灰黄色，具淡黄或褐色粗毛，皮孔不明显。单叶互生，叶柄红色；叶形变异较大，常卵形、圆形或椭圆形，长5～18cm，宽4～12cm，先端长尖，基部偏斜，平截，略成心形，全缘或少数上部3～5浅裂，主脉5条，背面常有脉腋丛毛。夏、秋开白色花，渐变为乳黄色；3～15朵乃至30余朵成腋生聚伞圆锥花序，花序梗长6～15mm，花梗密生细毛；萼广钟形，口缘有纤毛，萼齿6～8；花瓣与萼齿同数互生，条形，常由顶端反卷；雄蕊与花瓣同数，等长，花丝粗短，扁形，密被毛茸，花药条形，长为花丝的3倍，花盘圆形，位于子房顶；子房下位，2室，每室胚珠1个，花柱细长，柱头3浅裂。核果卵形，长约1cm，熟时黑色，顶端具宿存萼齿及花盘，种子1粒［见图4-117（a）、（b）］。花期5～7月，果期9～10月。产于亚洲东南部及非洲东部；我国黄河中上游、长江流域至华南、西南均有分布。

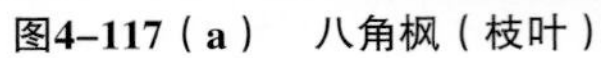
图4-117（a） 八角枫（枝叶）

图4-117（b） 八角枫（花）

主要习性：喜光，稍耐阴，对土壤要求不严，喜肥沃、疏松、湿润的土壤。有一定耐寒性；萌芽力强，耐修剪。根系发达，适应性强。

栽培养护：播种繁殖和分株繁殖。播种繁殖：长江以南于2～3月播种，黄河以北在4～5月播种，按行距30cm开浅沟条播，播后覆土1cm或用草木灰覆盖，出苗后逐次间苗，保持株距7～10cm。当苗高达80～90cm时，可出圃移栽，于冬季落叶后或春季萌发前起苗，带土定植，株行距2m×2.5m。分株繁殖：在冬季或春季挖取老树的分蘖苗移栽。移栽后，应结合中耕除草，施厩肥和化肥。冬季剪去下垂枝和过密枝条。

园林用途：八角枫是良好的观赏树种。根发达，适应性强，又可作为交通干道两边的防护林树种。株丛宽阔，根系发达，适宜于在交通干道两侧及山区坡地栽植，对涵养水源、防止水土流失有良好作用。叶片形状较美，花期较长，栽植在建筑物的四周，用作观赏树及行道树也很适宜。

118. 蒙椴

别名：小叶椴、白皮椴、米椴

拉丁学名：*Tilia mongolica* Maxim.

科属：椴树科　椴树属

形态及分布：落叶乔木或小乔木，高达6～10m。树皮灰褐色，浅纵裂。小枝及芽红褐色，无毛。单叶互生，广卵形至三角状卵形，长3～8cm，宽3.5～5.5cm，先端突渐尖或近尾尖，基部心形或截形，有时心形，常不对称，缘具不整齐粗锯齿，有时3浅裂，齿端有刺芒，侧脉4～5对。叶柄细，长1.5～3.5cm。聚伞花序，长6～10cm；花序柄下部与一带状苞片合生。花小，通常两性，花萼、花瓣通常为5数，雄蕊多数，分离或合生成5束，有时有花瓣状的退化雄蕊。子房上位，5室，每室胚珠2。坚果状核果球形或椭圆形［见图4-118（a）、（b）］。花期6～7月，果期9～11月。主产于我国华北地区，东北及内蒙古等地也有分布。在北方山区落叶阔叶混交林中常见。

主要习性：较耐阴，喜冷凉湿润气候，耐寒。喜肥沃、湿润、疏松的土壤，在山谷、山坡均可生长。深根性。生长速度中等，萌芽力强。

图4-118（a）　蒙椴（植株）

图4-118（b）　蒙椴（叶和舌状苞片）

栽培养护：以播种繁殖为主，亦可分株、压条繁殖。秋季当果实微变黄褐色时采集，阴干，除去果柄、苞片等杂物。因种子具休眠特性，需提前进行催芽处理，通常进行混沙埋藏1年，或用浓硫酸浸泡40～60分钟，再混以2～3倍湿沙露天埋藏。垄作或床作。播种量及覆土厚度根据种子大小来确定。通常播种量5kg/亩左右，覆土厚1cm。经处理的种子，播种后30～40天大多数发芽出土，需搭荫棚以防日灼为害。幼苗生长慢，应加强苗期管理。

园林用途：树冠整齐，枝叶茂密，树姿优美，早春嫩叶带红，夏季小花黄色而芳香，入秋叶色转黄，甚为美丽，宜在公园、庭园及风景区孤植或片植。树形较矮，不宜作行道树。

119. 糠椴

别名：大叶椴、辽椴、菩提树

拉丁学名：*Tilia mandshurica* Rupr.et Maxim.

科属：椴树科 椴树属

形态及分布：落叶乔木，高可达20m。树冠广卵形至扁球形。树皮暗灰色，老时浅纵裂。当年生枝黄绿色，密生灰白色星状毛。2年生枝紫褐色，无毛。单叶互生，近圆形或阔卵形，长8～12cm，宽7～11cm，先端钝尖，基部稍偏斜，宽心形或截形，缘具粗锯齿，齿端呈芒状，叶面疏生毛，叶背面密生淡灰色星状毛，叶柄长4～5cm，密被灰褐色星状毛。聚伞花序，下垂，长6～9cm，花7～12朵，黄色，径约1.5cm，退化雄蕊呈花瓣状，表面有毛，背面密被星状绒毛，近于无柄。坚果状核果球形，直径7～9mm，外被黄褐色绒毛［见图4-119（a）、（b）］。花期7～8月，果期9～10月。原产于我国东北、内蒙古及河北、山东等地；朝鲜、日本、俄罗斯亦有分布。

主要习性：喜光、较耐阴，喜凉爽湿润气候和深厚、肥沃而排水良好的中性和微酸性土壤。耐寒，抗逆性较差，在干旱瘠薄土壤上生长不良，夏季干旱易落叶，不耐盐碱性土壤，不耐烟尘污染。深根性，主根发达，耐修剪。病虫害少。

栽培养护：以播种繁殖为主，亦可分株、压条繁殖。种子有很长的后熟性，采收后需沙藏1年或更长时间，度过后熟期后才能播种。在种子沙藏期间应保持一定湿度，并需每隔1～1.5月倒翻1次，使种子经历“低温-高温-低温-回暖”的变温阶段，到第3年3月中旬前后有1/5的种子开始发芽时进行播种。幼苗畏日灼，需进行适当遮阴。亦可将其与豆类间作，既可起到遮

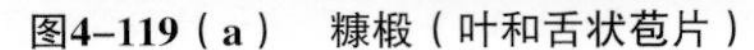

图4-119（a） 糠椴（叶和舌状苞片）

图4-119（b） 糠椴（叶和果）

阴效果，又能节省设架费用，还能增加土壤肥力。幼苗主干易弯，而萌蘖力强，故需加强修剪养干工作。4～5年生苗高达2m左右即可出圃定植。若需较大规格的苗木，则应留圃培养7～8年。定植后应注意及时剪除根蘖，并逐步提高主干高度。

园林用途：树体庞大，树干通直，树姿清幽，叶形秀美，夏日黄花满树，芳香馥郁，是优良的庭荫树和行道树。

120. 紫椴

别名：籽椴、阿穆尔椴、小叶椴、椴树

拉丁学名：*Tilia amurensis* Rupr.

科属：椴树科　椴树属

形态及分布：落叶乔木，高可达20～30m。树皮暗灰色，浅纵裂，成片状剥落；小枝黄褐色或红褐色，呈"之"字形曲折，皮孔明显。叶阔卵形或近圆形，长3.5～8cm，宽3.5～7.5cm，生于萌枝上者更大，先端尾尖，基部心形，缘具整齐的粗尖锯齿，齿先端向内弯曲，偶具1～3裂片，表面暗绿色，无毛，背面淡绿色，仅脉腋处簇生褐色毛；叶具柄，柄长2.5～4cm，无毛。聚伞花序，长4～8cm，花序轴无毛，苞片倒披针形或匙形，长4～5cm，光滑，具短柄；萼片5，两面被疏短毛，里面较密；花瓣5，黄白色，无毛；雄蕊20，无退化雄蕊；子房球形，被淡黄色短绒毛，柱头5裂。坚果状核果球形或椭圆形，直径5～7mm，被褐色短毛，具种子1～3粒。种子褐色，倒卵形，长约5mm（见图4-120）。花期6～7月，果期9月。产于我国黑龙江、吉林、辽宁、内蒙古、河北、山西、山东等地。俄罗斯远东地区、朝鲜亦有分布。

主要习性：深根性树种。喜光也稍耐阴。幼苗幼树较耐庇荫；喜温凉、湿润气候，常单株散生于红松阔叶混交林内，垂直分布在海拔800m以下；对土壤要求比较严格，喜肥沃、排水良好的湿润沙质壤土或壤土，在土层深厚、排水良好的沙壤土上生长最好，多生于山坡的中、下部。不耐干旱和水湿；耐寒，萌蘖性强，抗烟、抗毒性强，虫害少。

栽培养护：播种繁殖。秋季采种后立即混沙，在室外露天埋藏，春播后出苗率可达90%。对干种子的处理可于播种前2个月进行。将种子用40℃的1%碳酸氢钠水溶液浸种4小时，同时用手揉搓种子，自然冷却后将种子淘洗干净，用冷水再浸种6～7天，置于10～15℃条件下，每天早晚各换水1次，到期后将种子捞出，再浸入0.5%的高锰酸钾水溶液中消毒2～3小时，捞出种子，用清水洗净药液后将种子混入3倍体积的干净湿沙中，置于2～5℃的低温处，35天后转入10～15℃条件下，15天左右种子开始裂嘴，待有1/3种子裂嘴时即可播种。在催芽过程中应经常翻动种沙堆，使其湿度保持在60%左右。一般情况下，种子发芽率可达60%。播种后随即用除草醚除

图4-120　紫椴（叶和舌状苞片）

草，用量为1g/m^2，施药后1天内不宜浇水，之后应始终保持床面湿润。定苗后应及时浇水。苗期浇水应本着“次多量少”的原则，进入8月不旱不浇，浇则浇透。定苗2～3天后追施氮肥1次，以后应适时除草和松土。

园林用途：树姿优美，树冠圆满，枝条紫褐，叶形奇特，秋季花序狭长，苞片变黄，似无数缕缕“黄丝带”，奇异可观，是良好的庭荫树和行道树。抗烟尘和有毒气体，厂矿绿化最为适宜。

121. 心叶椴

别名：欧洲小叶椴

拉丁学名：*Tilia cordata* Mill.

科属：椴树科　椴树属

形态及分布：落叶乔木，高达20～30m。树冠圆球形，嫩枝无毛或微有细毛。叶近圆形，长3～8cm，萌条枝叶长10～12cm，先端突尖，基部心形，缘具细尖锯齿，表面暗绿色，背面灰蓝绿色，脉腋有褐色簇毛；叶柄绿色。聚伞花序，小花3～15朵，花黄白色，芳香，苞片长3～7cm，宽1～1.5cm，具柄。坚果状核果近球形，径4～8mm，具不明显棱，密被茸毛［见图4-121（a）、（b）］。花期6～8月，果期8～9月。原产于欧洲。我国新疆、南京、上海、青岛、大连、沈阳及北京有引种栽培。

主要习性：喜光，较耐阴，耐寒，抗烟尘能力强，喜黏土和酸性土壤。

栽培养护：与紫椴相似。

园林用途：树体高大，树冠开展，黄花芳香，秋叶转黄，是优良的园林绿化树种，宜作庭荫树及行道树，也适于城乡四旁绿化及工矿区绿化。

图4-121（a）　心叶椴（植株）

图4-121（b）　心叶椴（叶和舌状苞片）

122. 梧桐

别名：青桐、桐麻

拉丁学名：*Firmiana platanifolia*（L. f.）Mars. [*F. simplex*（L.）F. W. Wight]

科属：梧桐科　梧桐属

形态及分布：落叶乔木，高达20m；树皮青绿色，平滑。叶心形，掌状3～5裂，直径15～30cm，裂片三角形，全缘，先端渐尖，基部心形，两面均无毛或略被短柔毛，基生脉7条，叶柄与叶片等长。圆锥花序顶生，长约20～50cm，下部分枝长达12cm，花淡紫色；萼5深裂几至基部，萼片条形，向外卷曲，长7～9mm，外面被淡黄色短柔毛，内面仅在基部被柔毛；花梗与花几等长；雄花的雌雄蕊柄与萼等长，下半部较粗，无毛，花药15个不规则地聚集在雌雄蕊柄的顶端，退化子房梨形且甚小；雌花的子房圆球形，被毛。蓇葖果膜质，有柄，花后心皮分离成5蓇葖果，远在成熟前即开裂呈舟状，长6～11cm、宽1.5～2.5cm，外面被短茸毛或几无毛，每蓇葖果有种子2～4个；种子圆球形，棕黄色，表面有皱纹，直径约7mm，着生于果皮边缘［见图4-122（a）～（c）］。花期6～7月，果期9～10月。产于我国南北各地，从海南到华北地区均有栽培。日本亦有分布。

主要习性：喜光，喜温暖、湿润气候，不耐寒。适生于肥沃、湿润的沙质壤土。根肉质，不耐水渍；深根性，直根粗壮；萌芽力弱，一般不宜修剪。生长尚快，寿命较长，达百年以上。在生长季节受涝3～5天即烂根致死。发叶较晚，而秋天落叶早。对多种有毒气体均有较强抗性。畏强风。宜植于村边、宅旁、山坡、石灰岩山坡等处。

图4-122（a）　梧桐（植株）

栽培养护：播种繁殖，亦可扦插、分根繁殖。秋季果熟时采收，晒干脱粒后当年秋播，亦可沙藏至翌年春播。条播行距25cm，覆土厚约1.5cm。播种量约15kg/亩。沙藏种子发芽较整齐，播后4～5周发芽。干藏种子常发芽不齐，可在播前先用温水浸种催芽。通常当年生苗高可达50cm以上，翌年

图4-122（b）　梧桐（树皮）

图4-122（c）　梧桐（果）

分栽培养，3年生苗即可出圃。栽植地点宜选地势高燥处，穴内施入基肥，定干后，用蜡封好锯口。常见虫害有梧桐木虱、霜天蛾、刺蛾等，可用石油乳剂、敌敌畏、乐果、甲胺磷等防治。在北方，幼树冬季应包扎稻草绳防寒。入冬和早春各施肥1次。

园林用途：树干通直高大，树皮青绿平滑，树冠呈卵圆形，侧枝粗壮，枝叶茂盛，呈翠绿色，观赏性甚好，宜作庭荫树和行道树。生长迅速，易成活，耐修剪，是速生用材树种；对二氧化硫、氯气等有毒气体有较强的抗性，可用作居民区、厂矿区绿化树种。

123. 毛叶山桐子

别名：毛叶山梧桐、秦岭山桐子、水冬瓜

拉丁学名：*Idesia polycarpa* Maxim. var. *vestita* Diels

科属：大风子科　山桐子属

形态及分布：落叶乔木，高8～15m。树皮光滑，灰白色，皮孔大而明显。叶卵形至卵状心形，长8～16cm，宽6～14cm，先端锐尖至短渐尖，基部心形或近心形。缘具疏锯齿，表面光滑有光泽，背面密生灰色短柔毛，掌状5～7出脉，叶柄红色，长6～15cm，圆柱形，幼具短柔毛，顶端有两个较大腺体。圆锥花序长15～30cm，下垂，花黄绿色，芳香。浆果球形，红色，直径6～8mm，有多数种子，种子卵形，褐色［见图4-123（a）～（c）］。花期5～6月，果期9～11月。分布于秦岭、淮河以南，安徽、浙江、江西等地均有分布，河南伏牛山是毛叶山桐子的最适生区，分布集中、资源量大、产量高。

图4-123（a） 毛叶山桐子（植株）

图4-123（b） 毛叶山桐子（叶和幼果）

图4-123（c） 毛叶山桐子（果）

主要习性：耐干旱，耐贫瘠，喜酸性土壤，常生于海拔300～1800m的山地、丘陵、林缘坡地中。病虫害少，对环境适应性强。

栽培养护：播种繁殖。秋季当果实变为深红色时，从15～30年生的健壮母树上剪取果穗，捋下浆果，在室内堆放1～2天，待充分软熟后置水中搓洗，淘去果皮、果肉等杂质。淘洗净种时，要用细孔容器，以免种子漏失。净种后再浸入新鲜草木灰水中1～2小时，擦去种子外层的蜡质，晾干。混湿沙贮藏或袋装干藏。春季整地后，沙藏种子可直接播种，袋装干藏种子要用40℃左右的温水浸泡24小时后，滤干再播。种粒小，播种时应将种子与细土拌匀后再播。一般采用条播，条距30cm左右，播种沟深3cm，上覆细沙土1.5～2cm，再盖稻草，并罩以遮阳网，保持苗床湿润。播后20天左右即有种子发芽出土，此时应保持床面湿润，如连续天晴，床面干旱板结，不利于种子发芽出土，应及时喷水。

园林用途：树型高大、叶片肥厚而油亮，浆果球形，鲜红色；秋日红果累累下垂，是难得的观果、观叶树种。

124. 沙枣

别名：桂香柳、香柳、银柳

拉丁学名：*Elaeagnus angustifolia* L.

科属：胡颓子科　胡颓子属

形态及分布：落叶乔木，高达15m，常呈小乔木或灌木状。树皮栗褐色至红褐色，有光泽，树干常弯曲，枝条稠密，具枝刺，嫩枝、叶、花果均被银白色鳞片及星状毛；单叶互生，椭圆状披针形至狭披针形，长4～8cm，先端尖或钝，基部楔形，全缘，表面银灰绿色，背面银白色，叶柄长5～8mm。花小，银白色，芳香，通常1～3朵生于小枝下部叶腋，花萼筒状钟形，顶端通常4裂，花梗甚短。坚果长圆状椭圆形，直径为1cm，果肉粉质，果皮早期银白色，后期鳞片脱落，呈黄褐色或红褐色［见图4-124（a）、（b）］。花期5～6月，果期9～10月。主要分布在我国西北各地和内蒙古西部，少量分布于华北北部、东北西部，大致在北纬34°以北地区。地中海沿岸、俄罗斯、印度亦有分布。

图4-124（a）　沙枣（植株）

图4-124（b）　沙枣（叶和果）

主要习性：沙枣生活力很强，抗旱，抗风沙、耐盐碱，耐贫瘠、生命力强。天然分布于降水量低于150mm的荒漠和半荒漠地区，其生长与浅表地下水位相关，地下水位低于4m，则生长不良。对热量条件要求较高，在气温高于10℃、积温3000℃以上地区生长发育良好，积温低于2500℃时，结实较少。活动积温大于5℃时才开始萌动，10℃以上时，生长进入旺季，16℃以上时进入花期。果实则主要在平均气温20℃以上的盛夏高温期内形成。耐盐碱能力随盐分种类不同而异，对硫酸盐土适应性较强，对氯化盐土则抗性较弱。侧根发达，根幅很大，在疏松的土壤中，能生出很多根瘤，其中的固氮根瘤菌还能提高土壤肥力，改良土壤。侧枝萌发力强，顶芽长势弱。枝条茂密，常形成稠密株丛。枝条被沙埋后，易生长不定根，有防风固沙作用。在甘肃河西走廊地区，3月下旬树液开始流动，4月中旬开始萌芽，5月底至6月初进入花期，花期为3周左右，7月上旬见幼果，8月下旬果实成型，10月果实成熟，果期100天左右。新疆、宁夏的物候期与河西走廊相近，内蒙古中部地区物候期稍迟。经群众长期选育，已有不少优良品种。

栽培养护：播种繁殖。亦可用扦插和高空压条法繁殖。果实成熟后并不立即脱落，可用手摘取或以竿击落，布幕收集。采后晒干，经碾压脱去果肉后获得种子，多在春季播种，有条件的地方可直接秋播。春播前应浸种催芽，或于头年冬季12月将等量细湿沙与种子混合均匀，放入事先挖好的坑内，沙藏催芽。扦插育苗常于春末秋初用当年生的枝条进行嫩枝扦插，或于早春用1年生的枝条进行硬枝扦插。插穗生根的最适温度为20～30℃，低于20℃时，插穗生根困难、缓慢；高于30℃时，插穗的上、下两个剪口容易受到病菌侵染而腐烂。高空压条应选取健壮的枝条，从顶梢以下大约15～30cm处将树皮剥掉一圈，剥后的伤口宽度在1cm左右，深度以刚刚将表皮剥掉为限。剪取一块长10～20cm、宽5～8cm的薄膜，上面放些淋湿的园土，像裹伤口一样把环剥的部位包扎起来，薄膜的上下两端扎紧，中间鼓起。约4～6周后生根。

园林用途：叶形似柳而色灰绿，叶背有银白色光泽，颇具特色。抗逆性强，最宜作盐碱和沙荒地区绿化树种，也可用作园林绿化树种和防护林树种。西北地区常列植为行道树供观赏。

125. 刺楸

别名：后娘棍、鸟不宿、钉木树、丁桐皮

拉丁学名：*Kalopanax septemlobus*（Thunb.）Koidz.

科属：五加科　刺楸属

形态及分布：落叶乔木，高达30m。树皮深纵裂，枝具粗皮刺。单叶互生，掌状5～7裂，近圆形，径约10～25cm，基部截形至心脏形，裂片三角状卵圆形至狭长椭圆形，先端长尖，缘具细锯齿，表面深绿色，无毛，背面淡绿色，叶柄较叶片长。由伞形花序排列成顶生的复圆锥花序，径约20～30cm；花白色或淡黄绿色；萼微具5齿裂；花瓣5，三角状卵圆形；雄蕊5，内曲；子房2室，花柱合生成网状，柱头2裂。核果近球形，蓝黑色。种子2，扁平［见图4-125（a）～（c）］。花期7～8月，果期9～10月。原产于山地疏林中，在我国从东北到华南、西南地区都有分布，日本、朝鲜、俄罗斯亦有分布。

主要习性：喜光，稍耐阴，对气候适应性较强，耐寒冷，适宜在含腐殖质丰富、土层深厚、疏松且排水良好的中性或微酸性土壤中生长。生长快。

栽培养护：播种、根插繁殖。秋季采种后，用清水浸泡至果肉涨起时搓去果肉，同时将浮在水面上的秕粒除掉，再用清水浸泡5～7天，使种子充分吸水，每隔2天换1次水，若仍有

图4–125（a）　刺楸（植株）

图4–125（b）　刺楸（叶）

图4–125（c）　刺楸（皮刺）

秕粒，应清除。浸泡后捞出控干，与2～3倍于种子的湿沙混匀，放入室外准备好的深0.5m左右的坑中，上面覆盖10～15cm的细土，再盖上稻草或草帘子，进行低温处理。翌年5～6月裂嘴后即可播种。一般采用条播或撒播。条播行距10cm，覆土1.5～3cm，播种量30 g/m^{2}左右。亦可于8月上旬至9月上旬播种当年采收的种子，即选择成熟度一致、粒大而饱满的果粒，搓去果肉，用清水漂洗干净，控干后播种。播后搭1～1.5m高的棚架，上面用草帘或苇帘等遮阴，土壤干旱时及时浇水，待小苗长出2～3片真叶时可撤掉遮阴帘，翌春即可移栽定植。

园林用途：树干通直挺拔，叶形美观，叶色浓绿，满身的硬刺在诸多园林树木中独树一帜，既能体现出粗犷的野趣，又能防止人或动物攀爬破坏，适合作行道树或在自然风景区应用，也可在园林中作孤植树及庭荫树栽植。

126. 石榴

别名：安石榴、海榴

拉丁学名：*Punica granatum* L.

科属：石榴科　石榴属

形态及分布：落叶灌木或小乔木，高5～7m。在热带则变为常绿树。树冠丛状自然圆头形。树根黄褐色。树干呈灰褐色，上有瘤状突起，干多向左方扭转。树冠内分枝多，嫩枝有棱。小枝柔韧，不易折断，枝顶常成刺尖。旺树多刺，老树少刺。芽色随季节而变化，有紫、绿、橙三色。叶对生或簇生，呈长披针形至长圆形，或椭圆状披针形，长2～8cm，宽1～2cm，顶端尖，表面有光泽，背面中脉凸起；有短叶柄。花两性，依子房发达与否，有钟状花和筒状花之别，前者易受精结果，后者常凋落不实；一般1朵至数朵着生在当年新梢顶端及顶端以下的叶腋间；萼片硬，肉质，管状，5～7裂，与子房连生，宿存；花瓣倒卵形，与萼片同数而互生，覆瓦状排列。花有单瓣、重瓣之分。重瓣品种因雌、雄蕊多瓣化而不孕，花瓣多达数十枚；花多红色，也有白色和黄、粉红、玛瑙等色。雄蕊多数，花丝无毛。雌蕊具花柱1个，长度超过雄蕊，心皮4～8，子房下位，成熟后变成大型而多室、多子的浆果，每室内有多数籽粒；外种皮肉质，呈鲜红、淡红或白色，多汁，甜而带酸。花期5～6月，果期9～10月［见图4-126（a）～（d)］。原产于伊朗、阿富汗等国家。今在伊朗、阿富汗和阿塞拜疆以及格鲁吉亚的海拔300～1000m的山上，尚有大片的野生石榴林，是引种栽培最早的果树和花木之一。亚洲、非洲、欧洲沿地中海各地，均作为果树栽培，而以非洲尤多。据史料记载，引入我国已达2000多年，现在我国南北各地除极寒地区外，均有栽培，其中以陕西、安徽、山东、江苏、河南、四川、云南及新疆等地较多。京、津一带在小气候条件好的地方尚可地栽。在年极端最低温－19℃等温线以北不能露地栽植，一般多盆栽。

主要习性：喜光，喜温暖气候，有一定耐寒能力，喜湿润肥沃的石灰质土壤及黄、红壤酸性土壤。耐瘠薄，耐干旱，怕水涝。生长停止早而发育壮实的春梢及夏梢常形成开花或结果母枝，因此修剪时应尽量保留。

图4-126（a） 石榴（幼果）

图4-126（b） 石榴（红花）

图4-126（c） 石榴（白花）

图4-126（d） 石榴（果）

栽培养护：播种、分株、压条、嫁接、扦插繁殖，但以扦插为主。扦插繁殖冬春季取硬枝，夏秋季取嫩枝扦插。采条母株宜选择品种纯正、生长健旺、20年生以内的健壮植株，从树冠顶部和向阳面剪取生长健壮的枝条。硬枝扦插以选2年生枝最好，1年生枝太嫩。嫩枝扦插选当年生并已充分半木质化枝条。北方多在春、秋季进行扦插，长江流域以南除硬枝扦插外，可在梅雨季节和初秋进行嫩枝扦插。硬枝插穗长15cm，插入土中2/3，插后充分浇水，之后保持土壤湿润即可。嫩枝插穗长10～12cm，带叶4～5片，插入土中5～6cm，插后随即遮阴，经常保持叶片新鲜，20天后发根。

分株繁殖可利用根部萌蘖力强的特性，在早春芽刚萌动时，选择强健的根蘖苗，掘起分栽定植。

压条繁殖可在春、秋两季进行，芽萌动前将根部分蘖枝压入土中，经夏季生根后，割离母体，秋季可成苗。秋季压条的，第2年春割离母体，进行移植。采用堆土压条，可获得较多新植株。

嫁接繁殖常用切接法，多选用2～3年生的实生苗或扦插苗作砧木。在春季芽将萌动时，从优良母株上取接穗，长10cm，接于砧木基部10～15cm处。亦可进行芽接。

播种繁殖一般在选育新品种或大批量培育矮生花石榴时采用。9月采种，取出种子，摊放数日，揉搓洗净，阴干后湿沙层积或干藏。冬播或春播，多采用点播或条播。冬播可免于种子的储藏，但苗床应盖罩越冬。春播的种子若冬季经过沙藏处理，可直接播种。干藏种子应在播前用温水浸泡12小时，或用凉水浸24小时，种子吸水膨胀后进行播种。播后覆土厚度为种子的3倍，半月左右即可出苗。露地园林栽培应选择光照充足、排水良好的地点。可孤植，亦可丛植于草坪一角。成片栽植果用石榴，株行距宜大，一般为3m×6m，并勤除根蘖，及时剪除死枝、病枝、过密枝、徒长枝、下垂横生枝，实行以疏为主的轻剪，树形控制为自然开心形或圆头形，以利通风透光。果实成熟前，以干燥天气为宜，尤其在花期和果实膨大期，空气干燥、日照良好最为理想。果实近成熟期遇雨，易引起生理性裂果或落果。

园林用途：树姿优美，枝叶秀丽，初春嫩叶翠绿，婀娜多姿，盛夏繁花似锦，色彩鲜艳；秋季累果悬挂，甚为美观。宜孤植或丛植于庭院、游园之角，或对植于门庭之出处，或列植于小道溪旁、坡地、建筑物之旁，也宜做成各种桩景或供瓶插观赏。

127. 枣

别名：大枣、红枣

拉丁学名：*Ziziphus jujuba* Mill.

科属：鼠李科　枣属

形态及分布：落叶乔木或小乔木，高达10m，树冠卵形。树皮灰褐色，条裂。枝有长枝、短枝与脱落性小枝之分。长枝红褐色，呈“之”字形弯曲，光滑，常有托叶刺，一长一短，长者直伸，短者向后勾曲；短枝在2年生以上的长枝上互生；脱落性小枝较纤细，无芽，簇生于短枝上，秋后与叶俱落。单叶互生，卵形至卵状长椭圆形，先端钝尖，缘有细锯齿，基生3出脉；叶片较厚，近革质，叶面有光泽，两面无毛。聚伞花序腋生，花小，黄绿色或微带绿色，有香气，5数。核果大，卵形至长圆形，熟后暗红色或淡栗褐色，具光泽，味甜；果核坚硬，两端尖［见图4-127（a）～（c）］。花期5～6月，果期8～9月。在我国分布很广，自东北南部至华南、西南，西北到新疆均有分布，而以黄河中下游、华北平原栽培最普遍。伊朗、俄罗

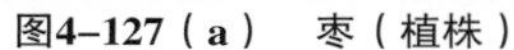
图4-127（a） 枣（植株）

图4-127（b） 枣（叶和花）

图4-127（c） 枣（果）

斯、中亚地区、蒙古、日本亦有分布。

主要习性：强阳性，喜干冷气候，耐干旱瘠薄及寒冷；对土壤要求不严，喜中性及微酸性沙壤土，对酸性土、盐碱性土及低湿地均有一定的忍耐性，在山坡、丘陵、沙滩、轻碱地等多种不同的地形条件下均能生长。黄河流域的冲积平原是其适生地区，在南方湿热气候条件下虽能生长，但果实品质较差。根系发达，萌蘖力强，抗风沙，适应性强，结果早，寿命长。

栽培养护：以分株、嫁接及扦插繁殖为主，有些品种亦可播种。断根育苗：早春化冻后，选择优良品种作母树，在其距树干2m左右处挖一道深、宽各30cm左右的环状沟，将生土熟土分开，边挖边切断树根，遇有直径6cm以上的根不要切断，因为这样的根被切断后对母树伤害大，而且萌芽力差，不易成苗。选择土壤肥沃、排灌方便的地块作苗圃，把母树周围自然生长的根蘖苗和人工断根后萌发的幼苗连根挖出，按合理的密度移植到苗圃地上，集中培育。嫁接繁殖常以酸枣为砧木，以优良品种的枝条为接穗，采用劈接、嫩梢芽接、硬枝芽接、插皮接等方法进行繁殖。播种繁殖应从品质好的枣树上采种，播前取出枣仁，放在25℃的温水中浸泡1昼夜，捞出放在筐里，用湿布蒙盖，温度保持在22～24℃，每天用25℃的温水冲4次，3天后大部分发芽，第4天即可播种。嫩枝扦插以幼树（1～3年生）的半木质化嫩枝为插穗，扦插深度3cm左右。湿度大是生根的必要条件，但湿度大又极易使插穗受感染而腐烂。扦插完成后，先喷水，然后进行第1次消毒。之后每隔1天消毒1次。消毒应与当天最后1次喷水同步进行。将消毒液倒入水池中，启动水泵喷出。常用消毒液有多菌灵、百菌清、代森锰锌或托布津。嫩枝愈伤组织的形成需要7～15天，之后逐渐开始生根。消毒工作需持续到插后30～40天。

园林用途：枝干苍劲，翠叶垂荫，花金黄色，花期很长，花开时节，清香一片；秋季红果累累，挂满枝头，甜脆可口，惹人喜爱，是我国著名果树，宜作庭荫树及行道树，或丛植、群

植于庭院、“四旁”、路边及矿区，是园林结合生产的良好树种。盆栽可制作盆景观赏，尤其是龙爪枣、茶壶枣、羊角枣、马牙枣、磨盘枣等品种，观赏价值很高。幼树可作刺篱材料。在城市近郊建立枣林游览区，集观赏与食用为一体，对游人开放，使人们在尽情饱览大自然美景的同时，品尝到可口的独特风味，回归自然，陶冶情操。

128. 枳椇

别名：拐枣、鸡爪梨、鸡蛇子、木蜜、树蜜

拉丁学名：*Hovenia dulcis* Thunb.

科属：鼠李科　枳椇属

形态及分布：落叶乔木，高10～25m；树皮灰黑色，小枝褐色或黑紫色，被棕褐色短柔毛或无毛，具明显的白色皮孔。单叶互生，宽卵形、椭圆状卵形或心形，长8～17cm，宽6～12cm，先端长渐尖或短渐尖，基部截形或心形，稀近圆形或宽楔形，边缘常具整齐浅而钝的细锯齿，稀近全缘，基生3出脉，叶脉及主脉常带红晕，表面无毛，背面沿脉或脉腋常被短柔毛或无毛；叶柄长2～5cm，红褐色，无毛。二歧式聚伞圆锥花序，顶生和腋生，被棕色短柔毛；花小，两性，淡黄绿色，花柱浅裂；子房上位，3室，花盘有毛。浆果状核果近球形，直径5～6.5mm，无毛，成熟时黄褐色或棕褐色；果梗弯曲，肥大肉质，经露后味甜可食（俗称鸡爪梨）。种子暗褐色或黑紫色，直径3.2～4.5mm［见图4-128（a）、（b）］。花期5～7月，果期8～10月。我国特产，主产于长江和黄河中下游地区。日本亦有分布。

主要习性：喜光，有一定耐寒能力，喜温暖气候。对土壤要求不严，在土壤肥沃湿润处生长迅速。耐旱，耐湿。深根性，萌芽力强。

栽培养护：以播种繁殖为主，亦可扦插和分蘖繁殖。10月果熟后采收，去除果梗后晒干碾碎果壳，筛出种子，沙藏越冬，春季播种。亦可连果壳将种子贮藏至第2年春季播种前，再碾

图4-128（a）　枳椇（植株）

图4-128（b）　枳椇（果）

碎果壳，筛出种子。沙藏越冬的种子可直接播种，未沙藏的种子应在清水中浸泡5～7天后，用15%的食用碱溶液和细沙与种子摩擦，至种子外表角质层大部分破除，用清水清洗3～4次，再用清水浸泡5～6小时后播种。条播，行距20～25cm，覆土厚约1cm。1年生苗高可达50～80cm。用于城市绿化的苗木需移栽培育3～4年方可出圃。栽植宜在秋季落叶后或春季发芽前进行。

园林用途：树干挺直，树形优美，生长快，叶大而圆，叶色浓绿，花淡黄绿色，果梗肥厚扭曲，病虫害少，是理想的园林绿化和观赏树种，宜作庭荫树、行道树和草坪点缀树种，尤宜列入观光果园布局（但在酒厂附近不宜种植，因其枝叶、果实有败酒作用）。适应性广，种植容易，管理方便，是大有发展前景的树种。

129. 鼠李

别名：冻绿柴、老鹳眼、大绿、臭李子

拉丁学名：*Rhamnus davurica* Pall.

科属：鼠李科 鼠李属

形态及分布：落叶灌木或小乔木，高达10m。树皮灰褐色，常呈环状剥裂。小枝褐色而稍有光泽，顶端具顶芽，不为刺状。叶对生于长枝上，或丛生于短枝上，有长柄，长圆状卵形或阔倒披针形，长4～11cm，宽2.5～5.5cm，先端渐尖，基部圆形或楔形，缘具圆细锯齿，表面亮绿色，背面淡绿色，无毛或有短柔毛，侧脉通常4～5对。花2～5朵生于叶腋，黄绿色，雌雄异株，径4～5mm；萼4裂，萼片狭卵形，锐头；花冠漏斗状钟形，4裂；雄花，雄蕊4，并有不育的雌蕊；雌花，子房球形，2～3室，花柱2～3裂，并有发育不全的雄蕊。核果近球形，径5～7mm，成熟后紫黑色。种子卵形，背面有沟［见图4-129（a）、（b）］。花期5～6月，果期8～9月。产于我国东北、内蒙古及华北等地。朝鲜、俄罗斯亦有分布。

主要习性：喜光，亦耐阴，耐寒，耐瘠薄，常生于海拔1500m以下的向阳山地、丘陵、山坡草丛、灌丛或疏林中。根系发达，适应性强。

栽培养护：播种繁殖为主，亦可扦插繁殖。

园林用途：枝叶繁密，叶色浓绿，入秋黑果累累，常孤植、丛植于林缘、路边或庭院观赏，颇具野趣。也宜作为背景材料或作绿篱应用于绿地或做盆景材料。

图4-129（a） 鼠李（植株）

图4-129（b） 鼠李（枝叶和果）

130. 山茱萸

别名：萸肉、药枣、枣皮、蜀酸枣、肉枣

拉丁学名：*Macrocarpium officinale*（Sieb.et Zucc.）Nakai

科属：山茱萸科　山茱萸属

形态及分布：落叶灌木或小乔木，高达10m；树皮灰褐色，嫩枝绿色，老枝黑褐色。单叶对生，卵状椭圆形或卵形，稀卵状披针形，长5～12cm，宽约7.5cm，先端渐尖，基部浑圆或楔形，表面疏被平伏毛，背面被白色平伏毛，侧脉6～8对，脉腋有褐色簇生毛；叶柄长约1cm，有平贴毛。伞形花序腋生，先叶开放，具花15～35朵，花序下有4个小型苞片，黄绿色，椭圆形；花瓣舌状披针形，黄色；花萼4裂，裂片宽三角形；花盘环状，肉质。核果椭圆形，长1.2～1.7cm，成熟时红色或紫红色［见图4-130(a)～(c)］。花期3～5月，果期8～10月。产于华东至黄河中下游地区。日本和朝鲜亦有分布。

主要习性：暖温带树种。喜光，喜温暖气候，稍耐寒，适宜在年平均温度8～17.5℃、年降雨量为600～1500mm的地区生长，可耐短暂-18℃的低温；宜在深厚肥沃、疏松透气、湿润且排水良好的沙质壤土上生长，要求pH值5.5～6.5，土壤干旱、瘠薄或过酸过碱都生长不良。常野生于较低海拔地区的山坡灌丛中，多分布于阴坡，以及半阴坡及阳坡的山谷、山下

图4-130（a）　山茱萸（结果植株）

图4-130（b）　山茱萸（叶）

图4-130（c）　山茱萸（果）

部，以海拔250～800m的低山栽培较多。

栽培养护：播种、压条和扦插繁殖。秋季果熟后，采收个大、色红的果实，剥去果肉，清洗出种子，与细沙分层贮藏越冬催芽。翌年3～4月春播，按行距30cm开沟条播；播后覆土盖草，浇水，保持土壤潮湿；出苗后，去掉盖草，加强松土、除草、施肥；当年苗高30～60cm时，可进行移栽。定植时按株行距2m×2m，开穴栽植。亦可采用直播法，即在栽培地按株行距2m×2m进行种植，开穴施肥下种，每穴播种子3～4粒，覆土1～2cm。压条繁殖宜在秋季收果后，将近基部2～3年生枝条弯曲至地面，将枝条近地面处刻伤并埋入土中，上覆15cm厚沙壤土，于第2年冬或第3年春将已长根的压条与母株分离即可移植。扦插繁殖宜在春季从优良母株上剪取充分木质化的枝条，将其剪成长15～20cm的插穗，在沙床上按株行距8cm×20cm扦插，盖薄膜保温，上搭荫棚遮光，浇水保湿，除草施肥，翌年早春移植。

园林用途：先花后叶，花色金黄，类似蜡梅、迎春和连翘，花期早，花期长，是早春观花树种。树冠开阔饱满，夏季浓荫似盖，影姿婆娑，幼果青圆如豆，簇生红枝绿叶间，野趣无限。秋季红果满树，晶莹剔透，鲜艳欲滴，绿叶经霜后渐渐变成紫红色，是观果、观叶的理想树种。冬天紫叶落尽，枝干皆红，满树红果经冬不落，与白雪相映，在苍凉的冬季分外夺目。园林中可孤植、对植、列植、丛植、群植或林植，与其他树种配置。

131. 毛梾

别名：车梁木、毛梾木、小六谷

拉丁学名：*Cornus walteri* Wanger. [*Swida walteri*（Wanger.）Sojak]

科属：山茱萸科　梾木属

形态及分布：落叶乔木，高6～15m；树皮厚，黑褐色，纵裂而又横裂成块状；幼枝对生，绿色，略有棱角，密被贴生灰白色短柔毛，老后黄绿色，无毛。冬芽腋生，扁圆锥形，被灰白色短柔毛。叶对生，纸质，椭圆形、长圆椭圆形或阔卵形，长4～12（～15.5）cm，宽1.7～5.3（～8）cm，先端渐尖，基部楔形，有时稍不对称，表面深绿色，稀被贴生短柔毛，背面淡绿色，密被灰白色贴生短柔毛，中脉在表面明显，背面凸出，侧脉4（～5）对，弓形内弯，在表面稍明显，背面凸起；叶柄长（0.8～）3.5cm，幼时具短柔毛，后渐无毛，表面平坦，背面圆形。伞房状聚伞花序顶生，径5～8cm；花小而密集，被灰白色短柔毛；总花梗长1.2～2cm；花白色，有香味，径9.5mm；花萼裂片4，绿色，齿状三角形，与花盘近于等长，外侧被有黄白色短柔毛；花瓣4，长圆披针形；雄蕊4，花药淡黄色；花盘明显，花柱棍棒形，柱头小，头状，子房下位，花托倒卵形，密被灰白色贴生短柔毛；花梗细，圆柱形，具稀疏短柔毛。核果球形，径6～7（8）mm，成熟时黑色，近于无毛；核骨质，扁圆球形，径5mm，有不明显的肋纹［见图4-131（a）～（d）］。花期5～6月，果期9～10月。产于我国辽宁、河北、山西南部以及华东、华中、华南、西南等地。生于海拔300～1800m、稀达2600～3300m的杂木林或密林下。

主要习性：喜光，不耐阴；耐寒性强；较耐干旱、瘠薄，对土壤要求不严，喜在肥沃、湿润的中性、微酸性及微碱性土壤上生长。深根性，萌芽性强，生长快。

栽培养护：以播种繁殖为主，亦可根插、嫁接或萌芽更新繁殖。

园林用途：树干通直，树体高大，枝叶繁茂，开花时节满树银花，颇为壮观，是优良

图4-131（a）　毛梾（植株）

图4-131（b）　毛梾（叶和花蕾）

图4-131（c）　毛梾（花序）

图4-131（d）　毛梾（果）

的绿化树种，在园林中可作行道树、庭荫树或独赏树，亦可作为“四旁”绿化和水土保持树种。

132. 灯台树

别名：梾木、瑞木、女儿木、六角树

拉丁学名：*Cornus controversa* Hemsl.（*Swida controvera* Sojak）

科属：山茱萸科　梾木属

形态及分布：落叶乔木，高6～15m。树皮暗灰色；枝条紫红色，无毛。单叶互生，宽卵形或宽椭圆形，长6～13cm，宽3.5～9cm，先端渐尖，基部圆形，表面深绿色，背面灰绿色，疏生贴伏的柔毛；侧脉6～7对，叶柄长2～6.5cm。伞房状聚伞花序顶生，稍被贴伏短柔毛；花小，白色；萼齿三角形；花瓣4，长披针形；雄蕊4，伸出，长4～5mm，无毛；子房下位，倒卵圆形，密被灰色贴伏短柔毛。核果球形，紫红色至蓝黑色，径6～7mm［见图4-132（a）、（b）］。花期5～6月，果期7～8月。分布于辽宁、华北、西北至华南、西南等地。生于海拔250～2600m的常绿阔叶林或针阔叶混交林中。

图4–132（a） 灯台树（开花植株）

图4–132（b） 灯台树（花）

主要习性：喜温暖气候及半阴环境，适应性强，耐寒，耐热，生长快。宜在肥沃、湿润及疏松、排水良好的土壤上生长。树形优美，一般不需要整形修剪。病虫害少，管理简单、粗放。

栽培养护：播种繁殖。10月采收果实，堆放后熟，洗净阴干，随即播种或低温层积沙藏，于翌年3月露地条播。行距50～60cm，株距10～15cm，4～5月出苗。第1年根系不发达，生长量小，高约30cm左右，第2年生长量可达50cm，3年以上每年以1m以上的速度生长，并呈现出优美的冠形和树姿，达到满意的观赏效果。适宜在肥沃、湿润及疏松、排水良好的土壤上生长。定植或移栽宜于早春萌动前或秋季落叶后进行。种植穴内施适量基肥，栽后浇足定根水。生长期应保持土壤湿润，2～3年施肥1次。树形整齐，一般不需整形修剪。病虫害少，管理简单、粗放。幼苗期主要病害是猝倒病，多发生于7～9月的雨季，可在幼苗全部出土后10～20天定期喷洒0.1%的敌克松或用2%～3%的硫酸亚铁溶液浇灌。

园林用途：树干端直，树姿优美奇特，宛若灯台，叶形秀丽，花色素雅，花后圆果紫红鲜艳，花、果、叶、枝均有独特的观赏效果。夏看花，秋观果，冬赏枝，是极具开发前景的优良观赏树木，宜孤植于庭院、草坪，也可用作行道树。

133. 四照花

别名：山荔枝、石枣、羊梅

拉丁学名：*Dendrobenthamia japonica*（DC.）Fang var. *chinensis*（Osborn）Fang

科属：山茱萸科　四照花属

形态及分布：落叶灌木或小乔木，高达9m。小枝细，绿色，后变褐色，光滑，嫩枝被白色短绒毛。单叶对生，卵形或卵状椭圆形，侧脉3～4（5）对，弧形弯曲；表面浓绿色，疏生白柔毛，背面粉绿色，具白柔毛，并在脉腋簇生。白色的总苞片4枚；花瓣状，卵形或卵状披针形；5～6月开花，光彩四照，故名曰“四照花”。核果聚为球形的聚合果，肉质，9～10

月成熟后变为紫红色，俗称“鸡素果”[见图4-133（a）～（c）]。原产于东亚，国内分布于长江流域及河南、陕西、山西、甘肃等地。多生于海拔600～2200m的林内及阴湿溪边。

主要习性：喜温暖气候和阴湿环境，适生于肥沃而排水良好的土壤。适应性强，能耐一定程度的寒冷、干旱、瘠薄。性喜光，亦耐半阴，喜温暖气候和阴湿环境，适生于肥沃而排水良好的沙质壤土。适应性强，能耐一定程度的寒冷、干旱、瘠薄，能耐-15℃的低温，在北京小气候良好处能露地越冬。夏季叶尖易枯燥。

栽培养护：以播种繁殖为主，亦可分株、扦插及压条繁殖。种子采收后随即播种或低温层积120天以上于翌年进行春播。苗期需加强田间管理，注意及时浇水、松土、除草和施肥，以促使幼苗旺盛生长，3年生苗即可用于定植。分蘖于春末萌芽前或冬季落叶后进行，将植株根部周围的萌蘖挖出，移植即可。扦插于3～4月进行，选取1～2年生枝条，剪成10～15cm长的插穗，插于纯沙或沙质壤土中，盖遮阴网保湿，50天左右即可生根。栽植宜选半阴或西侧遮阴条件，以防日灼叶焦。主要病害有叶斑病，可喷洒苯菌灵或代森锌防治。

园林用途：树形美观、整齐，初夏开花，白色苞片覆盖全树，苞片美观而显眼，微风吹动如群蝶翩翩起舞，颇具观赏价值；秋季红果满树，给人以硕果累累、丰收喜悦之感，是庭园观花、观果的优良树种，可孤植或列植，以观赏其秀丽之叶形及奇异之花朵和鲜艳之果实，也可丛植于草坪、路边、林缘、池畔，或与常绿树混植，至秋季叶片变为褐红色，分外妖娆。

图4-133（a）　四照花（开花植株）

图4-133（b）　四照花（花）

图4-133（c）　四照花（果）

134. 柿树

别名：柿子树、朱果、猴枣

拉丁学名：*Diospyros kaki* Thunb.

科属：柿树科 柿树属

形态及分布：落叶乔木，高达15m。树冠多为圆头形或自然半圆形。树皮暗灰色，老皮呈方块状深裂，不易剥落。嫩枝初时有棱，有棕色柔毛或绒毛或无毛。冬芽小，卵形，长2～3mm，先端钝。单叶互生，近革质，椭圆形、宽椭圆形或倒卵形，长5～18cm，宽2.8～9cm，先端渐尖或钝，基部楔形、钝圆形或近截形，很少为心形；新叶疏生柔毛，老叶表面有光泽，深绿色，无毛，背面绿色，有柔毛或无毛；中脉在表面凹下，有微柔毛，在背面凸起，侧脉5～7，叶柄长8～20mm。雌雄异株或杂性同株；雄花序腋生，聚伞花序，有花3～5朵，通常有花3朵；花萼钟状，两面有毛，深4裂，裂片卵形；花冠钟状，黄白色，4裂，裂片卵形或心形开展，雌花单生叶腋，花萼绿色，有光泽，深4裂，子房近扁球形，花柱4深裂，柱头2浅裂。浆果卵圆形或扁球形，直径3.5～8.5cm，基部通常有棱，嫩时绿色，后变黄色、橙黄色，果肉较脆硬，老熟时果肉变成柔软多汁，呈橙红色或大红色等含单宁，味涩；种子褐色，椭圆状，栽培品种通常无种子或有少数种子；萼宿存，在花后增大增厚，宽3～4cm，4裂，方形或近圆形，近平扁，厚革质或干时近木质，裂片革质；果柄粗壮［见图4-134（a）～（d）］。花期5～6月，果期9～10月。原产于我国长江流域、黄河流域，以及日本。在我国分布极广，北至辽宁西部、河北，西北至陕西、甘肃南部，南至东南沿海、两广及台湾，西南至四川、贵州、云南。以华北栽培最盛。

主要习性：性强健，喜光，略耐阴；喜温暖湿润气候，耐干旱，在年降水量500mm以上、年均温9℃以上、绝对低温-20℃以上的地区均能生长，生长季（4～11月）的均温在17℃左右，成熟期均温在18～19℃时，果实发育好，品质佳。若盛夏时久旱不雨则会引起落果，若在夏秋季果实发育时期遇雨水过多则会使枝叶徒长，有碍花芽形成，也不利于果实生长。深根性树种，对土壤要求不严，在山地、平原、微酸、微碱性的土壤上均能生长，亦很耐潮湿土

图4-134（a） 柿树（植株）

图4-134（b） 柿树（花）

图4–134（c）　柿树（果）

图4–134（d）　柿树（秋叶）

地，但以土层深厚肥沃、排水良好而富含腐殖质的中性壤土或黏质壤土最为理想。对环境的适应性强，病虫少，易管理。

栽培养护：嫁接繁殖。常用的砧木有君迁子（黑枣）、野柿、油柿及老鸦柿等，我国北部地区，以君迁子为主要砧木。从优良品种的母株上选择粗约0.3 ～ 0.5cm、芽充实饱满的1年生的秋梢或当年的春梢作接穗。生长季节嫁接所用的接穗应剪去叶片，保留部分叶柄，取枝条中段，随采随接。春季枝接可采用劈接、切接和腹接。在华北地区以清明节前后最为适宜。芽接在整个生长期均可进行，但以新梢接近停止生长时成活率最高。芽接多采用方块芽接、双开门芽接及套接法，但以方块芽接成活率最高。常规育苗，一般是第1年育砧，第2年劈接或切接，第2年冬季或第3年春季出圃。如果采用夏季芽接等综合快速育苗技术，则可当年育砧、当年嫁接、当年出圃。由于枝接苗砧桩较高，容易发生萌枝，应将砧木上的萌芽及早抹去，以使养分集中于接穗上。枝接成活后，为防止被风吹折，应设支柱保护。芽接成活后，应及时剪砧，以促使接芽抽枝生长。第2年春季，可移植在苗圃内培养大苗，应注意食叶害虫的防治。

园林用途：树形优美，叶大呈浓绿色而有光泽，秋季叶色变红；9月中旬以后，果实渐变橙黄色或橙红色，累累佳实悬于绿荫丛中，极为美观，而且果实不易脱落，叶落后仍能悬于树上，观赏期长，观赏性好，是优良的观叶、观果树种。柿果可食，营养丰富，享有“果中圣品”之誉，为著名的木本粮食树种，是园林结合生产重要树种，既适宜于城市园林应用，又适于自然风景区中配植，可作庭荫树、独赏树和行道树。

135. 君迁子

别名：软枣、黑枣、牛奶枣、野柿子

拉丁学名：*Diospyros lotus* L.

科属：柿树科　柿树属

形态及分布：落叶乔木，高达20m，一般5 ～ 10m。树冠为自然圆头形。树皮灰黑色或灰褐色，深裂成方块状；幼枝灰绿色，有短柔毛，后脱落。冬芽先端尖。线形皮孔明显。单叶互生，薄革质，椭圆形至长圆形，长5 ～ 13cm，宽2.5 ～ 6cm，先端渐尖或急尖，基部钝圆或阔楔形，表面深绿色，初时密生柔毛，有光泽，背面灰绿色，至少在脉上有毛叶；柄长

5～25mm。花单性，雌雄异株，淡黄色或绿白色；雄花1～3朵腋生，近无梗；花萼钟形，4裂，稀5裂，裂片卵形，先端急尖，内面有绢毛，花冠壶形，4裂，边缘有睫毛，雄蕊16枚，每2枚连生成对，子房退化；雌花单生，几无梗，花萼4裂，裂至中部，两面均有毛，裂片先端急尖，花冠壶形，裂片反曲，退化雄蕊8，花柱4。浆果近球形至椭圆形，初熟时淡黄色，后变为蓝黑色，被蜡质白粉。种子小而多［见图4-135（a）～（d）］。花期5～6月。果期10～11月。分布于辽宁、河北、山东、陕西、中南及西南各地。生于各地山区，野生于山坡、谷地。

主要习性：喜光，耐半阴，性强健，耐寒，耐干旱，耐瘠薄，也耐湿，喜肥沃深厚的土壤，在微碱性土和石灰质土壤上也能良好生长。根系发达但较浅，生长迅速。抗污染性强。

栽培养护：播种繁殖。于11～12月果实充分成熟后采收、堆沤，待果肉腐烂后洗净，阴干沙藏，发芽率达80%～90%。春季播种，多采用条播，条距25～30cm，株距3～4cm。播后覆土1～2cm。幼苗出现2～3片真叶时，进行间苗，6月和8月结合灌水各追肥1次，以促使苗木健壮生长。

园林用途：树干挺直，树冠圆整，适应性强，可作园林绿化用。常用作嫁接柿树的砧木。

图4-135（a） 君迁子（植株）

图4-135（b） 君迁子（叶）

图4-135（c） 君迁子（花）

图4-135（d） 君迁子（果）

136. 珙桐

别名：鸽子树、白鸽花树、水梨子

拉丁学名：*Davidia involucrata* Baill.

科属：珙桐科　珙桐属

形态及分布：落叶乔木，高20m。主干通直，树冠塔形、圆形或孤立树卵形至广卵形；树皮灰绿色至暗灰色，先粗糙后不规则片状剥落，当年生小枝绿褐色，平滑或稍被柔毛，多年生枝深褐色或深灰色。单叶互生，在短枝上簇生，纸质，宽卵形或近心形，先端渐尖，基部心形，边缘有粗锯齿而呈齿芒状，叶柄长4～5cm。花单性或杂性同株，头状花序顶生于小枝上，由多数雄花和一雌花或两性花组成；花序下有2片大小不一的纸质白色大苞片，苞片椭圆状卵形，长8～15cm，中上部有疏浅锯齿，羽状脉明显，基部心形，常下垂，花后脱落。核果椭球形，熟时紫绿色，有锈色皮孔；外果皮很薄，中果皮肉质，内果皮骨质具沟纹，3～5室，每室具1种子（见图4-136）。花期4月，果期10月。我国特有树种，原产于湖北西部，四川、贵州及云南北部。野生于海拔700～2000m的山地林中，南京、杭州、北京等地有引种栽培。

主要习性：珙桐大树喜光，但苗期及幼树却喜荫蔽，苗期经4h日光直射就能造成苗木枯萎，尤忌夏季中午日光直射。多生于空气阴湿、云雾朦胧的深山密林，有一定的抗寒性，极端最低温度−19℃无冻害，但在干旱情况下，−10℃就易受害。不耐瘠薄，不耐干旱。抗高温能力较弱，夏季温度达36℃以上时，若日光直射，就会造成枯叶甚至焦梢。叶面大而薄，蒸腾快而量大，很易失水枯死。喜中性或微酸性腐殖质深厚的土壤。根系虽发达，但无主根，为浅根性树种。萌芽力强，可萌芽更新。

栽培养护：播种、扦插、压条繁殖。播种于10月采收新鲜果实，堆沤后熟，除去肉质果皮，将种子用清水洗净后拌上草木灰，随即播在3～4cm深的沟内。因种子有深休眠特性，种壳坚实，种孔特细，吸水力差，并常有无胚或胚发育不全情况，种子发芽困难，播后第2年只有约30%的种子发芽出土，所以苗床必须妥善保留2～3年。为提高种子出苗率，并使出苗尽量整齐，播前应特别注意种子处理，最简易的方法是沙藏层积处理，即将脱粒洗净的种子按普通沙藏层积法混湿沙分层层积，处理至翌年9月取出播种，或第3年3～4月再播种，这样约2～3个月就可发芽出土。幼苗怕晒，需搭棚遮阴，并保持苗床湿润。扦插宜用嫩枝作插穗，可在5～7月进行。把当年生嫩枝剪成15cm长，去掉下部叶，留上部叶，用500mg/L的萘乙酸或吲哚丁酸液处理24h后扦插，插后保持床面湿润，经30～40天就可生根发芽。苗木移栽宜在落叶后或翌春芽苞萌动前进行，中、小苗一般可裸根栽植，大苗需带土球，起苗时不可伤根皮和顶芽，对过长侧根、侧枝可适当修剪，栽植时要求穴大底平，苗正根展，压实泥土，灌足定根水。作为世界稀有珍贵树种，目前人们对珙桐的整形修剪还未提出一套普遍认可的办法，因此在引种栽培时，除培养一段主干外，可任其自然生长，切不可强作树形或大量修剪，以免影响其正常生长和开花。

图4-136　珙桐（叶）

园林用途：珙桐为世界知名的庭园观花树种，花形似鸽子展翅，白色的大苞片似鸽子的翅膀，暗红色的头状花序如鸽子的头部，绿黄色的柱头像鸽子的喙，在盛花期似满树白鸽展翅欲飞，被誉为“中国鸽子树”。在庭园中可丛植于池畔、溪旁，或与常绿针叶树或阔叶树种混栽，形成独特的景观，展示极佳的观赏效果，并有象征和平的意义。

137. 雪柳

别名：巢家柳、五谷树、珍珠花、挂梁青

拉丁学名：*Fontanesia fortunei* Carr.

科属：木犀科　雪柳属

形态及分布：落叶灌木或小乔木，高达8m；树皮灰褐色。枝灰白色，圆柱形，小枝细长，淡黄色或淡绿色，四棱形或具棱角，无毛。单叶互生，披针形、卵状披针形或狭卵形，长3～12cm，宽0.8～2.6cm，先端锐尖至渐尖，基部楔形，全缘，两面无毛，中脉在表面稍凹入或平，背面凸起，侧脉2～8对，斜向上延伸，两面稍凸起，有时在表面凹入；叶柄长1～5mm，上面具沟，光滑无毛。花绿白色，微香，圆锥花序顶生或腋生，顶生花序长2～6cm，腋生花序较短，长1.5～4cm；花两性或杂性同株；花冠深裂至近基部，裂片卵状披针形，先端钝，基部合生；雄蕊花丝长1.5～6mm，伸出或不伸出花冠外；花柱长1～2mm，柱头2叉。翅果黄棕色，倒卵形至倒卵状椭圆形，扁平，长7～9mm，先端微凹，花柱宿存，边缘具窄翅；种子长约3mm，具三棱［见图4-137（a）～（c）］。花期5～6月，果期8～10月。产于我国中部至东部，尤以江苏、浙江一带最为普遍，河北、陕西、山东、安徽、河南及湖北东部亦有分布。

图4-137（a） 雪柳（植株）

图4-137（b） 雪柳（叶和花序）

图4-137（c） 雪柳（叶和果序）

主要习性：喜光，稍耐阴；喜肥沃、排水良好的土壤；喜温暖，亦较耐寒。常生于海拔在800m以下的水谷、溪边或林中。

栽培养护：播种、分株和扦插繁殖。种子采收后密藏过冬，翌春播种。萌蘖性强，可结合移栽进行分株繁殖，在早春萌动前将萌蘖苗挖出，分栽即可。亦可培肥土促使母株多萌蘖，于第2年掘取分栽。定植时每株穴中可施腐熟厩肥2～3锹作底肥，以后视长势隔年于入冬前施基肥1次。生长季节每20～30天浇水1次，入冬前应浇足封冻水。花后及时剪除残留花穗，落叶后疏除过密枝。

园林用途：枝条稠密，叶形似柳，晚春花白繁密如雪，故又称“珍珠花”，为优良观花灌木，可丛植于池畔、坡地、路旁、崖边或树丛边缘，颇具雅趣，亦可做切花用。若作基础栽植，丛植于草坪角隅及房屋前后，均很适宜。

138. 流苏树

别名：萝卜丝花、乌金子、茶叶树、四月雪

拉丁学名：*Chionanthus retusus* Lindl.et Paxt.

科属：木犀科　流苏树属

形态及分布：落叶乔木，高达20m。树干灰色，枝开展。单叶对生，革质或薄革质，长圆形、椭圆形或圆形，有时卵形或倒卵形至倒卵状披针形，长3～12cm，宽2～6.5cm，先端圆钝，有时凹入或锐尖，基部圆或宽楔形至楔形，稀浅心形，全缘或有小锯齿，叶缘稍反卷，幼时表面沿脉被长柔毛，背面密被或疏被长柔毛，缘具睫毛，老时表面沿脉被柔毛，背面沿脉密

图4-138（a）　流苏树（枝叶和果）

图4-138（b）　流苏树（花）

图4-138（c）　流苏树（开花植株）

被长柔毛，稀被疏柔毛，其余部分疏被长柔毛或近无毛，侧脉3～5对，叶柄基部带紫色，长0.5～2cm，密被黄色卷曲柔毛。聚伞状圆锥花序，长3～12cm，生于枝端；单性而雌雄异株或为两性花；花冠白色，4深裂，裂片线状倒披针形，长1.5～2.5cm，宽0.5～3.5mm，花冠管短，长1.5～4mm；雄蕊藏于管内或稍伸出；子房卵形，长1.5～2mm，柱头球形，稍2裂。核果肉质，椭圆形，被白粉，长1～1.5cm，径6～10mm，呈蓝黑色或黑色［见图4-138（a）～（c）］。花期3～6月，果期6～11月。产于我国甘肃、陕西、山西、山东、河北等省，南至云南、广东、福建、台湾等地；日本、朝鲜半岛亦有分布。

主要习性：喜光，也较耐阴。喜温暖气候，也颇耐寒。对土壤适应性强，喜中性及微酸性土壤，耐干旱瘠薄，不耐水涝。生长较慢。

栽培养护：播种、扦插、嫁接繁殖。播种繁殖通常在种子采收后随即播种，或经沙藏层积后熟，于第2年进行春播。扦插宜在梅雨期进行，选取当年生粗壮半成熟枝条，于露地沙质壤土中扦插。嫁接繁殖通常以白蜡属树种作砧木，颇易成活。苗木移栽，春、秋两季均可，小苗及中等苗需带宿土移栽，大苗应带土球。性喜肥，夏季应中耕除草，及时施肥，保持土壤疏松，1年生苗高可达0.8～1.2m，地径1cm，3年生地径达到3～4cm时，即可用于绿化。

园林用途：树形优美，枝叶繁茂，花色雪白，花形纤细，秀丽可爱，且花期较长，是初夏少花季节难得的观花树种，点缀、群植均具很好的观赏效果。在园林中通常修剪成灌木状，于草坪中数株丛植，或散植于路旁、水池旁、建筑物周围，均能添景增色。若能培养成大树，也可作庭荫树和行道树。

139. 水曲柳

别名：满洲白蜡

拉丁学名：*Fraxinus mandshurica* Rupr.

科属：木犀科　白蜡属

形态及分布：落叶乔木，高达30m。树干通直，树皮灰褐色，幼树之皮光滑，成龄后有粗细相间的纵裂；小枝略呈四棱形，无毛，有皮孔。奇数羽状复叶，对生，长25～30cm，叶轴有沟槽，具极窄的翼；小叶7～13，无柄或近无柄，着生处具关节，卵状长圆形或椭圆状披针形，长5～16cm，宽2～5cm，光端长渐尖，基部楔形，不对称，缘有锐锯齿，表面无毛或疏生硬毛，背面沿叶脉疏生黄褐色硬毛，叶轴具窄翅，小叶与叶轴连接处密生黄褐色绒毛。雄花与两性花异株，圆锥花序生于上年枝上部之叶腋，先叶开放，均无花被，花序轴有极窄的翼；雄花序紧密，花梗短；两性花序稍松散，花梗细而长。翅果稍扭曲，长圆状披针形，先端钝圆或微凹（见图4-139）。花期5～6月，果期10月。产于我国东北、华北

图4-139　水曲柳（植株）

及陕西、甘肃、湖北等地，以小兴安岭长白山林区为最多。朝鲜、日本、俄罗斯亦有分布。常生长于海拔700～2100m的山坡疏林中或河谷平缓山地。

主要习性：喜光，幼时稍能耐阴，喜温凉气候，耐严寒。喜潮湿，但不耐水涝，忌积水。耐旱力较强，在年降水量600～1200mm的地区生长良好。喜土层深厚、排水良好的土壤，能适应微酸性及微碱性土壤。浅根性，抗风力不强。性畏烟，幼叶对二氧化硫和氟化氢极为敏感。萌蘖性强，耐修剪；生长快，寿命长。

栽培养护：播种、扦插繁殖。种子具长休眠特性，需经催芽处理才能出苗，常用方法有：①隔冬层积埋藏法，即用储备种子于播种前1年的8月进行浸种、消毒、催芽、挖坑层积埋藏，于翌春播前将种子取出，当种胚多已变黄绿色，并有少量发芽时，即可播种。②变温处理法，即用9月中下旬新采集的种子，种：沙按1：3的比例均匀混合，先在20～24℃条件下，处理2个月，然后转为低温处理，在0～5℃条件下处理2个月，处理顺序不能颠倒，时间不宜缩短。春播前，在整地的同时施基肥，垄作播种量为35～40g/亩，覆土厚度1～2cm，播后灌足水，在出苗前及时进行化学除草。苗期易染立枯病，出苗后应及时喷杀菌剂进行防治。适时间苗，同时加强水肥管理，当年苗高可达20～30cm。扦插繁殖以蛭石或蛭石与珍珠岩的混合物（1：1）为扦插基质，用IAA、IBA、NAA处理插穗时，浓度以IBA 60mg/L、NAA 30mg/L及接近浓度为宜，处理时间以速蘸成活率较高，扦插时期以5月下旬至6月中旬较为理想。采穗母株年龄越小，插穗越容易成活；随着树龄的增大，成活率下降。扦插后，加强扦插苗的水分、光照、温度、病害和施肥管理，可以进一步促进插穗生根和生长。

园林用途：树干高大通直，枝叶繁茂而鲜绿，树形优美，是优良的行道树和庭荫树，可用于湖岸和工矿区绿化，或用作风景林。

140. 白蜡树

别名：梣、蜡条、青榔木、白荆树

拉丁学名：*Fraxinus chinensis* Roxb.

科属：木犀科　白蜡属

形态及分布：落叶乔木，高达15m。树冠卵圆形，树皮黄褐色，较光滑。小枝光滑无毛。奇数羽状复叶，对生，小叶5～9，通常7，卵圆形或卵状披针形，长3～10cm，先端渐尖，基部狭，不对称，缘有齿及波状齿，表面无毛，背面沿脉有短柔毛。圆锥花序侧生或顶生于当年生枝上，花单性，雌雄异株；雄花密集，花萼小，钟状；雌花疏离，花萼大，筒状，花萼钟状；无花瓣。翅果倒披针形，长3～4cm（见图4-140）。花期4～5月，果期9～10月。在我国分布甚广，北自东北中南部，经黄河流域、长江流域，南达广东、广西，东南至福建，西至甘肃均有分布。朝鲜、越南亦有分布。

图4-140　白蜡树（叶）

主要习性：喜光，稍耐阴；喜温暖、湿润气候，也较耐寒；喜湿耐涝，也耐干旱，多分布于山涧溪流旁，生长快。对土壤的适应性较强，能耐轻盐碱土，对二氧化硫、氯气、氟化氢有较强的抗性。

栽培养护：播种、扦插繁殖。当翅果由绿色变为黄褐色，种仁发硬时即可采种。将种子装入容器内，放在经过消毒的低温、干燥、通风的室内进行贮藏。种子休眠期长，春播需先行催芽，常用催芽方法有低温层积催芽和快速高温催芽。选择土壤疏松肥沃、排灌方便的沙壤土，播前细致整地，做到平、松、匀、细。若土质不良，则应采取有效的土壤改良措施，如多施有机肥料、大量混沙或客土等，以改善土壤的理化性状。春播宜早，一般在3月下旬至4月上旬进行。扦插繁殖应从生长迅速、无病虫害的健壮幼龄母树上选取1年生萌芽枝作插穗，随采随插。在幼苗生长过程中，应加强田间管理。幼苗移植后生长缓慢，故不宜每年移植，4～5年生可出圃。

园林用途：树干通直，树形整齐，枝叶繁茂，春叶鲜绿，秋叶橙黄，是优良的行道树和遮阴树，也可用于湖岸绿化和工矿区绿化。

141. 暴马丁香

别名：阿穆尔丁香、暴马子、白丁香、荷花丁香

拉丁学名：*Syringa reticulata*（Bl.）Hara var. *mandshurica*（Rupr.）Pringle

科属：木犀科　丁香属

形态及分布：落叶小乔木，高达10m。树皮紫灰色或紫灰黑色，粗糙，具细裂纹，常不开裂；枝条带紫色，有光泽，皮孔灰白色，常2～4个横向连接。单叶对生，卵形或广卵形，厚纸质至革质，长5～10cm，宽3～5.5cm，先端突尖或短渐尖，基部通常圆形，表面绿色，背面淡绿色，两面无毛，全缘；叶柄长1～2.2cm，无毛。圆锥花序大而稀疏，长10～15cm，常侧生；花白色，较小，花冠筒短，花萼、花冠4裂。花丝细长，雄蕊长为花冠裂片的2倍。蒴果长圆形，先端钝，长1.5～2cm，宽5～8mm，外具疣状突起，2室，每室具2枚种子；种子周围有翅［见图4-141（a）～（d）］。花期5月底至6月；果期9～10月。主要分布在小兴安岭以南各山区，大兴安岭只有零星分布；此外，我国吉林、辽宁、华北、西北、华中以及朝鲜、俄罗斯远东地区、日本亦有分布。

主要习性：喜光；喜温暖湿润气候，耐严寒，对土壤要求不严，喜湿润的冲积土。常生于海拔300～1200m山地针阔叶混交林内、林缘、路边、河岸及河谷灌丛中。

图4-141（a） 暴马丁香（开花植株）

图4-141（b） 暴马丁香（叶）

图4-141（c）　暴马丁香（花序）

图4-141（d）　暴马丁香（果）

栽培养护：主要采用播种繁殖。秋季当蒴果果皮颜色呈现棕褐色、果实尖端微微开裂时即可采种。果实采集过晚易遭虫害，故宜适时采种。采种时可用枝剪将果穗剪下，摊晒在通风向阳处，经常翻动，促使果实裂开，种子自然脱落，除去果皮及果梗，风选后即可得到纯净种子。种子千粒重约24 g。

园林用途：树姿美观，花香浓郁，花序大，花期长，可做蜜源植物和提取芳香油，是公园、庭院及行道较好的绿化观赏树种。花期较晚，可用于丁香专类园中，起到延长花期的作用。可作其他丁香的乔化砧。

142. 北京丁香

别名：臭多萝、山丁香

拉丁学名：*Syringa. pekinensis* Rupr.

科属：木犀科　丁香属

形态及分布：落叶小乔木或灌木，高达10m。树皮褐色或灰褐色，纵裂。小枝细长，开展，皮孔明显。叶卵形至卵状披针形，先端长渐尖，基部圆形、截形，全缘；表面暗绿色，背面灰绿色，无毛，稀具短柔毛。圆锥花序腋生，长5～20cm，宽3～18cm，花冠白色，花冠筒短，与萼裂片近等长。蒴果长椭圆形至披针形，顶端尖，褐色［见图4-142（a）、（b）］。花期5～6月；果期10月。原产于我国，分布于河北、河南、山西、陕西、青海、甘肃、内蒙古等地，多生于海拔600～2400m的向阳坡地或山沟中。

主要习性：喜光，亦较耐阴，在建筑物北侧及大乔木冠下均能正常生长，并开花结实。耐寒性较强，也耐高温。对土壤要求不严，适应性强，较耐密实度高的土壤，耐干旱。

栽培养护：以播种繁殖为主，亦可嫁接、扦插繁殖。播种出苗率可达90%，2年移栽。嫁接多采用带木质部芽接或劈接繁殖。可在春季随采接穗随嫁接，或于冬季采集芽饱满的枝条蜡封，第2年春季嫁接。嫁接成活率可达95%。应在早春进行移栽，栽植前应在种植穴中加底肥，但若肥水施得过量，常形成徒长枝而影响开花。早春前适当修剪，疏除密枝、病虫枝、细弱枝及过旺的徒长枝，使植株通风透光，开花茂盛。

园林用途：树形优美，花香浓郁，对城市环境适应性较强，可用作景观树和行道树。花期晚，是北方初夏珍贵的香花树种，也是丁香优良品种嫁接繁殖的首选砧木。

图4-142（a） 北京丁香（开花植株）

图4-142（b） 北京丁香（花）

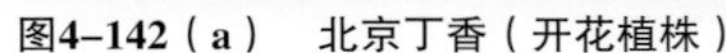

143. 泡桐

别名：白花泡桐

拉丁学名：*Paulownia fortunei*（Seem.）Hemsl.

科属：泡桐科 泡桐属

形态及分布：落叶乔木，高达30m。树冠宽卵形或圆形，主干直。树皮灰褐色，小枝粗壮；幼枝、叶、花序各部和幼果均被黄褐色星状绒毛，但叶柄、叶片表面和花梗渐变无毛。单叶对生，长卵状心形，有时为卵状心形，长达20cm，顶端长渐尖或锐尖头，凸尖长达2cm，全缘；新枝上的叶有时2裂，背面具星毛及腺；成熟叶背面密被绒毛，有时毛很稀疏至近无毛；叶柄长达12cm。花序枝几无或仅有短侧枝，故花序狭长几成圆柱形，长约25cm，小聚伞花序有花3～8朵，总花梗几与花梗等长，或下部者长于花梗，上部者略短于花梗；萼倒圆锥形，长2～2.5cm，花后逐渐脱毛，分裂至1/4或1/3处，萼齿卵圆形至三角状卵圆形，至果期变为狭三角形；花冠管状漏斗形，白色，仅背面稍带紫色或浅紫色，长8～12cm，管部在基部以上不突然膨大，而逐渐向上扩大，稍稍向前曲，外面有星状毛，腹部无明显纵褶，内部密布紫色细斑块；雄蕊长3～3.5cm，有疏腺；子房有腺，有时具星毛，花柱长约5.5cm。蒴果长圆形或长圆状椭圆形，长6～10cm，顶端之喙长达6mm，宿萼开展或漏斗状，果皮木质，厚3～6mm；种子连翅长6～10mm（见图4-143）。花期3～4月，果期9～10月。主要分布于我国长江以南地区，在山东、河北、河南、陕西等地均有栽培。越南、老挝亦有分布。

图4-143 泡桐（叶和花序）

主要习性：喜光，稍耐阴；喜温暖气候，耐寒性稍差，幼苗易受冻害；根近肉质，分布深广，喜疏松深厚、排水良好的土壤，不耐水涝。萌芽力、萌蘖力均强，生长快。对有毒气体的抗性及吸滞粉尘的能力都较强。抗丛枝病能力强。

栽培养护：苗木繁殖比较容易，可用埋根、播种、埋干、留根等方法，其中埋根繁殖具有技术简便、出苗整齐、出苗快、成活率高、苗木质量好、育苗成本低等优点，是生产上

使用最多的方法。用1年生苗木出圃后余留下来的或修剪下来的根作种根。多年生的幼树或大树的根亦可作种根，但效果较差，一般不宜采用。种根采集时间从落叶到发芽前均可，但通常是与苗木出圃结合进行。种根挖出后，选择1～2cm粗、无损伤的苗根，剪成长10～15cm的根段。剪取种根时，为防止埋根时倒埋种根的现象发生，应做到上端平剪、下端斜剪。种根剪取后应放置日光下晾晒1～2天，再根据粗度不同分别按一定数量绑扎成捆。春季采集的种根可放置阴凉处随时运往圃地埋根育苗。冬季采集的种根则应及时储藏。2月中下旬至3月底均可埋根。埋根时对粗度不同的种根应分开育苗。

园林用途：树干端直，树冠宽阔，叶大荫浓，先叶开放的花朵色彩绚丽，满树白花，疑似云集，宜作庭荫树和行道树，也是工厂绿化的好树种。

144. 紫花泡桐

别名：毛泡桐、茸毛泡桐、桐

拉丁学名：*Paulownia tomentosa*（Thunb.）Steud.

科属：玄参科　泡桐属

形态及分布：落叶乔木，高达20m；树皮褐灰色。单叶对生，阔卵形或卵形，长20～29cm，宽15～28cm，基部心形，先端尖，全缘或3～5裂，表面被长柔毛，背面密被白色柔毛；叶柄常有黏性腺毛。顶生圆锥花序，花蕾密被黄色毛；花萼浅钟状，密被星状绒毛，5裂至中部或中部以下；花冠漏斗状钟形，鲜紫色或蓝紫色，长5～7cm。蒴果卵圆形，外果皮革质［见图4-144（a）～（c）］。花期4～5月，果期8～9月。我国特产，分布很广，主产于我国黄河流域。北方各省（自治区、直辖市）普遍栽培。

主要习性：喜光，较耐寒、耐旱、耐盐碱、耐风沙，对气候的适应范围广，夏季气温达38℃以上时生长受阻，冬季绝对最低温度低于−25℃时受冻害。根系发达，生长迅速。

栽培养护：可用埋根、播种、埋干、留根等方法繁殖。实际生产中常用埋根法繁殖。优良单株或无性系的繁殖可采用组织培养法。埋根于3月初进行，将1～2年生苗的根截成15～20cm长的根插穗，按株行距80cm×100cm，直埋于圃地。圃地应深翻细耕，筑高畦，

图4-144（a）　紫花泡桐（开花植株）

图4-144（b）　紫花泡桐（花序）

图4-144（c）　紫花泡桐（果）

施基肥，埋后40天左右发芽出土。播种繁殖于2～3月间进行，苗床精细平整，消毒，播前浸种催芽，播后覆盖，播种量约0.5kg/亩。出苗后浇水须勤，应及时间苗，预防病害，有4对真叶时即可移苗。大苗移植于秋季落叶后至第2年春季发芽前均可进行。一般以早春2月下旬至3月中旬较好。栽植地应选择土壤湿润、肥沃、地下水位低、排水良好的沙壤土，栽植不宜太密，一般以单行为好。

园林用途：树干通直，树冠开张，树叶硕大，四月间盛开簇簇紫花，清香扑鼻。叶片的被毛及黏性物质，能吸附大量烟尘及有毒气体，是城镇绿化及营造防护林的优良树种。

145. 梓树

别名：梓、楸、水桐、河楸、臭梧桐

拉丁学名：*Catalpa ovata* G. Don

科属：紫葳科　梓树属

形态及分布：落叶乔木，高达15m；树冠伞形。树皮灰褐色，纵裂。嫩枝具稀疏柔毛。单叶对生或近于对生，有时轮生，阔卵形，长宽近相等，长约25cm，顶端渐尖，基部心形，全缘或浅波状，常3～5浅裂，叶片两面均粗糙，微被柔毛或近于无毛，背面基部脉腋有紫斑，侧脉4～6对，基部掌状脉5～7条；叶柄长6～18cm。圆锥花序顶生，长12～28cm，花序梗微被疏毛；花萼绿色或紫色；花冠钟状，淡黄色，内面具2黄色条纹及紫色斑点，长约2.5cm，直径约2cm。蒴果细长如筷，长20～30cm，粗5～7mm。种子长椭圆形，长6～8mm，宽约3mm，两端具平展的长毛［见图4-145（a）～（c）］。花期5～6月，果期7～9月。

图4–145（a） 梓树（植株）

图4–145（b） 梓树（花）

图4–145（c） 梓树（果）

产于长江流域及以北地区；日本亦有分布。

主要习性：喜光，稍耐阴；适生于温带地区，颇耐寒，在暖热气候下生长不良；喜深厚、肥沃、湿润土壤，不耐干旱瘠薄，能耐轻盐碱土。对氯气、二氧化硫和烟尘的抗性均强。生于海拔500～2500m的低山河谷，野生者已不可见，多栽培于村庄附近及公路两旁。

栽培养护：常用播种繁殖，亦可用扦插和分蘖繁殖。播种繁殖常于3～4月在整好的地上作1.3m宽的苗床，在苗床上开横沟，沟距33cm，深约7cm，播幅约10cm，将种子混于草木灰中，均匀撒入沟内，覆草木灰或细土，并盖草，至发芽时揭去。发芽前后，应加强苗床管理。当苗高7～10cm时间苗，每隔7～10cm留苗1株。

园林用途：树体端正，冠幅开展，叶大荫浓，春夏满树白花，秋冬长果垂挂，好似满树挂着蒜薹一样，因此又称蒜薹树，可作行道树、庭荫树及工厂绿化树种。

146. 楸树

别名：梓桐、金丝楸、旱楸蒜薹、水桐

拉丁学名：*Catalpa bungei* C. A. Mey.

科属：紫薇科　梓树属

形态及分布：落叶乔木，高达30m，胸径60cm。树冠狭长倒卵形。树干通直，主枝开阔伸展。树皮灰褐色，浅纵裂，小枝灰绿色、无毛。叶三角状的卵形、6～16cm，先端渐长尖，全缘，有时近基部有3～5对尖齿，两面无毛，背面脉腋有紫色腺斑。总状花序伞房状排列，顶生；花冠浅粉紫色，内有紫红色斑点。蒴果长25～50cm；种子扁平，具长毛［见图4-146（a）、（b）］。花期5～7月，果期6～9月。主产于黄河流域和长江流域，北京、河北、内蒙古、安徽、浙江等地亦有分布。

图4-146（a）　楸树（植株）

主要习性：喜光，喜温暖湿润气候，不耐严寒，适生于年平均气温10～15℃、降水量700～1200mm的环境。喜深厚、肥沃、疏松、湿润的土壤，不耐干旱、积水，忌地下水位过高，稍耐盐碱。萌蘖性强，幼树生长慢，10年以后生长加快；主根粗壮，侧根发达，萌芽力强。耐烟尘、抗有害气体能力强。寿命长。自花不孕，往往开花而不结实。

栽培养护：播种、分蘖、埋根、嫁接均可。于10月采种，经日晒开裂后，取出种子干藏，翌年3月条播，发芽率为40%～50%；埋根育苗在3月下旬进行，选1～2cm粗的根段，截成长15cm的根插穗，斜埋床上，即可成活。根部萌蘖苗可进行分株繁殖。嫁接以劈接和芽接为主。春秋两季均可进行栽植，春季栽植时间为3月下旬至4月中旬，秋季在11月中旬至12月上旬，栽植前按要求挖好种植穴，表土与底土分

图4-146（b） 楸树（叶）

开堆放，胸径小于10cm的可裸根栽植，大于10cm的最好带土球栽植，不能栽植过深。春季栽植后应立即浇水，生长季节加强管理，秋季再浇1次透水即可。

园林用途：树姿俊秀，高大挺拔，枝繁叶茂，花多盖冠，花形若钟，红斑点缀白色花冠，如雪似火，每至花期，繁花满枝，随风摇曳，令人赏心悦目，宜作庭荫树及行道树，或孤植于草坪中，或与建筑、假山石配植。自古人们就将其作为园林观赏树种，广植于皇宫、庭院、刹寺庙宇、胜景名园之中。

147. 黄金树

别名：白花梓树

拉丁学名：*Catalpa speciosa*（Ward. ex Barney）Engelm.

科属：紫葳科 梓树属

形态及分布：落叶乔木，原产地高达36m。树冠开展，树皮灰色，厚鳞片状开裂。多3叶轮生，罕对生，宽卵形或卵状圆形，全缘或偶有1～2浅裂，先端长渐尖，基部截形或心形，叶背被白色柔毛，基部脉腋具绿色腺斑。花冠白色，大形，内有黄色条纹及紫褐色斑点。蒴果粗如手指（图4-147）。花期5～6月，果期8～9月。原产于美国中部及东部。1911年引入上海，目前各地城市多有栽种。

主要习性：强阳性树，耐寒性较差，喜在土层深厚肥沃、排水良好的土壤上生长。

栽培养护：参照梓树。

园林用途：参照梓树。

图4-147 黄金树（植株）

第五章 常绿灌木的栽培与养护

1. 沙地柏

别名：叉子圆柏、新疆圆柏

拉丁学名：*Sabina vulgaris* Ant.

科属：柏科　圆柏属

形态及分布：常绿匍匐状灌木，通常高不及1m；枝密，斜上展，小枝细，近圆形。叶二型，刺形叶常生于幼龄植株上，有时少量生于壮龄植株上；常交互对生或兼有3叶轮生，排列紧密，向上斜展，长3～7mm，上面凹，背面拱圆，中部有长圆形或条形腺体。鳞形叶常生于壮龄及老龄植株上，斜方形或菱状卵形，长1～2.5mm，先端钝或急尖，背面中部有明显的圆形或长卵形腺体。多雌雄异株。球果生于弯曲的小枝顶端，倒三角状卵形，成熟时呈暗褐紫色，被白粉。种子1～4粒（见图5-1）。花期4～5月，果期9～10月。原产于南欧及我国西北、华北、内蒙古一带，常生于多石山坡及沙丘地。现全国各地园林广泛引种栽培，生长良好。

主要习性：喜光、喜凉爽干燥气候，耐寒、耐瘠薄、极耐大气干旱，对土壤要求不严，不耐涝，抗烟尘及空气污染。

栽培养护：多用扦插繁殖，亦可用播种和压条繁殖。扦插繁殖有硬枝扦插和嫩枝扦插两种方式，其中硬枝扦插于5～6月从健壮母树采集2～3年生枝条，嫩枝扦插于7～9月采集当年生枝，均可剪成长15～20cm的插穗，将插穗基部5～8cm处的侧枝剪除，保留插穗其他部位的针叶，剪口应平整光滑。扦插前将插穗在浓度为100mg/ABT 2号生根粉溶液中浸泡4～5小时，然后插入河沙基质中，扦插深度5～8cm，20～30天后插穗基部开始出现愈伤组织并逐渐开始生根。沙地柏根系强壮，枝叶稠密，生长较快，病虫害少，不畏污浊空气，适应性强，栽培管理简单。

园林用途：枝叶四季常青，枝冠高低错落，斜向伸展，如波涛起伏，颇具观赏价值。通常在绿地中丛植，极具点缀效果。夏绿冬青，不遮光线，不碍视野，尤其在雪中更显生机；配植于草坪、花坛、山石、林下，可增加绿化层次，丰富观赏美感。也可用于荒山绿化、护坡固沙和水土保持，在铁路、公路旁，矮生茂密，不妨碍车辆视线，又可截流地表径流，防止冲刷，具有防止水土流失、净化空气的作用，是华北、西北地区良好的绿化树种和环保树种。

图5-1　沙地柏

2. 铺地柏

别名：爬地柏、匍地柏、铺地龙、矮桧

拉丁学名：*Sabina procambens*（Endl.）Iwata et Kusaka

科属：柏科 圆柏属

形态及分布：常绿匍匐状灌木，枝条沿地面生长，小枝密生。全为刺叶，3叶交互轮生，深绿色，条状披针形，长6～8mm，有2条气孔带，顶端有角质锐尖头，背面沿中脉有纵槽，基部有2个白色斑点，叶基下延生长，叶长6～8mm；球果近球形，蓝色，有白粉，径8～9mm，有种子2～3粒［见图5-2(a)、(b)］。花期4～5月，果期9～10月。原产于日本，我国引种较早，在黄河流域至长江流域广泛栽培。

图5-2（a） 铺地柏

图5-2（b） 铺地柏（植株）

主要习性：喜光，耐寒、耐旱、耐瘠薄，对土壤要求不严，在干旱肥沃的沙质土中生长良好，不宜在湿涝地栽植。

栽培养护：多用扦插繁殖，亦可用播种、压条等方法进行繁殖。扦插繁殖春秋两季均可进行，春季选1年生枝条，秋季选当年生已基本木质化并长有尖梢而徒长的枝条作插穗。这样的插穗营养组织充实、易生根，生长快，成型早。为提高成活率，插前将插穗基部先后放入高锰酸钾和萘乙酸溶液中浸泡，然后扦插在细沙土中，搭棚遮阴，并保持湿润，2个月左右即可生根。栽培管理容易，移栽时需带土球，不宜过密，以避免下部枝叶脱落。

园林用途：匍匐生长，树冠横展，层次分明，枝叶茂密，叶细小翠绿，具有独特的自然风姿，是布置岩石园及覆盖地面和斜坡的优良地被植物，同时由于铺地柏容易造型，还常被作成悬崖式、临水式、斜干式盆景，古雅别致，是制作盆景的好材料。

3. 球桧

别名：球柏

拉丁学名：*Sabina chinensis*（L.）Ant. cv. Globosa

科属：柏科 圆柏属

形态及分布：圆柏的栽培变种。常绿低矮丛生状圆球形或扁球形灌木，高约1.2m；枝条密生，斜上生长；多为鳞叶，间有刺叶（见图5-3）。原产于我国北部及中部，现华北及长江流域多栽培观赏。

图5-3　球桧

主要习性：喜光，耐半阴，喜湿润而排水良好的沙质壤土，也能适应瘠薄土壤。耐寒，不耐涝，抗空气污染。生长慢，耐修剪。

栽培养护：播种、扦插、嫁接繁殖。播种繁殖可于种子成熟后采收洗净，然后立即低温沙藏层积保存。约100天后大约有一半种子开始露白时，即可播种。采用嫩枝和硬枝扦插均可进行繁殖，插后管理应注意遮阴和喷水降温。生长容易，易于栽培管理。

园林用途：园林中应用广泛，可孤植，也可丛植。

4. 千头柏

别名：凤尾柏、扫帚柏、子孙柏

拉丁学名：*Platycladus orientalis*（L.）Franco cv. Sieboldii

科属：柏科　侧柏属

形态及分布：侧柏的栽培变种。常绿丛生灌木，无主干，高2～5m；树冠呈紧密宽卵形或圆锥形；树皮浅褐色，呈片状剥离。大枝斜出，小枝直展，扁平，排成一平面，枝条密集，全为鳞叶，交互对生，紧贴于小枝，两面均为绿色。球花单生于小枝顶端。球果较大，略长圆形。种鳞有锐尖头，被极多白粉，花期3～4月，果期10～11月果熟，熟时红褐色。种子卵圆形或长卵形（见图5-4）。我国特产，分布较广。常见的还有金叶千头柏（'Semperarescens'），又名金黄球柏，矮生灌木，树冠球形，叶呈金黄色。

主要习性：喜光，幼苗期稍耐阴。喜温暖湿润环境，但也耐严寒、耐干燥瘠薄，适应性强，对土壤要求不严，喜土层深厚、肥沃、排水良好的土壤，不耐水涝。浅根性，萌蘖力强，耐修剪。

栽培养护：通常采用播种繁殖，亦可用扦插、嫁接等方法进行繁殖。播种繁殖可于4月将头年采摘的种子条播于露地苗床，用沙土覆盖，并用塑料布遮盖保湿，待种子发芽后逐渐撤去塑料布。夏季是幼苗生长旺季，应加强水肥管理，若管理得当，幼苗当年就可高达20cm左右，第2年4月中旬即可移植。播种繁殖时获得的实生苗也具有转为稳定的表型特征。生长较快，栽培管理技术简单，初植后应注意浇水，生长期可适量施肥。

园林用途：千头柏自然长成圆球形，可布置于树丛前增加层次感。园林中可丛植或散植，长江流域及华北南部多栽作绿篱或园景树。对有害气体抗性弱。金叶千头柏色彩金黄，是一种很好的观叶树种。

图5-4　千头柏

5. 翠蓝柏

图5-5 翠蓝柏

别名：翠柏、粉柏、山柏树

拉丁学名：*Sabina squamata*（Buch.-Ham.）Ant. cv. Meyeri

科属：柏科 圆柏属

形态及分布：常绿直立灌木，高2～3m，小枝密，斜向上伸展。全为刺叶，3枚轮生，条状披针形，端渐尖，长约5～8mm，排列紧密，两面均显著被白粉，呈翠绿色。雌雄异株。球果卵圆形，红褐色或黑褐色，含1粒种子（见图5-5）。花期4～5月，球果当年秋季成熟。我国各地庭园有栽培。在北京地区生长良好。

主要习性：喜光、耐寒、耐旱、耐瘠薄。对土壤要求不严，在中性土、微酸性土和石灰性土上均能生长。不耐水湿，耐修剪。生长缓慢，寿命长。

栽培养护：播种、扦插、压条和嫁接等方法均可繁殖。有隔年结果特性，球果成熟后，种鳞开裂，种子散落，应及时采收；待球果晾干后筛出种子，干藏至翌年3月播种，约20～30天即可发芽，出苗后应搭棚遮阴，幼苗生长缓慢。扦插繁殖以4～5月为好，插穗选取1～2年生嫩枝，半木质化为佳，插穗长12～18cm，剪除中部以下枝叶，上部枝叶过于茂密时可适当疏剪。苗床地宜选地势高燥、肥沃疏松、排水良好的沙质土，插前先将土翻松耙平。插后浇透水，并搭棚遮阴，夏季多喷水，成活后于第2年春季进行分栽移植。压条繁殖全年皆可进行，但以3～4月为好。压条可选用径粗1～1.5cm的枝条，进行环剥切割，深达木质部，将枝条埋入土中培土压实，细心管理养护，一般3～4个月即可发根。嫁接繁殖多用靠接法。选用桧柏或侧柏苗作砧木，砧木的干径以1.5cm为宜，接穗宜选用生长充实并仍为绿色的2年生枝。靠接宜在5月进行，约2个月后自接口下方将接穗剪断，第2年春移栽时将接口上面的砧木苗剪掉。不宜多修剪，可将影响造型美观的平行枝、重叠枝及枯弱枝剪除。抗病性较强，偶有柏蚜和红蜘蛛为害。柏蚜可喷洒80%的亚胺硫磷1000倍液或80%的敌敌畏1000倍液防治；红蜘蛛可用氧化乐果1000～1200倍液或0.3波美度的石硫合剂防治。

园林用途：树形优美，枝叶稠密，色蓝似灰，叶之两面如披白霜，树冠呈蓝绿色，在松柏类中别具一格。四季耸翠，古朴浑厚，在园林中多修剪成球形供观赏，亦可孤植或丛植成自然生长状态，尤其适宜配置在浅色植物之间，或假山及山石一侧。可塑性较强，宜作盆景材料，造型成直干式、斜干式、曲干式、临水式、三台式等。

6. 粗榧

别名：粗榧杉、中华粗榧杉、中国粗榧

拉丁学名：*Cephalotaxus sinensis*（Rehd. et Wils.）Li

科属：三尖杉科 粗榧属

形态及分布：常绿灌木或小乔木。树皮灰色或灰褐色，开裂呈薄片脱落。叶条形，长2～5cm，宽约3mm，通常劲直，先端渐尖或微凸尖，基部圆形或圆截形，表面深绿色有光泽，背面有两条气孔带，两面中脉隆起。雄球花6～7聚生成头状，生于叶腋，基部及总梗上有多数

图5-6（a）　粗榧（植株）

图5-6（b）　粗榧（雌球花和条形叶）

图5-6（c）　粗榧（种子）

苞片；雌球花具长梗，生于小枝基部，罕顶生。种子卵圆形或椭圆状卵形，长1.8～2.5cm，径1.2～1.4cm，顶端中央有尖头，熟时被肉质红褐色假种皮［见图5-6（a）～（c）］。花期3～4月，种子翌年10～11月熟。我国特有树种。产于秦岭、淮河以南至长江流域。

主要习性：喜阳光充足，但亦耐阴，喜终年湿润的森林环境；耐寒、耐旱，忌低湿。适应性强，耐瘠薄，对土壤要求不严。枝叶繁密，耐修剪。

栽培养护：播种繁殖，亦可用扦插繁殖。层积处理后进行春播；扦插多于夏季进行，插穗以选主枝梢部为佳。

园林用途：树形圆锥状，作观赏树。通常多宜与他树配植，作基础种植用，或在草坪边缘栽植，常植于大乔木之下。

7. 矮紫杉

别名：伽罗木

拉丁学名：*Taxus cuspidata* Sieb. et Zucc. var. *nana* Rehd.

科属：红豆杉科　红豆杉属

形态及分布：东北红豆杉（紫衫）的变种。常绿灌木，高达2m，多分枝而向上，半球状。叶条形，短而密，基部窄，有短柄，先端凸尖，螺旋状着生，呈不规则2列，上面深绿色，有光泽，下面有2条灰绿色气孔带，通常直而不弯。种子当年成熟，假种皮杯状、红色［见图5-7（a）、（b）］。花期5～6月，种子9～10月成熟。原产于日本（北海道）及朝鲜，生于高山和亚高山上。我国东北部海拔500～1000m山地有分布，现我国北方不少地区有引种。

主要习性：适冷湿气候，耐寒，喜湿润肥沃的微酸性土，在空气湿度较高处生长良好；耐修剪，怕涝。较耐阴，浅根性，侧根发达，生长缓慢，寿命长。

图5-7（a） 矮紫杉（植株）

图5-7（b） 矮紫杉（种子）

栽培养护：播种或扦插繁殖。播种繁殖最好采后即播或用湿沙层积贮藏，翌春播种，条播、撒播均可。幼苗生长极缓慢，1年生苗高约6 ～ 10cm。扦插繁殖宜在4 ～ 6月中旬采集当年生而并带一部分生年生枝者作插穗，穗长15 ～ 20cm，剪后存放在背风阴暗处，并保持湿润。插前应进行药物处理，将插穗基部置于0.03% ～ 0.05%高锰酸钾溶液中浸泡1 ～ 2小时，或用100mg/L的萘乙酸溶液或0.02%吲哚乙酸溶液浸泡12 ～ 16小时。一般扦插深度为3 ～ 4cm，行距10cm，株距5cm，插后立即罩上塑料拱棚，拱棚高度以60 ～ 80cm为宜，棚内温度应保持在25 ～ 27℃，温度过高时应将棚两端塑料布揭开通风。为提高扦插成活率，还应及时架设荫棚，避免因阳光直射造成插穗叶片灼伤。

园林用途：树形端庄，枝叶稠密，四季苍翠，秋日假种皮鲜红色，在绿叶丛中异常亮丽，宜于高山园、岩石园栽植或作绿篱用，也常栽作盆景观赏。我国北方园林中常孤植或散植于庭院、绿地、路旁供观赏。

8. 山茶

别名：山茶花、耐冬、海石榴、曼陀罗树、茶花、洋茶

拉丁学名：*Camellia japonica* L.

科属：山茶科　山茶属

形态及分布：常绿阔叶灌木或小乔木，原产地树高可达10 ～ 20m，一般栽培高度在3 ～ 4m左右。树冠呈圆形或卵圆形，小枝黄褐色。芽鳞无毛。叶互生，硬革质，暗绿色有光泽，卵圆或椭圆形，长5 ～ 10cm，宽2.5 ～ 6cm，叶缘有小齿。花较大，单生或对生于叶腋或枝顶，近圆形，无花梗，有单瓣、重瓣、半重瓣之分。栽培品种众多，花色丰富，有白色、淡红色、大红色、复色等不同色彩。花期因品种而异，有早花、中花、晚花之分。单瓣花结实，蒴果球形，深褐色。花期10月至翌年4月，果期10 ～ 11月［见图5-8(a)、(b)］。原产于中国的山东、浙江、江西及四川等地，秦岭、淮河以南有栽培。日本及朝鲜半岛亦有分布。我国山东崂山仍有近千年的古树。

主要习性：暖温带树种，喜冬季温暖、夏季凉爽湿润的气候条件，生长期适温为

图5-8（a）　山茶（植株）

图5-8（b）　山茶（花）

18～24℃，耐寒性较差，越冬气温不得低于10℃；在疏荫下生长良好，忌日光曝晒，北方常于室内盆栽观赏。适生于肥沃湿润、排水良好、pH值为5.0～6.5的微酸性土上，在碱性土上或渍水条件下会逐渐死亡。抗烟尘及有毒气体。

栽培养护：常用播种、扦插、嫁接、压条等方法进行繁殖。播种繁殖苗多作嫁接繁殖的砧木或供培育新品种用（播种苗需5～6年生长方可开花）。于10月上、中旬将采收的果实放置室内通风处阴干，待蒴果开裂后取出种子，立即播种，以免种子丧失发芽力，在18～20℃条件下10～30天即可发芽；若秋季不能立即播种，亦可用湿沙贮藏至翌春播种。一般秋播比春播发芽率高。扦插一般在4～8月间在荫棚内的扦插床上进行（以6月最为适宜），以沙质壤土或素沙土置于插床内，取当年生健壮、叶片浓绿、长8～10cm的枝条作插穗，基部尽可能带一点老枝，剪去下部叶片，保留上部2～3片叶，将插穗的1/2左右插入插床内，保证土壤与插穗紧密结合，保持土壤湿润，忌阳光直射，适当遮阴，每天向叶面喷雾2～3次，温度维持在20～25℃。经20天，伤口愈合，约2～3个月生根，扦插苗到第2年可抽生新枝。扦插时用0.4%～0.5%吲哚丁酸溶液浸蘸插条基部2～5秒，有明显促进生根的效果。嫁接繁殖常用于扦插生根困难或繁殖材料少的品种，多用单瓣山茶或油茶作砧木，时间多在6月或8～9月进行，枝接是山茶大量繁殖的主要方法，成活率较高，常在室内采用切接法进行。靠接法工作量大，管理不便，应用较少，但成活后生长较快。压条繁殖多在生长季进行，此法成活率高，但繁殖量小。选健壮的1年生枝条，在离顶端20cm处，作1cm宽的环状剥皮后，伤口用塑料袋填腐叶土包扎，并保持湿润，2个月左右生根后即可剪下上盆。

山茶在南方多以地栽为主，种植于庭院或高大林木的边缘及风景区阴坡。北方盆栽观赏。由于其自然花期在冬季和早春，冬季应进入中温温室越冬，夏季则宜置于阴棚中养护。应注意通风、防暑降温和保持空气湿度。山茶喜肥水忌碱性土壤，每年抽芽两次，南方露地栽植的植株，秋季施基肥，生长期内可适当追肥。盆栽时，为了保证盆土养分，通常花后换盆，配置的盆土宜疏松肥沃，生长期内每周追肥1次。可采用“矾肥水”与清水间浇，既保持土壤的酸性，又可增加土壤肥力。10月中下旬将山茶移入中温温室并再追肥1次。为避免造成落蕾或引起褐斑病，应注意保证充足的光照并加强通风。山茶无论地栽或盆栽，均不能让其受到阳光曝晒。

园林用途：山茶花在中国有悠久的栽培历史，是十大传统名花之一，用途广泛。因其树姿优美，花大艳丽，花型丰富，花期长，成为极好的庭院美化和室内装饰材料，在江南大部分地区常散植于庭院、花径、林缘或建专门的山茶花观赏园等。北方多盆栽，主要用于会场、厅堂布置。山茶的枝条也是很好的插花材料，可用于东方式插花中。

9. 南天竹

别名：天竺、天竹、兰天竹、兰竹

拉丁学名：*Nandina domestica* Thunb.

科属：小檗科 南天竹属

形态及分布：常绿丛生灌木，株高达2m，分枝少而直立。叶互生，2～3回羽状复叶，水平伸展，小叶椭圆状披针形，全缘，革质较薄。叶色在直射光下呈红色，在庇荫条件下呈绿色。5～7月开花，直立状圆锥花序生于枝顶，花小，白色，浆果球形，初为绿色，果实成熟后呈鲜红色，果穗下垂，经冬不落［见图5-9（a）～（c）］。花期5～7月，果期9～10月。原产于中国和日本，在长江流域、陕西南部和广西等地均有分布，多野生于湿润的山坡谷地及杂木林、灌丛中，现南北园林中均有栽培。主要栽培变种有：五彩南天竹（var. *porphyrocarpa* Mak.）株型较矮小；叶狭长而密，叶色多变，嫩叶红紫色，渐变为黄绿色，老叶绿色；果成熟后淡紫色，又名紫果南天竹。玉果南天竹（‘leucocarpa’）果黄白色，叶冬天不变红，又名白南天竹。细叶南天竹（‘capillaris’）株型较矮小；小叶呈细丝状，又名锦丝南天竹。

主要习性：喜半阴，全日照情况下也能生长；喜温暖气候和肥沃湿润、排水良好的土壤；耐寒性不强，在长江以北应选择温暖的小气候条件下栽培。生长速度较慢。对水分要求不严。较耐旱，耐弱碱。

栽培养护：可采用播种、分株和扦插繁殖。分株法为常用繁殖方法，但繁殖系数低。播种繁殖用于生产，果实成熟后，取出种子，播入浅盆，移入高温温室，3个月后出苗。露地播种，冬季覆以草帘子或树叶保温，第2年“清明”前后发芽，种子出芽能力弱，实生苗生长缓慢，约3～4年以后开始开花结果，花高可达50cm。扦插生根较慢，采用全光雾插成活率较高。插穗顶部带嫩叶，下部用生根粉处理，保持80%～90%湿度，温度25℃左右，可提高扦插生根成活率。

图5-9（a） 南天竹（植株秋色）

图5-9（b） 南天竹（花序）

图5-9（c） 南天竹（果）

南天竹根系较浅，定植时采用“挖深坑、浅栽植”的办法，成活后每年春、秋两季追肥，平时注意加强管理。盆栽南天竹，盆土可按园田土：腐殖土：基肥为6 ：3 ：1的比例配制，每2～3年换1次盆，换盆时剪去部分老根，去掉部分宿土，增施饼肥和腐叶土。每年10～11月移入温室或地窖，春季4月上旬移出室外。生长季每半个月施液肥1次，浇水采取“间干间湿”为好，适当庇荫。每年春季发芽前进行修剪，一般留主干2～3个，生长过高的植株，可自基部重剪，促其分枝，以利开花结果。6～8月对无花的枝条进行摘心，促其枝叶茂盛，树形丰满。

园林用途：茎干丛生，枝叶稀疏，四季常青，春花秋实，秋冬叶片变红，累累红果经冬不凋，南天竹树姿潇洒，是观叶赏果的佳品。江南一带露地栽植庭院房前、假山、草地边缘和园路转角处。北方一般盆栽观赏，大、中盆置于厅房，会场的角落陈设，小盆多置于窗前、案几上装饰。南天竹还是很好的树桩盆景的材料和插花材料，可进行树桩盆景造型，还可于冬季插花，配以松枝、蜡梅布置庭堂等。

10. 海桐

别名：海桐花、垂青树、臭榕仔、七里香、山矾

拉丁学名：*Pittosporum tobira*（Thunb.）Ait.

科属：海桐科　海桐属

形态及分布：常绿灌木或小乔木，高2～6m。树冠圆球形，小枝近轮生，无毛。单叶互生，厚革质，长倒卵形，先端圆钝或微凹，基部楔形，全缘，边缘略反卷，两面无毛，常集生枝端。新叶黄绿，后渐变为浓绿色，有光泽。伞房花序顶生，4～5月开白色小花，稍带黄绿色，芳香。蒴果卵形，有棱角。种子鲜红色，有黏液［图5-10（a）、（b）］。花期3～5月，果期9～10月。产于我国长江流域及东南沿海等地，朝鲜、日本亦有分布。

主要习性：喜光，略耐阴；对气候的适应性较强，喜温暖、湿润的海洋性气候，有一定的耐寒性和抗旱性，亦颇耐暑热和烈日，但以半阴地生长最佳。黄河流域以南可露地安全越冬。对土壤要求不严，喜肥沃、排水良好的酸性或中性土壤，在黏土、沙土及轻盐碱土上均能正常生长。耐盐碱，萌芽力强，生长较快，耐修剪，抗海潮风。对二氧化硫、氟化氢、氯气、氯化氢、硫化氢、臭氧等有毒气体的抗性强，对粉尘的吸附能力强，并有减弱噪声的功能。

图5-10（a）　海桐（植株）

图5-10（b）　海桐（叶和果）

栽培养护：播种和扦插繁殖。11月采收种子，果皮开裂后，敲打出种子，用草木灰拌擦脱粒，随即播种，或洗净后阴干沙藏，忌日晒，翌年2～3月条播，播后覆土厚约1cm，床面盖草，一般5月前后出土。幼苗期喜阴，需搭棚遮阴，注意间苗及其他管理，9月停止施肥，并拆除遮阴棚。幼苗生长较慢，当年苗高15cm左右，实生苗一般需2年生方宜上盆，3～4年生方宜带土球出圃定植。若培养海桐球，应自小苗开始即整形。扦插于早春新叶萌动前剪取1～2年生嫩枝，剪成15cm长插穗，插入湿沙床内。适当遮阴，喷雾保湿，约20天发根，1个半月左右移入圃地培育，2～3年生可供上盆或出圃定植。移植一般于春季3月间进行，若秋季栽植，应于10月前后进行，均需带土球。海桐极耐修剪，若欲抑其生长，繁其枝叶，应于长至相应高度时，剪其顶端。亦有将其修剪成各种形态者。虽耐阴，但栽植地不宜过阴，栽植不宜过深，植株不可过密，否则易发生吹绵蚧为害；开花时常有蝇类群集，应注意防治。

园林用途：海桐树冠球形，枝叶茂盛，叶色浓绿而有光泽，经冬不凋，初夏花洁白芳香，入秋果实开裂露出红色种子，颇为美观，是城市中常用的观叶树种。园林中常修剪成球，规则式配置在门庭、甬道两旁，亦可以自然式穿插于草坪、林缘。在园路交叉点及转角处、台坡、大树附近、桥口两端群植数株，甚为美观。若成丛、成片种植在树丛中作下层常绿基调树种，能起到隐蔽遮挡和分隔空间的作用。抗风防潮，为南方沿海地区常见绿化树种之一。对多种有毒气体抗性强，能吸收毒气，是工厂、矿山和四旁绿化的重要树种，又是城市隔声树种和防火林下木。在气候温暖的地方，本种是理想的花坛造景树和造园绿化材料，多作房屋基础种植和绿篱。北方常盆栽观赏，温室过冬。

11. 火棘

别名：火把果、救军粮、救兵粮、救命粮、赤阳子

拉丁学名：*Pyracantha fortuneana*（Maxim.）Li

科属：蔷薇科　火棘属

形态及分布：常绿或半常绿灌木或小乔木，高可达5m，枝拱形下垂，短枝先端成棘刺状，小枝暗褐色，幼时有锈色细毛。单叶互生，长椭圆形或倒卵形，先端圆钝或微突，有时具短尖头，基部楔形，叶缘具圆钝锯齿，近基部全缘，两面无毛，长2.5～6cm，宽1～3cm，叶面光亮，叶背无毛。花白色，径约1cm，呈复伞房花序生于短枝上，萼片、花瓣各5枚。果实深红色或橘红色，扁圆形［见图5-11（a）、（b）］。花期5～7月，果期9～10月。果实繁盛，经久不落。另有两种常用于栽培：细圆齿火棘（*P. crenulata*）叶长椭圆形至倒披针形，先端尖而常有刺头。窄叶火棘（*P. angustiflia*）叶背及花萼密被灰色绒毛，叶狭长而全缘。火棘原产于我国华东、华中、华南及西南地区的山地，生于海拔500～2800m的灌丛中或溪边。

主要习性：喜光、耐旱、耐瘠薄，略耐阴，不耐寒，在南京以北地区栽培，冬季叶易冻萎。喜深厚肥沃、排水良好的土壤，也耐贫瘠干燥的土壤，根系发达、分蘖力强。

栽培养护：播种、扦插或压条繁殖。播种繁殖多在秋季果实成熟时进行，果实采收后除去果皮、果肉，取种子播种，混沙撒播，因种粒较小，覆土不可过厚，应注意保湿，秋季播种后可覆盖草帘保暖，约10天左右开始出苗，亦可沙藏后于第二年春季播种。扦插常在夏季进行，插穗用嫩枝、硬枝均可，选取有分枝的2～3年生枝条作插穗，可提早结果、成形。压条繁殖春季至夏季均可进行。进行压条时，选取接近地面的1～2年生枝条，预先将要埋入土中的枝条部分刻伤至形成层或剥去半圈枝皮，让有机养分积蓄在此处以利生根，然后将枝条埋入土中

图5-11（a） 火棘（盆景）

图5-11（b） 火棘（果）

10～15cm左右，1～2年可形成新株，然后与母株切断分离，于翌春定植。

虽为常绿树种，但移植较易成活，移栽可于春、秋两季进行。移栽时对枝梢进行短截可提高成活率。生长期间合理修剪能增加观赏效果。花期追施2次磷肥可提高坐果率，使果实丰满，着色美观。盆栽应每年翻盆换土，加施基肥，生长期间控水控肥，以控制树势。10月下旬进入低温温室，保持2～5℃，保持光照，维持生长和秋果观赏。用作绿篱应按一定高度修剪，带土坨移植，并于定植前施基肥，可促进恢复生长。

园林用途：四季常绿，株型紧凑，枝繁叶茂，初夏绿叶白花，入秋果红似火，灿烂夺目，经冬不凋，是一种较为理想的观叶、观花、观果植物。枝有刺，耐修剪，庭院栽植中常作绿篱及基础种植材料，也可丛植或孤植于草坪边缘和园路转角处。盆栽赏果，为冬季重要的室内装饰材料，同时也是制作观果盆景的好材料。

12. 枸骨

别名：鸟不宿、猫儿刺、老虎刺

拉丁学名：*Ilex cornuta* Lindl. et Paxt.

科属：冬青科 冬青属

形态及分布：常绿灌木或小乔木，高3～4m。树皮灰白色，平滑，枝条密生而开展，小枝无毛。单叶互生，硬革质，长圆状方形，先端扩大，有3枚大而尖硬尖的刺齿，基部平截，两侧各有1～2枚硬尖的刺齿，长3.5～10cm，宽2～4cm，上面深绿色，有光泽，老树基部的叶呈圆形，全缘，有短柄。雌雄异株，花小，白色或黄绿色，簇生于上年生枝叶腋，有香气。核果球形，成熟后呈红色［见图5-12（a）、（b）］。花期4～5月，果期10～12月。原产于我国长江两岸及河南南部。朝鲜亦有分布。多生于山坡谷地灌木丛中，现各地庭园常有栽培。

主要习性：亚热带树种，喜光，稍耐阴，喜温暖气候及肥沃、湿润、排水良好的微酸性土壤，还能耐一定程度的干旱，不耐寒。颇能适应城市环境，对有害气体有较强抗性。生长缓慢，萌蘖力强，耐修剪。

图5-12（a） 枸骨（植株）

图5-12（b） 枸骨（枝叶）

栽培养护：可采用播种和扦插繁殖。种皮坚硬，种胚休眠，秋季采下的成熟种子需在潮湿低温条件下贮藏至翌春播种。在雨季进行嫩枝扦插，成活率较高。扦插苗须根少，移栽时应尽量少伤根。南方宜露地栽植，北方盆栽需入冷室越冬。温室栽培冬季夜间温度不宜低于3℃，白天温度不宜高过25℃。在疏松、肥沃、腐殖质丰富的酸性土中生长良好，喜阴湿，但不耐水涝。

园林用途：以盆栽观赏为主。枝叶繁茂，叶形、树姿奇特，具有较高的观赏价值；入秋红果累累，经冬不凋，鲜艳美丽，可供观赏，亦可作切花的枝材。宜作基础种植及岩石园材料，也可孤植于花坛中心，对植于前庭或路口，或丛植于草坪边缘。由于枝叶浓绿硬挺，也可作圣诞树。在南方露地栽植时，因其叶有尖刺，可做防护绿篱及保护边界之用（兼有果篱、刺篱的效果），亦可修剪成多种多样的树姿供观赏，选其老桩制作盆景亦饶有风趣。果枝可供瓶插，经久不凋。

13. 大叶黄杨

别名：正木、冬青卫矛

拉丁学名：*Euonymus japonicus* Thunb.

科属：卫矛科 卫矛属

形态及分布：常绿灌木或小乔木，高达8m。小枝绿色，稍四棱形，光滑，无毛。叶对生，革质，有光泽，椭圆形至倒卵形，先端尖或钝，缘有钝齿，基部楔形或急尖，边缘下曲，叶面光亮，中脉在两面均凸出，侧脉多条，与中脉成40°～50°角，通常两面均明显，仅叶面中脉基部及叶柄被微细毛，其余均无毛。花序腋生，花绿白色，5～12朵成聚伞花序。蒴果扁球形，淡粉红色，熟时4瓣裂，假种皮橘红色［图5-13（a）、（b）］。花期5～6月，果期9～10月。常见的栽培品种和变种有金边大叶黄杨、金斑大叶黄杨、金心大叶黄杨、银边大叶黄杨、斑叶大叶黄杨等。原产于日本南部，我国南北各省均有栽培，尤以长江流域各地为多。

主要习性：喜光也耐阴，喜温暖、湿润的海洋性气候，对土壤要求不严，在微酸、微碱性土壤中均能生长，在肥沃和排水良好的土壤中生长迅速，分枝较多。适应性强，耐干旱瘠薄。极耐修剪，有一定耐寒性，在淮河流域可露地越冬，在华北地区需保护越冬，在东北和西北的大部分地区均作盆栽。生长较慢，寿命长。对二氧化硫、氯气、氯化氢的抗性和吸收能力强，对氟化氢的抗性较强，对汞的吸收能力较强，并有吸附烟尘、粉尘的功能。

栽培养护：以扦插繁殖为主，亦可嫁接、压条和播种繁殖。扦插在春、夏、秋三季均

图5-13（a）　大叶黄杨（球形开花植株）

图5-13（b）　大叶黄杨（花）

可进行，以6月中、下旬扦插发根快，生长好。硬枝扦插在春、秋两季进行，扦插株行距10cm×30cm，春季在芽将要萌发时采条，随采随插；秋季在8～10月进行，随采随插，插穗长10cm左右，留上部一对叶片，将其余剪去。插后遮阴，气温逐渐下降后去除遮阴并搭塑料小棚，翌年4月去除塑料棚。夏季扦插选半成熟枝作插穗，插穗长8～12cm，基部带踵，留叶1～2对，插入土中5～7cm，株行距以叶片不相互重叠为度。初期庇荫要严，保持苗床湿润，愈伤组织形成后逐渐增加光照，20天左右发根，成活率可达90%以上，翌年可分栽，培育2～3年即可供绿篱使用。嫁接可用丝棉木作砧木，于春季进行靠接。压条宜选用2年生或更老枝条进行，1年后可与母株分离。播种繁殖应用较少。春秋两季皆可移植，但以春季3～4月进行为好，小苗可以裸根栽植，蘸泥浆为好，大苗需带土球。地栽应选择排水良好的地段，栽培品种和变种应栽在疏阴处，忌阳光暴晒，亦应适当施一些有机肥料，旱季应及时灌水，入冬前应浇足水，尤其在偏北地区，更应重视灌冻水，以防根系受冻害。北方亦可盆栽，管理与其他常绿灌木大同小异。大叶黄杨极耐修剪，在园林中多作绿篱栽植，可保持1m左右的高度，将其顶部和两侧剪平剪齐，每年春、夏各进行1次剪修，也可修剪成球形，盆栽时一般都修剪成球形。

园林用途：大叶黄杨四季常青，叶色光洁，新叶尤为嫩绿可爱。因耐整形扎剪，园林中多作为绿篱和境界树，其栽培品种和变种叶色斑斓，更为艳丽。经修剪成型的植株，适于规则式对称配植、花坛中心种植或配植成各种图案和字样，也常应用为矮篱和中篱，在庭园、甬道、建筑物周围、主干道绿带常见应用。因其对多种有毒气体抗性很强，能吸收有害气体而净化空气，抗烟吸尘功能也强，是污染区绿化的理想树种。散植、丛植于绿地、林缘或林内，可诱引害虫天敌，起到防虫的作用，亦是良好的蜜源树种。

14. 锦熟黄杨

别名：窄叶黄杨

拉丁学名：*Buxus sempervirens* L.

科属：黄杨科　黄杨属

形态及分布：常绿灌木或小乔木，高6～9m。小枝及叶柄均被毛，小枝密集，黄绿色，四棱形，无明显翼。单叶对生，革质，全缘，椭圆形至卵状长椭圆形，长1～3cm，中部或中下部最宽，先端钝或微凹，基部楔形，叶表面暗绿色，有光泽，中脉突起，侧脉不明显；叶背面

图5–14（a） 锦熟黄杨（植株）

图5–14（b） 锦熟黄杨（叶）

黄绿色；叶柄很短，有毛。花淡绿色，簇生叶腋，雄花退化，花药黄色，雌蕊高度仅为花萼的1/2。蒴果三脚鼎状，熟时黄褐色［见图5-14（a）、（b）］。花期4月，果期7月。原产于南欧、北非、西亚。我国华南地区普遍栽植，华北园林中也有栽培。

主要习性：喜半阴，有一定的耐寒能力，能耐干旱，不耐水湿，适宜在排水良好、深厚、肥沃的土壤中生长。生长极慢，耐修剪。

栽培养护：播种或扦插繁殖。于7月蒴果变黄褐色时，不必等果壳开裂即可采收，阴干去壳后即可播种，或沙藏至10月秋播，亦可到翌春3月播种，干藏种子易失去发芽力。幼苗怕晒，需设棚遮阴，并撒以草木灰或喷洒波尔多液预防立枯病。在较寒冷地区越冬应对幼苗进行埋土防寒。2年后移植1次，5～6年生苗高约60cm，10年生可大量出圃用于城市绿化。扦插容易生根，上海、南京一带常于梅雨季节进行扦插，成活率可达90%以上。移植需在春季萌动时进行，并需带土球。

园林用途：枝叶茂密而浓绿，经冬不凋，观赏价值很高。由于耐修剪，常作绿篱及花坛边缘种植材料，也可孤植、丛植或列植于草坪或路边，点缀山石，或作盆栽、盆景用于室内欣赏。在欧洲园林中应用普遍，有金边、银边、金斑、银斑、金尖、长叶、狭叶、垂枝等多种栽培类型。

15. 黄杨

别名：瓜子黄杨、小黄杨、豆板黄杨、千年矮、万年青

拉丁学名：*Buxus sinica*（Rehd.et Wils）Cheng

科属：黄杨科 黄杨属

形态及分布：常绿灌木或小乔木，高1～7m。树皮鳞片状剥落。小枝褐绿色，四棱形，灰白色，具短柔毛。单叶对生，全缘，革质，长1.5～3cm，宽5～20mm，长圆形、倒卵状椭圆形或阔倒卵形，先端圆或钝，常有凹陷，基部楔形。叶面光亮，中脉凸起，侧脉明显。背面中脉基部及叶柄有毛。头状花序密集，花簇生叶腋或枝端，黄绿色，无花瓣，苞片6～8，宽卵圆形，背部被柔毛，不育雌蕊高度约为萼片长度的2/3或近相等。蒴果近球形，6～8mm，具宿存花柱［见图5-15（a）、（b）］。花期4月，果期6～7月。原产于我国，各地广泛栽培。其变种珍珠黄杨（var. *parvifolia*）叶深绿而有光泽，入秋渐变红色，产于浙江临安、江西庐山、安徽黄山及大别山等地，姿态优美，是制作盆景及点缀假山的好材料。

图5-15（a）　黄杨（植株）

图5-15（b）　黄杨（叶和果）

主要习性：性耐阴，畏强光，喜湿润半阴环境，耐盐碱；对土壤要求不严，以肥沃疏松的中性及微酸性土为佳，在石灰质土壤上亦能生长正常。耐寒性不如锦熟黄杨。浅根性，生长慢，寿命长，耐修剪；抗烟尘，对多种有毒气体抗性强。

栽培养护：可采用播种、扦插和分株繁殖。9月初选择土壤疏松肥沃、排水良好的砂壤土作播种地，施入基肥并混入多菌灵等杀虫、杀菌剂，深翻整平。将种子与适量沙子混合后，均匀撒在苗床上，上覆细土1～1.5mm，盖上一层草帘子保湿。播后种子当年只长胚根不发芽。为防冻害，在11月中下旬土壤封冻前，在草帘子上盖土5～8cm。翌年3月中下旬，将草帘子及覆土除去，在苗床上搭塑料拱棚，温度控制在25～30℃。胚芽长出土面后，棚内温度控制在20～25℃之间，并适当浇水，4月下旬左右气温稳定时，拆掉塑料拱棚。苗期应松土除草，及时灌水，多次喷施2%磷酸二氢钾溶液进行叶面追肥，并及时防治病虫害。扦插繁殖可随时进行，但以夏季当年生嫩枝条作插穗成活率高。在母株上剪取生长健壮、无病虫害、长10cm左右的嫩枝，留3～5片叶，将其基部放入生根剂中浸泡处理，然后插入细沙中5～7cm，株行距4cm×6cm，插后灌1次透水，床上搭盖塑料拱棚，上盖遮阳网，透光度为80%左右，温度控制在30℃以下，湿度保持在90%左右。插穗50～60天左右开始生根。9月中旬除去遮阳网，并逐渐掀起塑料棚。11月中旬土壤上冻前，用细沙土盖上插穗防寒越冬。翌年4月上中旬土壤解冻后，除去防冻土，浇1次透水，留床继续生长1年后分栽。

园林用途：园林中广泛应用，虽枝叶较疏散，但青翠雅秀，常孤植、丛植于庭院，用作绿篱或修剪成球形供观赏。耐修剪，叶色亮绿，能制作盆景，或造型布置花坛。

16. 雀舌黄杨

别名：匙叶黄杨、细叶黄杨

拉丁学名：*Buxus bodinieri* Lévl.

科属：黄杨科　黄杨属

形态及分布：常绿灌木或小乔木，枝多直立而纤细，密生。小枝四棱形。叶窄长，薄革质，匙形或狭倒卵形，两面中脉及侧脉均明显突出，侧脉与中脉约成45°夹角；叶长2～4cm，先端圆钝或微凹，基部窄楔形。头状花序腋生，顶部生1雌花，其余为雄花，不育雌蕊和萼片近等长或稍超出。蒴果卵圆形，顶端具3个宿存的角状花柱，熟时紫黄色［见图5-16（a）、

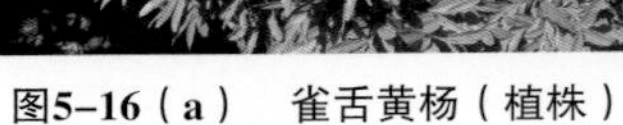
图5-16（a） 雀舌黄杨（植株）

图5-16（b） 雀舌黄杨（枝叶）

(b)]。花期8月，果期11月。产于我国长江流域至华南、西南地区。

主要习性：喜光，亦耐阴，喜温暖湿润的半阴环境，要求疏松、肥沃和排水良好的沙壤土。耐寒力较前两种更差，北京地区避风的小环境栽培可越冬。浅根性，萌蘖力强，生长极慢。耐修剪，抗污染。

栽培养护：不易结实，主要采用扦插和压条繁殖。在雨季选取长10～12cm的嫩枝进行扦插，插后40～50天即可生根。压条繁殖通常在3～4月进行，将2年生枝条基部刻伤后压入土中，翌春与母株分离即可。移植前，地栽应先施足基肥，生长期保持土壤湿润。每月施肥1次，并修剪使树姿保持一定高度和形态。盆栽宜在春、秋季或梅雨季节进行，上盆后应控制肥水，用修剪控制株形。

园林用途：植株低矮，枝叶茂密，且耐修剪，是优良的矮绿篱材料，常用来作模纹图案或布置花坛边缘，也可用来点缀草地、山石，或盆栽、制成盆景观赏。

17. 胶东卫矛

别名：胶州卫矛、攀缘卫矛

拉丁学名：*Euonymus kiautschovicus* Loes.

科属：卫矛科 卫矛属

形态及分布：直立或蔓性半常绿灌木，高2～8m；小枝圆形，基部枝条常匍匐生长且着地遇湿易生根，亦可借不定根攀缘。单叶对生，薄革质，椭圆形至倒卵状椭圆形，长5～8cm，先端渐尖或钝，基部楔形，边缘具稀而钝的锯齿；叶柄长达1cm。花淡绿色，花梗较长（8cm以上），成疏松的聚伞花序；蒴果扁球形，粉红色，直径约1cm，4纵裂，有浅沟（见图5-17）。花期8～9月，果期9～10月。分布于我国山东胶州湾至江苏、安徽、河南、湖南及江西等地，北京园林绿地中有栽培。

主要习性：喜阴，耐寒，在微酸性、轻碱性及石灰质土壤上均能正常生长。喜温暖气候，但夏季高温、闷热的环境对其生长不利；对冬季温度要求很严，当室外温度降至10℃以下时停止生长，在霜冻条件下不能安全越冬。长势旺，耐修剪。

栽培养护：常采用扦插和嫁接进行繁殖，亦可进行播种、分株和压条繁殖。在实际生产中，因种子采收不便，所以播种繁殖应用较少。分株繁殖和压条繁殖在用苗量较少时亦可采用。扦

插繁殖常于春末或秋初用当年生枝条进行嫩枝扦插，或于早春用上年生枝条进行老枝扦插。常以营养土或河沙、泥炭土等材料为扦插基质。进行嫩枝扦插时，在春末至早秋植株生长旺盛时，选当年生粗壮枝条，剪成长5～15cm的茎段，每段带3个以上的叶节。进行硬枝扦插时，在早春气温回升后，选取上年生健壮枝条做插穗，每段通常保留3～4个节。插穗生根的最适温度为20～30℃；扦插后遇到低温时，保温的主要措施是用薄膜将用来扦插的苗床或容器包起来；扦插后温度过高时，降温的主要措施是给插穗遮阴，要遮去50%～80%的光照，同时，给插穗进行喷雾，使空气相对湿度保持在75%～85%。待插穗生根后，再逐步移去遮阴网。嫁接繁殖宜选择长势良好、无病虫害、树干端直、胸径3～6cm的丝棉木为砧木，嫁接高度视用途而定。若用于点缀草坪，砧木高可为0.8～1m；若用作行道树，干高在2m左右。接穗应选取1年生健壮枝条，芽要饱满，无病虫害，一般带2～3个芽，随采随接。嫁接一般在春季树液开始流动、萌芽前进行。多用插皮接，此法成活率高，成株快，易整形。根据砧木粗度，接3～4个穗。接完后，用塑料布将接口及砧木横截面包紧。及时抹掉砧木上的萌蘖，待接穗上的芽长至15cm左右时将塑料布解开，并用硬枝和细绳对接穗进行加固，以防刮风或人为碰撞造成接穗松动，降低嫁接成活率。当新枝长至30cm左右时，要进行摘心，促其多发侧枝，并及时疏除向内生长枝。翌年春末夏初对树冠进行修圆处理，第3年春季即可出圃。压条繁殖应选取健壮枝条，在顶梢以下大约15～30cm处把树皮剥掉一圈，剥后的伤口宽度在1cm左右，深度以刚刚把表皮剥掉为限。剪取一块长10～20cm、宽5～8cm的薄膜，上面放些淋湿的园土，像裹伤口一样把环剥的部位包扎起来，薄膜的上下两端扎紧，中间鼓起，约4～6周后即可生根。

图5-17　胶东卫矛（叶和花序）

在室内养护时，应尽量放在光线好的地方。在室内养护一段时间后，应将其搬到室外有遮阴（冬季有保温条件）的地方养护一段时间，如此交替调换，以保证植株健壮生长。春、夏、秋三季是其生长的旺季，应加强肥水管理。在冬季休眠期，应控制肥水，剪除瘦弱枝、病虫枝、枯死枝和过密枝，也可结合扦插采穗对树冠进行整形。

园林用途：树姿优雅，枝叶繁茂，绿叶红果，颇为美丽。植于老树旁、岩石边花格墙垣附近，任其攀附，颇具野趣。适应性强，适于庭院、甬道、建筑物周围、主干道绿带等多种园林环境种植，是绿篱、绿球、绿床、绿色模块、模纹造型等平面绿化的常用常绿树种。对多种有毒气体抗性很强，能吸收而净化空气，抗烟吸尘，是污染区理想的绿化树种。

18. 夹竹桃

别名：柳叶桃、红花夹竹桃、洋桃、半年红

拉丁学名：*Nerium oleander* L.（*N. indicum* Mill.）

科属：夹竹桃科　夹竹桃属

形态及分布：常绿直立大灌木，高3～5m，具白色乳汁。三叉状分枝，老枝灰褐色，嫩枝绿色具棱，分枝力强。叶披针形，厚革质，全缘，3～4叶轮生，在枝条下部为对生，条状披

针形，长11～15cm，宽1.5～3cm，先端锐尖，基部楔形，中脉明显，侧脉密生而平行，具短柄，叶缘略反卷。叶柄和花序梗为紫红色。聚伞花序顶生，花萼裂片直立；花冠漏斗形，深红色、粉红色或白色，5裂，倒卵形并向右扭旋；冠筒喉部有鳞片状副花冠5，顶端流苏状，多为重瓣和半重瓣，微香。蓇葖果长圆形，长12～23cm，径6～10mm[见图5-18(a)、(b)]。花期6～10月，果期12月至翌年1月，偶有结果。原产于印度、伊朗和阿富汗及尼泊尔，我国引种栽培时间较长，现广植于热带及亚热带地区，北方温室盆栽观赏。

主要习性：喜光，喜温暖湿润气候，耐阴，不耐寒；耐旱，抗烟尘及有毒气体；对土壤要求不严，在肥沃、湿润的中性壤土上生长最好，在微酸性、轻碱性土上也能正常生长。性强健，管理粗放，萌蘖性强，病虫害少，生命力强，耐修剪。

栽培养护：以扦插繁殖为主，亦可用压条和分株繁殖。扦插一般在春季和夏季进行，插后浇足水，保持土壤湿润，15天即可发根。若将插条基部浸入清水10天左右，保持浸水新鲜，插后能提前生根，成活率也高。由于其老茎基部的萌蘖力很强，常抽生出大量嫩枝，亦可充分利用这些枝条进行夏季嫩枝扦插。压条一般选2年生以上且分枝较多的植株作压条母株，于5月底至6月初压条较为合适。另外，还可应用水培生根后栽植，即把插条捆成束，将其基部10cm以下的部分浸入水中，每天换水，温度保持在20～25℃，7～10天即可生根，然后将其移入苗床或盆中培养，待新枝长至2.5cm时再移植。亦可采用带踵扦插，将夹竹桃嫩枝带踵取下（带老茎基部），剪成长5cm左右，保留生长点部分和小叶插入素沙土中，荫棚下养护，成活率很高。分株繁殖宜在春、秋两季进行，而以春季芽刚萌动时为好。

苗期可每月施1次氮肥，盆栽可于春季和开花前后各施1次肥，露地栽植可少施肥。浇水以水量适当、经常保持湿润为度。一般夏季1周左右浇水1次，秋后10天左右浇水1次。温室盆栽植株应于每年4月底移出温室，10月底移入温室越冬。修剪可按“三枝九顶”进行整枝，一般在60cm高处剪顶，促其发芽，剪口处常长出许多小芽，留3个壮芽，即株顶3个分枝，再使每枝分生3杈。常年养护应注意防治蚜虫和介壳虫。

园林用途：植株姿态优美，花繁叶茂，四季常青，兼有桃竹之胜，自初夏开花，经秋乃止，是园林造景的重要花灌木，常植于公园、庭院、街头绿地等处，亦可作城市干道分车绿带的下木配置；盆栽观赏亦很适宜。性强健，耐烟尘，抗污染，是工矿区等生长条件较差的地段绿化的好树种。全株有毒，可入药，但人畜误食能致命，在栽培和应用时应特

图5-18（a） 夹竹桃（开花植株）

图5-18（b） 夹竹桃（花）

别注意。

19. 马缨丹

别名：五色梅

拉丁学名：*Lantana camara* L.

科属：马鞭草科　马缨丹属

形态及分布：直立或半藤本状常绿灌木，高1～2m，有时藤状，长达4m。茎、枝呈四方形，通常有倒钩状短刺，全株被短毛。单叶对生，揉烂后有强烈的气味，叶片卵形至卵状长圆形，先端渐尖，基部心形或楔形，边缘有锯齿，表面有粗糙的皱纹和短柔毛，背面有小刚毛。伞形花序由20多朵小花组成，总花梗粗壮，长于叶柄，苞片披针形，长为花萼的1～3倍，外部有粗毛。花萼管状，膜质，顶端有极短的齿；花冠黄色或橙黄色，开花后不久转为深红色，花冠管长约1cm；核果集成球状，成熟时紫黑色［图5-19（a）、（b）］。全年开花。原产于美洲，在世界热带地区均有分布。我国台湾、福建、浙江、云南、四川、广东和广西可见，常生长于海拔80～1500m的海边沙滩和空旷地区，已被列为Ⅱ级为害程度的外来入侵植物。2010年1月7日被中华人民共和国生态环境部列入中国第二批外来入侵物种名单。

主要习性：喜光，喜温暖、湿润气候，适应性强，耐干旱瘠薄，稍耐阴，对土质要求不严，在疏松肥沃、排水良好的沙壤土上生长较好。不耐寒，越冬温度要求在10℃以上。在热带地区全年可生长，冬季不休眠。

栽培养护：播种或扦插繁殖。春季播种在3～4月室温达到16～20℃时进行，室温25～28℃时发芽最快。种子细小多汁，地播不宜过深，播后约10～15天即可发芽出土，播种苗当年秋季可开花。扦插可在春季结合修剪进行，在我国厦门地区可全年进行。春季扦插以嫩枝成活率高，其他季节可选半木质化枝条，剪成长约5cm的带节插穗，插后20～30天即可生根，长至7～8cm高时即可定植，定植成活后即形成花蕾，陆续开花。马缨丹生长较快，花芽在当年生枝条上形成并开花，应以早春修剪为主，栽培中应及时剪除影响株形的枝条。在北方地区可盆栽或做一年生地被应用。抗性强，基本上无病虫害发生。因其生性强

图5-19（a）　马缨丹（叶和花）

图5-19（b）　马缨丹（花）

健，长势快，养护上主要是防止生长过快或徒长，因此在生长旺季应定期进行修枝，原则上是花后重剪，但一般在枝叶过密过长（高出地面40cm以上）、花叶互相遮盖、露出枝干时才修枝。修枝后20～25天为盛花期，使铺地花卉在节日期间达到表面平整均匀、花色纯艳的最佳观赏效果。

园林用途：马缨丹为叶花两用观赏植物，花期长，全年均能开花，是一种较为理想的观花地被植物，最适观赏期为春末至秋季。马缨丹花虽较小，但多数积聚在一起形成伞形花序，似彩色小绒球镶嵌或点缀在绿叶丛中，且花色美丽多彩，每朵花从花蕾期到花谢期可变换多种颜色，景观丰富，有活泼俏丽之感。马缨丹可植于街道、分车道和花坛，为城市街景增色，亦可在园路两侧做花篱、绿化坡坎，或做盆栽摆设观赏，还可作为配景材料，或以带状、环状、不规则形状植于花坛、角隅、墙基，起点缀、装饰和掩蔽作用。

马缨丹具有繁殖力强、生长快、适应性广、不择土壤、耐高温、抗干旱、病虫害少、根系发达、茎枝萌发力强、冠幅覆盖面大等优点，既能单生、群生，又能与其他乔木、灌木、草本植物混生，对减少风吹雨冲地表，固土截流、涵养水源、改良土壤、提高肥力、改善生态环境的作用明显，故是绿地、荒山、草地、乱石堆、山沟、山坡，特别是护坎、护坡、护堤的优良灌木树种，亦可用于盆栽或庭院栽培观赏。叶有杀虫作用，可用于制造生物杀虫剂。马缨丹叶及未成熟果实具有毒性，人畜误食会中毒。

20. 女贞

别名：冬青、蜡树

拉丁学名：*Ligustrum lucidum* Ait.

科属：木犀科　女贞属

形态及分布：常绿灌木或小乔木，高6～10（20）m。树皮灰褐色，光滑不裂。枝开展，黄褐色、灰色或紫红色，圆柱形，疏生圆形或长圆形皮孔。冬芽长卵形，褐色，无毛。叶革质，卵形至卵状披针形，长6～12cm，先端渐尖，基部圆形或阔楔形，全缘，叶面深绿色、有光泽，叶背淡绿色，中脉在上面凹入，下面凸起，侧脉4～9对，两面稍凸起或有时不明显；叶柄长1～2cm。圆锥花序顶生，长10～20cm，最下面具叶状苞片。花白色，花梗极短，花冠筒与花冠裂片近等长。核果矩圆形，长1cm，蓝黑色，被白粉［见图5-20（a）、（b）］。花期5～7月，果期10～12月。产于长江流域及以南各地。甘肃南部及华北南部多有栽培。

主要习性：喜光，稍耐阴；喜温暖，不耐寒；喜湿润，不耐干旱；宜在肥沃、湿润的微酸性至微碱性土壤上生长，以沙质壤土或黏质壤土栽培为宜，在红、黄壤土中也能生长。对空气中的二氧化硫、氯气、氟化氢等有较强的抗性，也能忍受较高的粉尘、烟尘污染。深根性，根系发达，生长较快，萌芽力强，耐修剪，但不耐瘠薄。

栽培养护：播种、扦插、压条繁殖，以播种为主。选择背风向阳、土壤肥沃、排灌方便、耕作层厚的壤土、沙壤土、轻黏土为育苗地。华北地区11月下旬至12月中旬为采种期，选择树势壮、树姿好、抗性强的树作为采种母树。于晴天下午挑选成熟度高、籽粒饱满、无病虫的种子，采下后在阴凉通风处阴干，忌阳光曝晒。种子采收后即播，发芽率高。也可除去果皮，阴干、湿沙层积，翌春播种。或阴干贮藏，翌春3月底至4月初，用热水浸种，捞出后放置4～5天即可播种。冬播于封冻前进行，一般不需催芽。春播于春季土壤

图5-20（a）　女贞（植株）

图5-20（b）　女贞（果）

解冻后进行，用经过催芽的种子则效果更好。为打破种子休眠，播前先用550mg/kg赤霉素溶液浸种48小时，每天换1次水，然后取出晾干。放置3～5天后，再置于25～30℃的条件下水浸催芽10～15天，应每天按时换水。播种以撒播为主，播种量为100～200kg/亩。若为条播，则播种量为20～50kg/亩，行距20～30cm，开沟深度为0.5cm左右，以埋住种子为宜。将种子均匀撒入沟内，然后在播种沟覆1cm厚细土盖实，上面加覆1～2cm厚的麦糠或锯末，以利保墒。播后浇透水，以喷灌和滴灌为佳，大水漫灌时应防止冲走覆盖物及种子。之后灌水视墒情而定。扦插于11月剪取春季生长的枝条，入窖埋藏，至翌年3月取出，剪成长25cm的插穗，上端平口，下端斜口，上部留叶1～2片，蘸泥浆后插入土中，入土约一半，株行距20～30cm。插后约2个月生根，当年苗高达70～90cm。8～9月扦插亦可，但以春插较好。压条可于3～4月进行，伏天可生根，翌春可分移。移栽易成活，春、秋季均可栽植，以春栽较好。定植或运输时，小苗可在根部蘸泥浆，大苗移栽须带土球，栽后浇水踏实。每年3月，可修剪整形，其他季节可以把一些参差不齐的多余枝条剪去，以保持树冠完整。

园林用途：树干圆整端庄，枝叶清秀，四季常绿，夏季白花满树，对城市环境适应性强，是长江流域常见的园林绿化树种，可用作行道树、庭园树或修剪成绿篱，也可作工矿区的抗污染树种。

21. 小蜡

别名：山紫甲树、山指甲、水黄杨

拉丁学名：*Ligustrum sinense* Lour.

科属：木犀科　女贞属

形态及分布：半常绿灌木或小乔木，高2～7m。小枝密生短柔毛。叶薄革质，椭圆形至卵形，长3～5cm，先端锐尖或钝，基部圆形或宽楔形，叶背沿中脉具短柔毛。花白色，具细而明显的花梗，花冠裂片长于筒部，雄蕊伸出花冠筒外。核果近球形，成熟后呈黑色［见图5-21（a）、（b）］。花期4～5月，果期8～10月。原产于长江流域以南各地区，生长于海拔200～2600m的地区，一般生长在溪边、山谷、疏林、河旁、路边的密林、山坡或混交林中，目前尚未由人工引种栽培。现华北及以南地区广泛栽培。

图5-21（a） 小蜡（枝叶）

图5-21（b） 小蜡（果）

主要习性：喜光，稍耐阴，喜温暖湿润气候，较耐寒，对土壤要求不严，抗烟尘及有毒气体。萌枝力强，耐修剪。

栽培养护：播种、扦插繁殖。秋季果实成熟后即可采收，采后立即播种；也可晒后干贮至翌年3月播种。播前将种子进行温水浸种1～2天，待种子浸胀后即可播种。采用条播，条距30cm，播幅5～10cm，深2cm，播后覆细土，然后覆以稻草。注意浇水，保持土壤湿润。当苗高3～5cm时可间苗，株距10cm。扦插宜在3～4月进行硬枝扦插或7～8月进行嫩枝扦插。嫩枝扦插可随采随插，嫩枝扦插应于头年冬初采集当年生枝条，剪成15～20cm长的插穗，进行沙藏，翌春扦插。扦插株行距20cm×30cm，深为插穗的2/3。插后及时浇水，保持适当的湿度。经沙藏的插穗，插后1个月即可生根。

园林用途：春天白花满树，芳香四溢，多丛植于林缘、池畔、假山一侧及庭院供观赏。枝叶紧密，耐修剪，生长慢，对有害气体抗性强，可用于厂矿绿化。也适于作绿篱栽植，或制作盆景。亦可整形成长、短、方、圆各种几何图形。

22. 皱叶荚蒾

别名：枇杷叶荚蒾、山枇杷

拉丁学名：*Viburnum rhytidophyllum* Hemsl.

科属：忍冬科　荚蒾属

形态及分布：常绿灌木或小乔木，高达4m。全株均被星状绒毛，裸芽，无芽鳞包被。当年生小枝粗壮，稍有棱角，2年生小枝红褐色或灰黑色，无毛，散生圆形小皮孔，老枝黑褐色。叶大，厚革质，卵状长圆形或长圆状披针形，长8～20cm，先端钝尖，基部圆形或近心形，叶面深绿色有皱褶、背面密生黄褐色星状毛，缘具小锯齿。聚伞花序稠密，总花梗粗壮，花冠黄白色。核果鲜红色，卵形，后变为蓝紫色至黑色［图5-22（a）、（b）］。花期4～5月，果期7～9月。分布于我国陕西南部、湖北西部、四川及贵州，生于海拔800～2400m山坡林下或灌丛中。北京、上海等地有引种栽培。

主要习性：喜光，亦较耐阴，有一定耐寒性，喜温暖、湿润气候。对土壤要求不严，在沙壤土、素沙土中均能正常生长，但以在深厚肥沃、排水良好的沙质壤土中生长最好。喜湿润土

图5-22（a）　皱叶荚蒾（叶和花序）

图5-22（b）　皱叶荚蒾（果）

壤但不耐涝。

栽培养护：播种、扦插、压条或分株繁殖。播种、扦插易于操作，且一次可获得大量小苗，故较为常用。果实成熟后，选取树形优美、长势健壮且无病虫害的植株作采种母株。果实采集后用木棒击碎，然后用水冲洗，获得纯净的种子。种子晾干后置于背阴处沙藏，并保持湿润。翌春种子有30%以上露白后即可播种。条播，播种后覆土踩实并灌水，注意保持苗床湿润，20天左右苗可出齐。扦插繁殖一般采用嫩枝扦插，多在6月中旬进行，插穗长12cm左右，每个插穗可保留1对叶片，扦插后可搭设拱棚并覆盖遮阳网。每天喷雾3～4次，使拱棚内湿度保持在85%以上，一般40天即可生根。皱叶荚蒾喜肥，充足的肥料可使其枝繁叶茂、花多果丰。喜湿润环境，移栽时应浇好头三水，此后每月浇1次透水，秋末要浇足冻水。对土壤的通透性要求较高，每次浇水后应及时松土保墒。

园林用途：树姿优美，叶色深绿，布满皱纹，秋果累累，别具一格。皱叶荚蒾的绿叶之美经冬雪而不落，是北方园林景观中不可多得的常绿灌木，可在假山旁、墙隅、林缘等处应用。

23. 凤尾兰

别名：凤尾丝兰、菠萝花

拉丁学名：*Yucca gloriosa* L.

科属：龙舌兰科　丝兰属

形态及分布：常绿灌木或小乔木，高达2.5m。茎短，通常不分枝或分枝很少。叶密集，近莲座状簇生，螺旋状排列于茎端，剑形，长40～70cm，端具尖刺，叶质挺直，具白粉，边缘光滑，老叶边缘有时具疏丝。花葶高大而粗壮，抽生于叶丛间，圆锥花序高达1m以上，5月和10月两次开花，花乳白色常带紫晕，杯状，下垂［图5-23（a）、（b）］。蒴果椭圆状卵形，若不进行人工授粉，一般不结实。原产于北美东部及东南部，我国各地都有栽培，长江流域园林绿化中最常见。

主要习性：性强健，耐干旱瘠薄，耐水湿，喜生于光照强、排水好的沙质壤土，瘠薄多石砾的堆土废地亦能生长，对酸碱度的适应范围较广，除盐碱地外均能生长。茎易产生不定芽，

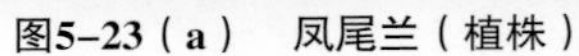

图5-23（a）　凤尾兰（植株）

图5-23（b）　凤尾兰（开花植株）

更新能力强。适应性强，耐寒，在−25℃的低温条件下仍能安全越冬。对氟化氢的抗性和吸收能力强，对二氧化硫、氯气、氯化氢的抗性强。

栽培养护：主要用根蘖繁殖，也可用扦插和播种繁殖。老植株周围萌蘖较多，可在春季挖出分栽，形成新植株。扦插容易成活，春季或初夏取茎干去叶片，按每段10cm剪断，粗的能纵切成2块或4块，开沟平放，纵切面朝下，盖土5～10cm，插后注意土壤不宜太湿，防止茎块腐烂。一般经20～30天就发芽出土了。取肉质根作插穗效果更好。种子繁殖需经人工授粉，一般以5月为好，授粉后约70天种子成熟，当年9月下旬秋播，经1个月即出苗，出苗率40%以上。也可将种子干藏至翌春播种。移植在春季2～3月、秋季10～11月进行，在黄河中下游及其以南地区可露地栽植。由于凤尾兰叶片密生广展，顶端尖锐，起掘时应先捆扎，以便操作。裸根、带宿土均可。定植前施足基肥，定植后浇透水，解除捆扎物，放开叶片。养护管理极为简便，只需修剪枯枝残叶，开花后及时剪除花梗。生长多年后，茎干过高或倾斜地面，可截干更新。秋季可在植株周围挖掘环状沟施肥。在华北南部应包草壅土保护越冬，偏北地区则应带上完整的土团把植株挖掘出来，在冷室贮藏越冬，翌年清明前后重新栽种，栽前将干茎下部的枯黄老叶剪掉。盆栽时可用普通营养土栽入较大的盆，每年春季翻盆换土，施足肥料，否则不易开花。花谢后将残花序剪去。

园林用途：凤尾兰生长健壮，抗性强，叶形奇特，叶色常年浓绿，花序长、花大而美观，是优良的绿化观赏树种。数株成丛，高低不一，剑形叶放射状排列整齐，可种植于花坛中心、建筑前、草坪边缘、岩石或台坡旁，或作为绿篱基础栽植，也可利用其叶端尖刺作为围篱，或种于围墙、栅栏之下。凤尾兰对有害气体抗性强，可在工矿污染区作绿化材料，亦可用于四旁绿化。

干，立即秋播或与经过消毒过筛的湿河沙按种子与河沙体积比1 ∶ 3混合均匀，低温沙藏至翌年3月下旬播种。扦插可在6 ～ 8月选当年生芽眼饱满的半硬枝，剪成长10 ～ 12cm的插穗，上端留叶片，插于沙或蛭石中，保持湿度在90%左右，温度25℃左右，20天即可生根。萌蘖性强，生长快，植株往往呈丛生状，可进行分株繁殖。分株时间除夏季外，其他季节均可进行。

宜栽植在排水良好的沙壤土中，苗期土壤过湿会烂根。移栽可于春季2月或秋季10 ～ 11月进行，裸根或带土球均可。生长季节每月浇水1次或与其他花木同步。萌蘖性强，耐修剪，定植时可行强修剪，以促发新枝。入冬前或早春疏剪过密枝或截短长枝，花后及时修剪，使株形圆满，提高观赏效果。可隔年施肥。秋季落叶后，于根际周围开沟施腐熟厩肥或堆肥1次，然后埋土并浇足冻水。

园林用途：叶片长年紫红，落叶后枝条仍为红色，春开黄花，秋缀红果，是叶、花、果俱美的观赏花木，适宜在园林中作花篱或在园路角隅丛植、大型花坛镶边或剪成球形对称状配植，或点缀在岩石间、池畔。也可制作盆景。

5. 细叶小檗

别名：波氏小檗

拉丁学名：*Berberis poiretii* Schneid.

科属：小檗科　小檗属

形态及分布：落叶灌木，高1 ～ 2m。老枝灰黄色，小枝细而有沟槽，紫褐色，刺通常不分叉。单叶，在短枝上簇生，在幼枝上互生；叶全缘，倒披针形至狭倒披针形，先端尖，基部渐狭，表面深绿色，背面淡绿色，中脉隆起，侧脉和网脉明显，两面无毛，近无柄。花黄色，总状花序具8 ～ 15朵花，常下垂。浆果卵圆形，红色［见图6-5（a）、（b）］。花期5 ～ 6月，果期7 ～ 9月。分布于吉林、辽宁、内蒙古、青海、陕西、山西、河北等地，常生于林缘或草原地带的沙地。朝鲜、蒙古、俄罗斯亦有分布。

主要习性：喜光，稍耐阴，耐寒，耐干旱，对土壤要求不严，但在肥沃而排水良的沙质壤土上生长最好。萌芽力强，耐修剪。多生于山坡路旁或溪边。

栽培养护：主要用播种繁殖，春播或秋播均可。春播时应在12月提前进行沙藏春化处理，3个

图6–5（a）　细叶小檗（果）

图6–5（b）　细叶小檗（花）

月后播种，播后10天开始发芽，15天后进入发芽高峰期。扦插多用半成熟枝于7～9月进行，采用踵状插成活率较高。亦可用压条繁殖。移植时应进行强修剪，以促使其多发枝丛，生长旺盛。

园林用途：北方庭院中常栽培观果或栽作绿篱。

6. 阿穆尔小檗

别名：黄芦木

拉丁学名：*Berberis amurensis* Rupr.

科属：小檗科 小檗属

形态及分布：落叶灌木，高达3m。小枝灰褐色，有沟槽，刺常为3分叉。单叶，在短枝上簇生，在幼枝上互生；叶倒卵形或椭圆形，先端急尖或钝，基部渐狭，边缘具刺毛状细密锯齿，背面网脉不甚明显。花淡黄色，花瓣卵形，总状花序下垂，具花梗。浆果椭圆形，红色，常被白粉［见图6-6（a）、（b）］。花期5月，果期9～10月。分布于我国东北、华北及山东、陕西、甘肃等省。俄罗斯、朝鲜、日本亦有分布。

主要习性：适应性强，喜光，稍耐阴，耐寒性极强，耐干旱，在肥沃湿润、排水良好的土壤生长良好。萌芽力强，耐修剪。多生于灌丛中、溪边或山地林缘。

栽培养护：同紫叶小檗。

园林用途：花朵黄色密集、秋果红艳且挂果期长。宜丛植于路边、草坪、林缘、庭院中供观赏，也可用于点缀池畔或配植于岩石园中，或栽植成绿篱。

图6–6（a） 阿穆尔小檗（花）

图6–6（b） 阿穆尔小檗（果）

7. 牡丹

别名：富贵花、木本芍药、洛阳花

拉丁学名：*Paeonia suffruticosa* Andr.

科属：芍药科 芍药属

形态及分布：落叶灌木，株高多在0.5～2m之间。枝多而粗壮，老枝灰褐色，当年生枝黄褐色。根肉质，粗而长，中心木质化。2回3出羽状复叶互生，卵形至卵状长椭圆形，先端3～5裂，基部全缘；表面深绿色或黄绿色，背面灰绿色，被白粉，光滑或有毛。花大，两性，

单生于枝顶；花型多种，花色丰富，雄、雌蕊常有瓣化现象。聚合蓇葖果，种子椭圆形，成熟后黑褐色［见图6-7（a）～（e）］。花期4～5月，果期9月。原产于中国西部及北部，秦岭和大巴山等地有野生，现各地广泛栽培。

主要习性：喜温暖但不酷热的气候，较耐寒。喜光，但忌夏季暴晒。喜疏松、肥沃、排水良好的中性土壤或沙土壤，忌黏重土壤或低温处栽植。

栽培养护：常用嫁接、分株法繁殖，也可采用播种和扦插繁殖。嫁接时间为9月上旬至10月上旬。砧木为芍药根或2～3年生实生牡丹苗，长15～20cm，直径1.5～3cm。接穗用当年生壮枝，长6～10cm，带有饱满顶芽和1～2个侧芽，将其下部2～3cm处削成楔形，再将砧木顶端削平，在一侧面由上向下纵切一条长2.5～3cm的裂缝，将接穗插入，使两者的形成层对准密接，用麻皮或塑料薄膜绑紧，再用湿泥涂抹接口，立即栽植。以接口低于地面2～3cm为宜，然后培小土堆，以接穗不露出土为宜。

分株于9月下旬至10月上旬进行，将5年生以上母株连株挖出，去掉根部宿土，然后按生长纹理，顺其长势，用双手掰开，或用刀劈开，每株苗应有2～3个枝条和部分根系，植于圃地。

播种一般用于新品种选育和繁殖砧木。于8～9月种子成熟后及时采收，采后摊放在通风

图6-7（a）　牡丹（开花植株）

图6-7（b）　牡丹（叶和花）

图6-7（c）　牡丹(花—紫红色)

图6-7（d）　牡丹(花—粉红色)

图6-7（e）　牡丹(花—红色)

处干燥，于8月下旬至9月下旬播种。充分老熟和前1年采收的种子出苗率很低，一般不宜采用。播前用70℃温水浸种24 ～ 30小时。

栽植适期为9月至10月上旬。栽植选择向阳、土质肥沃、排水好的沙质壤土。栽植前深翻土壤，施入底肥，栽植坑应适当大些，牡丹根部放入其穴内要垂直舒展，不能窝根。栽植不可过深，以刚好埋住根部为宜。入冬前浇1次水，保证其安全越冬。开春后视土壤干湿情况给水，但不应浇水过多。全年一般施3次肥，第1次为花前肥，施速效肥，促其花开大开好；第2次为花后肥，追施1次有机液肥；第3次是秋冬肥，以基肥为主，促翌年春季生长。另外，应注意中耕除草，无杂草可浅耕松土。花谢后及时摘花、剪枝。

园林用途：我国特有的木本名贵花卉，姿、色、香兼备，素有“花中之王”的美称，长期以来被人们当作富贵吉祥、繁荣兴旺的象征。园林中常成片栽植或布置成专类园及供重点美化用；也可栽植于花台、花池观赏；亦可自然式孤植、丛植或片植于岩石旁、草坪或庭院绿地；此外，亦可盆栽供室内观赏或作切花。

8. 银芽柳

别名：银柳、棉花柳

拉丁学名：*Salix leucobithecia* Kimura

科属：杨柳科　柳属

形态及分布：落叶灌木，基部抽枝，高2 ～ 3m。分枝稀疏，小枝绿褐色，具红晕，新枝有绢毛，后脱落。冬芽大，红紫色，有光泽。单叶互生，长椭圆形，先端尖，基部近圆形，缘有细浅齿，表面微皱，深绿色，背面密被白毛，近革质。雌雄异株，雄花序椭圆状圆柱形，长3 ～ 6cm，早春叶前开放，柔荑花序，盛开时密被银白色绢毛，形似毛笔，故名银芽［图6-8（a）、（b）］。原产于日本，我国东北、华北、华东等地有栽培。

主要习性：喜光，不耐阴，较耐寒，喜潮湿气候，不耐干旱，对土壤要求不严，在溪边、湖畔和河岸等临水处生长良好，要求常年湿润而肥沃的土壤和背风向阳的环境。

栽培养护：扦插繁殖，易生根。2月为南方扦插适期，北京地区露地扦插在4月上旬进行。将充实的1年生枝条剪成15 ～ 20cm长的插穗，插在湿润的土壤上就能成活。移植可在春秋两

图6-8（a）　银芽柳（植株）

图6-8（b）　银芽柳（雄花序）

季进行，裸根蘸泥浆即可。因其萌发新枝的能力极强，又是在1年生新枝上分化花芽，因此在每年春季将花枝剪下来作观赏之后，应将植株从地面5cm处平茬，以促其萌发更多新枝，生长期应注意施肥，尤其在冬季花芽开始膨大和剪取花枝后应及时施肥和灌溉。在暖温带地区能露地越冬，但在北温带地区栽植时，入冬后枝条常受冻抽干，因此需在入冬之前把花枝全部剪下来，在冷室内假植在湿润的沙床上，室温保持在1～3℃之间，让其休眠。翌年1月上旬移入低温温室（室温保持5～10℃），将花枝基部浸入水中催芽，待花芽展开后即可作切花出售。秋季植株平茬后应压埋厚土防寒保护，以防根颈部受冻枯死。

园林用途：银芽柳的花芽萌发成花序时非常美观，是著名的观芽树种，在园林绿化中可栽培观赏。萌芽时节恰逢春节前后，可作春节瓶插材料，市场需求量大。瓶插水养时间长，观赏期可达2个月以上，可单独插瓶，亦可与一品红、水仙等配伍，在园林中亦可作地被植物应用。

9. 溲疏

别名：圆齿溲疏、空疏

拉丁学名：*Deutzia Scabra* Thunb.

科属：虎耳草科　溲疏属

形态及分布：落叶灌木，高达3m。树皮片状剥落，小枝红褐色，中空，幼时被有星状毛，老枝光滑。单叶对生，叶长卵状椭圆形，边缘有小齿，两面均有星状毛，粗糙。圆锥花序直立，花白色或外面带粉红色斑点。蒴果近球形，顶端截形（见图6-9）。花期5～6月，果期10～11月。原产于浙江、江西、安徽南部、江苏、湖南、湖北、四川、贵州等省；朝鲜、日本亦有分布。多见于山谷溪边、道路岩缝、林缘及丘陵低山灌丛中。

主要习性：喜光，稍耐阴，稍耐寒，耐旱。喜排水良好、富含腐殖质的微酸性、中性土壤。性强健，萌芽力强，耐修剪。

栽培养护：扦插、播种、压条或分株繁殖。扦插极易成活，6、7月间用嫩枝扦插，半月即可生根；也可在春季萌芽前用硬枝扦插，成活率均可达90%以上。移植宜在落叶期进行。栽后每年冬季或早春应修剪枯枝。花谢后残花序应及时剪除。播种于10～11月采种，晒干脱粒后密封干藏，翌年春播。撒播或条播，条距12～15cm，播种量约0.25kg/亩。覆土以不见种子为度，播后盖草，待幼苗出土后揭草搭棚遮阴。幼苗生长缓慢，1年生苗高约20cm，需留圃培养3～4年方可出圃定植。压条可在春季对基部过长枝条进行刻伤，用土埋压，翌春可分栽。母株旁常生有蘖枝苗，可在秋季落叶或春季萌芽前分栽。

溲疏在园林中可粗放管理。因其小枝寿命较短，故经数年后应将植株重剪更新，以促使其生长旺盛并多开花。

园林用途：初夏白花繁密，常丛植草坪一角、建筑旁、林缘配山石。宜孤植、丛植于草坪、路边、山坡及林缘，也可作花篱及岩石园种植材料。花枝可供瓶插观赏。

图6-9　溲疏（花）

10. 大花溲疏

拉丁学名：*Deutzia grandiflora* Bunge

科属：虎耳草科 溲疏属

形态及分布：落叶灌木，高达3m。树皮褐色或灰褐色。单叶对生，卵形或卵状椭圆形，先端急尖或短渐尖，基部广楔形或圆形，缘有细锯齿，表面散生星状毛，背面密生灰白色星状毛，质粗糙。花白色，较大，1～3朵生于枝顶成聚伞花序。雄蕊10，花丝上部两侧具钩状齿牙，子房下位，花柱3。蒴果半球形，具宿存花柱［见图6-10（a）～（c）］。花期4～5月，果期6月。产于我国湖北、山东、河北、陕西、内蒙古、辽宁等地。朝鲜半岛亦有分布。

主要习性：喜光，稍耐阴，耐旱，对土壤要求不严，多生于丘陵或低山坡灌丛中。

栽培养护：可用播种、分株等法繁殖。参阅溲疏。

园林用途：花大且开花早，异常美丽。园林中常用作庭院栽植，供观赏；亦可用作山坡水土保持树种。

图6–10（a） 大花溲疏（开花植株）

图6–10（b） 大花溲疏（花）

图6–10（c） 大花溲疏（叶和果）

11. 太平花

别名：京山梅花

拉丁学名：*Philadelphus pekinensis* Rupr.

科属：虎耳草科 山梅花属

形态及分布：落叶丛生灌木，高达2m。树皮栗褐色，薄片状剥落；幼枝光滑无毛，常带紫褐色。单叶对生，叶卵状椭圆形，先端渐尖，基部广楔形或近圆形，3主脉，缘疏生小齿，通常两面无毛，或有时背面腺腋有簇毛；叶柄带紫色。花乳白色，总状花序，微有清香。蒴果陀螺形［见图6-11（a）、（b）］。花期6月；果期9～10月。主要分布于我国北部及西部，北京山地也有野生；朝鲜亦有分布。现各地广泛栽植。

图6-11（a）　太平花（开花植株）

图6-11（b）　太平花（花）

主要习性：喜光，稍耐阴，耐干旱，怕水湿，耐寒，多生于海拔1500m以下山坡、林地、沟谷或溪沟两侧排水良好处，亦能生长在向阳的干瘠土地上，不耐积水。

栽培养护：播种、分株、压条、扦插繁殖。播种于10月采果，日晒开裂后，筛出种子密封贮藏，至翌年3月播种。种子宜拌细沙撒播于苗床上，再覆盖稻草，厚1cm，以不见土为度。播后15天左右出苗，利用阴天或傍晚揭草，搭上荫棚，待苗高达3～5cm、最高气温不超过30℃时，可揭去阴棚，进行全光培育。1年生苗高20～30cm，2年后即可出圃栽植。扦插可用硬枝或嫩枝，而以嫩枝于5月下旬至6月上旬扦插较易生根。硬枝扦插、压条、分株均可在春季芽萌动前进行。宜栽植于向阳而排水良好之处，春季发芽前施以适量腐熟堆肥，可使花繁叶茂。花谢后若不留种，应及时将花序剪除。修剪时应注意保留新枝，仅剪除枯枝、病枝或过密枝。

园林用途：枝叶茂密，花乳黄而有清香，且花期较长，颇为美丽，宜丛植于林缘、草坪、园路拐角或建筑物前，亦可作自然式花篱或大型花坛中心栽植树种或孤植、丛植于假山石旁点缀。

12. 八仙花

别名：绣球、紫阳花

拉丁学名：*Hydrangea macrophylla*（Thunb.）Seringe

科属：八仙花科（绣球花科）　八仙花属（绣球花属）

形态及分布：落叶亚灌木，高达3～4m。冠球形，小枝粗壮、无毛、皮孔明显。单叶对生，形大而稍厚，有光泽，倒卵形至椭圆形，缘有粗锯齿，两面无毛或仅背脉有毛；叶柄粗壮。顶生伞房花序近球形，径可达20cm，几乎全部为不育花，扩大之萼片4，卵圆形，全缘，初为白色，后渐变为蓝色或粉红色［图6-12（a）、（b）］。花期6～7月。产于我国长江流域至华南各地，日本、朝鲜亦有分布，各地庭园常见栽培。

主要习性：暖温带树种，喜温暖、湿润和半阴环境，在肥沃湿润而排水良好的土壤中生长良好。土壤酸碱度对八仙花的花色有较大的影响，在酸性土中多呈蓝色，在碱性土中多为红色。萌蘖力强，但不甚耐寒，在寒冷地区冬季地上部枯死，翌春重新萌发新梢。

栽培养护：分株、压条或扦插繁殖。分株宜在早春芽萌发前进行。将已生根的枝条与母树分离，直接盆栽，浇水不宜过多，在半阴处养护，待萌发新芽后再转入正常养护。压条可在梅雨期前进行，1个月后即可生根，翌春与母株切断分栽。扦插除冬季外随时可以进行。初夏用

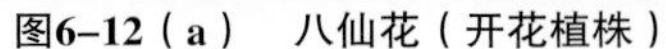
图6–12（a）　八仙花（开花植株）

图6–12（b）　八仙花（叶和花序）

嫩枝扦插更易生根。插穗应具2～3节，摘除下部叶片，以减少水分损失。插后应半遮阴，并保持较高的空气湿度。移栽应尽量选在庇荫处，经常保持土壤湿润，但也不宜浇水过多，雨季还应注意排水，以防植株受涝烂根，过于潮湿则叶片易腐烂。寒冷地区难以露地越冬，可盆栽，需在5℃以上室内越冬。花开于新枝端，花谢后需及时将枝端剪短，促其分生新枝，待新枝长至8～10cm长时可再次短截，使侧芽充实，以利翌年长出花枝。盆栽八仙花应保持盆土湿润，但浇水不宜过多，尤其冬季室内盆栽八仙花盆土以稍干为好。八仙花为短日照植物，每天暗处理10h以上，约45～50天可形成花芽。平时栽培应避开烈日照射，以60%～70%遮阴最为理想。

园林用途：八仙花碧叶葱葱，清雅柔和，繁花如雪，聚集如球，花色多变，艳丽可爱。开花时节，花团锦簇，花球大而美丽，花期长，是极好的观赏花木。对光照要求不高，宜配置在林缘或门庭入口处，或对植于乔木之下，或种植在花境中，也可列植成花篱，或盆栽供室内观赏，还可用于工厂绿化。

13. 圆锥八仙花

别名：水亚木

拉丁学名：*Hydrangea paniculata* Sieb.

科属：虎耳草科　八仙花属

形态及分布：落叶灌木或小乔木，高达8～10m。小枝粗壮，略方形，有短柔毛。单叶对生，亦有上部叶3枚轮生，椭圆形或卵状椭圆形，长6～12cm，先端渐尖，基部圆形或广楔形，缘有内曲之细锯齿，表面幼时有毛，背面有刚毛和短柔毛，脉上尤多。圆锥花序顶生，可育两性花小，白色，芳香，后变淡紫色；不育花大，全缘，具4萼片［见图6-13（a）、（b）］。花期8～9月。主要分布于福建、浙江、江西、安徽、湖南、湖北、广东、广西、贵州、云南等地。

主要习性：喜阴，喜温暖湿润气候，不耐寒，不耐干旱，亦忌水涝，适宜在肥沃、排水良好的酸性土壤上生长。多生于阴湿山谷、溪边、杂木林或灌丛中。

栽培养护：分株、压条、扦插、播种繁殖。分株繁殖宜在早春萌芽前进行，可根据母株根势将其分成数株，剪除朽根和过长根，移植于事先准备好的盆中进行培育管理，同时进行修

图6-13（a）　圆锥八仙花（枝叶）

图6-13（b）　圆锥八仙花（花序）

枝。压条春季或夏季均可进行，翌春与母株切断，带土移植，移植当年即可开花。初夏用嫩枝扦插极易生根。剪取顶端嫩枝，长20cm左右，摘去下部叶片，扦插适温为13～18℃，插后15天生根。

圆锥八仙花的根为肉质根，盆栽时浇水不宜过多，忌盆中积水，以防烂根。9月以后，天气逐渐转凉，应少浇水。霜降前移入室内，室温保持在4℃左右。冬季宜将植株放在室内向阳处，第2年谷雨后移至室外。圆锥八仙花病虫害少，宜粗放管理，是比较容易管理和栽培的理想花卉。

园林用途：因其花序美丽，园林中常用作庭园观赏。

14. 刺果茶藨子

别名：刺梨

拉丁学名：*Ribes burejense* Fr. Schmidt.

科属：虎耳草科　茶藨子属

形态及分布：落叶多刺灌木，高1m左右。小枝灰黄色，密被细刺及刺毛，节上着生3～7枚粗刺。单叶互生或簇生，叶近圆形，掌状3～5深裂，基部截形或心形，缘有粗钝圆齿，幼时两面被短柔毛，老时渐脱落。花两性，1～2枚腋生，淡红褐色。浆果球形，幼时浅绿色至浅黄绿色，成熟后暗红黑色，具多数黄褐色长刺和宿存萼片（见图6-14）。花期5～6月，果期7～8月。主要分布于我国东北、河北、山西、陕西等地；朝鲜、俄罗斯、蒙古亦有分布。主要生长于海拔900～2300m的山地针叶林、阔叶林或针、阔叶混交林下及林缘或山坡灌丛及溪流旁。

图6-14　刺果茶藨子（植株）

主要习性：喜光，极耐寒，喜排水良好的湿润而肥沃的土壤。

栽培养护：播种、扦插、压条和分株等法繁殖。播前2个月进行催芽处理，播后覆土0.5cm左右，因种粒细小，播后应保持土壤特别是地表土壤湿润，当年生苗高10 ～ 25cm，2年生苗即可出圃栽植。扦插于1年中均可进行，但以春、秋两季效果较好，选半木质化枝，剪成10 ～ 15cm的插穗，每个穗带3 ～ 4个饱满芽点，1/3插入基质，并喷施多菌灵防止病菌感染，约20天后插穗基部可观察到不定根。压条用水平、直立枝均可，在春季至夏初进行，秋季或翌春将生根新株从母株分离，即成新苗。夏季修剪以改善树体通风条件，休眠期修剪以便翌年能更多开花、结果。

园林用途：园林中可栽作刺篱或配置于岩石园中。

15. 玫瑰

别名：刺玫花、徘徊花、刺客、穿心玫瑰

拉丁学名：*Rosa rugosa* Thunb.

科属：蔷薇科　蔷薇属

形态及分布：落叶直立丛生灌木，高达2m。枝灰褐色，密被刚毛与倒刺。奇数羽状复叶互生，小叶5 ～ 9，宽椭圆形或倒卵状宽椭圆形，先端急尖或圆钝，基部圆形或宽楔形，边缘有尖锐锯齿，表面无毛，深绿色，背面有柔毛和腺体。托叶大部附着于叶柄，叶柄基部刺常成对着生。花单生或数朵聚生，紫红色；花梗密被绒毛、刺毛和腺毛。蔷薇果扁球形，熟时红色，内有多数小瘦果；萼片宿存［见图6-15（a）～（c）］。花期4 ～ 5月，果期8 ～ 9月。原产于我国北部地区，现全国各地广泛栽培。日本、朝鲜等地均有分布，在其他许多国家也被广泛种植。

主要习性：喜光，耐旱，耐寒，不耐水湿，喜排水良好、土质肥沃的沙壤土。萌蘖性强，

图6-15（a） 玫瑰（开花植株）

图6-15（b） 玫瑰（叶）

图6-15（c） 玫瑰（花）

生长迅速。在肥沃的中性或微酸性轻壤土上生长和开花最好。

栽培养护：玫瑰繁殖方法较多，一般以分株、扦插为主。分株多于春、秋两季进行，一般每隔2～4年分1次。选取生长健壮的玫瑰植株连根掘出，根据根的长势从根部将植株分割成数株，分别栽植即可。扦插用硬枝、嫩枝均可，春、秋两季均可进行。硬枝扦插，一般于2～3月植株发芽前，选取2年生健壮枝，截成15cm的插穗，下端涂泥浆，插入插床中若插前在浓度为200mg/L的吲哚乙酸溶液中浸泡20min，或用500mg/L ABT生根粉处理10min，则生根效果更佳。一般插后1个月左右可生根，然后及时移栽养护。

玫瑰栽植以秋季为宜，选择土层深厚、结构疏松、排水良好的地块，栽前在树穴内施入适量有机肥，栽后浇透水。地栽玫瑰对水肥要求不严，一般施3次肥即可。一是花前肥，于春芽萌发前进行沟施，以腐熟的厩肥加腐叶土和适量的化肥为宜。二是花后肥，花谢后施腐熟的饼肥渣，以补充植株开花时消耗的养分。三是入冬肥，落叶后施入厩肥，以确保其安全越冬。

园林用途：因其色艳花香，适应性强，适作花篱、花镜、花坛及坡地栽植。

16. 木香

拉丁学名：*Rosa banksiae* Ait.

科属：蔷薇科　蔷薇属

形态及分布：落叶或半常绿攀缘灌木，高达6m。枝细长绿色，光滑少刺。叶有异味，奇数羽状复叶互生，小叶3～5枚，椭圆形至倒卵形，先端急尖或微钝，基部近圆形，具重锯齿，表面无毛，背面具腺点。花单生，白色或黄色，伞形花序，有单、重瓣之分，有香味。蔷薇果近球形，红色［见图6-16（a）～（c）］。花期4～6月，果期9～10月。原产于我国西南部及中南部，现许多城市普遍栽培。

图6-16（a）　木香（叶）

图6-16（b）　木香（花）

图6-16（c）　木香（果和叶）

主要习性：喜光，也耐阴，较耐寒，可露地栽培，喜排水良好而肥沃的沙质壤土。萌芽力强，耐修剪整形。

栽培养护：扦插、压条、嫁接繁殖均可。扦插一般在12月初剪取生长强健的当年生枝作插条，长10～20cm，插后应防寒。嫩枝扦插于梅雨期进行。压条可选用2年生枝。在入土部位用刀刻伤，以提高其发根能力。嫁接用野蔷薇（*R. multiflora* Thunb.）或十姐妹（*R. multiflora* Thunb. var. *carnea* Thory）作砧木。

木香生长迅速，宜粗放管理，但栽植初期应控制其基部萌发的新枝，促进主蔓生长。作攀缘树种应用时，应按支架大小，选留主蔓，过多则显得拥挤，一般3～4枝即可。枝条不宜交错，细长枝条可编成各种形状，适当牵引绑扎，使其依附支架。北方多在春季移栽，南方移栽则多在秋季移栽。移栽前先行断根处理，以促其多发根，同时重剪枝条，促使多发侧枝。作攀缘用时，只需疏剪内膛枯枝、细弱枝及病虫枝；作花篱用时，花谢之后应将残花及部分枝条剪去。

园林用途：枝叶纷披，是极佳的垂直绿化材料，常用于庭院花架，或攀缘篱垣，或制成鲜花拱门等，也可在假山旁、墙边或草地边缘种植，并可作为簪花、襟花、切花应用。

17. 缫丝花

别名：刺梨

拉丁学名：*Rosa roxburghii* Tratt.

科属：蔷薇科　蔷薇属

形态及分布：落叶或半常绿灌木，高约2.5m。小枝叶柄基部常有成对皮刺。奇数羽状复叶互生，小叶9～15，椭圆形，长1～2cm，顶端急尖或钝，基部广楔形，边缘有细锐锯齿，两面无毛；叶柄、叶轴疏生小皮刺；托叶大部和叶柄合生。花淡红色或粉红色，重瓣，径4～6cm，微香；花柄、萼筒和萼片外面密生刺；花柱分离，稍伸出花托口外，短于雄蕊。蔷薇果扁球形，黄绿色，径3～4cm，多生刺［见图6-17（a）～（c）］。花期5～7月。产于我国长江流域至西南部；日本亦有分布。

主要习性：适应性强，较耐寒，稍耐阴，喜温暖湿润和阳光充足环境，对土壤要求不严，但以肥沃的沙壤土为好。

栽培养护：常用播种和扦插繁殖。播种一般于9月采种，可秋播或沙藏至翌年春播，一般播后20～25天发芽。扦插于早春或雨季均可。嫩枝插易生根，插穗切口蘸新烧成的草木灰，能防止插穗腐烂。栽培管理过程中应确保肥水充足，于早春至初夏，每月施肥1次。注意适当疏剪和除去紧贴地面的枝条，以利通风透光。植株基部及主干易发徒长枝，第2～4年能萌发短花枝，并开花结实。

图6-17（a）　缫丝花（叶和幼果）

园林用途：花朵秀美，粉红的花瓣中密生一圈金黄色花药，十分别致，黄色果

图6-17（b）　缫丝花（叶）

图6-17（c）　缫丝花（果）

刺颇具野趣，适用于坡地和路边丛植绿化，也可用作绿篱材料。

18. 黄刺玫

别名：刺梅花、黄刺梅、硬皮刺玫

拉丁学名：*Rosa xanthina* Lindl.

科属：蔷薇科　蔷薇属

形态及分布：落叶丛生灌木，高2～3m。小枝褐色，散生硬直皮刺，无针毛。奇数羽状复叶互生，小叶7～13，宽卵形或近圆形，边缘有圆钝锯齿，表面无毛，幼嫩时背面有稀疏柔毛；叶轴、叶柄有稀疏柔毛和小皮刺；托叶条状披针形，大部分贴生于叶柄。花单生于叶腋，黄色，单瓣或重瓣，无苞片，萼筒、萼片外面无毛，萼片披针形，全缘，内面有稀疏柔毛；花瓣黄色，宽倒卵形；花柱离生，有长柔毛，比雄蕊短很多。蔷薇果近球形，红褐色，无毛，萼片于花后反折［见图6-18（a）～（e）］。花期4～6月，果期7～9月。原产于我国东北、华北至西北地区，生于向阳坡或灌木丛中，现各地广为栽培。

主要习性：性强健，喜光，耐寒，耐干旱和瘠薄，抗病虫害；对土壤要求不严，在盐碱土中也能生长，以疏松、肥沃土壤为佳，不耐水涝。

栽培养护：分蘖力强，因重瓣黄刺玫一般不结果，所以常用分株繁殖；对单瓣黄刺玫也可用播种、扦插、嫁接、压条法繁殖。分株繁殖一般于春季3月下旬芽萌动前进行。将整个株丛连根挖出，分成若干份，每一份至少应带1～2个枝条及部分根系，然后分别栽植，栽后浇透水。分株繁殖方法简单、快速、成活率高。扦插在雨季剪取当年生木质化枝条，剪成长10～15cm插穗，留2～3枚叶片，约1/2插入基质中，株行距5cm×7cm。嫁接采用易生根的野刺玫作砧木，用黄刺玫当年生枝作接穗，于12月至翌年1月上旬嫁接。砧木长15cm左右，取黄刺玫芽，带少许木质部，砧木上端带木质切下后，把黄刺玫芽靠上后用塑料膜绑紧，按50株1捆，蘸泥浆湿沙贮藏，促其愈合生根。3月中旬后分栽育苗，株行距20cm×40cm，成活率在40%左右。

图6–18（a） 黄刺玫（叶）

图6–18（b） 黄刺玫（花）

图6–18（c） 黄刺玫（开花植株）

图6–18（d） 单瓣黄刺玫（花）

图6–18（e） 单瓣黄刺玫（开花植株）

栽植一般在3月下旬至4月初。需带土球移栽，栽植时，穴内施1～2铁锨腐熟的堆肥作基肥，栽后重剪，浇透水，3～5天后再浇1次水，便可成活。成活后一般不需再施肥，但为了使其枝繁叶茂，可隔年于花后施1次追肥。日常管理中应视干旱情况及时浇水，以免因过分干旱缺水引起萎蔫，甚至死亡。雨季应注意排水防涝，霜冻前灌1次防冻水。花后应进行修剪，去掉残花及枯枝，以减少养分消耗。落叶后或萌芽前结合分株进行修剪，剪除老枝、枯枝及过密细弱枝，使其生长旺盛。对1～2年生枝应尽量少短剪，以免减少花数。

园林用途：花色金黄，鲜艳夺目，且花期较长，是北方春末夏初的重要观赏花木之一。适合草坪、林缘、路边、庭园栽植观赏，也可作花篱及基础种植。

19. 月季

别名：月月红、月季花

拉丁学名：*Rosa chinesis* Jacq.

科属：蔷薇科　蔷薇属

形态及分布：常绿或半常绿直立灌木，高1.5～2m。小枝绿色，具粗钩刺或无刺。叶墨绿色，奇数羽状复叶互生，小叶3～5（7），宽卵形或卵状长圆形，先端渐尖，具尖齿，叶缘有锐锯齿，两面无毛，表面有光泽；托叶与叶柄合生，边缘有腺毛或羽裂。花常数朵簇生，稀单生，花色甚多，微香，多为重瓣；萼片常羽状裂，缘有腺毛。蔷薇果卵球形或梨形，红色，萼片脱落［见图6-19(a)～(l)］。花期4～10月，果期9～11月。原产于中国湖北、湖南、四川、云南、江苏、广东等地，18世纪中叶传入欧洲，通过杂交育种等手段，已培育出许多品种，现国内外广泛栽培。

图6-19（a）　丰花月季

图6-19（b）　月季（花—橘黄色）

图6-19（c）　月季（花—外粉内浅黄白色）

图6-19（d）　月季（花—浅黄白色）

图6-19（e）　月季（花—杂色）

图6–19（f） 月季（花—浅粉色）

图6–19（g） 月季（花—黄色）

图6–19（h） 月季（花—白色）

图6–19（i） 月季（花—浅绿色）

图6–19（j） 月季专类园

图6–19（k） 月季（果）

图6–19（l） 树状月季

主要习性：喜光，喜温暖湿润、空气流通、排水良好而避风的环境，盛夏需适当遮阴，较耐寒。喜富含有机质、疏松的微酸性土壤，但对土壤的适应范围较宽。

栽培养护：大多采用扦插、嫁接繁殖，亦可分株、压条繁殖。硬枝、嫩枝扦插均易成活，一年四季均可进行，但以春、秋两季的硬枝扦插为宜。夏季嫩枝扦插应注意水分管理和温度控制，否则不易生根；冬季扦插一般在温室或大棚内进行，若露地扦插应注意增加保湿措施。嫁接采用枝接、芽接、根接均可，砧木可选用野蔷薇（*Rosa multiflora* Thunb.）、白玉堂（*R. multiflora* Thunb. var. *albo-plena* Yü et Ku）、刺玫（*R. davurica* Pall.）。播种繁殖常用于新品种选育。

月季移植多在11月至翌年3月进行，移植时可进行疏剪和短剪，并剪去枯枝、老弱枝，留2～3个向外生长的芽，以便向四面展开；对特别强壮的枝条进行短剪，控制其生长势，能加强弱枝的长势，形成良好树形；夏季新生枝过密时，应进行疏剪；每批花谢后，应及时将有残花的枝条上部剪去，避免其结果消耗养分，保留中下部充实的枝条，促进早发新枝再度开花。月季需在花前多施基肥，花后追施速效性氮肥，以促壮催花。月季对水分要求严格，不能过湿过干，过干则枯，过湿则伤根落叶。

露地栽植月季，应选背风向阳排水良好的地方，除多施基肥外，生长季节还应加施追肥。月季修剪是一项重要作业，除休眠期修剪外，生长期还应注意摘芽、剪除残花枝和砧木萌蘖。

园林用途：花色丰富、艳丽，花期长，是园林美化的好材料。广泛应用于花坛、花镜及基础栽植；亦可配置于草坪、庭院、园路角隅、假山等处；还可盆栽及切花用。

20. 野蔷薇

别名：多花蔷薇、蔷薇

拉丁学名：*Rosa multiflora* Thunb.

科属：蔷薇科 蔷薇属

形态及分布：落叶灌木，高达3m。枝细长，上升或攀缘，托叶下有皮刺。奇数羽状复叶互生，小叶5～9，倒卵状椭圆形，缘具锐锯齿，有柔毛。托叶大部分附着于叶柄上，边缘篦齿状分裂并有腺毛。花白色，芳香，圆锥状伞房花序；花柱伸出花托口外，结合成柱状，几与雄蕊等长，无毛。蔷薇果球形至卵形，褐红色，萼片脱落［见图6-20（a）、（b）］。花期5月，果期8～9月。原产于我国黄河流域以南各地的平原和低山丘陵，朝鲜半岛、日本也有分布。

图6-20（a） 野蔷薇（白花植株）

图6-20（b） 野蔷薇（粉花植株）

主要习性：性强健，喜光，耐半阴，耐寒，耐旱，也耐水湿；对土壤要求不严，在黏重土上也可正常生长，在肥沃、疏松的微酸性土壤上生长最好。

栽培养护：常用播种、扦插和分蘖繁殖。春季、初夏和早秋均可进行扦插；也可播种，可秋播或沙藏后春播，播后1～2个月发芽。扦插应选择生长健壮、无病虫害的枝条作插穗。嫩枝采后应立即扦插，以防萎蔫影响成活。插后应保持温度在20～25℃，使基质处于湿润状态，但也不可使之过湿，否则引起插穗腐烂。还应注意空气湿度，可覆盖塑料薄膜，但在湿度较高时应适当通风，以利插穗生根。

地栽前应开沟施基肥。春季应经常浇水。每年从根部长出新的长枝条，当年生侧枝即可开花。花后应将花枝顶部剪除。雨季应注意排水防涝，并施肥2～3次，促使未开花的花枝在翌年开花。

园林用途：花色艳丽、芳香，是良好的春季观花树种。品种甚多，宅院庭园多见。适用于花架、长廊、粉墙、门侧、假山石壁的垂直绿化以及花篱的基础种植。

21.金露梅

别名：金老梅、金蜡梅

拉丁学名：*Potentilla fruticosa* L.

科属：蔷薇科　委陵菜（金露梅）属

形态及分布：落叶灌木，高达2m。茎多分枝，树皮纵向剥落，幼枝红褐色或灰褐色，被长柔毛。羽状复叶互生，小叶通常5枚，长圆形、倒卵长圆形或卵状披针形，全缘，先端急尖或圆钝，基部楔形，边缘平坦或反卷，疏被柔毛。托叶薄膜质，成鞘状，被长柔毛或无毛。花黄色，单生或数朵呈伞房状；萼片卵形，副萼片披针形至倒卵披针形，与萼片近等长，外面被疏绢毛，密被长柔毛。瘦果近卵形，褐棕色，长1.5mm，外被长柔毛（图6-21）。花期7～8月，果期9～10月。原产于我国东北、华北、西北及西南。生于海拔3600～4800m的高山灌丛、高山草甸及山坡、路旁等处。

主要习性：喜光，耐旱，耐寒，喜微酸至中性、排水良好的湿润土壤，亦耐干旱瘠薄。

栽培养护：播种繁殖，亦可扦插繁殖。播种前先进行整地。若土壤过于干燥，应在整地前浇1次透水，待土壤干湿适宜时进行旋耕，深度为20～25cm，表层10cm的土壤过孔径为1cm的网筛。在苗床上撒施呋喃丹进行土壤消毒，用量为45g/m^2，浅耕1次，用混合杀虫剂防治地下害虫。播种前10天，在苗床上喷施1%的高锰酸钾水溶液，进行苗床杀菌消毒。配制营养土用于播种沟的下垫土和种子覆盖土，营养土按河沙：泥炭：田园土=1：3：3的比例配制，105℃高温干燥消毒4h。种子催芽用始温50℃清水浸种，用水量为种子体积的3倍，自然冷却到室温，浸种24h后捞出种子，转至恒温培养箱，恒温25℃催芽至20%～30%种子露白。播种采用落水条播法，播期为4月中旬。在播种沟内

图6–21　金露梅（枝叶和花）

灌足底水，待水下渗后，下垫1～2cm培养土。将种子与湿沙按1∶2混合，播于播种沟内，覆盖培养土，厚度约0.2cm。播种床面覆盖农用地膜，以利保湿保温。扦插常于春末秋初植株生长旺盛时进行嫩枝扦插，或于早春进行硬枝扦插。嫩枝扦插选用当年生粗壮枝作插穗。将枝条剪下后，选取壮实的部位，剪成5～15cm长插穗，每段应带3个以上的叶节。硬枝扦插应选取1年生健壮枝做插穗，每段插穗通常保留3～4个节。插穗生根的最适温度为20～30℃，保持空气相对湿度在75%～85%。

园林用途：植株紧密，夏季开金黄色花朵，花期长，为良好的观花树种，宜作岩石园种植材料；也可丛植、散植于草坪、林缘或庭院角落，或作绿篱。

22. 郁李

别名：爵梅、秧李

拉丁学名：*Prunus japonica* Thunb.

科属：蔷薇科　李属

形态及分布：落叶灌木，高约2m。小枝细密，无毛，冬芽极小，3枚并生。单叶互生，叶卵形或宽卵形，先端长尾状，基部圆形，缘有锐重锯齿，无毛，或仅背脉生短柔毛；叶柄长2～3mm，生稀疏柔毛。花红色或近白色，与叶同时开放；花梗长5～12mm，无毛。核果近球形，无沟，直径约1cm，暗红色，光滑而有光泽（见图6-22）。花期5月，果期7～8月。产于我国东北、华北、华中、华南等地；日本、朝鲜亦有分布。

主要习性：喜光，耐寒，耐旱，较耐水湿，对土壤要求不严，在肥沃湿润的沙质壤土中生长最好。

栽培养护：以分株、扦插繁殖为主，也可用压条、播种、嫁接繁殖，但应用较少。一般单瓣种可用播种繁殖，重瓣种可用毛桃或山桃作砧木进行春季切接和夏季芽接繁殖。分株繁殖一般在春季萌芽前进行。将整个株丛挖出，分成几部分，然后重新栽植，栽后灌足水。扦插繁殖可行枝插和根插。硬枝扦插比嫩枝扦插成活率高，生长快。硬枝扦插一般在早春发芽前进行，选1～2年生的粗壮枝条，剪成12～15cm长的插穗，插入苗床，扦插深度为插穗的2/3～3/4，保持土壤湿润。根插可在早春进行。掘取郁李的根，剪成10cm左右的根段，平埋入苗床内，覆土厚度为3cm左右，然后覆草或地膜，以保持土壤湿润。当萌发出不定芽时即可去掉覆盖物，加强苗期管理。由于郁李的根容易产生不定芽，也可直接用根插繁殖。插穗生根的最适温度为20～30℃，空气的相对湿度在75%～85%。

图6-22　郁李（植株秋景）

播种最好选用当年采收的籽粒饱满、无残缺或畸形、无病虫害的种子。用温热水浸泡种子12～24小时，种子吸水膨胀后，捞出种子，按3cm×5cm的间距点播。播后覆盖基质，覆盖厚度为种粒的2～3倍。在深秋、早春或冬季播种后，遇到寒潮低温时，可用塑料薄膜覆盖，以利保温保湿；幼苗出土后，应及时将塑料薄膜揭开，让幼苗接受光照；大多数种子出齐后，需要适当间苗；当大部分幼苗长出3片或3片以上的叶片后就可以移栽。

郁李适应性强，故栽培管理比较简单粗放。移栽需在落叶后至萌芽前进行。在春季2～3月栽植时，穴内施腐熟的堆肥作基肥，栽后浇透水。成活后，可只在干旱时浇水。为了使植株花繁叶茂，可在成活后的第2～3年秋季于植株旁施腐熟的堆肥1～2铁锹。早春展叶前和4月开花前各施肥1次。花后及时剪除残留花枝，并疏除株丛内部的枯枝、纤弱枝，保持冠丛松散匀称。郁李在生长过程中根部萌蘖力很强，需加以控制，及时清除，以保持良好株形。

园林用途：郁李宝石般桃红色的花蕾，繁密如云的花朵，深红色的果实，都非常美丽，是园林中重要的观花、观果树种。宜丛植于草坪、山石旁、林缘、建筑物前，或点缀于庭院路边，或与棣棠、迎春等其他花木配植，也可作花篱栽植。

23. 麦李

拉丁学名：*Prunus glandulosa* Thunb.

科属：蔷薇科　梅属

形态及分布：落叶灌木，高1.5～2m。单叶互生，叶卵状长椭圆形至椭圆状披针形，长5～8cm，先端急尖或渐尖，基部广楔形，缘有不整齐细钝齿，两面无毛或仅背脉疏生柔毛；叶柄长4～6mm。花粉红或近白色，径约2cm，花梗长约1cm。核果近球形，径1～1.5cm，红色。花期4月，果期5～8月。先叶开放或与叶同放［见图6-23（a）、（b）］。产于我国长江流域及西南地区。日本亦有分布。

主要习性：适应性强。喜光，有一定的耐寒性，在北京能露地栽培。

栽培养护：常用扦插、分株或嫁接法繁殖。通常在夏季进行扦插，将半木质化新枝剪成长约10cm的有两个节间的插穗。用山桃[*Amygdalus davidiana*（Carri.）Franch]作砧木。

园林用途：春天叶前开花，满株灿烂，甚为美观，各地常栽植于庭园或盆栽观赏；亦可丛植于草坪、路边、假山旁及林缘；也可作切花材料。

图6–23（a）　麦李（开花植株）

图6–23（b）　麦李（花枝）

24. 榆叶梅

别名：榆梅、小桃红、榆叶鸾枝

拉丁学名：*Prunus triloba* Lindl.

科属：蔷薇科　梅属

形态及分布：落叶灌木，高2～3m。小枝细小光滑或幼时稍有柔毛。单叶互生，椭圆形或倒卵形，长3～5cm，先端渐尖或3浅裂，基部阔楔形，缘有重锯齿。花单生，先叶开放，粉红色，径1～3.5cm；花梗短，紧贴生在枝条上。核果球形，径1～1.5cm，红色，密被柔毛[见图6-24（a）、（b）]。花期为3～4月，果期6～7月。原产于中国北部。黑龙江、河北、山东、山西及浙江等地均有分布；华北、东北庭院多有栽培。

主要习性：喜光，耐寒，耐旱，对轻度盐碱土也能适应，不耐水涝，喜肥沃、疏松、排水良好的土壤。

栽培养护：可采用嫁接、压条、扦插、播种等方法进行繁殖，最常用的是播种和嫁接繁殖。嫁接常用芽接和枝接。芽接于8月中下旬进行。砧木可用1年生榆叶梅实生苗，或用野蔷薇类植物、毛桃、山桃实生苗。接芽可从榆叶梅优良品种植株上剪取1年生枝条上的饱满叶芽备用；枝接应在春季2～3月进行，接穗应在植株萌芽前采取。播种一般在种子成熟后进行秋播或沙藏后春播。分株可在秋季和春季土壤解冻后植株萌发前进行。分株后的植株，应剪去1/3～1/2枝条，以减少水分蒸发，这样有利于植株成活。

扦插常于春末秋初用当年生枝进行嫩枝扦插，或于早春用上年生枝进行硬枝扦插。扦插基质用营养土或河沙、泥炭土等材料。嫩枝扦插时，选用当年生粗壮枝条作插穗，把枝条剪下后，选取壮实的部位，剪成5～15cm长的枝段，每段应带3个以上的叶节；进行硬枝扦插时，在早春气温回升后，选取上年的健壮枝做插穗，每段插穗通常保留3～4个节。插穗生根的最适温度为20～30℃，空气相对湿度为75%～85%。

压条繁殖于春季2～3月进行，选2年生健壮枝，从顶梢以下大约15～30cm处将树皮剥掉一圈，剥后的伤口宽度为1cm左右，深度以刚把表皮剥掉为限。剪取一块长10～20cm、宽5～8cm的薄膜，上面放些淋湿的园土，像裹伤口一样把环剥的部位包扎起来，薄膜的上下两

图6-24（a）　榆叶梅（开花植株）

图6-24（b）　榆叶梅（花-单瓣）

端扎紧，中间鼓起，约4～6周后生根。生根后，将枝条从生根部位之下剪断，立即栽植并浇水即可。

榆叶梅对土壤要求不严，环境适应力很强。栽植宜在春、秋季进行。定植时，穴内应施足腐熟的基肥，栽后浇透水。每年春季干燥时应浇2～3次水，平时不用浇水，同时应注意雨季防涝。每年5～6月可施追肥1～2次，以促植株分化花芽。生长过程中要注意修枝，可在花谢后对花枝进行适度短剪，每一健壮枝上留3～5个芽即可；入伏后，再进行1次修剪，并打顶摘心，使养分集中，促使花芽萌发。修剪后可施1次液肥。平时还应及时清除杂草，以利植株健康成长。

园林用途：我国北方重要的春季观花灌木，能反映春光明媚、花团锦簇的繁荣景象。孤植、丛植或列植为花篱，也可盆栽或作切花。与柳树间植或配植山石间，更显春色盎然。在园林或庭院中与苍松翠柏或连翘配植，景观极佳。

25. 毛樱桃

别名：山豆子

拉丁学名：*Prunus tomentosa* Thunb.

科属：蔷薇科　梅属

形态及分布：落叶灌木，株高2～3m。幼枝密被柔毛，冬芽3枚并生。单叶互生，倒卵形至椭圆状卵形，长3～5cm，先端尖，缘有不规则尖锯齿，表面皱，有柔毛，背面密生绒毛。花芽量大，花先叶开放，白色或淡粉红色；萼片红色，萼筒管状，花梗极短。核果近球形，径0.8～1cm，鲜红色，稍有毛，味甜酸［见图6-25（a）～（c）］。花期4月初，果5～6月成熟。原产于我国东北、内蒙古、西北、华北及西南地区。日本也有分布。

主要习性：喜光，稍耐阴，耐寒，耐旱，也耐高温瘠薄及轻碱土。

图6-25（a） 毛樱桃（开花植株）

图6-25（b） 毛樱桃（叶）

图6-25（c） 毛樱桃（花）

栽培养护：分株、扦插、压条、播种、嫁接等法繁殖。选优良单株采种，进行播种繁殖，去除果肉后取出种子冲洗，晾1～2日即可播种，或在表现优良的植株上采接穗进行嫁接繁殖；需苗量少时可挖根蘖培育成苗后于早春定植。

毛樱桃虽耐瘠薄、耐旱，但在肥水条件好的地方观赏性更佳。一般大穴定植，穴不小于50cm^3，施基肥，以后每年于雨季、秋季进行扩穴深翻施肥，深度30～50cm，深翻时清除多余根蘖及近地表根系，集中营养，促进根系深广。花前每株追施适量尿素、过磷酸钙和氯化钾。加强水分供应，减少干旱影响，应于萌芽前、花前、果实迅速膨大期及封冻前及时灌水。

毛樱桃耐阴也喜光，多采用丛状自然形，幼树期可任其自然生长，进入结果期后，对生长旺盛、枝条很密的大植株，应疏除过密枝、细弱枝、病虫枝、重叠枝，使其均匀分布；对树势衰弱的植株，应及时回缩更新，老枝干应从基部疏除，促进枝干生长、维持植株健壮。

园林用途：在园林中的应用空间很广，可与早春黄色系花灌木迎春、连翘等配植，反映春回大地、欣欣向荣的景象；也适宜以常绿树为背景配植应用，突出色彩的对比；此外，还适宜在草坪上孤植、丛植，配合玉兰、丁香等小乔木构建疏林草地景观。

26. 东北扁核木

别名：辽宁扁核木

拉丁学名：*Prinsepia sinensis*（Oliv.）Oliv. ex Bean

科属：蔷薇科　扁核木属

形态及分布：落叶灌木，高约2m。枝直立或拱形，紫褐色，片状剥裂，具片状髓；枝刺生于叶腋，微弯，无毛。单叶互生或簇生，披针形或卵状长椭圆形，基部楔形，全缘或疏生细锯齿，两面无毛或背面沿边缘有疏柔毛。花黄色，微香，1～4朵簇生于叶腋；径约1.5cm；萼筒浅杯状，无毛，萼裂片三角状卵形，先端微尖或钝，无毛，花后反折。核果扁球形，鲜红色或紫红色；果肉微肥厚多汁；果核坚硬，扁圆形，表面有深纹（见图6-26）。花期4～5月，果期8～9月。分布于我国东北各省，朝鲜（北部）也有分布。多生于杂木林中或阴山坡的林间，或山坡开阔处及河岸旁。

图6-26　东北扁核木（枝叶和果）

主要习性：喜光，耐寒，适应性较强，喜肥沃、湿润不积水的沙壤土。

栽培养护：播种或扦插繁殖。秋季果实成熟采摘后温水沤3～5天，搓去果肉晾晒2～3天后，进行层积处理，翌春播种。播种后保持床面湿润，必要时可用草帘保湿，出苗后及时撤去。扦插可于4月初采1～2年生尚未萌芽枝条进行硬枝扦插或于6月至7月中旬在新生枝半木质化时进行嫩枝扦插。

园林用途：枝生皮刺，枝多而密又多呈拱形。花期早，长达15～20天，每年早春满枝黄色小花密生拱形枝条上，春风吹拂，飘来淡淡清香；秋季，果实具长梗悬垂，红润剔透宛若一颗颗倒挂的红玛瑙，十分诱人，挂果期长达30天，是北方很有发展前途的观花、赏果、刺篱树种。适栽于公园、街道、河边湿地及花境边缘做刺篱或绿障。

27. 鸡麻

别名：白棣棠

拉丁学名：*Rhodotypos scandens*（Thunb.）Mak.

科属：蔷薇科 鸡麻属

形态及分布：落叶灌木，高2～3m。小枝紫褐色，光滑。单叶对生，卵形，先端渐尖，基部圆形至微心形，缘有不规则尖锐重锯齿，表面幼时被疏柔毛，后脱落几无毛，背面有绢状柔毛。花纯白色，单生于新梢顶端；径3～5cm；萼、瓣均为4，并有副萼。核果1～4，倒卵形，亮黑色［见图6-27（a）～（c）］。花期4～5月，果期6～9月。产于我国东北南部、华北、西北、华中、华东等地。朝鲜、日本也有分布。生于海拔800m山坡疏林下。

主要习性：喜光，耐半阴，耐寒、耐旱，不耐涝，适生于疏松、肥沃、排水良好的土壤。萌蘖力强，耐修剪。

栽培养护：播种、分株、扦插繁殖均可，多用分株繁殖。夏季嫩枝扦插成活率较高，8～12天即可生成愈合组织，并逐渐生根。种子有休眠期，可秋播或沙藏至翌年春播，当年苗高20～40cm，第3年开花。

园林用途：花叶清秀美丽，宜丛植草地、路缘、角隅或池边，也可植山石旁供观赏。

图6–27（a） 鸡麻（植株）

图6–27（b） 鸡麻（花）

图6–27（c） 鸡麻（叶和果）

28. 棣棠

别名：金棣棠、麻叶棣棠、地棠、黄棣棠、棣棠花

拉丁学名：*Kerria japonica*（L.）DC.

科属：蔷薇科　棣棠属

形态及分布：落叶丛生灌木，高达1.5～2m。小枝绿色，光滑无毛，有棱。单叶互生，卵形或卵状椭圆形，先端锐尖，基部截形或近圆形，缘有锐重锯齿，表面无毛，背面仅沿脉间疏生短柔毛。托叶钻状，早落。花两性，单生于侧枝顶端，黄色；萼片、花瓣各5枚，雄蕊多数，花丝线状，雌蕊5枚，花柱丝状。瘦果5～8，离生，黑褐色，生于盘状花托上[见图6-28（a）～（c）]。花期4～5月。分布于山东、河南、浙江、江西、湖南、湖北、广东、四川、云南、贵州、甘肃、陕西等地。

主要习性：喜温暖、湿润和半阴环境，不耐寒；对土壤要求不严，喜肥沃、疏松的沙壤土生长最好。

栽培养护：常用分株、扦插和播种繁殖。分株繁殖适用于重瓣品种，通常于晚秋或早春萌芽前进行，每个新植株保留1～2个枝干为宜。扦插分春季硬枝扦插和夏季嫩枝扦插，用ABT生根粉浸条后插入沙壤土中，扦插株距10～15cm。棣棠可地栽，亦可盆栽。移栽或换盆宜在春季发芽前（2～3月）或10月间进行，需带宿土。移植时应施基肥，促使多发新枝，多产生花芽。

园林用途：花、叶、枝俱美，宜栽作花篱、花径或配置于假山石或丛植于常绿树丛之前，古木之旁，山石缝隙之中或池畔、篱边、草坪、墙际、溪流及湖沼沿岸。

图6-28（a）　重瓣棣棠（开花植株）

图6-28（b）　棣棠（花）

图6-28（c）　重瓣棣棠（花）

29. 白鹃梅

别名：白绢梅、茧子花

拉丁学名：*Exochorda racemosa*（Lindl.）Rehd.

科属：蔷薇科　白鹃梅属

形态及分布：落叶灌木，高达3～5m。单叶互生，椭圆形至矩圆状倒卵形，全缘或中部以上有浅钝锯齿，背面灰白色。花白色，6～10朵成总状花序，顶生于小枝上。蒴果倒卵形，有5脊［见图6-29（a）～（c)］。花期4月，果期8～9月。产于我国浙江、江苏、江西、湖北等地。

主要习性：喜光，耐旱，稍耐阴。常生长在低山坡地砂砾的灌木丛中。酸性土、中性土均能生长，在排水良好、肥沃而湿润的土壤中长势旺盛。萌芽力强。抗寒力强。

栽培养护：可用播种、扦插、压条和分株等方法进行繁殖。播种可于9月采种，密藏至翌年3月播种，播后20～30天即可萌发出土，苗高4～5cm时，可分次间苗。幼苗细弱，盛夏需遮阴，第2年早春萌芽出叶前可换床分栽。扦插可用老枝和嫩枝。老枝扦插在早春萌芽前进行，插穗选取上年生健壮枝，齐节剪下，每根插穗长约15cm，具3个节2个节间，将插穗插入基质中，不能倒插，压实床土后充分浇水，较易生根；嫩枝扦插宜选取当年生半木质化枝条，保留上部1～2个节上的少量叶片，将其下部节上的叶除掉，将插穗下端插入基质中，同样极易生根。压条繁殖时选取健壮枝，从顶梢以下大约15～30cm处将树皮剥掉一圈，剥后的伤口宽度为1cm左右，深度以刚刚把表皮剥掉为限。剪取一块长10～20cm、宽5～8cm的薄膜，上面放些淋湿的园土，像裹伤口一样把环剥的部位包扎起来，薄膜的上下两端扎紧，中间鼓起。约4～6周后生根。生根后，将枝条从生根部位之下剪断，立即栽植并浇水。

园林用途：枝叶秀美，姿态优美，花洁白如雪，清丽动人。在园林中适宜草坪、林缘、路边及假山岩石间配置。老树古桩是制作桩景的好材料。

图6-29（a）　白鹃梅（开花植株）

图6-29（b）　白鹃梅（果）

图6-29（c）　白鹃梅（花）

30. 珍珠花

别名：喷雪花、珍珠绣线菊、雪柳

拉丁学名：*Spiraea thunbergii* Sieb. ex Bl.

科属：蔷薇科　绣线菊属

形态及分布：落叶丛生灌木，高达1.5m。丛生分枝，枝条细长，呈拱状弯曲。单叶互生，披针形，先端渐尖，边缘有细锯齿，两面光滑无毛。花白色，小而密集，3～5朵成伞形花序，花梗细长，无总梗。花期3～4月，与叶同时开放［见图6-30（a）～（d）］。原产于中国及日本。我国主要分布于浙江、江西、云南等地；现河北、山西、山东、河南、陕西、甘肃、内蒙古均有栽培。

主要习性：喜光，不耐阴，较耐寒，喜湿润而排水良好的土壤。

栽培养护：扦插、分株及播种繁殖均可。扦插又可分为硬枝扦插和嫩枝扦插两种，硬枝扦插于初春2月底进行，苗床需覆盖薄膜，以便保温保湿，3月下旬生根后即可移栽。生长迅速，硬枝扦插当年年底即可绿化应用。嫩枝扦插于夏季进行，选当年生半木质化枝，剪成长10～15cm插穗，剪口应平整、光洁，若用激素处理，可促进提前生根。晚秋也可分株繁殖，分株时将植株挖起，抖掉多余的土块，然后将植株从连接较细处切开，每丛保留3～6个枝芽，剪掉受伤的根系及过长的根系，然后将植株直接栽植即可。病虫害较少，易于栽培管理。

园林用途：因其叶形似柳叶，花白如雪，花蕾形若珍珠，开放时繁花满枝宛如喷雪，故又

图6-30（a）　珍珠花（植株）

图6-30（b）　珍珠花（枝叶）

图6-30（c）　珍珠花（花）

图6-30（d）　珍珠花（开花植株）

称“雪柳”“喷雪花”，是美丽的观花灌木。秋叶橘红色，亦有一定观赏性。可孤植于水溪边，丛植作花篱，亦可修剪成球形植于草坪角隅，或与假山、石块配置在一起。

31. 麻叶绣球

图6-31 麻叶绣球（叶）

别名：麻叶绣线菊

拉丁学名：*Spiraea cantoniensis* Lour.

科属：蔷薇科 绣线菊属

形态及分布：落叶灌木，高1.5m左右。枝细长，拱形下弯，光滑无毛。单叶互生，菱状披针形至菱状长椭圆形，先端尖，基部楔形，中部以上有缺刻状锯齿，两面无毛。花小，白色，伞形花序，生于新枝顶端。子房近无毛，花柱短于雄蕊。蓇葖果直立开张，无毛，花柱顶生，常倾斜开展，具直立开张萼片。花期4～5月，果期7～9月（图6-31）。原产我国广东、广西、福建、浙江、江西等地，黄河中下游及以江南各省都有分布；现国内各地有栽培。

主要习性：喜光，稍耐阴，耐旱，忌水湿，较耐寒，适生于肥沃湿润土壤。

栽培养护：扦插、分株繁殖为主，亦可播种繁殖。春秋两季均可进行扦插。分株繁殖在每年10～12月进行为宜。种子无明显的休眠习性，温水浸泡1天或湿沙催芽3天即可播种。生长健壮，不需精心管理。一般为了翌年开花繁茂，可在当年秋季或初冬施腐熟厩肥。花后宜疏剪老枝及过密枝。

园林用途：花序密集，早春盛开洁白如雪，是早春重要的观花灌木，可丛植于池畔、路旁或林缘，也可列植为花篱。

32. 三桠绣线菊

别名：三裂绣线菊、三桠绣球、团叶绣球

拉丁学名：*Spiraea trilobata* L.

科属：蔷薇科 绣线菊属

形态及分布：落叶灌木，高达2m。小枝细长开展，稍成“之”字形曲折，幼时褐黄色，无毛，老时暗灰褐色或暗褐色。单叶互生，近圆形、先端钝、通常3裂，具掌状脉，两面无毛，背面灰绿色。伞形总状花序，具总梗，无毛。蓇葖果开展，沿腹缝线微被短柔毛或无毛，宿存萼片直立（见图6-32）。花期5～6月，果期7～8月。产于亚洲中部至东部地区，我国北部有分布。

图6-32 三桠绣线菊（枝叶和花）

主要习性：稍耐阴，耐旱，耐寒，常生于山区阴坡、半阴坡岩石缝隙间。性强健，生长迅速。

栽培养护：可采用播种、分株、扦插等法繁殖。分株繁殖育苗简单易行，但繁殖数量有限，应提前做好分株准备，早春给母株适当施肥，以促其多分枝，夏季结合除草进行培土，第2年春季进行分株，一般以3～4年生植株作为分株母株。生长强健，栽培管理容易。

园林用途：常栽培于庭院供观赏，植于岩石园尤为适宜。

33. 柳叶绣线菊

别名：绣线菊、蚂蝗梢

拉丁学名：*Spiraea salicifolia* L.

科属：蔷薇科　绣线菊属

形态及分布：落叶丛生灌木，高达2m。单叶互生，长圆状披针形或披针形，先端急尖或渐尖，基部楔形，具细尖齿或重锯齿，无毛。圆锥花序长圆形或金字塔形，顶生，花密集，粉红色。蓇葖果直立，长约5mm，沿腹缝线有毛并具反折萼片。花期6～8月，果期8～9月（图6-33）。分布于我国东北、内蒙古、河北及新疆等地。日本、朝鲜、俄罗斯亦有分布。多生于海拔200～900m的河流沿岸、草原及山谷，现华北各地均有栽培。

图6-33　柳叶绣线菊（叶）

主要习性：喜光，稍耐阴，耐寒，喜肥沃湿润土壤，不耐干瘠。萌芽力均强，耐修剪。

栽培养护：播种或扦插繁殖。通常春季3～4月播种，条播或撒播，条播行距15cm，播幅5～6cm，开沟深1cm左右，覆土要薄，以不露种子为度。上盖薄薄一层稻草，以不露床面表土为宜，应保持床面湿润，1周左右即可发芽出土。苗期应加强管理，及时松土、除草、间苗。硬枝扦插于春季进行，插穗选择1年生粗壮枝的中下部，长10～12cm，基部用400mg/L的吲哚丁酸处理，然后插入土中约2/3，充分浇水，保持土壤湿润，天热时适当遮阴。嫩枝扦插宜在雨季进行，选择当年生半木质化枝做插穗，上端留2～3个叶片，插入土中约1/2，充分浇水，搭棚遮阴，保持土壤湿润，约1个月即可生根。当年秋季或第2年春移植。一般以地栽观赏为主，选择阳光充足、通风良好之处，挖穴蘸浆栽植。

园林用途：是优良的观赏绿化树种，宜在庭院、池旁、路旁、草坪等处栽植，亦可作花篱。

34. 风箱果

别名：阿穆尔风箱果、托盘幌

拉丁学名：*Physocarpus amurensis*（Maxim.）Maxim.

科属：蔷薇科　风箱果属

形态及分布：落叶灌木，高达3m。小枝圆柱形，稍弯曲，无毛或近无毛，幼时紫红色，老时灰褐色，树皮成纵向剥裂。单叶互生，三角状卵形或宽卵形，先端急尖或渐尖，基部心形或

图6-34（a） 风箱果（花）

图6-34（b） 风箱果（果）

近心形，通常3裂，缘有重锯齿，背面微被星状短柔毛。花白色，伞形总状花序，总花梗和花梗密被星状柔毛；蓇葖果膨大，卵形，微被星状柔毛，熟时沿背腹两缝开裂，内含光亮黄色种子2～5枚［见图6-34（a）、（b）］。花期6月，果期7～8月。主要分布于我国黑龙江、辽宁、吉林、河北、河南等地；朝鲜、俄罗斯亦有分布。

主要习性：喜光，耐寒，喜湿润而排水良好的土壤。

栽培养护：播种或扦插繁殖。性强健，一般不需特殊管理，但雨季应注意及时排水，以防发生根腐病。

园林用途：树形开展，花序密集，花色美丽，初秋果实变红，颇为美观。可植于亭台周围、丛林边缘及假山旁供观赏，亦可丛植于自然风景区中。

35. 珍珠梅

别名：华北珍珠梅、吉氏珍珠梅

拉丁学名：*Sorbaria kirilowii*（Regel）Maxim.

科属：蔷薇科 珍珠梅属

形态及分布：丛生落叶灌木，高2～3m。小枝弯曲，无毛或微被短柔毛，幼时绿色，老时暗黄褐色或暗红褐色。奇数羽状复叶互生，小叶13～21，卵状披针形至三角状披针形，叶缘具不规则锯齿或全缘。花小而白，蕾时如珍珠，花瓣长圆形或倒卵形，雄蕊20，与花瓣等长或稍短，顶生圆锥花序。蓇葖果长圆形，果梗直立，宿存萼片反折，稀开展［见图6-35（a）～（c）］。花期6～8月，果期9～10月。主要分布于华北、内蒙古、西北等地区。

主要习性：喜光，耐阴，耐寒，萌蘖性强、耐修剪，对土壤要求不严，但喜肥后湿润土，生长迅速，花期长。

栽培养护：以分株、扦插繁殖为主，也可播种繁殖，但因种粒细小，多不采用。分株繁殖一般在春季萌动前或秋季落叶后进行。将植株根部丛生的萌蘖连根掘出，以3～5株为一丛，另行栽植。栽植时穴内施入基肥，栽后浇透水，并将植株移入稍荫蔽处，1周后逐渐放在阳光下进行正常养护。扦插繁殖一年四季均可进行，但以3月和10月扦插生根快，成活率高。扦插土壤一般用园土5份，腐殖土4份，沙土1份，充分混合后起沟做畦，进行露地扦插。插条应

图6-35（a）　珍珠梅（植株）

图6-35（b）　珍珠梅（果序）

图6-35（c）　珍珠梅（花序）

选择健壮植株上的当年生或2年生成熟枝条，剪成长15～20cm，留4～5个芽或叶片。扦插时，将插条的2/3插入土中，土面只留最上端1～2个芽或叶片。插条切口要平，剪成马蹄形，随剪随插，镇压插条基部土壤，浇1次透水。此后每天喷水1～2次，经常保持土壤湿润。20天后减少喷水次数，防止过于潮湿，引起枝条腐烂，1个月左右即可生根移栽。

珍珠梅适应性强，对土壤要求不高，除新栽植株需施少量底肥外，以后不需再施肥，但需浇水，一般在叶芽萌动至开花期间浇2～3次透水，立秋后至霜冻前浇2～3次水，其中包括1次防冻水，夏季视干旱情况浇水，雨多时不必浇水。花谢后花序枯黄，影响美观，应剪去残花序，使植株干净整齐，并且避免残花序与植株争夺养分与水分。秋后或春初还应剪除病虫枝和老弱枝，对1年生枝可进行强修剪，促使枝条更新、花繁叶茂。

园林用途：花、叶清丽，花期长，是园林中十分受欢迎的观赏树种，可孤植、列植、丛植于路边、草地边缘、屋旁等。特别是具有耐阴、耐寒的特性，因而是北方城市中各类建筑物北侧阴面绿化的常见树种。

36. 东北珍珠梅

别名：珍珠梅

拉丁学名：*Sorbaria sorbifolia*（L.）A. Br.

科属：蔷薇科　珍珠梅属

形态及分布：落叶灌木，高达2m。枝条开展，小枝稍弯曲，无毛或稍被柔毛。奇数羽状复叶互生，小叶11～17，披针形或卵状披针形，重锯齿，先端渐尖，基部稍圆，叶背光滑。圆锥花序顶生，长10～25cm，花小，白色，雄蕊40～50枚，比花瓣长1.5～2倍。蓇葖果光滑，

图6-36（a） 东北珍珠梅（植株）

图6-36（b） 东北珍珠梅（花序和果序）

长圆形［见图6-36（a）、（b）］。花期7～8月，果期9月。原产于亚洲北部。我国东北、内蒙古有分布。俄罗斯、蒙古、日本及朝鲜亦均有分布。现北京及华北等地多栽培。

主要习性：喜光，耐阴，耐寒。喜肥沃湿润土壤，对环境适应性强，生长较快。萌蘖性强，耐修剪。

栽培养护：多用分株繁殖，也可用扦插及播种繁殖，但播种繁殖因种粒细小，多不采用。

园林用途：花期长，观花观叶均可。可丛植在草坪边缘或水边、房前、路旁，亦可栽植成篱垣。

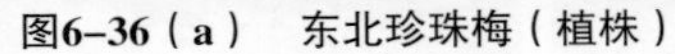

37. 平枝栒子

别名：铺地蜈蚣、栒刺木

拉丁学名：*Cotoneaster horizontalis* Decne.

科属：蔷薇科 栒子属

形态及分布：落叶或半常绿匍匐灌木，枝近水平开展成整齐2列。单叶互生。叶小，长5～14mm，近卵形或倒卵形，先端急尖，表面暗绿色，无毛，背面疏生细柔毛。花小，粉红色，近无柄，花瓣直立倒卵形。梨果近球形，鲜红色，常有3小核［见图6-37（a）～（c）］。花期5～6月，果期9～10月。原产于中国，主要分布于陕西、甘肃、湖南、湖北、四川、贵州、云南等地，多散生于海拔2000～3500m的灌木丛中。

主要习性：喜光，亦稍耐阴；耐干旱瘠薄土壤，亦较耐寒；耐轻度盐碱，但不耐涝。

栽培养护：常用扦插和播种繁殖，也可秋季压条繁殖。春、夏均可扦插，夏季在冷床上嫩枝扦插成活率高。播种繁殖可秋播或湿沙层积后春播，但发芽率均不高。较喜肥，定植时可施入适量圈肥作基肥，开春与秋末若结合浇水适量施些芝麻酱渣，可使植株生长旺盛，叶片碧绿肥厚。每年入冬前宜进行1次重修剪，剪去重叠枝、交叉枝、病弱枝，使灌丛整齐、疏朗。

园林用途：园林中常用于布置岩石园和斜坡，也可做基础种植或制作盆景。

图6–37（b）　平枝栒子（枝叶和花）

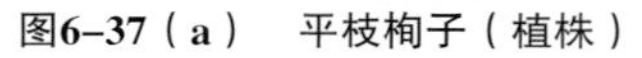

图6–37（a）　平枝栒子（植株）

图6–37（c）　平枝栒子（枝叶和果）

38. 贴梗海棠

别名：皱皮木瓜、铁脚海棠、贴梗木瓜

拉丁学名：*Chaenomeles speciosa*（Sweet）Nakai（*C. lagennaria* Koidz.）

科属：蔷薇科　木瓜属

形态及分布：落叶灌木，高达2m。小枝无毛，开展，有刺。单叶互生，卵形至椭圆形，先端尖，基部楔形，缘有锐齿，表面无毛有光泽，背面无毛或脉上稍有毛，托叶大，肾形或半圆形。花簇生于2年生老枝上，红色、粉红色、淡红色。梨果球形或卵形，黄色或黄绿色，芳香，干后果皮皱缩［见图6-38（a）～（d）］。花期3～4月，先于叶片开放，果期9～10月。原产于我国西南地区和陕西、甘肃等地，缅甸亦有分布。现全国多地有栽培。

主要习性：喜光，较耐寒，耐瘠薄，但喜肥沃、深厚、排水良好的土壤，不耐水淹，不宜在低洼积水处栽植。

栽培养护：主要用分株、扦插和压条等方法繁殖，也可进行播种繁殖，但较少采用。分蘖力较强，可于秋季或早春将母株掘出，分成每株2～3个枝干，栽后3年可再次分株。一般于秋季分株后假植，以促进伤口愈合，翌春定植，1年后即可开花。硬枝扦插与分株时期相同；在生长季中还可进行嫩枝扦插，较易生根，将长约15cm的插穗插入细沙内，浇透水并保湿，1个多月后可发叶。扦插苗2～3年即可开花。压条也在春、秋两季进行，约1个月即可生根，至秋后或翌春可分割移栽。

因其开花以短枝为主，故春季萌发前需将长枝适当短截，剪成半球形，以促其多萌发新梢。夏季生长期间，对生长枝应进行摘心。旱季应及时浇水，伏天最好施1次腐熟有机肥或复

图6-38（a） 贴梗海棠（开花植株）

图6-38（b） 贴梗海棠（花）

图6-38（c） 贴梗海棠（果）

图6-38（d） 贴梗海棠（叶和半圆形托叶）

合肥。盆栽催花可于9～10月间掘取合适植株上盆，先放在阴凉通风处养护一段时间，入冬后移入15～20℃温室，经常在枝上喷水，约25天后即可开花，可用作元旦、春节观赏。

园林用途：春季先花后叶，花朵簇生枝间，鲜艳美丽；秋季黄色球形或梨状的果实气味芬芳，是优良的观花、观果灌木，宜丛植或孤植于草坪、庭院、花坛内，也是盆栽观赏和制作盆景的优良材料。

39.紫荆

别名：满条红

拉丁学名：*Cercis chinensis* Bunge

科属：豆科 紫荆属

形态及分布：落叶灌木或小乔木，丛生，高2～4m。单叶互生，近圆形，全缘，掌状脉，两面无毛，叶柄顶部膨大。花假蝶形，紫红色，5～8朵簇生于老枝及茎干上。荚果扁平，腹缝具窄翅，网脉明显［见图6-39（a）、（b）］。花期4～5月，叶前开放，果期10月。分布于辽

图6-39（a）　紫荆（开花植株）

图6-39（b）　紫荆（花）

宁南部、河北、河南、陕西、甘肃、湖北西部、广东、云南、四川等地。

主要习性：喜阳光，耐寒，喜肥沃、排水良好的土壤，不耐淹。萌蘖性强、耐修剪。

栽培养护：用播种、分株、扦插、压条等法繁殖，以播种繁殖为主。播前将种子进行层积处理；春播后出苗较快。亦可在播前用温水浸种1昼夜，播后约1个月即可出苗。在华北地区1年生幼苗应覆土越冬，3年生苗定植，4年生植株即可开花。幼苗易患立枯病，可喷硫酸铜溶液防治。

园林用途：先花后叶，满树嫣红，鲜艳夺目，为良好的庭院观花树种，宜丛植于庭院、建筑物前及草坪边缘。因开花时叶尚未发出，故宜与松柏等常绿树种配植作为前景或植于浅色的物体前面。

40. 紫穗槐

别名：棉槐、棉条、穗槐花

拉丁学名：*Amorpha fruticosa* L.

科属：豆科　紫穗槐属

形态及分布：落叶丛生灌木，高1～4m，枝条伸展，密被柔毛，青灰色。奇数羽状复叶互生，小叶11～25，长椭圆形，具透明油腺点，幼叶密被毛，老叶毛稀疏。花小，蓝紫色，花药黄色，成顶生密总状花序。荚果短镰形，密被隆起油腺点，仅具1粒种子（见图6-40）。花期5～6月；果期9～10月。原产于北美地区，20世纪初引入中国。东北中部以南至长江流域均有栽培，以华北平原生长最好。

主要习性：喜干冷气候，耐寒性强，耐旱能力也很强，能耐一定程度的水淹。能耐盐碱，生长迅速，萌芽能力强，根系发达。

栽培养护：播种或扦插繁殖。播前用70℃的热水浸种，自然冷却后浸1～2天，捞出后盖上湿布，每天洒水1～2次进行催芽，也可用6%的尿水或草木灰水浸种6～7小时，去掉荚果皮中的油脂，用清水洗净后播种。采用垄播，播种量为2～3kg/亩，15～20天出苗。扦插繁殖选用径粗1.2～1.5cm的1年生萌条，截成15cm长的插穗，插前将插穗在水中浸泡2～3天，播后经常浇水，保持土壤湿润，有利插穗生根。

图6-40 紫穗槐（花）

紫穗槐性强健，一般不需特殊管理；若新植株生长势弱，可平茬一次并施基肥。其须根多分布于土壤25～50cm的范围内，但直根可深达3m。

园林用途：蜜源植物，常植作绿篱；根部具根瘤，可改良土壤；枝叶繁密，被覆地面，对烟尘有较强的抗性，是工业区绿化和水土保持的优良树种，常作防护林带的下木用。又常作荒山、盐碱地、低湿地、沙地、河岸、坡地绿化树种用。

41. 杭子梢

拉丁学名：*Campylotropis macrocarpa*（Bunge）Rehd.

科属：豆科 杭子梢属

形态及分布：落叶灌木，高1～2m，幼枝密被白绢毛。三出复叶互生，小叶椭圆形至长圆形，长3～6.5cm，叶端钝或微凹，具小尖头，全缘，叶表无毛，叶背有绢毛；叶柄长1.5～3.5cm；托叶线形。花紫色，排成腋生密集总状花序；苞片脱落，花梗在萼下有关节。荚果椭圆形，长1.2～1.5cm，有明显网脉，具1粒种子（见图6-41）。花期5～6月，果期5～10月。主要分布于我国北部、中部至西南部地区，如辽宁、河北、陕西、山西、甘肃、河南、江苏、浙江、安徽、四川、湖北等地。

图6-41 杭子梢（枝叶）

主要习性：性强健，喜光亦略耐阴。

栽培养护：播种和扦插繁殖。播种相对简单，播前用温水浸泡30min即可。硬枝扦插生根困难，多在夏季进行嫩枝扦插，插时剪去枝条顶部细嫩部，将枝条中下部剪成10～15cm的插穗，在浓度为200mg/kg NAA溶液中处理24h。在冬、春两季裸根种植。宜在春季阴雨天或雨季进行移栽。成活后注意松土除草，加强水肥管理，秋冬季整形修剪，剪除枯枝、病虫枝、过密枝及衰老枝，促其翌年萌发新枝。

园林用途：可供园林观赏及作水土保持或牧草用。

42. 白刺花

别名：马蹄刺

拉丁学名：*Sophora davidii*（Franch.）skeels

科属：豆科　槐属

形态及分布：落叶灌木，高达2.5m。枝条开展，小枝初被毛，后脱落，不育枝末端变成刺，有分叉。羽状复叶，小叶5～9对，多为椭圆状卵形或倒卵状长圆形，先端圆或微缺，常具芒尖，基部钝圆形。总状花序着生于小枝顶端，花冠白色或淡黄色，花萼蓝紫色。荚果非典型性串珠状，稍压扁［见图6-42（a）～（d）］。花期5月，果期8～10月。分布于华北、华中、西南以及陕西和甘肃等地。

图6-42（a）　白刺花（开花植株）

图6-42（b）　白刺花（茎和刺）

图6-42（c）　白刺花（花和叶）

图6-42（d）　白刺花（果）

主要习性：喜光，稍耐半阴，耐寒，耐干旱，忌积水。对土壤要求不严，但在疏松肥沃、排水良好的沙质壤土中生长更好。萌芽力较强，耐修剪。

栽培及养护：以播种繁殖为主。播前仅需进行简单的热水催芽处理即可。移植于秋季落叶后或春季萌芽前进行，移栽成活率高，可裸根蘸泥浆移植；成活后应加强水肥管理，雨季应注意排水防涝，成年树应注意剪除枯枝、衰老枝、病虫枝及过密枝，以维持良好树形。

园林用途：用于林缘、草坪、园路岔口等处，也适用于植作绿篱及水土保持树种。

43. 胡枝子

别名：二色胡枝子、随军茶

拉丁学名：*Lespedeza bicolor* Turcz.

科属：豆科　胡枝子属

形态及分布：落叶灌木，高1～2m，分枝细长而多，常拱垂，有棱脊，微有平伏毛。3出复叶互生，有长柄，小叶卵状椭圆形或倒卵形，长3～6cm，先端钝圆或微凹，有小尖头，基部圆形；叶表疏生平伏毛，叶背灰绿色，毛略密。总状花序腋生，花紫色，萼齿不长于萼筒。荚果斜卵形有柔毛（见图6-43）。花期8月，果期9～10月。主要分布于东北、内蒙古、河北、山西、陕西、河南等地。

图6-43　胡枝子（植株秋景）

主要习性：性喜光，亦稍耐阴，耐寒、耐旱、耐瘠薄土壤，适应性强。

栽培养护：播种、扦插、分株繁殖。种子干藏至翌年3～4月播种。春秋两季移栽，苗木带宿土。生长迅速，耐修剪，萌芽性强，根系发达。成活后管理上应注意剪除残花、衰老枝及过密枝，以维持良好树形。

园林用途：可种植于自然式园林中供观赏用，又可作水土保持和改良土壤的地被植物用。

44. 花木蓝

拉丁学名：*Indigofera kirilowii* Maxim.ex Palib.

科属：豆科　木蓝属

形态及分布：落叶灌木，高达1.5m。奇数羽状复叶，互生，小叶7～11，复叶长8～16cm，卵状椭圆形至倒卵形，两面疏生白毛。总状花序腋生，长5～14cm，与羽状复叶近等长。花蝶形，淡紫红色。荚果线状圆柱形［见图6-44（a）、（b）］。花期5～6月，果期8～9月。

主要习性：喜光，耐寒，阴坡也能生长，耐干旱瘠薄土壤。

图6-44（a）　花木蓝（枝叶和花序）

图6-44（b）　花木蓝（枝叶和花序）

栽培养护：播种、分株均可繁殖。种子9月成熟，果熟后应立即采集，自然崩裂很快，采后晾干备用。播前20天处理种子，将种子消毒，水浸24小时，然后混沙置于室内，1/3露白即可播种。春季亦可直播。根萌蘖性很强，可分根繁殖。

园林用途：叶、花供观赏，可丛植或栽植林缘及作花篱，也可作地被植物。

45. 锦鸡儿

拉丁学名：*Caragana sinica*（Buc'hoz）*Rehd.*（*C. chamlagu* Lam.）

科属：豆科　锦鸡儿属

形态及分布：落叶灌木，高达1.5m。枝条细长开展，有角棱。托叶针刺状。小叶4枚，成远离的2对，倒卵形，先端圆或微凹。花单性，红黄色，长2.5～3cm，花梗长约1cm，中部有关节。荚果长3～3.5cm（见图6-45）。花期4～5月，果期7～8月。主要产于中国北部及中部，西南地区也有分布。

主要习性：性喜光，耐寒、适应性强，不择土壤，耐干旱瘠薄，能生于岩石缝隙中。

栽培养护：主要用播种繁殖，亦可分株、压条或根插繁殖。播种繁殖最好采后即播，若经干藏，翌春播种前应浸种催芽；移栽于休眠期进行，苗木带宿土，起苗时尽量少伤根。雨季应注意排水防涝，管理上应注意剪除残花、衰老枝及过密枝，以保持良好树形。

园林用途：可栽植于岩石旁，小路边，或作绿篱用，亦可作盆景材料。

图6-45　锦鸡儿（枝叶）

46. 金雀儿

别名：红花锦鸡儿

拉丁学名：*Caragana rosea* Turcz.ex Maxim.

科属：豆科 锦鸡儿属

形态及分布：落叶灌木，高达1m。枝直立，小叶2对簇生，先端圆或微凹，长圆状倒卵形；花总梗单生，中部有关节；花冠黄色，龙骨瓣玫瑰红色，谢后变红色，花冠长约2cm。荚果筒状［见图6-46（a）、（b）］。花期4～5月，果期7～8月。主要分布于河北、山东、江苏、浙江、甘肃、陕西等地。

主要习性：喜光，耐寒、耐干旱瘠薄，适应性强。

栽培养护：播种、分株、压条和根插繁殖。移栽于休眠期进行，苗木带宿土，起苗时应尽量少伤根。雨季应注意防涝。日常管理上应及时剪除残花、衰老枝及过密枝，以维持良好树形。

园林用途：可植于路边、坡地或假山岩石旁，也可作山野地被水土保持植物。

图6-46（a） 金雀儿（叶）

图6-46（b） 金雀儿（枝）

47.一叶萩

别名：叶底珠、狗杏条

拉丁学名：*Flueggea suffruticosa*（Pall.）Baill.

科属：大戟科 白饭树属

形态及分布：落叶灌木，高1～3m。丛生状，分枝密，全株无毛。单叶互生，有托叶但早落。叶椭圆形或卵状矩圆形，先端短尖，基部楔形，两面无毛，叶全缘或波状。单性异株，雄花3～12朵簇生叶腋，极小，有花萼无花瓣，花萼淡绿色，雄蕊5枚，花丝长于萼片；雌花单生，花萼5枚。蒴果3棱状扁球形，熟时红褐色；种子卵形，黄褐色［见图6-47（a）、（b）］。花期5～7月，果期8～9月。主要分布于东北、华北、华东、陕西和四川等地。

主要习性：耐寒，耐旱，耐瘠薄，抗病虫害，适应性极强。喜深厚肥沃的沙质壤土。

栽培养护：播种繁殖。播后10～20天出苗，当年苗高80～110cm。枝条寿命不长，应经常修剪枯死的枝条。

园林用途：枝叶繁茂，花果密集，叶果入秋变红，极为美观，常配植于假山、草坪、河畔、路边。

图6–47（a）　一叶萩（植株）

图6–47（b）　一叶萩（枝叶和果）

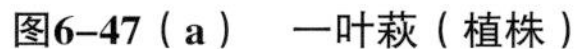

48. 花椒

别名：大椒、秦椒、蜀椒

拉丁学名：*Zanthoxylum bungeanum* Maxim.

科属：芸香科　花椒属

形态及分布：落叶灌木或小乔木，高3～8m。树皮黑棕色，上有许多瘤状突起，枝具宽扁的粗大皮刺。奇数羽状复叶，互生，小叶5～11枚，卵状椭圆形，缘有细锯齿，表面无刺毛，仅背面中脉基部两侧有褐色簇毛，叶柄两侧具皮刺，叶轴具窄翅。小叶对生，卵形至卵状椭圆形，稀披针形，叶缘有细裂齿，齿缝有油点，位于叶轴顶部的叶较大。花序顶生或生于侧枝之顶，花小，单性。蓇葖果红色或紫红色，密生疣状腺体［图6-48（a）、（b）］。花期3～5月，果期7～10月。我国东北南部、华北至华南、西南各地均有分布，见于平原至海拔较高的山地，在青海海拔2500m的坡地亦有栽培，华北栽培最多。

主要习性：喜光，喜温暖湿润及土层深厚、肥沃的壤土、沙壤土和钙质土，在酸性土及中性土上亦能生长。不耐严寒，大树在约−25℃低温时冻死，小苗在−18℃受冻害。生长较慢，1年生苗高20～30cm。较耐干旱，不耐涝，短期积水即死亡。萌蘖性强，耐强修剪，寿命较长，根系发达，抗病能力强。

栽培养护：播种、嫁接、扦插和分株繁殖，以播种为主。在果开裂前采种，不宜暴晒，阴干脱粒。花椒种壳坚硬，油质多，不透水，发芽比较困难，播前首先应进行种子脱脂处理和贮藏。分秋播和春播。春旱地区，在秋季土壤封冻前播种为好，出苗整齐，比春播早出苗10～15天；秋播前将种子放在碱水中浸泡，1kg种子用碱面0.025kg，加水以淹没种子为度，除去空秕粒，浸泡2天，搓洗种皮油脂，捞出后用清水冲净即可播种。播种时，每隔25cm开一条深1cm、宽8～10cm的沟，将种子均匀撒入沟内，播后将两边的土培于沟上。开春后，及时检查种子发芽情况，若见少数种子裂口，即可将覆土刮去一部分，保留2～3cm，过5～7天，种子大部分裂口后再刮去部分覆土，保持覆土厚1cm左右，这样幼苗很快就会出齐。春播时间一般在“春分”前后，播前采用层积沙藏处理种子。小畦育苗可用开沟条播，播后床面覆草保湿，出苗后分次揭去。若种子经过催芽处理，播后4～5天幼苗即可出土，10天左右出齐。苗高4～5cm时间苗定苗，保持苗距10～15cm。苗木生长期间应加强施肥和灌水，及时

图6-48（a） 花椒（植株）

图6-48（b） 花椒（枝干）

中耕除草。花椒苗最怕涝，雨季到来时，苗圃应做好防涝排水工作。1年生苗高70～100cm时，即可移植。移植于秋季落叶后至春季芽萌动前进行，裸根移植，可蘸泥浆，并对受伤的根系和地上部枝条进行修剪，以减少蒸发，提高移植成活率。花椒植株较小，根系分布浅，适应性强，可充分利用荒山、荒地、路旁、地边、房前屋后等空闲地进行栽植。园林中的花椒多成灌木状，若希望多结果，产生经济效益，则需培养成自然开心式。通过整形修剪，使各主枝自主干上均匀地向四周放射而出，每主枝再培养2～3个侧枝，使各结果枝组在其上均匀着生，并及时疏剪竞争枝、病虫枝、枯枝和过密枝。花后施追肥，果实采收后施基肥。

园林用途：花椒是园林绿化、工厂绿化、四旁绿化结合生产的好树种，还是干旱半干旱山区重要的水土保持树种，散植、丛植于绿地、林缘，可诱引病虫害天敌，还可作刺篱用。花椒是蜜源树种，其果皮是香精和香料的原料，种子是优良的木本油料。

49. 枸橘

别名：枳、臭橘

拉丁学名：*Poncirus trifoliata*（L.）Raf.

科属：芸香科 枳属

形态及分布：落叶灌木或小乔木，高5～7m。枝绿色，稍扁而有棱角，有扁刺。3出复叶，叶缘有波状浅齿，近革质；顶生小叶大，倒卵形，先端钝或微凹，叶基楔形；侧生小叶较多，革质。花白色，雌蕊绿色，有毛。柑果球形，黄绿色，有香气［见图6-49（a）～（c）］。花期4月，叶前开放；果期10月。主要分布于黄河流域以南的地区。

主要习性：喜光，喜温暖湿润的气候，较耐寒。喜微酸性土壤，不耐碱。发枝力强，耐修剪。主根浅，侧根多。

图6-49（a）　枸橘（枝叶和果）

图6-49（b）　枸橘（枝叶）

图6-49（c）　枸橘（果和刺）

栽培养护：播种或扦插繁殖。因种子干藏时易失去发芽力，故多连同果肉一起储藏或埋藏，翌春播前再取出种子即刻播下。一般采用条播，或随采随播。扦插时，多于雨季用半成熟枝作插穗。移栽苗木宜在晚春芽开始萌动时进行，若过早、过迟均会降低成活率。

园林用途：多用作绿篱或作屏障树用。耐修剪，可整形为各式篱垣及洞门形状，既有范围园地的功能又有观花赏果的观赏效果，是良好的观赏树木之一。

50. 火炬树

别名：鹿角漆

拉丁学名：*Rhus typhina* L.

科属：漆树科　盐肤木属

形态及分布：落叶小乔木或灌木，高达8m。小枝粗壮，密生长绒毛。奇数羽状复叶，互生，小叶19～23，长椭圆状披针形，叶缘有锯齿，叶轴无翅。雌雄异株，顶生圆锥花序，密生有毛。核果深红色，密生绒毛，密集成火炬形［见图6-50（a）、（b）］。花期6～7月，果期8～9月。原产于北美地区。我国于1959年引种栽培，现华北、西北等地广泛栽培。

主要习性：喜光，适应性强，抗寒，抗旱，耐盐碱。根系发达，萌蘖力特强。生长快，但寿命短，约15年后开始衰老。

栽培养护：播种、分蘖或埋根繁殖，播前用热水浸烫种子，除去蜡质，再催芽，可使出苗整齐。移栽于秋季落叶后至春季芽萌动前进行，小苗可裸根移植，大苗需带土球。定植时挖穴应大些，使根系舒展，浇透水，大苗宜立柱保护以防风倒。成活后每年进行2～3次松土除草并结合施肥，以促进幼苗生长。每隔1～2年在春季芽萌动前进行修剪，剪去枯枝和过密枝，以维持良好树形。

图6-50（a） 火炬树（枝叶和果序）

图6-50（b） 火炬树（植株秋景）

园林用途：宜用于园林观赏，或用以点缀山林秋色，在华北及西北山地多作为水土保持及固沙树种。

51. 卫矛

别名：鬼箭羽

拉丁学名：*Euonymus alatus*（Thumb.）Sieb.

科属：卫矛科 卫矛属

形态及分布：落叶灌木，高达3m。小枝具2～4条木栓质阔翅。单叶对生，倒卵形或长椭圆形，先端尖，基部楔形，缘具细锯齿，两面无毛，叶柄极短。花小，浅黄绿色，常3朵成一腋生聚伞花序。蒴果紫色，4深裂，有时仅1～3心皮发育成分离之裂瓣；种子褐色，有橘红色假种皮［见图6-51（a）、（b）］。花期5～6月，果9～10月。主要分布于长江中下游、华北地区及吉林等。

图6-51（a） 卫矛（植株秋景）

图6-51（b） 卫矛（秋叶和栓翅）

主要习性：喜光，稍耐阴，耐寒，耐干旱，对气候和土壤适应性强。在中性、酸性及石灰性土壤上均能生长。萌芽力强，耐修剪，对二氧化硫有较强的抗性。

栽培养护：以播种繁殖为主，也可扦插或分株繁殖。采种后用草木灰去掉假种皮，立即进行沙藏，翌春露地直播，苗期遮阴，注意及时灌溉和施肥。扦插于春、夏、秋三季均可进行，最好选用全光喷雾插床育苗，成苗率极高。移栽应在落叶后、发芽前进行。小苗可裸根移植，大苗若带宿土则更易成活。

园林用途：优良观叶赏果树种。园林中孤植或丛植于草坪、斜坡、水边或于山石间、亭廊边配植均甚合适。同时也是绿篱、盆栽及制作盆景的好材料。还是厂矿区绿化、“四旁”绿化树种。

52. 木槿

拉丁学名：*Hibiscus syriacus* L.

科属：锦葵科　木槿属

形态及分布：落叶灌木或小乔木，高2～6m。小枝幼时密被绒毛，后渐脱落。单叶互生，菱状卵形，先端钝，基部楔形，边缘有钝齿，3出脉。花单生叶腋，单瓣或重瓣，有淡紫、红、白等色。蒴果卵圆形，密生星状绒毛［见图6-52（a）～（c）］。花期6～9月，果期10～11月。原产于东亚。我国自东北南部至华南各地均有栽培，尤以长江流域最多。

图6-52（a）　木槿（开花植株）

图6-52（b）　木槿（花-粉红色）

图6-52（c）　木槿（花-浅粉色）

主要习性：喜光，耐半阴；喜温暖湿润气候，也颇耐寒；适应性强，耐干旱及瘠薄土壤，但不耐积水。萌蘖性强，耐修剪。对二氧化硫、氯气等抗性较强。

栽培养护：主要采用扦插繁殖，也可进行播种、压条繁殖。硬枝及软枝插均易生根。在北京地区小苗阶段冬季应采取保护措施，否则易遭受冻害。为培养丛生状苗木，可于第2年截干，促其基部分枝。本种栽培容易，可粗放管理。移植于秋季落叶后进行，宜带宿土，大苗需带土球，栽植时可适当修剪枝叶。

园林用途：优良园林观花树种，常作围篱及基础种植材料，也宜丛植于草坪、路边或林缘。因具有较强抗性，故也是矿区绿化的优良树种。

53. 扁担杆

别名：孩儿拳头、扁担木、山蹦枣、棉筋条

拉丁学名：*Grewia biloba* G. Don

科属：椴树科　扁担杆属

形态及分布：落叶灌木，高达3m。幼枝被粗毛，叶狭菱状卵形，先端锐尖，基部广楔形至近圆形，3出脉，缘有细重锯齿，表面几无毛，背面疏生星状毛。聚伞花序腋生；花淡黄绿色。核果橙黄至橙红色［见图6-53（a）、（b）］。花期6～7月，果期9～10月。我国北自辽宁南部经华北至华南、西南广泛分布。

主要习性：性强健，喜光，略耐阴；耐瘠薄，对土壤要求不严，常生于平原、丘陵或低山灌丛中，耐修剪。

栽培养护：播种或分株繁殖。种子低温沙藏至翌春播种。秋季落叶后至春季芽萌动前进行移植，中、小苗带宿土，大苗带土球，起苗时尽量少伤根。养护管理较简便。为使树形丰满，在春季发芽前可进行适度短截，促其萌发新枝。

园林用途：秋季果实橙红色，且宿存枝头达数月之久，是良好的观果树种，宜于庭院丛植、篱植或与山石配植，颇具野趣，果枝可作瓶插材料。

图6-53（a） 扁担杆（枝叶和果）

图6-53（b） 扁担杆（枝叶和花）

54.秋胡颓子

别名：牛奶子、甜枣

拉丁学名：*Elaeagnus umbellata* Thunb.

科属：胡颓子科　胡颓子属

形态及分布：落叶灌木，高4m。枝条常具刺，幼枝密被银白色鳞片。叶卵状椭圆形至长椭圆形，叶表幼时有银白色鳞片，叶背银白色杂有褐色鳞片。花先叶开放，黄白色，有香气，2～7朵成伞形花序腋生。坚果近球形，红色［见图6-54（a）～（c）］。花期4～5月，果期9～10月。分布于华北至长江流域各地。

主要习性：性喜光略耐阴，耐寒性强，对土壤要求不严，在自然界常生于山地向阳疏林或灌丛中，耐修剪。

栽培养护：播种繁殖为主。果实成熟后可用手摘取或以竿击落，布幕收集。采后及时去除果肉获得种子，多在春季播种，有条件的地方亦可直接秋播。

园林用途：可散植或丛植于花丛或林缘，也可作绿篱及防护林下之木用。

图6-54（a）　秋胡颓子（结果植株）

图6-54（b）　秋胡颓子（花）

图6-54（c）　秋胡颓子（果和银白色叶背）

55. 柽柳

拉丁学名：*Tamarix chinensis* Lour.

科属：柽柳科 柽柳属

形态及分布：落叶灌木或小乔木，高2～5m。树冠近圆球形，树皮红褐色；枝条细长而下垂。叶细小，卵状披针形，长1～3mm，叶端尖，叶背有隆起的脊。总状花序侧生于上年生枝上者春季开花；总状花序集成顶生大圆锥花序者夏、秋开花，花粉红色［见图6-55（a）、（b）］。主要在夏秋开花，果期10月，蒴果3裂。分布广泛，自华北至长江中下游地区，南至华南及西南地区。

主要习性：喜光，不耐庇荫，耐烈日曝晒，耐干旱又耐水湿。耐寒、耐热、抗风又耐盐碱。深根性，根系发达，萌蘖力很强，耐修剪，生长迅速。

栽培养护：播种、扦插、分株、压条等法繁殖，通常多用扦插繁殖。春、秋两季均可扦插，将插穗在100mg/L ABT生根粉溶液中浸泡2h，可显著提高生根率。柽柳根系发达，移栽易成活，春秋两季均可进行。养护管理简单，每次花谢后，应将残花剪除、以保持植株整齐美观，促进下次开花。

园林用途：可以用作篱垣，也是优良的防风固沙树种，还是良好的盐碱土改良树种。亦可以种在水边观赏。近年来很多老树桩被开发制作盆景，别具一格。

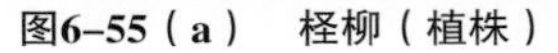
图6–55（a） 柽柳（植株）

图6–55（b） 柽柳（花）

56. 紫薇

别名：痒痒树、百日红、光皮树

拉丁学名：*Lagerstroemia indica* L.

科属：千屈菜科　紫薇属

形态及分布：灌木或小乔木，高3～6（8）m。树冠不整齐，枝干多扭曲，树皮淡褐色，薄片状脱落后干特别光滑。小枝四棱，无毛。单叶对生或近对生，椭圆形至倒卵状椭圆形，先端尖或钝，基部广楔形或圆形，全缘而光滑。花淡红色，花瓣6；萼外光滑，无纵棱，成顶生圆锥花序。蒴果椭圆球形，6瓣裂，基部有宿存花萼［见图6-56（a）～（d）］。花期6～9月；果期10～11月。分布于我国华南、华中、华东及西南地区，各地普遍有栽培。常见栽培品种有红薇（var. *rubra*）、粉薇（var. *amabilis*）、银薇（var. *alba*）等。

主要习性：喜光，稍耐阴，耐旱忌涝；对土壤要求不严，喜温暖湿润气候，耐寒性不强；喜肥沃、湿润而排水良好的石灰性土壤，耐旱，怕涝。萌蘖性强，生长较慢，抗污染力强。

栽培养护：分蘖、扦插及播种法繁殖。播种可得大量健壮而整齐之苗木，秋末采种，至翌年2～3月条播，幼苗宜稍遮阴，在北方需防寒越冬。实生苗生长健壮者当年即可开花，但开花对苗木生长不利，故应及时摘除花蕾。移栽于秋季落叶后或春季萌芽前进行，大苗需带土球。北方适合栽植于背风向阳处，幼树冬季应包草防寒。每年落叶后至翌年早春应剪除枯枝、病虫枝及衰老枝，促其萌发强壮新枝，以利翌年多开花。盆栽需适时浇水、冬春两

图6-56（a）　紫薇（植株）

图6-56（b）　紫薇（花-粉色）

图6-56（c）　紫薇（花-浅粉色）

图6-56（d）　紫薇（果）

季应保持盆土湿润、夏秋季每天早晚各浇水1次，干旱季节应适当多浇水，冬季控制浇水次数。生长季节应置于室外阳光处。盆栽紫薇宜在花后修剪，勿使其结果，以积蓄养分，以利翌年开花。

园林用途：适宜栽植在庭院及建筑前，也适宜栽植在池畔、路边及草坪上。也可盆栽观赏，还是厂矿绿化的优良树种。

57. 楤木

拉丁学名：*Aralia chinensis* L.

科属：五加科 楤木属

形态及分布：落叶灌木或小乔木，高2.5～8m。奇数羽状复叶，小叶5～11对，小叶基部近圆形，边缘有锯齿，顶端渐尖或突尖，表面有糙毛，背面有灰白色或灰色短柔毛。伞形花序集生为大型圆锥状，长25～50cm，宽10～20cm，花梗细，有毛，基部有膜质披针形小苞片；花萼具5齿；花瓣5，绿白色。浆果状核果，近球形，具5棱，径约3mm，顶端具5枚展开的宿存花柱，熟时紫黑色［见图6-57（a）、（b）］。花期6～8月，果期9～10月。

主要习性：喜生于沟谷、阴坡、半阴坡海拔250～1000m的杂树林、阔叶林、阔叶混交林或次生林中。耐寒，但在阳光充足、温暖湿润的条件下生长更好。喜肥沃而略偏酸性的土壤。

栽培养护：播种、扦插繁殖。播前先将种子放入冷水中浸泡48h，随后放入5倍体积的细沙（湿度保持在60%左右）中层积4个月，然后将种子洗净播种。扦插可采用插根繁殖，将根剪成10～12cm根段，在1000mg/L的ABT生根粉溶液中浸泡1h后即可扦插。

园林用途：园林中多生长于林缘或林下，适于庭园、公园、树木园栽植。

图6-57（a） 楤木（植株）

图6-57（b） 楤木（叶）

58. 五加

别名：五加皮、细柱五加

拉丁学名：*Acanthopanax gracilistylus* W. W. Sm

科属：五加科　五加属

形态及分布：落叶灌木，高2～3m。枝下垂，掌状复叶在长枝上互生，在短枝上簇生；小叶5，很少3～4，中央1小叶最大，倒卵形至倒卵状披针形，长3～6cm，宽1.5～3.5cm，叶缘有锯齿，两面无毛，或叶脉有稀刺毛。伞形花序单生于叶腋或短枝的顶端，很少有2伞形序生于梗上者；花瓣5，黄绿色；花柱2或3，分离至基部。浆果近于圆球形，熟时紫黑色，内含种子2枚［见图6-58（a）、（b）］。花期5月，果期10月。分布于华东、华中、华南及西南地区。

主要习性：播种和扦插繁殖。采果后搓去果皮，获得净种，之后用水浸泡3～4天，随即沙藏，至翌春播种。扦插可用嫩枝和硬枝扦插，但半木质化嫩枝扦插成活率更高。插前将插穗在1000μL/L的IAA溶液中速蘸1～2s，然后插入苗床中。

栽培养护：用种子繁殖。

园林用途：多植于林下、林缘及山坡，颇具野趣。

图6-58（a）　五加（枝叶）

图6-58（b）　五加（果）

59. 红瑞木

拉丁学名：*Cornus alba* L.（*Swida alba Opiz*）

科属：山茱萸科　梾木属

形态及分布：落叶灌木，高达3m。干直立丛生，枝条红色，初时常被白粉；髓大而白色。单叶对生，卵形或椭圆形，先端尖，基部圆形或广楔形，全缘，侧脉5～6对，叶表暗绿色，背面粉绿色，两面均疏生贴生柔毛。花小，黄白色，顶生伞房状聚伞花序。核果斜卵圆形，白色或略带蓝色［见图6-59（a）～（c）］。花期5～6月；果期8～9月。分布于东北、内蒙古及河北、陕西、山东等地。

主要习性：性喜光，耐半阴，极耐寒，喜略湿润土壤。能适应南方湿热环境，根系发达，适应性强。

图6-59（a） 红瑞木（枝叶和花）

图6-59（b） 红瑞木（果）

图6-59（c） 红瑞木（植株秋景）

栽培养护：播种、扦插或分株繁殖。播种时，种子应沙藏后春播。扦插以秋末采条沙藏越冬后早春扦插较好。压条可于5月将枝条环割后埋入土中，生根后于翌春与母株割离分栽。移栽后应进行重剪，栽后初期应勤浇水，之后每年应适当修剪以保持良好树形及枝条繁茂。栽后1～2年内每年追肥1次，之后不必再追肥。早春萌芽前应进行更新修剪，将上年生枝条短截，促其萌发新枝。若出现老枝生长衰弱、衰老现象应注意更新，可在枝条基部留1～2个芽，其余全部剪去，新枝萌发后适当疏剪，当年即可恢复。

园林用途：观枝观果的优良树种，常丛植于庭院草坪、建筑物前或常绿树间，又可栽作自然式绿篱。也可植于河边、湖畔、堤岸上，有护岸固土的效果。枝条还可以用作插花材料。

60. 荆条

拉丁学名：*Vitex negundo* L. var. *heterophylla*（Franch.）Rehd.

科属：马鞭草科 牡荆属

形态及分布：灌木或小乔木，株高1～2.5m。幼枝四方形，老枝圆筒形，灰褐色，密被微柔毛。掌状复叶对生，具小叶5，有时3，披针形或椭圆形，先端渐尖，基部楔形，边缘缺刻状锯齿，浅裂至羽状深裂，表面绿色，背面淡绿色或灰白色。圆锥花序顶生，花小，蓝紫色，花冠二唇形，雄蕊4，伸出花冠［见图6-60(a)、(b)］。核果，种子圆形，黑色。花期7～9月，果期9～10月。分布几乎遍布全国。

主要习性：喜光，半耐阴。耐寒、耐旱、耐瘠薄，适应性强，在肥沃而排水良好的土壤上生长更为旺盛。根系发达，萌蘖性强，耐修剪，易造型。

图6-60（a） 荆条（植株）

图6-60（b） 荆条（花）

栽培养护：播种、分株繁殖。播种可直播，20天左右即可出苗。春秋两季移栽，裸根移栽易活。栽培容易，无需特殊管理。应注意修剪枯枝、过密枝及衰老枝，以保持良好树形。

园林用途：叶清秀，花素雅，是装点风景区的优良树种；植于山坡、路旁、林缘均可，也是制作树桩盆景的优良材料。

61. 莸

别名：兰香草

拉丁学名：*Caryopteris incana*（Thunb.）Miq.

科属：马鞭草科 莸属

形态及分布：落叶半灌木，高1.5～2m。全株具灰色绒毛。枝圆柱形。叶卵状披针形，长3～6cm，先端钝或尖，基部楔形或近圆形，边缘有粗齿，两面具黄色腺点，背面更明显。聚伞花序紧密，腋生于枝上部；花萼钟状，5深裂；花冠淡紫色或淡蓝色，二唇裂，下唇中裂片较大，边缘流苏状。蒴果倒卵状球形，成熟时裂成4小坚果［见图6-61（a）、（b）］。花果期8～10月。产于华东及东南地区，北京有栽培。

图6-61（a） 莸（开花植株）

图6-61（b） 莸（花）

主要习性：喜阳，喜肥沃、疏松及排水良好的沙质壤土，耐半阴，较耐寒。

栽培养护：繁殖较容易，贴近地面的蔓生枝条易产生不定根，形成新植株。常采用半木质化枝条进行嫩枝扦插。栽培管理简单，不需特殊管理。耐修剪，对成龄植株早春应进行重剪，地上留10cm，到秋季即能长至高50～60cm、冠径40～50cm的健壮植株，且能大量开花。

园林用途：花色淡雅，是点缀秋夏景色的好材料，植于草坪边缘、假山旁、水边、路旁，都很适宜。

62. 海州常山

别名：臭梧桐

拉丁学名：*Clerodendrum trichotomum* Thunb.

科属：马鞭草科 赪桐属（大青属）

形态及分布：落叶灌木或小乔木，高3～6（8）m。幼枝4棱形，与叶柄、花序轴均具黄褐色短柔毛。枝髓白色，有淡黄色片状分隔。单叶对生，叶纸质，卵形、卵状椭圆形，先端渐尖，基部宽楔形或截形，全缘。伞房状聚伞花序生于枝顶及上部叶腋，花萼紫红色，花冠白色或带粉红色。核果近球形，果熟时蓝紫色［见图6-62（a）～（c）］。花期7～10月，果期9～11月。产于华北、华东、中南、西南等地区。日本、朝鲜、菲律宾也有分布。

图6-62（a） 海州常山（植株）

图6-62（b） 海州常山（花）

图6-62（c） 海州常山（果）

主要习性：喜光，稍耐阴，有一定耐寒性。喜肥沃、疏松的微酸性沙质壤土，也耐盐碱土。生长茂密，萌蘖性强。

栽培养护：播种、扦插或分株繁殖。秋季采种后立即播种或沙藏翌春播种。分株比较简便，秋季落叶后或春季萌芽前将植株连根挖出，栽植在施入适量腐熟基肥的穴内，埋土，浇透水。移栽应于春季3月前后进行，栽前应施基肥，栽后浇透水，连浇3遍，间隔1周左右。之后每年从萌芽至开花初期，可浇水2～3次，夏季干旱时浇水2～3次，冬季浇水1次即可。一般只施肥1次。当幼树的中心主枝达到一定高度时，需进行修剪，留4～5个强壮枝作为主枝培养，使其上下错落分布。短截主枝先端。过密的侧枝可及早疏剪。当主枝延长到一定程度，互相间隔较大时，宜留强壮的分枝作为侧枝培养，使主枝和侧枝均可充分接受光照。应逐渐剪去中心主枝形成之前所留抚养枝。随时剪去徒长枝、病弱枝、枯枝及萌蘖。秋季落叶后进行整形修剪。多年生老树需复壮更新。病虫害极少，宜粗放管理。

园林用途：花期长，花后有鲜红的宿存萼片，再配以蓝紫色的亮果，十分醒目，是庭院中优良的观花、观果树种。适植于路边、溪边或林缘，孤植、丛植均可。

63. 枸杞

别名：枸杞子、枸杞菜、枸杞头

拉丁学名：*Lycium chinense* Mill.

科属：茄科 枸杞属

形态及分布：落叶蔓生灌木，枝细长拱形，长达4m，有纵条棱，具针状棘刺。单叶互生或2～4枚簇生，卵形、卵状菱形至卵状披针形，基部楔形。花单生或2～4朵簇生叶腋；花冠漏斗状，淡紫色，花萼常3中裂或4～5齿裂。浆果红色、卵圆状［见图6-63（a）、（b）］。花果期6～11月。广布全国各地。

图6–63（a） 枸杞（枝叶和果）

图6–63（b） 枸杞（花）

主要习性：喜光，稍耐阴；喜温暖，较耐寒；耐干旱，耐碱性也很强，忌黏质土及低湿条件，喜排水良好的石灰质土壤，是钙质土的指示植物。

栽培养护：播种、扦插、压条、分株均可繁殖。播种常于春季3月份前后进行，用3倍湿沙拌种在室内催芽。移栽于春秋两季进行，苗木根系蘸泥浆。栽植后浇透水，3天后再浇水1次，之后经常保持湿润。雨季需注意排水防涝。定植当年短截全部枝条，每枝上留4～5个发育良好的芽，第2～3年对侧枝和延长枝条进行疏枝短截，使枝条发育粗壮，密集均匀，通风透光良好。每2～3年应疏除内膛枯枝1次，剪下垂枝，保持树形圆整。10龄后注意选留基部健壮枝，更新衰老枝。

园林用途：花朵紫色，花期长，入秋红果累累，缀满枝头，状若珊瑚，颇为美丽，是庭院秋季观果灌木，可供池畔、河岸、山坡、径旁、悬崖石隙以及林下、井边栽植；根干虬曲多姿的老株常作树桩盆景，雅致美观。

64. 迎红杜鹃

别名：蓝荆子、尖叶杜鹃、迎山红

拉丁学名：*Rhododendron mucronulatum* Turcz.

科属：杜鹃花科　杜鹃花属

形态及分布：落叶或半常绿灌木，高达2.5m。分枝较多，小枝细长，疏生鳞片。花淡红色，径3～4cm，2～5朵簇生枝顶，先叶开放；芽鳞在花期宿存；雄蕊10。蒴果圆柱形，长1.3cm，褐色，有密鳞片［见图6-64（a）～（c）］。花期4～5月，果期6月。产于东北、华北、山东、江苏北部。

主要习性：喜光，耐寒，耐干旱。喜空气湿润和排水良好的土壤。

图6-64（a）　迎红杜鹃（果）

图6-64（b）　迎红杜鹃（花）

图6-64（c）　迎红杜鹃（植株秋景）

栽培养护：播种繁殖。种子可于8～9月采收，晾干、搓碎、去杂即可得纯净种子。种粒细小，应在苗床上直播，覆土厚度0.5cm。播种应在无风天气进行，播后30天内保持床面湿润。当苗木长出3～4条须根时进行第1次间苗，及时除草、松土。苗木当年高5～10cm，2～3年生苗即可出圃栽培。

园林用途：在园林中可以与迎春配植，紫、黄相映，更能表现春光明媚的欢悦气氛。

65. 照山白

别名：照白杜鹃、铁石茶、白镜子

拉丁学名：*Rhododendron micranthum* Turcz.

科属：杜鹃花科　杜鹃花属

形态及分布：常绿灌木，高1～2m。幼枝被鳞片和细柔毛。小枝细，具短毛及腺鳞。叶厚革质，倒披针形，先端钝，基部窄楔形。两面有腺鳞，背面更多，边缘略反卷。花冠钟形，白色，呈顶生密总状花序。蒴果矩圆形，长达0.8cm［见图6-65（a）、（b）］。花期5～6月，果期9～10月。产于东北、华北、山东、甘肃、湖北、四川等地。

主要习性：喜冷凉气候和酸性土壤，耐干旱瘠薄。喜生于海拔1000～2000m的山坡、沟谷中，常与山杨（*Populus davidiana*）、坚桦（*Betula chinensis*）等混生。

栽培养护：播种繁殖。移栽在春秋两季进行，以春栽为好。露地栽植需带土球，栽植地宜选择高燥处，以利排水。栽植在深根性乔木疏林下利于庇荫。夏秋季节炎热干燥，应注意多浇水，随干随浇，但雨季又要防止地面积水。为促进生长和开花，生长期每月施肥1次，花后应及时进行修剪，以减少养分消耗。对衰老树应进行修剪复壮，可在春季萌芽前进行，将枝条在30cm处短剪。修剪复壮亦可分3年进行，每年剪去整株的1/3，这样既可达到整形的目的，又不影响植株开花。

园林用途：夏季开白色密集小花，花洁白素雅，惹人喜爱，可以栽植于庭园，供观赏用，也可密植作地被用。

图6-65（a）　照山白（开花植株）

图6-65（b）　照山白（花）

66. 连翘

别名：黄花杆、黄寿丹、黄金条、黄绶带、落翘

拉丁学名：*Forsythia suspensa*（Thunb.）Vahl

科属：木犀科 连翘属

形态及分布：落叶灌木，高可达3m。干丛生，直立，枝开展，拱形下垂，小枝黄褐色，微有四棱状，皮孔明显，髓中空。单叶或有时为3小叶复叶，对生，卵形、宽卵形或椭圆状卵形，长3～10cm，无毛，先端尖，基部圆形至宽楔形，边缘有粗锯齿。花先叶开放，通常单生，稀3朵腋生，花萼裂片4，矩圆形；花冠黄色，裂片4，倒卵状椭圆形；雄蕊2，常短于雌蕊［见图6-66（a）～（c）]。蒴果卵球形，表面散生疣点。花期4～5月，果期7～9月。产我国北部、中部及东北各地；现各地有栽植。

主要习性：喜光，有一定的耐阴性；耐寒；耐干旱瘠薄，怕涝；不择土壤；抗病虫害能力强。

栽培养护：扦插、压条、分株或播种繁殖，以扦插为主。硬枝和嫩枝扦插均可。硬枝扦插于2～3月进行。嫩枝扦插于7～8月进行，插后易生根。播种于10月采种后，经湿沙层积于翌年2～3月条播。苗木移栽于落叶后选向阳而排水良好的肥沃土壤进行栽植；每年花后剪除枯枝、弱枝叶及过密、过老枝，同时注意根际施肥。

图6–66（a） 连翘（开花植株）

图6–66（b） 连翘（髓心中空）

图6–66（c） 连翘（果）

园林用途：北方常见的优良早春观花灌木。花先叶开放，满枝金黄，艳丽可爱，宜丛植于草坪、角隅、岩石假山下、路缘、转角处，阶前、篱下及做基础种植，或作花篱等用；大面积群植于向阳坡地、森林公园，则效果也佳；以常绿树作背景，与榆叶梅、绣线菊等配置，更能现出金黄夺目之色彩；其根系发达，有护堤岸之作用。

67. 金钟花

别名：迎春条、细叶连翘

拉丁学名：*Forsythia viridissima* Lindl.

科属：木犀科　连翘属

形态及分布：落叶灌木，高1.5～3m。枝直立，小枝黄绿色，呈四棱形，髓薄片状。单叶对生，椭圆状矩圆形，长3.5～11cm，先端尖，中部以上有粗锯齿。花先叶开放，1～3朵腋生，深黄色［见图6-67（a）～（c）］。蒴果卵圆形。花期3～4月，果期8～11月。产于我国中部、西南各地，南北均有栽植。

主要习性、栽培养护及园林用途：同连翘。

图6-67（a）　金钟花（开花植株）

图6-67（b）　金钟花（髓心层片状）

图6-67（c）　金钟花（枝和花）

68. 水蜡

图6–68 水蜡（枝叶和果）

别名：水蜡树、辽东水蜡

拉丁学名：*Ligustrum obtusifolium* Sieb. et Zucc.

科属：木犀科 女贞属

形态及分布：落叶灌木，高达3m。幼枝有短柔毛。单叶对生，叶椭圆形至长圆状倒卵形，长3 ～ 5cm，全缘，端尖或钝，背面或中脉具柔毛。圆锥花序顶生、下垂，长仅4 ～ 5cm，生于侧生小枝上；花白色，芳香；花具短梗；萼具柔毛；花冠管长于花冠裂片2 ～ 3倍。核果黑色，椭圆形，稍被蜡状白粉（见图6-68）。花期6月，果期8 ～ 9月。原产于我国中南地区，现北方各地广泛栽培。日本也有分布。北京可露地栽植。

主要习性：适应性较强，喜光照，稍耐阴，耐寒，对土壤要求不严。

栽培养护：播种、扦插繁殖。采种后应及时进行沙藏，播种前连续用温水浸种2天，播后覆土1.0 ～ 1.5cm。移植成活率高。性强健，萌枝力强，叶再生能力强，耐修剪。

园林用途：园林中主要作绿篱用；其枝叶紧密、圆整，庭园中常栽培观赏；抗多种有毒气体，是优良的抗污染树种。

69. 金叶女贞

拉丁学名：*Ligustrum* × *vicaryi* Rehd.

科属：木犀科 女贞属

形态及分布：落叶或半常绿灌木，高2 ～ 3m，冠幅1.5 ～ 2m。单叶对生，卵状椭圆形，长3 ～ 7cm。嫩叶金黄，后渐变为黄绿色。花白色，芳香；总状花序；夏季开花。核果阔椭圆形，紫黑色［图6-69（a）～（c）］。花期5 ～ 6月，果期10月。金叶女贞是由卵叶女贞的栽培变种金边卵叶女贞（*L. ovalifolium*‘Aureomarginatum’）与金叶欧洲女贞（*L. vulgale*‘Aureum’）杂交育成的，20世纪80年代引入我国，目前在华北南部至华东北部、南部等地区广泛栽培。

主要习性：金叶女贞适应性强，对土壤要求不严，我国长江以南及黄河流域等地的气候条件均能适应，生长良好。性喜光，稍耐阴，耐寒能力较强，在京津地区，小气候条件好的楼前避风处，冬季可以保持不落叶。抗病力强，很少出现病虫害。

栽培养护：以扦插繁殖为主，也可进行嫁接、播种、分株和压条繁殖。扦插以7月上旬为宜，选取2年生金叶女贞新梢，将其木质化部分剪成15cm左右的插条，保留上部2 ～ 3片叶即可，上剪口距上芽1cm处平剪，下剪口在芽背面斜剪成马蹄形，并在切口处蘸草木灰。用粗沙土作扦插基质，插前用0.5％的高锰酸钾液对基质消毒1天，扦插密度以叶片互不接触、分布均匀为宜。插后浇透水，立即覆塑料膜，再用苇帘遮阴。在生根前每天喷水2次，以降温保湿，棚内温度保持在20～25℃，相对湿度在90％以上，每天中午适当通风。为防止插穗腐烂，插后3天喷800倍多菌灵，10天后再喷1次。插后21天左右，在塑料膜两头开小口通风，过2

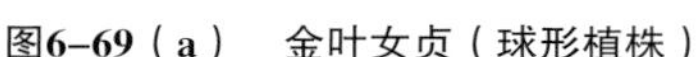

图6-69（a） 金叶女贞（球形植株）

图6-69（b） 金叶女贞（枝叶）

图6-69（c） 金叶女贞（绿篱）

天后，早晚可揭去塑料膜，中午用苇帘遮阴，多喷水，再过3天后，将塑料膜和苇帘全部揭去，让幼苗适应外界环境，炼苗4～5天后即可在阴天或傍晚时进行移栽，栽后立即浇1次透水，3天后再浇1次，成活率可达95%以上，冬季需搭扣小拱棚越冬。应特别注意的是扦插成活率与扦插基质、插穗木质化程度及扦插时间有很大关系：扦插基质用粗沙土比用细沙土生根率高，插穗木质化的比半木质化的生根率高，夏季扦插比秋季扦插生根率高。

嫁接繁殖宜用1年生女贞（*Ligustrum lucidum*）或小叶女贞（*L. quihoui*）作砧木，在春季用切接法进行嫁接。播种繁殖取金叶女贞的成熟果实（呈黑紫色），在水中浸泡24小时，然后将果实上的果肉搓去洗净，将筛出的种子置入装有潮湿细沙的容器中，在通风、背光的室内或室外对种子进行低温处理，放置至翌春再移到室温25℃左右的地方进行催芽，待种子即将萌发时进行播种。金叶女贞幼苗的叶片呈2种颜色，1种为黄绿色，另1种为翠绿色；为保持其优良特性，应及时拔除翠绿色叶片的幼苗，保留黄绿色叶片的幼苗。幼苗生长期间应及时浇水，适当遮阴。夏季应做好排水工作，冬季应做好防寒工作。分株繁殖宜在4月中旬进行，选取2年生实生苗或扦插苗的健壮丛生植株，挖出后分成数株带一定量根系的植株，进行栽植。压条繁殖通常于6月上旬进行，选取植株下部枝条，将枝条要埋入土中的部分用刀割伤1小段表皮层，使其更易产生愈伤组织，促进生根，然后开沟，将枝条埋入土中固定，覆土5cm以上，及时浇水，大约1个月后枝条即可生根。翌春挖出，在生根处之下部分剪断，进行移栽。

园林用途：金叶女贞叶色金黄，尤其在春秋两季色泽更加璀璨亮丽，可与红叶的紫叶小檗和红花檵木、绿叶的龙柏和黄杨等树种组成灌木状色块，形成强烈的色彩对比，观赏效果极佳，亦可修剪成球形。主要用来组成图案和建造绿篱。

70. 小叶女贞

别名：小叶冬青、小白蜡、楝青、小叶水蜡树

拉丁学名：*Ligustrum quihoui* Carr.

科属：木犀科 女贞属

形态及分布：落叶灌木，高1～3m。小枝淡棕色，圆柱形，密被微柔毛，后脱落。单叶对生，叶薄革质，形状和大小变异较大，披针形、长圆状椭圆形、椭圆形、倒卵状长圆形至倒披针形或倒卵形，长1～4（5.5）cm，宽0.5～2（3）cm，先端锐尖、钝或微凹，基部狭楔形至楔形，叶缘反卷，上面深绿色，下面淡绿色，常具腺点，两面无毛，叶柄无毛或被微柔毛。圆锥花序顶生，近圆柱形，分枝处常有1对叶状苞片；小苞片卵形，具睫毛；花萼无毛，裂片卵形或椭圆形，先端钝；雄蕊伸出裂片外，花丝与花冠裂片近等长或稍长。核果倒卵形、宽椭圆形或近球形，呈紫黑色［见图6-70（a）、（b）］。花期5～7月，果期8～11月。产于我国中部、东部和西南部。

主要习性：小叶女贞喜光照，稍耐阴，较耐寒，华北地区可露地栽培；对二氧化硫、氯气、氟化氢、氯化氢、二氧化碳等有毒气体有较好的抗性。性强健，萌枝力强，耐修剪。

栽培养护：播种和扦插繁殖。病虫害较少，主要虫害是天牛。防治法有3种：①春季若看到鲜虫粪处，用注射器将80%敌敌畏乳油注入虫孔内，并用黄泥将虫孔封死。②7月份人工捕杀天牛成虫。③每盆盆景土中埋入3～4粒樟脑丸便可控制虫害。

园林用途：主要作绿篱栽植，是园林绿化中重要的绿篱材料；其枝叶紧密、圆整，常在庭院中栽植观赏，可作桂花、丁香等树种的砧木，也可制成盆景；抗多种有毒气体，是优良的抗污染树种。

图6-70（a） 小叶女贞（结果植株）

图6-70（b） 小叶女贞（花）

71. 紫丁香

别名：丁香、华北紫丁香

拉丁学名：*Syringa oblata* Lindl.

科属：木犀科 丁香属

形态及分布：灌木或小乔木，高4～5m。枝条粗壮无毛。叶广卵形，通常宽度大于长度，宽5～10cm，端尖锐，基心形或楔形，全缘，两面无毛。圆锥花序长6～15cm；花萼钟状，有4齿；花冠堇紫色，端4裂开展；花药生于花冠中部或中上部。蒴果长圆形，顶端尖，平滑

[见图6-71（a）～（d）]。花期4月，果期9月。产我国东北、华北、内蒙古、西北及四川；朝鲜也有分布。

主要习性：喜光，稍耐阴，背阴处也能生长，但花量少或无花；耐寒性较强；耐干旱，忌低湿；喜温暖、肥沃、排水良好的土壤。

栽培养护：播种、扦插、嫁接、压条或分株繁殖。播种可于春、秋两季在室内盆播或露地畦播。北方以春播为佳，于3月下旬进行冷室盆播，温度以10～22℃为宜，14～25天即可出苗，出苗率40%～90%，若露地春播，可于3月下旬至4月初进行。播前需将种子在0～7℃条件下沙藏1～2个月，播后半个月即可出苗。未经低温沙藏的种子需1个月或更长时间才能出苗。无论室内盆播还是露地条播，当幼苗长出4～5对叶片时，即应进行分盆移栽或间苗。扦插可于花后1个月进行，选当年生半木质化健壮枝作插穗，插穗长15cm左右，用50～100mg/kg的吲哚丁酸水溶液处理15～18小时，插后用塑料薄膜覆盖，1个月后即可生根，生根率达80%～90%。也可于秋、冬季取木质化枝条作插穗，露地埋土贮藏，翌春扦插。嫁接可用芽接或枝接，砧木多用欧洲丁香或小叶女贞。华北地区芽接一般于6月下旬至7月中旬进行。接穗选择当年生健壮枝上的饱满休眠芽，以不带木质部的盾状芽接法，接到离地面5～10cm高的砧木干上。也可秋、冬季采条，露地埋土贮藏，

图6-71（a）　紫丁香（开花植株）

图6-71（b）　紫丁香（花）

图6-71（c）　紫丁香（果）

图6-71（d）　紫丁香（植株秋景）

翌春枝接，接穗当年可长至50～80cm，第2年萌动前需将枝干离地面30～40cm处短截，促其萌发侧枝。分株繁殖于春季进行。可选多年生的丛生植株做母株，先在每根枝条的基部划出较大的伤口，然后堆土把整个株丛的基部埋住，通过灌水来保持土堆湿润。经过一段时间，伤口部位即可萌发出大量新根，秋末或翌年早春将土堆扒开，从新根的下面将其剪断，然后分栽。

紫丁香宜栽于土壤疏松而排水良好的向阳处。一般在春季芽萌动前裸根栽植，栽植后浇透水，之后每10天浇1次水，每次浇水后应松土保墒。栽植3～4年生大苗，应对地上枝干进行强修剪，一般从离地面30cm处截干。春季萌动前进行修剪，主要剪除细弱枝、过密枝及根孽，并合理保留好更新枝，以利调节树势及通风透光。花后应剪除残留花序。一般不施肥或少量施肥，切忌施肥过多，否则会造成植株徒长，影响花芽形成。但在花后应施些磷、钾肥及氮肥。灌溉因栽植地区不同而异，在华北地区，4～6月是丁香生长旺盛并开花的季节，每月应浇2～3次透水，7月以后进入雨季，则应注意排水防涝。到11月中旬入冬前应浇封冻水。

园林用途：紫丁香枝叶茂密，花美而香，是我国北方各地园林中应用最普遍的花木之一。广泛栽植于庭院、机关、厂矿、居民区等地。常丛植于建筑前、茶室凉亭周围；散植于园路两旁、草坪之中；与其他种类丁香配置成专类园，形成美丽、清雅、芳香，青枝绿叶、花开不绝的景区，效果极佳；亦可盆栽或作切花用。

72. 欧洲丁香

别名：欧丁香、洋丁香

拉丁学名：*Syringa vulgaris* L.

科属：木犀科　丁香属

形态及分布：落叶灌木或小乔木，高3～7m。单叶对生，近革质，卵形或阔卵形，长3～13cm，先端渐尖，基部心形、截形或宽楔形，全缘，两面无毛，叶表中脉不明显，叶背中脉凸起。圆锥花序常由上部侧芽发出，稀顶生，长10～12cm，花紫色，白色或紫红色，芳香，花萼钟状，长2mm，4浅裂，裂片不规则，花冠筒圆筒形，长约1cm，裂片卵形，开展；雄蕊2，着生于冠筒喉部稍下，内藏，花药黄色；子房2室，柱头2裂，蒴果长1～2cm，稍扁，顶端渐尖［图6-72（a）～（c）］。花期4～5月；果期6～7月。原产于欧洲东南部，多生于海拔1200m的向阳山坡，是欧洲栽培最普遍的观花灌木。我国华北各省广泛栽培，东北、西北以及江苏等城市有栽植。有纯白、浅蓝、堇紫、重瓣等多种类型的园艺变种。

主要习性：喜光，耐寒，不耐热，喜湿润、排水良好的土壤，适合气候冷凉的地区栽培。

栽培养护：以播种、扦插繁殖为主，亦可进行嫁接、压条和分株繁殖。露地苗床一般春播较好，播前1个月宜将种子低温沙藏，以促进提前发芽。苗长出4～5对叶片时进行间苗或分苗移栽。扦插可于初夏选用当年生半木质化的粗壮枝作插穗。嫁接多用小叶女贞或本属强健种类作砧木，芽接或枝接均可。

园林用途：为冷凉地区普遍栽培的花木。适于植于庭院、居住区、医院、学校、幼儿园或其他园林绿地或风景区。可孤植、丛植或在路边、草坪、角隅、林缘成片栽植，亦可与其他乔灌木尤其是常绿树种配置。

图6-72（a） 欧洲丁香（品种）

图6-72（b） 欧洲丁香（花-粉红色）

图6-72（c） 欧洲丁香（花-淡紫红色）

73. 迎春

别名：迎春花、金腰带、串串金、迎春柳

拉丁学名：*Jasminum nudiflorum* Lindl.

科属：木犀科 茉莉属

形态及分布：落叶灌木，高0.4～5m。枝条细长，拱形下垂，长可达2m以上；侧枝健壮，四棱形，绿色。3出复叶对生，长1～3cm，小叶卵状椭圆形，表面有基部突起的短刺毛。花单生于叶腋间，先叶开放，花冠高脚杯状，鲜黄色，顶端6裂，或成复瓣。通常不结果［图6-73（a）、（b）］。花期3～5月，可持续50天之久。产于我国北部、西北、西南各地，广泛栽培于各地。

主要习性：喜光，稍耐阴，略耐寒，怕涝，在华北地区可露地越冬，要求温暖而湿润的气候，疏松肥沃和排水良好的沙质土，在酸性土中生长旺盛，碱性土中生长不良。根部萌发力强。枝条着地部分极易生根。

栽培养护：迎春多用扦插、压条、分株等方法进行繁殖。因人工栽培的迎春很少结果，所以一般不进行播种繁殖。扦插于春、夏、秋三季均可进行，将半木质化的枝条剪成长12～15cm的插穗，插入沙土中，保持湿润，约15天生根。压条是将较长的枝条浅埋于沙土中，不必刻伤，40～50天后生根，翌春与母株分离移栽。分株可在春季芽萌动时进行。春季移植时需带宿土，并可剪除部分枝条。只要注意浇水，栽后极易成活。在生长过程中，土壤不能积水和过分干旱，开花前后适当施肥2～3次。秋、冬季应修剪整形，保持形美花繁。常见病害为叶斑病和枯枝病，可用50%退菌特可湿性粉剂1500倍液喷洒。常见虫害为蚜虫和大蓑

图6–73（a） 迎春（开花植株）

图6–73（b） 迎春（花）

蛾为害，用50%辛硫磷乳油1000倍液喷杀。枝端着地易生根，在雨水多的季节，最好能用棍棒挑动着地的枝条数次，不让其接触湿土生根，以免影响株丛整齐生长。为得到独干直立的树形，可用竹竿扶持幼树，使其直立向上生长，并摘去基部的芽，待长到所需高度后，摘除顶芽，使其形成下垂之拱形树冠。

在迎春生长期，应每月施1～2次腐熟稀薄的液肥。7～8月是迎春花芽分化期，应施含磷较多的液肥，以利花芽形成。若在开花前期施1次腐熟稀薄的有机液肥，可使花色艳丽并延长花期。盆栽迎春时，可在盆钵底部放几块动物蹄片作基肥。

园林用途：迎春枝条披垂，冬末至早春先花后叶，花色金黄，叶丛翠绿，园林中宜配置在湖边、溪畔、桥头、墙隅或草坪、林缘、坡地。房子周围也可栽植，可供早春观花。南方可与蜡梅、山茶、水仙同植一处，构成新春佳景。将山野多年生老树桩移入盆中，做成盆景；或编枝条形成各种形状，盆栽于室内观赏；亦可作花篱、地被植物或作切花插瓶。

74. 小紫珠

别名：白堂子树

拉丁学名：*Callicarpa dichotoma*（Lour.）K. Koch

科属：马鞭草科　紫珠属

形态及分布：落叶灌木，高达1～2m。小枝纤细，带紫红色。单叶对生，狭倒卵形至卵状长圆形，长3～7cm，顶端急尖，基楔形，边缘仅上半部疏生锯齿，表面稍粗糙，背面无毛，密生细小黄色腺点。聚伞花序，总花梗为叶柄长的3～4倍；花萼杯状；花冠淡紫红色。浆果状核果球形，蓝紫色，有光泽，果实经冬不落［图6-74(a)、(b)］。花期6～7月，果期9～11月。分布于我国华北中部、华东及中南部，日本、朝鲜等地亦有分布。北京地区可露地栽培。

图6-74（a）　小紫珠（结果植株）

图6-74（b）　小紫珠（果）

主要习性：喜光，耐寒，耐干旱瘠薄。喜肥沃湿润土壤，生长势强。

栽培养护：播种，扦插繁殖。播种应在采果后搓去紫色果肉，取出种子，立即秋播，或收果后晾干收藏，翌年4月上旬取出搓去果皮，用凉水浸泡种子1～2天，捞出晾干表面水分立即播种。当年苗高可达50～80cm，3年生即可见开花。夏季嫩枝扦插成活率较高。栽培管理粗放，可通过修剪促进新枝萌发。

园林用途：入秋紫果布满树冠，色美有光泽，似粒粒珍珠，是美丽的秋季观果树种；紫果经冬不落，是值得在园林中应用的观果灌木，果枝可作切花。种植于草坪边缘、假山旁、常绿树前效果均佳；用于基础栽植亦极适宜。

75. 紫珠

别名：日本紫珠

拉丁学名：*Callicarpa japonica* Thunb.

科属：马鞭草科　紫珠属

形态及分布：落叶灌木，高达2m；小枝圆柱形，无毛。叶对生，倒卵形、卵形或椭圆形，顶端急尖或长尾尖，基部楔形，边缘上半部有锯齿，通常两面无毛。聚伞花序细弱而短小，宽约2cm，2～3次分歧，花序梗长6～10mm；花萼杯状，无毛，萼齿钝三角形，花冠白色或淡紫色，花丝与花冠等长或稍长，花药突出花冠外，药室孔裂。浆果状核果球形，紫色［图6-75（a）、（b）］。花期6～7月，果期8～10月。产于东北南部、华北、华东、华中等地。生长在海拔220～850m的山坡和谷地溪旁的丛林中。日本、朝鲜亦有分布。

主要习性：喜肥沃、湿润土壤，较耐寒，耐阴性强。

栽培养护：播种、扦插繁殖。采种容易，播种繁殖出苗率较高。4月中下旬播种。播前两

图6-75（a） 紫珠（果和叶）

图6-75（b） 紫珠（叶和果）

周先用35℃温水将种子浸泡4～5h，剔出上浮瘪粒，再用0.5%高锰酸钾溶液浸种消毒1h，取出用清水冲洗干净，然后按1∶3的比例与新鲜细河沙混合，装入陶瓷盆内，上覆塑料薄膜，放在背风向阳处催芽，注意保持湿润，经常翻动，使受热均匀，当种子有1/3露白时即可播种。因种粒细小，破土能力差，前期生长力弱，播种应精细。播前选择深厚肥沃、排水良好的沙壤土圃地，深翻整平，制作高床。床面高出地面15～20cm，四周筑高约5cm的畦埂，以利浇水。苗床做好后用0.05%高锰酸钾溶液消毒1天，喷足底水，待水渗下后将经催芽的种子均匀撒播于苗床上，再筛细土覆上，厚度以不见种子为宜，然后再筛覆一薄层细沙。播后苗床上搭建遮阳网，保持床面湿润疏松。一般播后10～15天即可出苗。扦插于春、夏均可进行。春季进行硬枝扦插，选生长健壮、无病虫害、直径0.5cm以上的1年生木质化枝作插穗；夏季进行嫩枝扦插，于7月上旬至8月上旬，选取当年生健壮、充实、无病虫害的半木质化枝作插穗。扦插生根容易，成活率高，移栽容易成活。不耐涝，雨季应注意排水。北方地区可选择背风向阳处栽植。

园林用途：紫珠株形秀丽，枝条柔软，花色绚丽；秋季果实累累，缀满枝头，晶莹泛彩，经冬不落，犹如一颗颗紫色的珍珠，是花果俱佳的观赏花木，是园林绿化的优良树种，适于秋季的色彩搭配，作庭园的基础栽植和草坪边缘绿化材料，亦可种在假山旁或与常绿树种配置。经处理使植株矮化可作观果盆景，其果穗还可剪下瓶插或作切花材料。

76. 杠柳

别名：北五加皮、香加皮、羊奶条

拉丁学名：*Periploca sepium* Bge.

科属：萝藦科 杠柳属

形态及分布：落叶蔓生缠绕性灌木，长可达1.5m，各部具白色乳汁。茎绿褐色后变灰褐色，小枝通常对生，具细条纹，皮孔黄褐色明显。主根圆柱状，外皮灰棕色，内皮浅黄色。除花外，全株无毛。单叶对生，卵状长椭圆形至披针形，长5～9cm，顶端渐尖至长渐尖，基部广楔形，叶面深绿色，有光泽，叶背淡绿色，两面无毛，侧脉多数。聚伞花序腋生，着花数朵；花冠紫红色，裂片5，反折，内面有长柔毛，外面光滑，副花冠10裂，5枚伸长成丝状，被短柔毛，雄蕊生副花冠内，并与其合生。蓇葖果2，柱状针形，长7～12cm，无毛，具纵条纹；种子扁卵形，顶端具白色绢质冠毛［图6-76（a）、（b）］。花期5～6月，果

图6-76（a）　杠柳（叶和花）

图6-76（b）　杠柳（果）

期10月。我国东北、华北、西北、西南、黄河流域及长江以北各地均有分布，俄罗斯远东地区亦有分布。多生于海拔1000m以下低山及平原荒地、丘陵；在湿润地区可分布至海拔2000m以上。

主要习性：喜光、耐寒、喜湿而耐旱、耐盐碱、耐瘠薄，亦耐阴。根系发达，分布较深，常丛生。生长初期径直立，后渐匍匐或缠绕。根蘖性强，耐刈割，常单株栽后不久即丛生成团，与荆条等树种共生而缠绕其上。对土壤适应性强，具有较强的抗风蚀、抗沙埋能力，是优良的水土保持和固沙树种。

栽培养护：播种、分株或扦插繁殖，常用播种繁殖。于10月果实成熟后采回，装入麻袋，置于通风干燥处越冬保存。翌春播种前取出，这时果实已彻底风干，大部分已开裂。选择无风天气或在室内，用木棒反复敲打或揉擦，使白色种毛与种子脱离，除去种毛和杂质，获纯净种子。为提早出苗，播前应进行种子处理。用40～50℃热水浸种，待种子吸水膨胀并有部分种子露白时，便可捞出种子，控水、混沙，进行播种。宜播种于平坦、疏松、排水良好的沙质壤土中，采用撒播或条播。播前苗床应浇透底水，播后及时喷水，确保苗床湿润。分株繁殖主要在保护种质资源时采用。扦插繁殖成活率较低，很少采用。

园林用途：杠柳枝叶光洁，花暗紫红色，可植于墙垣、栅栏或大型山石一侧，任其缠绕，自成景观；根系发达，扎根深广，抗旱能力强，是优良的水土保持和防风固沙树种；枝叶生长旺盛，丛植于园林绿地、荒山边坡、各种撂荒地，能快速覆盖地面，有效调节地表温度，改善周边环境。根皮可入药。

77. 薄皮木

别名：小丁香、野丁香

拉丁学名：*Leptodermis oblonga* Bge.

科属：茜草科　薄皮木属

形态及分布：落叶或半常绿灌木，高1～2m。丛生，直立，多分枝，老枝干灰色，薄片状剥裂脱落，小枝纤细并被柔毛。单叶对生或3叶轮生，椭圆状卵形至椭圆状倒卵形，长1～2cm，先端钝，基部广楔或楔形，全缘，边缘略反卷，叶表深绿而粗糙，叶背浅绿色，幼时被稀柔毛。花3～7朵簇生枝顶及近顶叶腋，花柄短近无，花冠堇紫红色，裂片5，径约

图6-77（a） 薄皮木（开花植株）

图6-77（b） 薄皮木（花）

1.2cm，呈高脚碟状，筒部长1.2～1.5cm，浅粉红色，喉部具灰柔毛。蒴果椭圆形。花期6～9月（集中花期7～8月），果期10月［图6-77（a）、（b）］。广泛分布于河北、山西、河南、陕西、甘肃、四川、湖北及贵州、云南、广西、广东等地，在江南成半常绿状。野生多分布于海拔400～1500m的山地或丘陵，常见于湿润河谷岸边灌木丛中和杂木林下。华北地区可见自成群落灌丛。

主要习性：喜光亦耐阴，根群旺而耐旱、耐瘠薄，能在半阴处石缝隙中生长。耐湿，能在河滩近水处沙石地上正常生长，但不耐积水。耐修剪，萌发力强。

栽培养护：播种、分株、扦插均可繁殖。种粒细小，且苗期生长缓慢，播种育苗应细致，通常多采用扦插繁殖。硬枝、嫩枝均易成苗。少量繁殖可分株。栽培管理过程中应对过老枝进行疏剪，促其萌发新枝，新枝才能开花。花残后短截，可2次发枝并开花。

园林用途：株形矮小，夏秋开花，花期长，且正值花少时节，适于园林中栽植观赏，尤以华北地区更为适宜。适应性强，可于草坪、路边、墙隅、假山旁及林缘丛植观赏，或于疏林下片植，亦可作绿篱栽培。

78. 金银木

别名：金银忍冬、胯杷果

拉丁学名：*Lonicera maackii*（Rupr.）Maxim.

科属：忍冬科 忍冬属

形态及分布：落叶灌木，株形圆满，高可达6m。小枝中空，单叶对生；叶呈卵状椭圆形至披针形；先端渐尖，基部楔形或圆形，全缘，叶两面疏生柔毛。花成对腋生，二唇形花冠，苞片线形。花开之时初为白色，后变为黄色，芳香；雄蕊5，与花柱均短于花冠。浆果球形亮红色［见图6-78（a）～（d）］。花期5～6月，果期8～10月。产于东北、华北、华东、华中及西北东部、西南北部。

主要习性：性强健、耐寒、耐旱，喜光也耐阴，喜温暖湿润肥沃及深厚的土壤。

栽培养护：播种和扦插繁殖。10～11月种子充分成熟后采集，将果实捣碎、用水淘洗、

搓去果肉，水选得纯净种子，阴干，干藏至翌年1月中、下旬，取出种子催芽。先用温水浸种3小时，捞出后拌入2～3倍的湿沙，置于背风向阳处增温催芽，外盖塑料薄膜保湿，经常翻倒，补水保温。3月中、下旬，种子开始萌动时即可播种。苗床开沟条播，行距20～25cm，沟深2～3cm，播种量为50g/10m^2，覆土约1cm，然后盖塑料薄膜保墒增地温。播后20～30天可出苗，出苗后及时揭去薄膜并间苗。当苗高4～5cm时定苗，苗距10～15cm。5、6月各追施1次尿素，每次施肥量15～20kg/亩。及时浇水，中耕除草，当年苗高可达40cm以上。翌春及时移苗，扩大株行距，可按40cm×50cm株行距栽植。每年追肥3～4次，经2年培育即可出圃。扦插一般于10～11月植株落叶1/3以上时剪取当年生壮枝，剪成长10cm左右的插条，插前用50mg/kg的ABT 1号生根粉溶液处理10～12h。扦插密度为5cm×10cm，200株/m^2，插深为插条的3/4，插后浇1次透水，搭小拱棚保湿保温。一般封冻前能生根，翌年3～4月萌芽抽枝。成活后每月施1次尿素，每次施肥量10kg/亩，立秋后施1次N-P-K复合肥，以促苗茎干增粗及木质化。当年苗高达50cm以上。亦可于6月中、下旬进行嫩枝扦插。病虫害较少，宜粗放管理。

图6-78（a）　金银木（开花植株）

图6-78（b）　金银木（花）

图6-78（c）　金银木（果）

图6-78（d）　金银木（结果植株）

园林用途：金银木花果并美，具有较高的观赏价值。春天可赏花闻香，秋天可观红果累累。春末夏初层层开花，金银相映，远望整个植株如同一个美丽的大花球。花朵清雅芳香，引来蜂飞蝶绕，因而金银木又是优良的蜜源树种。金秋时节，对对红果挂满枝条，煞是惹人喜爱，也为鸟儿提供了美食。在园林中，常将金银木丛植于草坪、山坡、林缘、路边或点缀于建筑周围，观花赏果两相宜。金银木树势旺盛，枝叶丰满，初夏开花有芳香，秋季红果坠枝头，是良好的观赏灌木。

79. 天目琼花

别名：鸡树条荚蒾

拉丁学名：*Viburnum sargentii* Koehne

科属：忍冬科　荚蒾属

形态及分布：落叶灌木，高约3m。树皮灰色，浅纵裂，略带木栓质。小枝有明显皮孔。单叶对生，叶宽卵形至卵圆形，长6～12cm，通常3裂，裂片边缘具不规则的齿，生于分枝上部的叶常为椭圆形至披针形，不裂，掌状3出脉。叶柄顶端有2～4腺体。复聚伞形花序，径8～12cm，生于侧枝顶端，边缘有大型不孕花，中间为两性花，花冠乳白色；雄蕊5；核果近球形，径约1cm，鲜红色［见图6-79（a）～（c）]。花期5～6月，果期8～9月。东北南部、华北至长江流域均有分布。

图6–79（a）　天目琼花（植株秋景）

图6–79（b）　天目琼花（花）

图6–79（c）　天目琼花（叶和果）

主要习性：喜光又耐阴；耐寒，多生于夏凉湿润多雾的灌木丛中；最适宜的生长温度为15～30℃，夏季气温过高时，生长受阻，进入半休眠状态。对土壤要求不严，微酸性及中性土壤都能生长。根系发达，移植容易成活。

栽培养护：播种、分株和扦插繁殖。播种宜春播，因其种子有休眠的习性，所以播种前应将种子进行变温处理。首先将除去果肉的干净种子用45℃温水浸种24小时，然后混入3倍湿沙并装入塑料袋内封口，在25℃条件下放置30天，然后转入0～5℃低温条件下催芽，翌年3月下旬室内盆播，即可顺利出苗。分株可于春季进行，若将分开的株丛先在苗圃中培育2年再定植，则成活率更高。扦插多于5月下旬至6月初用半木质化枝条扦插，生根率可达70%～80%。移植宜在落叶后或萌芽前进行，小苗需带宿土，大苗需带土球。栽植时应施足基肥，浇足水。之后每年秋季落叶后应在根周围挖沟施基肥，促使翌年多开花。每年秋季进行1次适当疏剪，剪除徒长枝及弱枝，短截长枝，早春剪除残留果穗及枯枝。

园林用途：天目琼花的树态清秀，叶形美丽，花开似雪，果赤如丹。宜在建筑物四周、草坪边缘配植，也可在道路边、假山旁孤植、丛植或片植。天目琼花的复伞形花序很特别，边花（周围一圈的花）白色较大，非常漂亮但不能结实，心花（中央的小花）貌不惊人却能结出累累红果，两种类型的花使其春可观花、秋可观果，在园林中广为应用。

80. 蝟实

别名：猬实

拉丁学名：*Kolkwitzia amabilis* Graebn.

科属：忍冬科　蝟实属

形态及分布：落叶灌木，高1.5～3m；幼枝被柔毛，老枝皮薄片状剥落。单叶互生，有短柄，椭圆形至卵状长圆形，长3～8cm，宽1.5～3（5.5）cm，近全缘或疏具浅齿，先端渐尖，基部近圆形，表面疏生短柔毛，背面脉上有柔毛。伞房状的圆锥聚伞花序生侧枝顶端；每一聚伞花序有2花，两花的萼筒下部合生；萼筒有开展的长柔毛，在子房以上处缢缩似颈，裂片5，钻状披针形，长3～4mm，有短柔毛；花冠钟状，粉红色至紫色，外有微毛，裂片5，略不等长；雄蕊4，2长2短，内藏。瘦果状核果，2枚合生，通常只1个发育成熟，连同果梗密被刺状刚毛，顶端具宿存花萼［见图6-80（a）～（d）］。花期5～6月，果期8～9月。仅1种，我国特产。分布于我国中部及西北部。

图6-80（a）　蝟实（宿存花萼和幼果）

图6-80（b）　蝟实（花）

图6-80（c） 蝟实（开花植株）

图6-80（d） 蝟实（果）

主要习性：耐寒、耐旱，在相对湿度过大、雨量多的地方，常生长不良，易罹病虫害；喜光树种，在林荫下生长细弱，不能正常开花结实；喜温凉湿润环境，怕水涝和高温，要求湿润肥沃及排水良好的土壤。

栽培养护：扦插、分株及播种均可繁殖，但以播种繁殖为主。播种应在9月采收成熟果实，净种后用湿沙层积贮藏越冬，翌春播种，发芽整齐。扦插可在春季选取粗壮休眠枝，或于6～7月间用半木质化嫩枝，露地苗床扦插，较易生根成活。分株春、秋两季均可进行，秋季分株后假植至春季栽植，较易成活。从秋季落叶后至翌年早春萌芽前均可进行苗木移栽。雨季应注意排水，初春及花后适当疏剪，剪去过密枝、多余的萌蘖、重叠枝、病虫枝、伤残枝，使植株通风透光，促其翌年花繁色艳。于6～7月对新枝顶梢进行摘心，能促进花芽分化。秋季酌情施肥，则翌年开花更为繁茂。每3年视植株生长状况重剪1次，以控制株丛，使树形紧密。

园林用途：蝟实花密色艳，开花期正值初夏百花凋谢之时，更感可贵；夏秋全树挂满形如刺猬的小果，甚为别致。在园林中可于草坪、角坪、角隅、山石旁、园路交叉口、亭廊附近列植或丛植，也可盆栽欣赏或作切花用。

81. 六道木

别名：六条木、双花六道木、降龙木、交翅

拉丁学名：*Abelia biflora* Turcz.

科属：忍冬科 六道木属

形态及分布：灌木，高达3m。枝有明显的6条沟棱，被倒生刚毛。单叶对生或3叶轮生，叶长圆形或长圆状披针形，全缘或疏生粗齿，具缘毛。叶柄短，基部膨大，具刺刚毛。双花生于枝梢叶腋，无总梗。花萼筒被短刺毛。裂片4，匙形。花冠白色至淡红色，高脚碟形，外生短柔毛裂片4。雄蕊2长2短，内藏。瘦果状核果，常弯曲，端宿存4枚增大之花萼［见图6-81（a）～（c）］。花期5月，果期8～9月。产于我国北部，生于海拔1000～2000m山地灌丛中。

主要习性：耐半阴，耐寒，耐旱，生长快，耐修剪，喜温暖、湿润气候，亦耐干旱瘠薄。根系发达，萌芽力和萌蘖力均强。

图6-81（a） 六道木（植株）

图6-81（b） 六道木（叶和果）

图6-81（c） 六道木（茎）

栽培养护：播种、扦插或分株繁殖。管理粗放，可适当修剪。

园林用途：六道木枝叶婉垂，树姿婆娑，花美丽，萼裂片特异。可丛植于草地边、建筑物旁，或列植于路旁作为花篱。还可用作地被、花境。

82. 糯米条

别名：茶树条

拉丁学名：*Abelia chinensis* R. Br.

科属：忍冬科 六道木属

形态及分布：落叶灌木，高1.5～2m。嫩枝被微毛，红褐色，老枝树皮纵裂。单叶对生，有时3枚轮生；叶柄长1～5mm；叶片圆卵形至椭圆状卵形，长2～5cm，宽1～3.5cm，先端急尖或短渐尖，基部圆形或心形，边缘有稀疏圆锯齿，上面疏被短毛。圆锥状聚伞花序顶生或腋生；花萼被短柔毛，裂片5，粉红色，倒卵状长圆形，边缘有睫毛；花冠白色至粉红色，漏斗状，芳香，长1～1.2cm，外具微毛，裂片5，圆卵形；雄蕊4，伸出花冠；瘦果状核果[见图6-82（a）、（b）]。花期9月，果期10月。广泛分布于秦岭以南各省，常生于低山湿润林缘及溪谷岸边。

主要习性：喜光，耐阴性强；喜温暖湿润气候，耐寒性较差，北京可露地栽培，但冬季枝梢易受冻害；对土壤要求不严，酸性、中性土均能生长，有一定的耐旱、耐瘠薄能力。适应性强，长势旺，根系发达，萌蘖力和萌芽力均强。

栽培养护：多采用播种、扦插繁殖。移植苗木时需带土，并对移栽植株适当修剪整形。春季萌芽前施肥1次，初夏开花前再施1次磷钾肥。秋季干旱时，应及时浇水，保持土壤湿润。常见的病害为叶斑病和白粉病，可用70%甲基托布津可湿性粉剂1000倍液喷洒防治。虫害有尺蛾和蛱蝶为害，可用2.5%敌杀死乳油3000倍液喷杀。

园林用途：树形丛状，枝条细弱柔软，大团花序生于枝前，小花洁白秀雅，阵阵飘香；花期正值夏秋少花季节，花期长，花香浓郁，可谓不可多得的秋花灌木，可群植或列植，修成花篱，也可栽植于池畔、路边、草坪等处。

图6–82（a） 糯米条（开花植株）

图6–82（b） 糯米条（花）

83. 接骨木

别名：公道老、扦扦活、接骨丹、续骨木、续骨树、舒筋树

拉丁学名：*Sambucus williamsii* Hance

科属：忍冬科 接骨木属

形态及分布：落叶灌木至小乔木，高达6m。老枝有皮孔，淡黄棕色。奇数羽状复叶对生，小叶2～3对，有时仅1对或多达5对，托叶狭带形或退化成带蓝色的突起；侧生小叶卵圆形、狭椭圆形至倒长圆状披针形，长5～15cm，先端尖、渐尖至尾尖，基部楔形或圆形，边缘具不整齐锯齿，基部或中部以下具1至数枚腺齿，最下一对小叶有时具长0.5cm的柄，顶生小叶卵形或倒卵形，先端渐尖或尾尖，基部楔形，具长约2cm的柄，叶揉碎后有臭气。花与叶同出，圆锥聚伞花序顶生，长5～11cm，具总花梗；花序分枝多成直角开展；花小而密；萼筒杯状，长约1mm，萼齿三角状披针形，稍短于萼筒；花蕾时带粉红色，开后白色或淡黄色，花冠辐状，裂片5，长约2mm；雄蕊与花冠裂片等长，花药黄色；子房3室，花柱短，柱头3裂。浆果状核果近球形，直径3～5mm，黑紫色或红色；分核2～3粒，卵形至椭圆形，长2.5～3.5mm，略有皱［见图6-83（a）～（c）］。花期4～5月，果期9～10月。东北、华北及内蒙古地区均有分布，朝鲜、日本、西欧等地亦有分布

主要习性：性强健，喜光，耐寒，耐旱。根系发达，萌蘖性强。

栽培养护：播种、扦插、分株均可繁殖，常用扦插和分株繁殖。每年春、秋季均可移苗，剪除柔弱、不充实和干枯的嫩梢。生长期可施肥2～3次，对徒长枝适当短截，增加分枝。接骨木虽喜半阴环境，但长期生长在光照不足的条件下，枝条柔弱细长，开花疏散，树姿欠佳。常见病害有溃疡病、叶斑病和白粉病，可用65%代森可湿性粉1000倍液喷洒。常见虫害有透翅蛾、夜蛾和介壳虫为害，用50%杀螟松乳油1000倍液喷杀。

园林用途：枝叶繁茂，春季白花满树，夏秋红果累累，是良好的观赏灌木，宜植于草坪、林缘或水边，也可作城市、工厂绿篱用。

图6-83（b）　接骨木（花序）

图6-83（a）　接骨木（植株）

图6-83（c）　接骨木（果）

84. 锦带花

别名：五色海棠

拉丁学名：*Weigela florida*（Bunge）A. DC.

科属：忍冬科　锦带花属

形态及分布：落叶灌木，高达3m。枝条开展，小枝细弱，幼时具2列柔毛。单叶对生，叶椭圆形或卵状椭圆形，长5～10cm，端锐尖，基部圆形至楔形，缘有锯齿，表面脉上有毛，背面尤密。花1～4朵组成伞房花序，着生小枝顶端或叶腋；萼片5裂，披针形，下半部连合；花冠漏斗状钟形，玫瑰红色，裂片5。蒴果柱形；种子无翅［见图6-84（a）～（c）］。花期4～6月，果期10月。原产于我国长江流域及其以北的广大地区。日本、朝鲜等地亦有分布。

主要习性：喜光，耐阴，耐寒；对土壤要求不严，能耐瘠薄土壤，但以深厚、湿润、腐殖质丰富的土壤生长最好，怕水涝。对氯化氢的抗性较强。萌芽力、萌蘖力强，生长迅速。

栽培养护：常用扦插、分株、压条繁殖。扦插可于夏季选当年生半木质化枝作插穗，插入土中一半，然后浇透水，之后经常保持土壤湿润即可。春季用1年生枝进行硬枝露地扦插，也易成活。分株可于早春或秋冬进行，多在春季萌芽前后结合移栽开展，将整株挖出，分成数丛，另行栽植即可。压条全年均可进行，通常在花后选下部枝条下压条。锦带花下部枝条容易

图6-84（b） 锦带花（花）

图6-84（a） 锦带花（开花植株）

图6-84（c） 锦带花（球形植株）

呈匍匐状，在生长季节将其压入土壤中，进行压条繁殖，节处较易生根成活。春、秋季进行苗木移栽均需带宿土，夏季需带土球。栽后每年早春施1次腐熟堆肥，并修去衰老枝。

园林用途：锦带花枝叶茂密，花色艳丽，花期可长达2个月，是华北地区春夏主要的观花灌木。宜在庭院墙隅、湖畔群植；也可在树丛林缘作花篱、丛植配植，或点缀于假山和坡地。

85. 海仙花

别名：关柴、朝鲜锦带花

拉丁学名：*Weigela coraeensis* Thunb.

科属：忍冬科 锦带花属

形态及分布：落叶灌木，高达5m。小枝粗壮，黄褐色或褐色，无毛或近无毛。单叶对生，阔椭圆形或倒卵形，先端突尖或尾尖，基部阔楔形，缘具钝锯齿，表面深绿、背面浅绿。花数朵组成聚伞花序，生于短枝叶腋或顶端，萼片线状披针形，裂达基部，花冠漏斗状钟形，初时白色、黄白色、淡玫瑰红色，后变为深红色，子房光滑无毛。蒴果无毛，顶有短柄状喙，种子微小而多数，无翅。花期5～6月，果期9～10月［图6-85（a）、（b）］。原产于我国华东一带，朝鲜、日本亦有分布。

主要习性：喜光，稍耐阴，有一定耐寒性，在北京以南可露地越冬。对土壤要求不严，喜土层深厚、肥沃、湿润的土壤，亦能耐贫瘠。在阴湿之地生长良好，但怕水涝。生长快，萌芽力强，但耐旱性和耐寒性均不如锦带花。

栽培养护：繁殖常用扦插、分株等方法，亦可用播种繁殖。生产上常用扦插繁殖。扦插宜

图6-85（a）　海仙花（叶和果）

图6-85（b）　海仙花（花）

于5～9月选当年生半木质化枝，剪成长15～20cm的插穗进行扦插，插后浇水，遮阴。扦插株行距50cm×20cm。当年苗高可达40～50cm。秋季扦插选1年生成熟枝作插穗，插后及时浇水，保持床面湿润。冬季注意防寒，用塑料拱棚封闭，成活率可达90%以上。播种繁殖于10月采果，阴干收藏，翌春播种前用冷水浸种2～3h，捞出放蒲包内，每天冲水2～3次，保湿6～7天后进行播种，播后用塑料薄膜拱棚覆罩，小苗出齐后去棚逐渐见光，加强肥水管理，入冬防寒，第2年移苗，第3年即可开花。播种量较少时，可在木箱内或花盆中播种。由于种子繁殖易变异，生产上应用较少。分株繁殖宜在早春芽未萌动时，挖掘植株基部周围的萌蘖枝进行分栽。移植春秋两季均可进行，中、小苗裸根带宿土，大苗需带土球。花谢后剪除残花，并施腐熟堆肥，秋后酌量修剪，剪除枯枝、病弱枝、老枝，入冬时施基肥。

园林用途：海仙花虽然枝叶较粗犷，着花较少且小，但株型优美、花色丰富，在浙沪一带栽植较普遍，是常见的观花树种，适宜孤植或丛植，在花丛、草坪、假山、坡地、湖畔、庭院、公园等处供观赏。

86. 鞑靼忍冬

别名：新疆忍冬

拉丁学名：*Lonicera tatarica* L.

科属：忍冬科　忍冬属

形态及分布：落叶灌木，高3～4m。小枝中空，老枝皮灰白色，叶卵形或卵状椭圆形，长2～6m，顶端尖，基部圆形或近心形，两面均无毛，花成对腋生，总花梗长1～2cm，相邻两花的萼筒分离；花冠唇形，粉红色或白色，外面光滑，里面无毛，雄蕊5，短于花冠。浆果红色，常合生［见图6-86（a）、（b）］。花期5月，果期9月。原产于中国新疆北部、欧洲及西伯利亚，黑龙江、辽宁和北京等地有栽培。

主要习性：性喜光、耐寒。

栽培养护：常用播种或扦插繁殖。参阅金银木。

园林用途：花美叶秀，常栽培于庭院、花境观赏。其绿叶可保持到12月“大雪”节，在避风庭院甚至可至冬至节后方脱落，而早春开花早而香浓，与迎春、山桃及山茱萸同放，实为北方园林不可多得的观赏树种，值得推广应用。

图6-86（a） 红花鞑靼忍冬（开花植株）

图6-86（b） 黄果鞑靼忍冬（果）

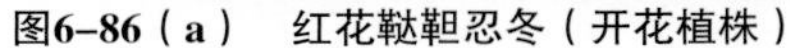

87. 荚蒾

别名：酸梅子、野花绣球

拉丁学名：*Viburnum dilatatum* Thunb.

科属：忍冬科　荚蒾属

形态及分布：落叶灌木，高1.5～3m。小枝、芽、叶柄、花序及花萼嫩时均密被土黄色或黄绿色开展的小刚毛状粗毛及簇状短毛，老时毛可弯伏，毛基部有小瘤状突起，2年生小枝暗紫褐色，被疏毛或几无毛，有凸起的垫状物。叶广卵形至倒卵形，缘具较整齐的三角形锯齿，背面近基部两侧有少数腺体和多数小腺点。复聚伞花序，生于具1对叶的短枝之顶，径4～10cm；花白色，全为可孕花，花药小，乳白色。核果球形，深红色，椭圆状卵圆形，核扁，卵形。花期5～6月，果期9～10月［图6-87（a）、（b）］。主产我国长江流域地区，陕西、河南、河北亦有分布。日本、朝鲜有分布。

图6-87（a） 荚蒾（叶和果）

图6-87（b） 荚蒾（果）

主要习性：温带树种，喜光，亦耐阴，喜温暖湿润气候，亦耐寒，对土壤要求不严，喜微酸性肥沃土壤。地栽、盆栽均可，粗放管理亦能正常生长。

栽培养护：播种繁殖。果实外果皮及中果皮肉质，果核多呈压扁状，内果皮木质，坚韧，黄色至灰褐色，内含1粒种子。果核与种皮不易分离，种皮膜质，种胚被坚实的硬肉质或嚼烂状具有韧性的胚乳包围，种胚位于胚乳尖端内，尚未发育完全。秋冬采种后，用冷暖层积交替处理来打破种子休眠，翌春播种。当年苗高20～30cm，2～3年生苗可出圃栽植。苗木移植需带土球。

园林用途：荚蒾枝叶稠密，树冠球形；叶形美观，入秋变为红色；花洁白，果艳红且经久不落，为优良观花、观果树种，宜配置于墙隅、假山、园路或林缘，亦可栽植成花篱、果篱，还是制作盆景的好材料。

88. 香荚蒾

别名：香探春、翘兰

拉丁学名：*Viburnum farreri* W. T. Stearn（*V. fragrans* Bunge）

科属：忍冬科　荚蒾属

形态及分布：落叶灌木，高达3m。小枝褐色，幼时有柔毛。叶菱状倒卵型至椭圆形，长4～7cm，顶端尖；叶缘具三角状锯齿，羽状脉明显，直达齿端，背面侧脉间有簇毛。圆锥花序长3～5cm；花冠高脚碟状，筒长7～10mm，裂片5，蕾时粉红色，开放后白色，芳香，雄蕊5；核果矩圆形，鲜红色［见图6-88（a）～（c）］。花期5月，先叶开放。果期9～10月。

图6-88（a）　香荚蒾（植株）

图6-88（b）　香荚蒾（叶和花）

图6-88（c）　香荚蒾（叶和幼果）

产于我国新疆、青海、甘肃、河北、河南等地均有栽培。

主要习性：耐寒，耐半阴，喜湿润温暖气候及深厚肥沃的壤土，不耐瘠薄和积水。

栽培养护：压条、分株或扦插繁殖。种子不易采收，故多不用种子繁殖。

园林用途：形优美，枝叶扶疏，花期极早，是华北地区重要的早春花木。花白色素雅而浓香，秋季红果累累，挂满枝梢，是优良的观花、观果灌木。宜孤植、丛植于草坪边、林缘下、建筑物背阴面，亦可整形盆栽。

89. 郁香忍冬

别名：香忍冬、香吉利子、羊奶子

拉丁学名：*Lonicera fragrantissima* Lindl. et Paxt.

科属：忍冬科 忍冬属

形态及分布：半常绿灌木，高达2m。枝髓充实，幼枝有刺刚毛。单叶对生，叶卵状长圆形、倒卵状椭圆形或卵圆形，长4～10cm，先端尖或凸尖，近革质，背面疏被平伏刚毛。两花合生叶腋；花萼筒连合，无毛；花冠唇形，乳白色或具淡红色斑纹，有芳香。浆果椭圆形，鲜红色，两果合生过半（见图6-89）。花期3～4月，先叶开放，果期5～6月。产于我国山西、山东、河南及华东地区。

图6–89 郁香忍冬（枝叶）

主要习性：喜光，也耐阴、耐寒，喜肥沃湿润土壤，忌涝。

栽培养护：播种、扦插或自然根蘖分株繁殖。移植于10月之后至翌年3月之前进行，中、小植株需带宿土，大丛植株需带土球。也可盆栽。

园林用途：适宜庭院、草坪边缘、园路旁、转角一隅、假山前后及亭际附近栽植。

90. 蚂蚱腿子

别名：万花木

拉丁学名：*Myripnois dioica* Bunge

科属：菊科 蚂蚱腿子属

形态及分布：落叶小灌木，高50～80cm。枝被短细毛。单叶互生，宽披针形至卵形，长2～4cm，先端渐尖，基部楔形至圆形，全缘，两面无毛，具主脉3条；叶柄长2～4mm。头状花序单生于侧生短枝端；先叶开花，花冠钟状，总苞片5～8，外面被绢毛，雌花与雄花异株，雌花具舌状花，淡紫色，冠毛多列，雄花花冠白色，筒状，二唇形，外唇舌状，3～4短裂，内唇小，全缘或2裂。瘦果圆柱形，被毛，冠毛多白色（见图6-90）。花期4月中旬，果期5～6月。产于辽宁西部、华北、河南和陕西，多生于低海拔的山地阴坡及林缘，局部可形成优势种，为山地中生灌木。在北京地区，海拔400m的山地分布较多。

主要习性：耐半阴，不耐强光，耐旱、耐土壤瘠薄。

栽培养护：播种繁殖。种子成熟后，脱落较快，瘦果可飞散很远，因此应及时采收。当头状花序总苞中的瘦果冠毛发白时，是采种的最佳时期。采种时用手将总苞直接摘下，放入袋中，揉去冠毛即得净种。种子无休眠期，采后即可播种。播前若圃地较干，应先做床浇透水。水渗后，若土壤不黏，开沟条播，播后覆土约1cm。若雨季来临，可雨前播种，覆土0.5cm，4～5天即可出苗。播种苗出土后，当年地上部分生长缓慢，根系生长较快，1年生苗高仅10cm，根系可达30～40cm。当年秋季或翌春可移植，若需培育大苗，则应在苗圃再生长1～2年。

园林用途：植株低矮，早春开花，适宜冷凉地区栽植观赏，可用于基础种植，或作疏林下木。

图6-90　蚂蚱腿子（开花植株）

第七章 木本攀缘植物的栽培与养护

1. 五味子

别名：北五味子、山花椒、乌梅子

拉丁学名：*Schisandra chinensis*（Turcz.）Baill.

科属：五味子科　五味子属

形态及分布：落叶木质缠绕藤本，长达8m；树皮褐色，小枝无毛，稍有棱。单叶互生，宽椭圆形、倒卵形或卵形，先端骤尖，基部楔形，上部疏生胼胝质浅齿，近基部全缘，基部下延成极窄的翅，叶面绿色，有光泽，叶背淡绿色，沿脉有疏毛，叶柄长2～3cm，叶柄及叶脉红色。花单性，雌雄异株，单生或簇生于叶腋；花梗细长而柔弱；花被片6～9，乳白色或粉红色，芳香。聚合果长1.5～8.5cm，浆果球形，熟时深红色，聚合成下垂之穗状，种子肾形，淡橘黄色，表面光滑［图7-1（a）、（b）］。花期5～6月，果期8～9月。五味子以小兴安岭、长白山区为主产区，主要分布于东北地区的辽宁、吉林、黑龙江三省，河北、山西、陕西、宁夏、山东、内蒙古等地也有分布。朝鲜、日本、俄罗斯亦有分布。多生于海拔1800m以下山林灌丛或湿润的沟谷、溪水边。

主要习性：喜温暖湿润气候，耐寒，稍耐阴。对土壤要求不严，喜生于疏松、肥沃、排水良好的微酸性至中性沙质壤土中，土壤条件较差时生长不良。在自然界常缠绕他树而生，多生于山之阴坡。我国温带和亚热带地区多有栽培。

图7-1（a）　五味子（果）

图7-1（b）　五味子（叶和果）

栽培养护：播种、扦插或压条繁殖。8～9月果实成熟时采收，搓洗净种，晾晒至含水量10%～11%时储藏，在0～5℃低温条件下干藏可保存1～2年。以春季条播为主，播前3个月左右，用温水浸种24h，然后再将种子进行低温沙藏。播种苗3年后可开花结果，4～10年进入结果盛期。扦插、压条于夏秋季进行，扦插时保持空气湿度80%以上及适当的土壤湿度。园林栽植时搭好棚架或篱架，选半阴处栽植生长最好。

园林用途：五味子枝叶光亮，秋叶转红，红色的果穗下垂枝头，适合栽植于园林半阴处的花篱、花架、山石处点缀，也可盆栽观赏，是著名的中药材。

2. 三叶木通

别名：八月瓜藤、三叶拿藤、八月楂

拉丁学名：*Akebia trifoliata*（Thunb.）Koidz.

科属：木通科　木通属

形态及分布：落叶木质缠绕藤本，藤茎达20m，茎皮灰褐色，有稀疏的皮孔及小疣点。掌状复叶互生或在短枝上簇生，小叶3、稀4或5，小叶较大，卵圆形、宽卵圆形或长圆形，顶端圆钝、微凹或具短尖，基部圆形或宽楔形，边缘具波状齿或浅裂，叶表深绿色，叶背浅绿色。总状花序自短枝上簇生叶中抽出，长约6～16cm；花单性，雄花生于上部，雄蕊6，紫色；雌花花被片紫红色，具6个退化雄蕊。果实呈浆果状，肉质，长卵形，直或稍弯，种子多数扁卵形，黑色。花期4～6月，果期7～9月［图7-2（a）、（b）］。原产于我国河南、河北、山西、山东、陕西、甘肃和长江流域各地，日本亦有分布。多生于海拔2000m以下山谷、林缘、溪边、路边阴湿处或稍干旱山坡灌丛中。

主要习性：喜温暖湿润环境，耐半阴；适应性强，对土壤要求不严，喜富含腐殖质的土壤，对中性或微碱性土壤也能适应。较耐寒，北京植物园有引种栽培。我国暖温带和亚热带地区广泛栽植，常攀缘树上或藤架上。

栽培养护：播种、扦插、压条和分株繁殖。于8～9月果实即将裂开时及时采收，脱去外种

图7-2（a）　三叶木通（花序）

图7-2（b）　三叶木通（叶）

皮，置通风处阴干。种子有休眠习性，应提前3个月将种子用湿沙进行层积，待早春地温升至5～10℃时在露地苗床进行条播或撒播，播种苗2～3年即可出圃定植。播种繁殖简单易行，但实生苗开花结实迟，一般在3年之后，故生产上较少采用。藤茎萌芽力强，可选1～2年生枝蔓埋入土中，1个月后即可生根，一年四季均可繁殖，定植后第2年就可开花结实。分株繁殖需在早春萌芽前进行，将丛生植株从根部分成多株。在不剪断枝蔓的情况下，定植当年即能开花结果。扦插繁殖一年四季均可进行，选择生长健壮、无病虫害的1～2年生枝蔓，剪成长10cm的插穗，用浓度为100mg/kg的ABT 2号生根粉浸泡2h后，扦插到已整理好的苗床内，插后浇水、遮阴、防旱。移栽以春季萌芽前为好，夏季移栽需带土球。修剪整形应于春季盛花期之后进行。

园林用途：三叶木通叶、花、果美丽，春夏观花，秋季赏果，一年好景常新，是一种很好的观赏植物。茎蔓缠绕、柔美多姿，花肉质色紫，花期持久，三五成簇，是温带及亚热带地区的优良垂直攀缘绿化材料。在园林中常配置花架、门廊或攀扶在花格墙、栅栏之上，或匍匐岩隙翠竹之间，或作地被植物栽培。

3. 叶子花

别名：毛宝巾、三角花、九重葛

拉丁学名：*Bougainvillea spectabilis* Willd.

科属：紫茉莉科　叶子花属

形态及分布：常绿木质藤本状灌木，藤茎达10m，茎具弯刺；枝、叶密生柔毛。单叶互生，全缘，椭圆形或卵形，被厚绒毛，顶端圆钝。花序腋生或生于新梢顶端，花很细小，常3朵聚生于3枚较大的苞片内，花梗与苞片中脉合生，苞片叶状，椭圆形，鲜红色、橙黄色、紫红色、乳白色等，常被误认为是花瓣，因其形状似叶，故称叶子花。花期甚长，各地不一，在温度适合的条件下可常年开花（图7-3）。常见栽培变种有深红叶子花、白叶子花、橙红叶子花等。原产于巴西，后传入亚热带及温带国家，我国各地均有栽培。

主要习性：喜温暖、湿润气候和阳光充足环境，耐瘠薄，耐干旱，耐盐碱，耐修剪，但不耐寒，生长适宜温度20～30℃，冬季温度要求不低于7℃。喜水但忌积水。对土壤要求不严，以排水良好的沙质壤土最为适宜。喜充足阳光，过阴对开花不利。性强健，萌芽力强，耐修剪。

栽培养护：以扦插繁殖为主，亦可进行压条繁殖。扦插于6～7月花后选取生长健壮、无病虫害的成熟枝，剪成长10～15cm的插穗，插于沙床或喷雾插床，在20～25℃条件下，1个月即可生根。温度过低，生根慢，成活率低。用浓度为100～200mg/L的吲哚丁酸或萘乙酸处理插穗，能促进插穗生根，提高扦插成活率。压条于5月初至6月中旬进行。在母株上选取筷子头粗细的健壮枝，在枝的适当部位用小刀进行环切，去掉一圈树皮，露出木质部，然后取一直径约为10～15cm的黑色软质营养钵，套在枝条上，使枝条环切处处于营养钵的中心位置，再用木棒扎成三脚架，或用其他方法将营养钵固定，用细铁丝将营养钵下部开口处扎好，填入干湿适度的基质，一般以园土拌腐叶土为好。填入基质时要注意将枝条的下方填实，不留空隙，并将基质稍微压紧，再于营养钵的下部周边和底部剪5～7个小孔，以利排水和观察。最后浇透水，密封营养钵上口。在之后的管理过程中应根据天气情况，每2～3天浇1次水，大约经过25天就会发现营养钵下部的小孔内伸出些许嫩嫩的白色根尖，再过5～7天，待新根长得再多一些、长一些，就可以准备移栽了。在移栽前的2～3天不要浇水，以便使营养钵内的土球硬结成团，避免移栽时土球散开，导致长出的新根与土壤分离，影响移栽后的成活

图7–3（a）　叶子花（开花植株）

图7–3（a）　叶子花（花）

和生长。移栽时，先用枝剪在营养钵外紧挨营养钵壁的地方将枝条剪断，然后小心地将营养钵去掉，再将植株栽在准备好的苗床上或花盆内。栽植基质以园土拌腐叶土为好，适当施基肥。移栽后再在植株旁边插上木棍将植株捆扎固定，然后浇透水。如果光照太强，可在移栽后的1周内适当遮阴，之后就可以按常规的管理方法进行管理了。南方多为地栽观赏，栽植时间为春季，宜栽植于光照充足、排水良好的地方，栽后立支架，让其攀缘而上。北方盆栽观赏，上盆或换盆的时间在每年春季萌芽前。盆栽植株应于冬季霜降前搬入温室内，温度保持在10～15℃，置于向阳处，最低温度不低于3℃。于4月谷雨前后搬到温外，在通风、向阳处养护。对水分需求量较大，特别是盛夏季节，若水分供应不足，易产生落叶现象，直接影响植株的正常生长或延迟开花。开花期落花、落叶较多，应及时清除。生长势强，应进行整形修剪，每5年进行1次重剪更新［图7-3（a）、（b）］。

园林用途：叶子花树势强健，花形奇特，在我国南方被广泛用于庭院及大环境绿化，在坡地、围墙、花坛、花带上应用，使其攀爬在棚架、墙垣或大树上，或修剪成各种造型的绿篱、花篱，形成优美的景观。在长江流域及其以北地区以盆栽为多，置于门廊、庭院和厅堂入口处，十分醒目，亦可用其作树桩盆景或作切花用。叶子花的苞片大而美丽，鲜艳似花，盛花时节，绿叶衬托着鲜红色苞片，姹紫嫣红，仿佛孔雀开屏，格外璀璨夺目，给人以奔放、热烈的感受，深受人们喜爱。叶子花具有一定的抗二氧化硫的能力，是良好的环保绿化树种。

4. 紫藤

别名：藤萝、朱藤、招藤、招豆藤

拉丁学名：*Wisteria sinensis*（Sims）Sweet

科属：豆科　紫藤属

形态及分布：落叶缠绕大藤本，茎粗壮，长18～30（40）m，干皮灰白色。奇数羽状复叶，小叶7～13枚，卵状椭圆形，全缘，先端渐尖，基部圆形或宽楔形，成熟叶无毛或近无毛。总状花序侧生，长15～30cm，密集下垂；花冠蝶形，蓝紫色，芳香。荚果呈短刀状，密生灰黄色绒毛［见图7-4（a）、（b）］。花期4～5月，果期10～11月。原产于我国中部，现全国各地除东北北部以外均有栽培。紫藤的栽培变种，白花紫藤（‘银藤’）‘Alba’，花白色，不耐寒。

主要习性：喜光、稍耐阴，耐旱、耐寒、耐水湿和耐瘠薄。对土壤要求不严，在深厚肥沃

图7-4（a） 紫藤（植株）

图7-4（b） 紫藤（花）

富含腐殖质土壤上生长良好，在酸性或偏碱性土上均能生长。花穗多在上年生短枝和长枝下部腑芽上分化。适应性很强，在我国大部分地区均能露地越冬。生长快，寿命长。缠绕能力强，对其他植物有绞杀作用。

栽培养护：可采用播种、扦插、压条、分株繁殖。播种一般于春季进行，秋季采种后晾干贮藏，翌春播前用热水浸种，待水温降至30℃左右时，捞出种子并在冷水中淘洗片刻，然后保湿堆放一昼夜后便可播种。或将种子用湿沙贮藏，播前用清水浸泡1～2天，然后开沟点播。播种苗3年可出圃。因播种苗培养所需时间较长，所以扦插应用较多，一般采用硬枝扦插，于3月中下旬枝条萌芽前，选取1～2年生粗壮枝，剪成长15～20cm的插穗，或于头年秋季剪取长枝埋于30cm深的沟中，春季取出剪成长15～20cm插条，蘸生根粉、激素和泥浆后插入苗床，扦插深度为插穗长度的2/3。插后喷水，保持苗床湿润，2个月即可生根，当年株高20～50cm，2年后可出圃。亦可利用紫藤根上容易产生不定芽的特性进行根插繁殖。于3月中下旬挖取0.5～2.0cm粗的根系，剪成10～12cm长的插穗，插入苗床，扦插深度以插穗的上切口与地面相平为宜。其他管理措施同枝插。分株多于春季发芽前进行，挖掘时应保证根系完好，否则不易成活。

主根长，侧根稀少，在移植过程中应尽量减少根系损害，并用利刃对根系修剪。春秋移植成活率均较高，一般不用带土移植。栽植前多施基肥，以改良土壤，可促其枝繁花盛。枝粗叶茂，花多干重，因此一般应在定植前或未攀缘前根据园林设计的要求建造坚实耐久的棚架，将植株定植在棚架南侧。初植时，可种植多株，以利及时将棚架全部遮盖。几年后可通过移植或间伐调整，使单株粗壮，形态美观。紫藤主要在藤冠上部的短枝和长枝下部成花，修剪时应格外注意，尽量避免重剪，主要剪除枯死枝、过密枝和细弱枝。生长时期应适时追施稀释液肥，及时灌水。盆栽紫藤，秋后落叶进入休眠期，可结合修剪调整枝条布局，以保持姿态优美，并在上冻前移入冷室。只要保证充足的阳光，水肥适当，可保年年花繁叶茂。

园林用途：生长迅速，枝叶繁茂，藤干遒劲，春季先叶开花，穗大花美，且顺风飘香，秋季短刀状荚果悬挂枝间，别有情趣，常用于庭院花架、门廊、枯树及山坡的绿化，是观赏庇荫均佳的好材料，也可制作成盆景供室内外装饰。

5. 葛藤

别名：野葛、葛条

拉丁学名：*Pueraria lobata*（Willd.）Ohwi

科属：豆科 葛属

形态及分布：落叶大藤本，长达10m以上，茎右旋缠绕他物向上攀缘。小枝灰色，密被黄褐色粗长毛，根肥大成块根。3出复叶互生，全缘或各有2～3浅裂。叶两面均有毛，表面稍有平伏毛，背面密被黄色毛；顶生小叶菱状卵形，侧生小叶斜卵形。总状花序腋生，偶有分枝，花密集；花冠紫红色，蝶形。荚果条形，扁平，长5～10cm，密被黄褐色长硬毛［见图7-5（a）、（b）］。花期8～9月，果期10月，分布广泛。产于我国各地（除新疆、西藏外）。朝鲜、日本也有分布。野生为主，生于丘陵地区的坡地上或疏林中，分布于海拔300～1500m处。

主要习性：喜温暖湿润的气候，喜光，喜生于阳光充足的阳坡，也有一定的耐阴性；对土壤适应性广，除排水不良的黏土外，山坡、荒谷、砾石地、石缝都可生长，而以湿润和排水通畅的土壤为宜。耐酸性强，土壤pH值为4.5左右时仍能生长。耐旱，在年降水量500mm以上的地区可以生长。耐瘠薄，生长迅速。耐寒，在寒冷地区，越冬时地上部受冻死亡，但地下部仍可越冬，翌年春季再生。对缠绕植物具有较强的绞杀性，需合理应用。

栽培养护：播种、扦插、压条和分根繁殖。当土层0.5cm以下温度达15℃时即可播种。先将种子放入30～35℃温水中浸泡24h，捞出后穴播，每穴播种4～5粒，覆土3～4cm。扦插宜在6～8月进行，选择光照充足、排灌方便、土壤疏松肥沃、保湿性好的地块，深翻后做成扦插床，选取生长旺盛、粗壮、颜色呈青褐色的成熟藤蔓，剪成小段插穗，每个插穗保留2个节，顶端一节保留2个小叶，用0.1%～0.3%吲哚乙酸液速蘸5s，或用生根粉处理，按20cm×20cm的规格及时扦插。插后保持苗床湿润，露地应覆草保湿，亦可搭荫棚；15～20天后，插穗开始生根，成活率较高。压条应选取健壮枝，拉直放到地上，分段埋土，待茎节处生根后剪断，带根移栽。分根宜在春季进行，挖出老根旁生出的嫩枝，将支根切断，然后挖穴移植。适应性强，耐修剪，萌发力强。栽培管理技术简单，病虫害少。

园林用途：全株匍匐蔓延，覆盖地面，可用于荒山荒坡、土壤侵蚀地、石山、悬崖峭壁、复垦矿山等废弃地的绿化；根系可深入地下3m以下，垂直、水平根系都很发达，在土壤中纵横交错，固结地表土壤，降低地表径流，是一种良好的水土保持和地被材料。叶面和茎表皮密

图7-5（a） 葛藤（植株）

图7-5（b） 葛藤（叶）

布粗毛，可吸附空气中的尘埃，降低颗粒物对环境的污染。生命力极强，善于攀缘，广泛用于棚架、篱架及山石垂直绿化，成荫快，管理简单。

6. 南蛇藤

别名：蔓性落霜红、穿山龙、老牛筋、黄果藤

拉丁学名：*Celastrus orbiculatus* Thunb.

科属：卫矛科　南蛇藤属

形态及分布：落叶藤本，株高3m，茎蔓长可达10m，匍匐地面或攀缘生长。小枝圆柱形，髓心充实白色，皮孔大而隆起。单叶互生，薄革质，近圆形或倒卵状椭圆形，缘有细齿。花黄绿色，常排成腋生或顶生总状花序或聚伞花序。蒴果球形，鲜黄色，熟时3瓣裂，种子外被深红色假种皮［图7-6（a）～（d）］。花期5月，果期9～10月。产于我国东北南部、华北及华东等地，朝鲜、日本亦有分布。多生于海拔1000m左右的山地灌丛中。

图7-6（a） 南蛇藤（植株）

图7-6（b） 南蛇藤（叶和茎）

图7-6（c） 南蛇藤（果）

图7-6（d） 南蛇藤（果和种子）

主要习性：适应性强，喜光、耐半阴，耐寒。对土壤要求不高，喜湿润肥沃、排水良好的土壤。

栽培养护：播种、扦插、压条、分株等方法均可繁殖。播种宜于3月上旬进行，用温水浸种1天，然后将种子混入2～3倍的沙中进行沙藏，并经常翻倒，待种子萌动后，播于苗床中；秋后可假植越冬，翌春移植于苗圃中，2年可出圃。扦插包括硬枝扦插和嫩枝扦插，插前用激素、蔗糖或高锰酸钾对插穗进行处理，能提高扦插成活率。压条宜于4月或5、6月间进行，选取1～2年生枝，将部分枝条压弯埋入土中。翌春可掘出定植。分株宜于3～4月进行，将母株周围的萌蘖小植株掘出，每丛2～3个枝条，另植他处。移栽时需施基肥，之后每年开花前施肥1次，浇水以保持土壤湿润为宜。偶有红蜘蛛为害，可喷洒稀释800～1000倍的25%的三氯杀螨醇防治。生长快，栽培管理技术简单，宜栽植在有攀附物或靠墙垣、山石的地方。

园林用途：植株姿态优美，茎、蔓、叶、果都具有较高的观赏价值，是城市垂直绿化的优良树种。特别是秋季叶片经霜变红或变黄时，美丽壮观；成熟的累累硕果，竞相开裂，露出鲜红色假种皮包被的种子，宛如颗颗宝石；适应性强，作为攀缘绿化及地被材料，宜植于棚架、墙垣、岩壁等处；若于湖畔、塘边、溪旁、河岸栽植，倒映成趣。栽植于坡地、林绕及假山、石隙等处颇具野趣。若剪取成熟果枝瓶插，装点居室，亦能满室生辉。但南蛇藤缠绕性很强，如果攀附幼树则一般2年即可将其绞杀致死，故应随时注意检查其攀附周围的树木是否受到威胁。若有不良苗头出现，应及时采取预防措施。

7. 扶芳藤

别名：爬行卫矛、蔓卫矛、爬藤卫矛、爬藤黄杨

拉丁学名：*Euonymus fortunei*（Turcz.）Hand.-Mazz.

科属：卫矛科　卫矛属

形态及分布：常绿藤本，茎蔓长3～8m，匍匐地面或攀缘生长。小枝绿色，微起棱，常密生疣状突起皮孔，接地匍匐茎易生吸附根。叶对生，薄革质，椭圆形或椭圆状披针形，长3～7cm，缘有细钝锯齿、基部广楔形；叶柄短。花小，绿白色，组成3～4歧聚伞花序，腋生，由5～15朵或更多花组成，花梗短。蒴果近球形，黄棕色，种子有红色假种皮［图7-7（a）～（c）］。花期5～6月，果期9～10月。同属种及栽培品种和变种较多，常见栽培的有小叶扶芳藤（var. *radicams* Rehd.）、花叶扶芳藤（'Gracilis'）等。分布于我国黄河流域及以南各地，北京以南各城市均有栽培应用。

主要习性：暖温带树种，适应性强，喜温暖湿润和阳光充足的环境，耐半阴，常匍匐于林缘岩石上，有一定的耐寒性。如果生长环境瘠薄干燥，其吸附根会增多，叶肉增厚，叶色呈黄绿色。

栽培养护：播种、扦插、分株等方法繁殖。播种可于种子采后立即播种或湿沙贮藏后春播，可地播或盆播，覆土约0.5～1cm。扦插易成活，生长季均可进行。分株可利用植株分生吸附根的特性，将植株茎段上的根轻轻挖出，与母株分离，移栽后浇水，即可形成新的植株。生长迅速，栽培管理技术简单。作盆景栽培时，因其生长迅速，萌发力强，春季发芽前应对植株进行1次修剪整形，初夏再对当年生新枝进行1次修剪。生长期随时剪去过多的徒长枝或其他影响树形的枝条，并注意打头摘心，以促其萌发新的侧枝，使树冠浓密紧凑，保持盆景姿态优美。

图7–7（a） 扶芳藤（枝叶）

图7–7（b） 扶芳藤（果和种子）

图7–7（c） 扶芳藤（结果植株）

园林用途：叶色油绿光亮，入秋红艳可爱，宜在水边、林下、岩石边缘栽植，是优良的木本地被植物。耐阴性特强，栽植于建筑物的背阴面或密集楼群阳光不能直射处，亦能生长良好；攀缘能力强，园林中常用以掩盖墙面、坛缘、山面或攀于老树、花格之上，是优良的垂直绿化材料。可与爬山虎隔株栽植，使二者同时攀缘于墙壁上，冬季来临时，爬山虎落叶休眠，扶芳藤叶片渐成红色，仍郁郁葱葱，显得格外优美；培育成球形，可与大叶黄杨球相媲美。根部虬曲苍劲，茎干古雅，亦是颇具开发前途的盆景树种，经造型作成悬崖式盆景，置于书桌、几架上，给居室增加绿意。能抗二氧化硫、氟化氢、二氧化氮等有害气体，可作为空气污染严重的工矿区环境绿化树种。

8. 葡萄

别名：蒲桃、水晶明珠

拉丁学名：*Vitis vinifera* L.

科属：葡萄科 葡萄属

形态及分布：落叶大藤本，茎长可达10～20m；树皮暗棕红色，片状剥落，枝蔓具分叉卷须，卷须与叶间歇性对生；单叶互生，近圆形，3～5掌状裂，缘有粗齿，两面无毛或背面稍有短柔毛。圆锥花序密集或疏散，多花，与叶对生，长10～20cm；花小，黄绿色，两性或杂性异株。浆果圆形或椭圆形，熟时绿色、紫色、红色或黄绿色，表面被白粉［图7-8（a）、

(b)]。花期5 ～ 6月，果期7 ～ 9月。原产于西亚，我国栽培历史悠久，栽培分布范围广，长江流域以北地区都有栽培。

主要习性：喜光，耐干旱，适应温带或大陆性气候，要求通风和排水良好。在中性土上生长良好，对微酸性、微碱性土亦能适应。华北地区冬季越冬需加防护，一般采取埋土越冬的方式。

栽培养护：主要采用扦插和压条繁殖。冬季落叶后，春末萌芽前，剪取生长粗壮、芽眼饱满的1年生枝扦插，极易成活。部分品种也可用嫁接繁殖；播种繁殖容易，但后代可能产生性状分离，故生产上一般不用，培育新品种时可以选用。

栽培管理技术简单，主要应注意通风、透光，加强肥水管理，全年应施3次肥，即春季萌芽期、果实未熟前、采果后各施1次。葡萄是重要的果树，不同品种的修剪方式不同，栽培时应多了解品种特性，并适当修剪，以促进生长和结果。葡萄性喜温暖至高温，生育适温18 ～ 28℃。北京地区冬季需采取下架修剪、埋土防寒等保护措施。

园林用途：广泛应用于篱垣棚架绿化，是重要的垂直绿化材料。近些年流行在农业观光园举办夏季葡萄架下纳凉品茶、秋季观果或采摘和品尝等活动，丰富了葡萄的园林应用。葡萄也可作为盆栽观赏或制作盆景之用。

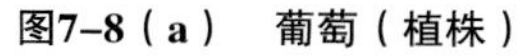

图7-8（a）　葡萄（植株）

图7-8（b）　葡萄（叶和果）

9. 爬山虎

别名：地锦、爬墙虎、假葡萄藤

拉丁学名：*Parthenocissus tricuspidata*（Sieb. et Zucc.）Planch.

科属：葡萄科　爬山虎属

形态及分布：落叶藤本，具分枝卷须和气生根，卷须顶端有吸盘，附着力强。单叶互生，掌状3裂，基部心形，缘有粗齿。幼苗或营养枝上的叶常全裂成3小叶。聚伞花序常生于短枝顶端两叶之间，花小，淡黄色。浆果球形，成熟时蓝黑色，有白粉，具1 ～ 4粒种子［图7-9(a)、(b)］。花期6月，果期9 ～ 10月。原产于我国东北至华南，朝鲜、日本亦有分布，现在各地园林中广泛应用。

图7–9（a） 爬山虎（植株）

图7–9（b） 爬山虎（垂直绿化）

主要习性：适应性极强，既喜光又耐阴，既抗寒又耐热。耐湿，对土壤要求不严，在酸性或微碱性土壤上均能生长，对二氧化硫等有害气体有较强的抗性。生性随和，占地少、生长快，攀附能力极强，绿化覆盖面积大。一根茎粗2cm的藤条，种植2年，墙面绿化覆盖面可达30～50m^2。在肥水充足的地方，生长迅速，枝叶茂密，藤蔓覆盖快，遮阴及观赏效果好。

栽培养护：用播种、扦插或压条繁殖。播种繁殖系数较高。秋季浆果成熟后，先进行堆沤，然后浸水搓洗即获干净种子，随采随播，或沙藏越冬后春播，多用营养钵点播育苗，成苗后出圃定植。扦插可用1年生枝条剪成插穗，每穗保留2～3芽，春季发芽前进行扦插较易成活，亦可于夏、秋季用嫩枝带叶扦插，遮阴浇水养护，也能很快抽生新枝，扦插成活率较高，应用广泛。压条可将匍匐生长于地上的藤条在叶芽处培土，1个月即可发根。栽植时，应多施有机肥，并保持每年施肥1～2次，使植株旺盛生长，达到最佳的绿荫观赏效果。在休眠期和生长期，应经常通过修剪对藤蔓分布进行调整，剪除弱枝，调整密度，短截枝条上部生长较弱的部分，剪口处留壮芽，以利翌年长出健壮枝条，并避免冬季落叶后枝条下垂纷乱，影响美观。

园林用途：生长迅速，攀缘能力极强，是垂直绿化的优良材料。枝叶繁茂，入秋叶色逐渐变黄、变红，俗称地锦，是重要的秋色叶植物。多用于假山、墙壁、立交桥等的垂直绿化，或利用模具种植塑形造景，可收到良好的绿化、美化效果。在夏季覆盖房屋墙壁，还可起到降温作用。

10. 五叶地锦

别名：美国地锦、美国爬山虎

拉丁学名：*Parthenocissus quinquefolia*（L.）Planch.

科属：葡萄科　爬山虎属

形态及分布：落叶木质藤本；幼枝圆柱形，带紫红色。卷须与叶对生，具5～12分枝，先端膨大成吸盘。掌状复叶互生，具长柄，小叶5，质较厚，卵状长椭圆形至倒长卵形，长4～10cm，先端尖，基部楔形，缘具粗齿，表面暗绿色，背面稍具白粉并有毛。聚伞花序集

图7-10（a）　五叶地锦（叶）

图7-10（b）　五叶地锦（秋叶红色）

成圆锥状，与叶对生，花黄绿色。浆果近球形，直径约9mm，成熟时蓝黑色，稍带白粉，具1～3粒种子［图7-10（a）、（b）］。花期7～8月，果期9～10月。原产于美国东部。华北及东北地区有栽培，在北京能旺盛生长。

主要习性：喜光，稍耐阴，耐寒，喜温湿气候，耐瘠薄土壤。速生，生长势旺盛，但攀缘力较差，适应性强，在南北向的楼体墙面均能生长。

栽培养护：与爬山虎相似。

园林用途：长势旺盛，但攀缘能力不如爬山虎，其他方面与爬山虎相似。

11. 洋常春藤

别名：常春藤、西洋常春藤

拉丁学名：*Hedera helix* L.

科属：五加科　常春藤属

形态及分布：常绿藤本，茎长可达20～30m，借气生根攀缘。多分枝，幼枝具星状柔毛。单叶互生，全缘，表面有光泽，深绿色，叶背浅绿色，叶长10cm左右，营养枝上的叶3～5浅裂，花果枝上的叶不裂而为卵状菱形。花梗、幼枝、叶片上有褐色星状毛。伞房花序，小花球形。浆果球形，径约6mm，熟时黑色［图7-11（a）、（b）］。花期9～10月，果期翌年4～5月。原产于欧洲至高加索地区。我国引种多年，栽培广泛。

主要习性：性喜阴，对环境适应性很强，有一定耐寒能力。无论在阳光直射的条件下还是在庇荫的室内环境均能生长，栽培管理技术简单。对土壤和水分条件要求不严，但在肥沃、湿润的土壤上生长更好，不耐碱性土壤。

栽培养护：常用扦插、压条和分株进行繁殖，以扦插繁殖为主。扦插繁殖除冬季外，其他季节均可进行；选用1～2年生的健壮枝，剪成长10cm左右的插穗，直接插入培养土中盆栽或做床扦插，要求土壤潮湿、空气湿润和稍阴的环境，温度保持在20℃左右，约2周即可生根。在潮湿条件下，植株节部可自然生根，适当压条使其接触到地面，植株节部就可自然生根，待根系长到一定长度，就可将带根茎段从母株上剪断，重新栽植，形成新的植株。

图7-11（a） 洋常春藤（植株）

图7-11（b） 花叶洋常春藤（植株）

露地栽植对土壤要求不严，但要求环境条件相对潮湿，不过在华北地区干旱条件下亦能正常生长。在露地栽植进行立体绿化时，栽植后的第1～2年应精心管理，生长季每20天浇水1次，每年施基肥1次，追肥2次，以促进植株迅速生长，生出攀缘枝条。待植株长大后，就可逐渐减少养护措施。

在干燥少雨的地区和季节，为避免叶片失水，需经常喷水保持空气湿度。盆栽需要选用透水性好的土壤，可用腐叶土、泥炭土、细沙土加少量基肥配制而成。生长时期每2周追施液肥1次。冬季停止生长时不再施肥，一般室温10℃以上即可正常生长。

园林用途：叶色浓绿，四季常青，并有斑叶金边、银边等栽培变种，叶形、叶色变化极多；分布广，适应性强，是优良的攀缘观赏植物，既可栽植于室外，攀缘篱垣、假山、岩石，覆盖地面，形成四季常青的立体绿化景观或作为庇荫处的地被植物，又可盆栽置于室内，垂吊或摆放在案几、窗台上供观赏；在空间较大的厅堂内亦可进行室内壁面垂直绿化，还可作为藤本切叶材料应用。在华北宜选小气候条件良好的稍阴环境栽植。

12. 中华常春藤

别名：常春藤

拉丁学名：*Hedera nepalensis* K.Koch var. *sinensis*（Tobl.）Rehd.

科属：五加科　常春藤属

形态及分布：常绿藤本，茎蔓长可达20～30m，借气生根攀缘，小枝、叶柄疏被锈色鳞片。叶常较小，营养枝上的叶为三角状卵形，全缘或3裂，花果枝上的叶椭圆状卵形或卵状披针形，全缘，叶柄细长，被锈色鳞片。伞形花序顶生或2～7朵组成总状或伞房状排列成圆锥花序，花淡黄白色或淡绿白色，芳香。浆果球形，径约1cm，具宿存花柱，熟时黄色或红色（图7-12）。花期8～10月，翌年3～5月果熟。产于我国甘肃、陕西、华中、华南、西南等地。越南、老挝亦有分布。

图7-12　中华常春藤（枝叶）

主要习性：与洋常春藤相似。
栽培养护：与洋常春藤相似。
园林用途：与洋常春藤相似。

13. 长春蔓

别名：蔓长春花

拉丁学名：*Vinca major* L.

科属：夹竹桃科　蔓长春花属

形态及分布：常绿蔓性亚灌木植物，丛生。营养茎偃卧或平卧地面，生殖枝直立。单叶对生，卵形，先端钝，全缘，无毛，浓绿而有光泽，开花枝上的叶柄短。花较大，紫蓝色，单生叶腋，花冠5裂，倒卵形，花冠筒较短，漏斗状。蓇葖果双生直立［图7-13（a）、（b）］。花期5～7月。栽培品种有斑叶长春蔓，又名花叶长春蔓，叶形稍小，叶的边缘白色，有黄白色斑点。原产于欧洲地中海地区，长江以南地区可露地栽培，北方多盆栽。

主要习性：喜光，亦较耐阴，在温暖的半阴环境中生长好，喜深厚、肥沃、湿润的土壤，不耐霜冻。适应性强，生长快，年生长量可达2m左右，茎、节贴地处极易生根。

栽培养护：常用扦插和分株繁殖。扦插于春、夏、秋三季均可进行，容易成活。扦插时由于根仅在节上长出，故必须有1～2个节部插入土中，压紧拍实，及时浇水保湿。盆栽以富含腐殖质的疏松培养土为好，每盆可同时栽入多株，并适时摘心，可快速成型。生长期保证水分充足，每月施液肥2～3次。盛夏避免强光直射，并经常叶面喷水。用作地被植物栽培时，可于春季按40cm的株行距栽植，当年夏季就能铺满空间。除严寒季节外，全年皆可移植。为促进分枝，在生长季节应多摘心，在节部堆土可多长不定根，促进蔓条生长。长江以南地区可露地栽植，北方地区冬季室内越冬，室温应不低于5℃，并保持阳光充足。

图7–13（a） 长春蔓（盆栽植株）

图7–13（b） 长春蔓（花）

园林用途：长春蔓树形秀丽，叶色浓绿，蓝花朵朵，显得十分幽雅，是花、叶共赏的观赏树种。适应性强，生长迅速，是优良的垂直绿化材料和地被材料。盆栽于室内垂吊绿化，置放在楼梯边、栏杆上或案台上，效果亦好。

14. 凌霄

别名：紫葳、女葳花、凌霄花、中国凌霄、大花凌霄

拉丁学名：*Campsis grandiflora*（Thunb.）Schum.

科属：紫葳科 凌霄属

形态及分布：落叶藤本，借气生根攀缘他物上升，亦可长成灌木状，高可达20m。树皮灰褐色，具纵裂沟纹，小枝紫褐色。奇数羽状复叶对生，纸质，小叶7～9枚，卵形至卵状披针形，先端渐尖，基部不对称；缘疏生7～8锯齿，两面光滑无毛。聚伞花序长约15～20cm，生于枝顶，花大，径约6～8cm，呈唇状漏斗形，红色或橘红色，花萼绿色，5裂至中部，有5条纵棱。蒴果长如豆荚，先端钝，熟时2瓣裂，内含种子多数，种子扁平，有透明的翅［图7-14（a）、（b）］。花期6～8月，10月果熟。原产于我国长江流域，以及陕西、河南、山东、福建、广东、广西；日本、越南等国家亦有分布，国内外广泛栽培，人工栽植历史久远。

主要习性：适应性较强，喜温暖湿润气候，喜光，略耐阴，耐旱，忌积水，喜排水良好的微酸及中性土壤，并有一定的耐盐碱能力。萌蘖力强，耐寒性较差，华北地区宜选择背风向阳处栽植，冬季稍加防寒即可在室外越冬。

栽培养护：以扦插、压条、分株繁殖为主，少用播种繁殖。扦插有硬枝扦插和嫩枝扦插两种，硬枝扦插可在秋季落叶后采集直径0.2cm以上的枝条，截成长15cm左右的插穗，每个穗保留2对芽，然后将剪好的茎段捆成束埋入土中沙藏越冬，翌春扦插。温暖地区亦可于春季发芽展叶前剪取茎段进行扦插。嫩枝扦插可于6～7月进行，随采随插。由于凌霄茎节处易发气生根，所以压条繁殖极易成活。亦可利用植株根际生长的根蘖苗进行分株繁殖。播种可于春秋两季进行，气温在12～15℃时，约10天左右即可发芽。

图7–14（a）　凌霄（枯木逢春）

图7–14（b）　凌霄（花）

通常于春季进行栽植，可裸根苗定植。栽植时，应施入足量底肥；在生长季，可于5月、6月各施1次追肥。随着枝蔓生长，逐步引导或捆扎在棚架上，开花前施肥灌水，促其花繁叶茂。春季发芽前对枯枝和过长的枝条进行修剪，避免枝条密集杂乱。过冷地区冬季需埋土防寒越冬。

园林用途：凌霄，即凌云九霄之意，象征着一种节节攀登，志在云霄的气概。因此，自古以来，我国人民都非常喜爱凌霄。干枝虬曲多姿，翠叶如盖，花大色艳，花期甚长，为我国著名的传统观赏花木；园林中多栽于花架、楼台及自然景区的山石、古树旁，是垂直绿化树种的佼佼者；亦可盆栽布置于室内、门前和阳台上供观赏。凌霄花还可药用，但花粉有毒，能伤眼睛，须加注意。

15. 美国凌霄

别名：美洲凌霄、洋凌霄

拉丁学名：*Campsis radicans*（L.）Seem.

科属：紫葳科　凌霄属

形态及分布：凌霄属共有2个种，即凌霄和美国凌霄。美国凌霄与凌霄相似，主要不同点是：叶较小，叶背具毛，小叶较多，9～13枚，叶轴及叶背面均被短柔毛，缘疏生4～5粗锯齿。花序紧密，花朵紧凑，花冠较小，筒状漏斗形，径约4cm，通常外面橘红色，裂片鲜红色，花萼棕红色，质地厚，无纵棱，仅裂约1/3。蒴果圆筒形，先端尖［图7-15（a）～（c）］。花期6～8月。原产于北美洲，我国各地有引种。在北京地区选背风向阳处栽植，越冬性良好。

主要习性：喜光，亦稍耐阴；耐干旱，亦耐水湿；对土壤要求不严，能在偏碱性土壤上生长，在含盐量0.31%的土壤上也能正常生长；耐寒性较强，现我国各地庭院中常见栽培，园艺品种较多。

栽培养护：同凌霄。

园林用途：同凌霄。

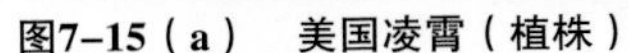

图7-15（a） 美国凌霄（植株）

图7-15（b） 美国凌霄（叶和花序）

图7-15（c） 美国凌霄（花）

16. 金银花

别名：忍冬、金银藤、鸳鸯藤

拉丁学名：*Lonicera japonica* Thunb.

科属：忍冬科 忍冬属

形态及分布：半常绿缠绕藤本。皮棕褐色，条状剥落；小枝细长，中空，密生短柔毛及腺毛。单叶对生，卵形或长卵形，长3～8cm，先端短渐尖至钝尖，基部圆形至近心形，全缘，幼时两面具短柔毛，后脱落。入冬叶片略带红色。花成对腋生，苞片叶状；萼筒无毛；花冠2唇形，上唇直立4裂，下唇反转，花冠筒和裂片等长；花初开时白色略带紫晕，后逐渐转为金黄色，芳香，萼筒无毛。浆果球形，离生，黑紫色，内有种子多粒［图7-16（a）～（c）］。花期5～7月，有时秋季也可开花，果期9～11月。原产于我国，北起辽宁，西到陕西，南达湖南，西南至云南、贵州。朝鲜、日本也有分布。

主要习性：适应性极强，既喜光又耐阴，也具有一定的耐寒能力。对土壤要求不严，既耐旱又耐水湿，酸、碱土壤均可，肥沃、瘠薄均能生长，但以湿润沙壤土生长为好。根系发达，萌蘖性强，茎着地即可生根。

栽培养护：可采用播种、扦插、压条、分株等多种方法繁殖。播种需秋季在果实成熟后采收，并洗去果皮将种子晾干后收藏，翌春播种。为提高发芽率，可先用25℃水浸泡24h，然后拌沙于盆内催芽，待种子裂口30%后开沟条播，浅覆土，保持湿润，10天左右即可出苗。扦插在生长季均可进行，以雨季为好，2～3周即可生根，翌年即可开花。压条多在生长季进行，

图7–16（a）　金银花（植株）

图7–16（b）　金银花（花）

图7–16（c）　金银花（果）

分株以春季为宜。

根系发达，萌蘖力强，可裸根移栽。老枝、枯藤影响植株的通风和光照，应及时剪除。在生长过程中，可通过人工牵引，使枝条攀缘至棚架上。金银花易受蚜虫为害，应喷乐果等药剂进行防治。

园林用途：植株轻盈，藤蔓缭绕，春夏开花不断，花色先白后黄，新旧相参，黄白相间，故称“金银花”。花期长，有清香，冬叶微红，是色香兼备的观赏植物，可依附山石、坡地生长，也可缠绕篱垣、花架、花廊，形成庭院垂直绿化景观。还可选择老桩，通过修剪、扭曲、蟠扎等方法制成花、叶具全、姿态古雅的盆景，置于大厅的窗前或阳台上长期陈设，供观赏。

17. 布朗忍冬

别名：垂红忍冬

拉丁学名：*Lonicera* × *brownii*（Regel）Carr.

科属：忍冬科　忍冬属

形态及分布：落叶或半常绿木质藤本，是贯月忍冬与硬毛忍冬（*L. hirsuta*）的杂交种，植株高可达4～5m。幼枝、花序梗和萼筒常有白粉，全体近无毛。叶对生，无柄或近无柄。叶片宽椭圆形、卵形至矩圆形，长3～7cm，顶端钝或圆而常具短尖头，基部通常楔形，背面粉白色，有时被短柔伏毛；小枝顶端的1～2对叶基部相连成盘状。花轮生，每轮通常6朵，2至数轮组成顶生穗状花序；花冠近整齐，细长漏斗形，外面橘红色，内面黄色，长4～5cm，

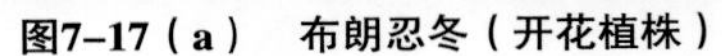

图7-17（a） 布朗忍冬（开花植株）

图7-17（b） 布朗忍冬（花序和合生顶叶）

筒细，中部向上逐渐扩张，中部以下一侧略肿大，长为裂片的5～6倍，裂片直立，卵形，近等大；雄蕊和花柱稍伸出，花药远比花丝短。第1次盛花期为4月下旬至5月中旬，花后3～4周又出现较整齐的2次花，之后花不太整齐。在小气候条件下，叶片可保持常绿［见图7-17（a）、（b）］。我国北方地区栽培落叶期在1月中旬。果实红色，直径约6mm。原产北美，我国北京、河北、河南、山东等地有引种栽培。本种常见的栽培品种有'垂红'布朗忍冬（'Dropmore Scarlet'）、'倒挂金钟'忍冬（'Fuchsioides'）。与本种类似的还有盘叶忍冬（*L.tragophylla*）、贯月忍冬（*L.sempervirens*）、台尔曼忍冬（*L.*×*tellmanniana*）、金红久忍冬（*L.*×*heckrottii*）等。

主要习性：喜光，稍耐阴。耐寒性强。适宜在土层深厚、肥沃、排水良好的土壤上生长，较耐干旱瘠薄，忌涝，忌黏性土壤。

栽培养护：通常采用半木质化枝条进行扦插繁殖。一般在盛花期过后（6～7月）结合整形修剪，剪取当年生半木质化小枝，一般每插穗保留3节，插穗上端顶节保留1～2cm，基部节保留0.5～1cm，将剪好的插穗在3A生根粉中速醮后插在全光雾插电热床上。扦插基质以干净的河沙为宜，插床温度保持在24～26℃，约3～4周即可生根，生根率达90%以上。在秋季用充分木质化枝条扦插在日光塑料大棚内，生根率可达到80%以上。插穗生根后应及时移栽，以防根系腐烂。小苗最好栽植在疏松肥沃的沙壤土上。在我国北方的栽植地点应尽量避开冬季寒冷的迎风面，选择背风向阳处以避免干梢，延长绿期。定植穴应挖成长、宽、高为50cm×50cm×80cm的深槽，并在种植穴底层施腐熟的有机肥或长效缓释复合肥作为基肥，并充分搅匀，然后定植。栽培管理较为简单，除早春的返青水和秋末的冻水必须及时浇灌充足外，其他生长时期可根据植株的生长状况和自然降水的多少来确定是否需要浇水。

园林用途：花色艳丽，开花繁密，花期长，适应性较强，是优良的园林绿化树种。可自然式种植，即在自然状态下的生长，以小乔木或花灌木为支撑物，使其藤茎自由地在小乔木的枝干和花灌木的冠层上缠绕和攀缘。此种配植方式适宜布置在空间较大的林缘或疏林下，形成自然的立体植物景观。人工支撑物的立体种植，即以各种造型的花架、棚架、栅栏、山石、墙垣等固定物为支撑，形成观赏性很强的立体花墙景观，适宜在植物园、专类园、街头花园等公共绿地应用。地被式种植，对生态适应性强的布朗忍冬品种，也可将其群植、片植或孤植，使其蔓生做地被用，主要用于公路边缘的坡地护坡绿化、干旱地区的水土保持及自然风景区的绿化等。

18. 猕猴桃

别名：中华猕猴桃、软毛猕猴桃、光阳桃

拉丁学名：*Actinidia chinensis* Planch.

科属：猕猴桃科　猕猴桃属

形态及分布：落叶缠绕藤本，茎蔓长5～10m。枝具白色片状髓，幼时密生褐色绒毛，老时渐脱落。单叶互生，广卵形至近圆形或广椭圆形，长8～15cm，顶端突尖、微凹或平截，叶缘具刺毛状细齿，叶两面均有毛，表面绿色仅脉上有稀疏柔毛，背面密生灰白色或灰褐色星状毛及绒毛。花雌雄异株或杂性，单花或聚伞花序腋生，花初开白色后变金黄，有淡香。浆果椭圆形，被黄棕色绒毛，果肉绿黄色，果长2～5cm［图7-18（a）、（b）］。花期5～6月，果期9～10月。原产于我国，自太行山南端以南各地均有分布，自然分布多长于海拔350～1000m的湿润山谷，常缠绕杂木及灌丛上生长。

主要习性：喜光但怕强光曝晒，耐半阴；喜温暖湿润气候，也有一定的耐寒能力，成苗可耐-25℃低温，幼苗越冬应不低于-15℃，否则应适当采取防寒措施。喜深厚、肥沃、湿润而排水良好的土壤。在北京小气候良好处可露地栽培。

栽培养护：播种、扦插、嫁接等方法均可繁殖，一般以扦插繁殖或嫁接繁殖为主。将成熟的浆果捣烂，在水中用细网淘洗，取出种子后阴干保存。播前与湿沙混合装入盆内，温度保持在2～8℃，经沙藏50天后即可播种。扦插可于生长季用嫩枝扦插法，较易成活。嫁接砧木可用播种苗，嫁接时期可在萌动前进行“舌接”，较易成活；也可于“立秋”至“处暑”间进行嫩梢顶端劈接。由于多为雌雄异株，若只求赏花、遮阴，雌雄株均可；若欲既赏花又得果，则应选雌株；为保证正常授粉，可在植株上嫁接1雄枝。在长江以北地区栽培幼苗时冬季应进行埋土防寒。

幼苗可于春季萌发前定植于避风处，栽植后需设立棚架，令其攀缘缠绕。生长过程中应适时适量施肥，一般春季花前花后均应浇水施肥，果实膨大至直径1.5cm左右时追肥1次，秋末施基肥，可保证连年结果。

园林用途：枝蔓繁茂而虬攀，花大而美丽，且具香气，叶大荫浓，病虫害少，抗污染，广泛用于园林垂直绿化，多孤植或丛植花架、绿廊及绿门，也可让其攀附古树及山石陡壁。果实是著名的水果，营养价值极高，可供鲜食及果品加工。

图7-18（a）　猕猴桃（茎和叶）

图7-18（b）　猕猴桃（叶和花蕾）

19. 软枣猕猴桃

图7-19 软枣猕猴桃（植株）

别名：猕猴梨、软枣子、狗枣子、小洋桃等

拉丁学名：*Actinidia arguta*（Sieb.et Zucc.）Planch. ex Miq.

科属：猕猴桃科 猕猴桃属

形态及分布：落叶大藤本，茎蔓长可达30m以上。皮淡灰褐色，片裂。枝具白色至淡褐色片状髓，通常光滑无毛，有时幼枝有灰白色疏柔毛。小枝螺旋状缠绕。单叶互生，卵圆形至椭圆形，长5～16cm，先端突尖或短尾状，叶基圆形或近心形，缘齿细密而尖锐，仅背脉有毛，叶柄及叶脉干后常带黑色。花乳白色，芳香，花药紫色，3～6朵成腋生聚伞花序。浆果近球形，熟时暗绿色，光滑无毛，无斑点，两端稍扁平，顶端有钝短尾状喙（图7-19）。花期6～7月，果期8～9月。产于我国东北、西北及长江流域，朝鲜、日本亦有分布。多生于阴坡杂木林中或生于山坡水分充足的灌丛中，垂直分布高达海拔1900m。

主要习性：同猕猴桃。

栽培养护：同猕猴桃。

园林用途：同猕猴桃。

20. 木藤蓼

别名：降头、血地、大红花、血地胆

拉丁学名：*Fallopia aubertii*（L. Henry）Holub

科属：蓼科 何首乌属

形态及分布：半灌木状藤本，茎缠绕，长达4m以上，灰褐色，无毛。叶簇生，稀互生，长卵形或卵形，近革质，顶端急尖，两面均无毛；圆锥状花序，腋生或顶生，苞片膜质，顶端急尖，苞内具花；花梗细，花被片淡绿色或白色，结果的时候增大，基部下延。瘦果卵形，黑褐色，密被小颗粒，微有光泽，包于宿存花被内。花期9～10月，果期10～11月（图7-20）。产于我国西北及西南地区，生于海拔900～3200m的山坡草地、山谷灌丛中。

图7-20 木藤蓼（开花植株）

主要习性：喜光，稍耐阴，在庇荫条件下小枝生长快；深根性、耐寒、稍耐高温，对土壤要求不严，稍耐干旱瘠薄，喜肥沃深厚、排水良好的沙壤土。北方地区多栽培应用。

栽培养护：播种或扦插繁殖。于10月下旬至11月中旬，当宿存花被由鲜变干、成微黄白色、外种皮由绿色转为棕褐色、总花梗尚带灰绿、小花梗已近枯呈黄褐色时采收。因种子成熟较迟，常受早霜为害，若遇大风时种子飞

散，故应适时采收，采后晾晒，揉搓除杂，装入布袋干藏于凉爽、干燥、通风处。春播，播前10天将种子用始温45℃温水浸种20h，捞出混沙在室温下催芽，待有30%种子裂嘴时即可播种。平床撒播，播后覆细沙土，盖地膜，保湿、保温。温室或大棚播种，种子只浸种不催芽，播前先浇透水，待水下渗后及时播种，播后覆细沙土，在20℃条件下约10天即可出苗，出苗率达80%以上。扦插在生长季节均可进行，插后3周即可生根。木藤蓼适应环境能力较强，生长迅速，栽植成活的植株只需进行简单粗放管理即可。由于枝条年生长量大，可根据管理需要，在冬季落叶后进行适当修剪，以除去过密枝条。

园林用途：木藤蓼秋季开花，花色洁白、淡雅，清香四溢，生长茂盛，攀缘力强，是北方山区公路两侧、高速公路护栏、坡地等管理粗放之处的优良垂直绿化材料和坡地水土保持材料，亦是绿篱、花墙、荫棚、假山等立体绿化快速见效的极好树种。

参考文献

[1] 董保华，龙雅宜. 园林绿化植物的选择与栽培. 北京：中国建筑工业出版社，2007.
[2] 邓小飞. 园林植物. 武汉：华中科技大学出版社，2008.
[3] 王秀娟，张兴. 园林植物栽培技术. 北京：化学工业出版社，2007.
[4] 潘文明. 观赏树木. 北京：中国农业出版社，2001.
[5] 刘奕清，王大来. 观赏植物. 北京：化学工业出版社，2009.
[6] 刘仁林. 园林植物学. 北京：中国科学技术出版社，2003.
[7] 毛龙生. 观赏树木栽培大全. 北京：中国农业出版社，2002.
[8] 蒋永明，翁智林. 园林绿化树种手册. 上海：上海科学技术出版社，2002.
[9] 郭成源，等. 北方乡土树种园林应用. 北京：中国建筑工业出版社，2009.
[10] 王晓南，等. 北京主要园林植物识别手册. 北京：中国林业出版社，2009.
[11] 李作文，汤天鹏. 中国园林树木. 沈阳：辽宁科学技术出版社，2008.
[12] 刘少宗. 园林树木实用手册. 武汉：华中科技大学出版社，2008.
[13] 啸鸣. 美化家园(下). 北京：中国环境科学出版社，1999.
[14] 魏艳敏，王进忠. 观赏植物保护学. 北京：气象出版社，2009.
[15] 陈有民. 园林树木学. 第2版. 北京：中国林业出版社，2011.
[16] 赵九州. 园林树木. 重庆：重庆大学出版社，2006.
[17] 赵梁军. 园林植物繁殖技术手册. 北京：中国林业出版社，2011.
[18] 王凌晖. 园林树木栽培养护手册. 北京：化学工业出版社，2007.
[19] 张天麟. 园林树木1600种. 北京：中国建筑工业出版社，2010.
[20] 卓丽环，陈龙清. 园林树木学. 北京：中国农业出版社，2004.
[21] 程金水. 园林植物遗传育种学. 北京：中国林业出版社，2010.
[22] 贺士元，等. 北京植物志(上册). 北京：北京出版社，1984.
[23] 贺士元，等. 北京植物志(下册). 北京：北京出版社，1987.
[24] 龙雅宜. 园林植物栽培手册. 北京：中国林业出版社，2004.
[25] 石爱平，等. 花卉栽培. 北京：气象出版社，2006.
[26] 高润清. 园林树木学. 北京：气象出版社，2005.
[27] 楼炉焕. 观赏树木学. 北京：中国农业出版社，2000.
[28] 沈国舫. 森林培育学. 北京：中国林业出版社，2001.
[29] 刘燕. 园林花卉学. 北京：中国林业出版社，2003.
[30] 白顺江，等. 树木识别与应用. 北京：农村读物出版社，2004.
[31] 熊济能. 观赏树木学. 北京：中国农业出版社，1998.
[32] 何小弟. 园林树种选择与应用实例. 北京：中国农业出版社，2003.
[33] 塞西尔 C. 科奈恩德克，等. 城市森林与树木. 李智勇，等译. 北京：科学出版社，2009.
[34] 李庆卫. 园林树木整形修剪学. 北京：中国林业出版社，2011.
[35] 贾生平. 园林树木栽培养护. 北京：机械工业出版社，2013.
[36] 郑先福. 植物生长调节剂应用技术. 北京：中国农业大学出版社，2013.
[37] 刘勇，卢宝明. 树木容器苗培育技术研究进展. 北京：中国林业出版社，2014.
[38] 何小弟，徐永星. 花果园林树木选择与应用. 北京：中国建筑工业出版社，2015.
[39] 张金政，林秦文. 藤蔓植物与景观. 北京：中国林业出版社，2015.
[40] 曹锦丽. 果树栽培. 北京：科学出版社，2016.
[41] 闫金华，石进朝. 北方生态林主要树种栽培养护技术. 北京：清华大学出版社，2018.
[42] 张志华，裴东. 核桃学. 北京：中国农业出版社，2018.
[43] 于宝民. 园林植物栽培. 西安：世界图书出版西安有限公司，2018.
[44] 孙会兵，邱新民. 园林植物栽培与养护. 北京：化学工业出版社，2018.

树种中文名索引（按汉语拼音顺序排列）

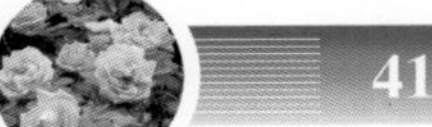

树种拉丁学名索引（按拉丁字母顺序排列）

A

B

C